D1705072

Wissensspeicher Physik

Wissensspeicher Physik

Herausgegeben von
Rudolf Göbel

Unter Mitarbeit von
Klaus Haubold, Wolfgang Krug,
Wieland Müller, Rolf Otto, Helmut Wiegand
und Hans-Joachim Wilke

Die kartonierte Originalausgabe dieses Buches
erscheint im Volk und Wissen Verlag GmbH & Co., Berlin. Die vorliegende Lizenzausgabe
mit festem Einband ist mit der Originalausgabe inhaltlich identisch.

Die Deutsche Bibliothek - CIP-Einheitsaufnahme
Wissensspeicher Physik / hrsg. von Rudolf Göbel - Berlin :
Cornelsen Scriptor, 1996
ISBN 3-589-21064-8

Lizenzausgabe im Cornelsen Verlag Scriptor GmbH & Co. KG, Berlin

Dieses Werk berücksichtigt die Regeln der reformierten Rechtschreibung und Zeichensetzung.

2. Auflage

Printed in Germany
Redaktion: Dr. Andreas Palmer
Illustrationen: Peter Hesse, Wolfgang Zieger
Layout: Karl-Heinz Bergmann, Wolfgang Zieger
Einband und Typografie: Wolfgang Lorenz
Einbandfoto: Helga Lade Fotoagentur GmbH, Berlin
Satz: PRO LINE CONCEPT, Berlin
Repro: City Repro, Berlin
Druck und Binden: Westermann Druck Zwickau GmbH
ISBN 3-589-21064-8
Best.-Nr. 210 648

Inhalt

Grundbegriffe, Methoden und Verfahren der Physik

ENTWICKLUNG UND EINTEILUNG DER NATURWISSENSCHAFTEN

Naturwissenschaften

Gesamtheit aller Wissenschaften von der anorganischen und organischen Natur, deren Aufgabe es ist, die in der Natur wirkenden Beziehungen und Gesetze zu erkennen und zu beschreiben.

Einteilung der Naturwissenschaften

Physik	Wissenschaft von den Eigenschaften und Zustandsformen, der Struktur und Bewegung der nicht lebenden Materie, den diese Bewegungen hervorrufenden Kräften oder Wechselwirkungen und den dabei zu beobachtenden Gesetzmäßigkeiten
Chemie	Wissenschaft von den Stoffen, ihrem Aufbau, ihren Eigenschaften, den Reaktionen, die zu anderen Stoffen führen, und den dabei zu beobachtenden Gesetzmäßigkeiten
Biologie	Wissenschaft vom Leben, seinen Gesetzmäßigkeiten und Erscheinungsformen, seiner Ausbreitung in Raum und Zeit. Sie erforscht Ursprung, Wesen, Entwicklung, Komplexität und Vielfalt der Lebenserscheinungen
Astronomie	Wissenschaft von den vielfältigen Erscheinungsformen der Materie im Kosmos, ihren Bewegungen und physikalischen Zuständen, ihrer Entstehung und Entwicklung und den dabei zu beobachtenden Gesetzmäßigkeiten

Innerhalb der Naturwissenschaften haben sich weitere *selbstständige Wissenschaftsgebiete* (z. B. Geologie, Mineralogie, Meteorologie) und *Grenzwissenschaften* (z. B. Geophysik, Biochemie, Biophysik, physikalische Chemie) herausgebildet. Die Physik wird in *Teilgebiete* mit unterschiedlichen Untersuchungsgegenständen gegliedert. Zwischen den Teilgebieten gibt es enge Verbindungen.

Teilgebiete der Physik

Die Inhalte der Physik können nach unterschiedlichen Gesichtspunkten geordnet werden. Neben der *historisch gewachsenen Gliederung* der Physik in Teilgebiete (z. B. Mechanik, Optik, Elektrizitätslehre) können die Inhalte auch nach *Strukturbegriffen* (z. B. Teilchen, Welle, Feld) oder nach *Konzepten* (z. B. Erhaltungskonzept, Wechselwirkungskonzept, Relativitätsprinzip) gegliedert werden.

Klassische Physik	
Teilgebiet	**Gegenstand**
Mechanik	Erscheinungen und Vorgänge, die mit den Eigenschaften der Körper unter dem Einfluss von Kräften verbunden sind und bei Geschwindigkeiten, die klein sind gegenüber der Lichtgeschwindigkeit und ohne Berücksichtigung der speziellen Herkunft der Kräfte (↗ S. 65)
Akustik	Erscheinungen und Vorgänge im Zusammenhang mit der Erzeugung, der Ausbreitung und dem Empfang von Druck-Dichte-Wellen in verschiedenen Medien im Bereich der Tonfrequenz, des Ultra- und Infraschalls und deren Wirkungen auf den Menschen (↗ S. 137)
Thermodynamik	Erscheinungen und Vorgänge, bei denen Wärmewirkungen und Temperaturänderungen auftreten, sowie die Vorgänge der Energieumwandlung unter Beteiligung von Wärme (↗ S. 141)
Optik	Erscheinungen und Vorgänge, die mit der Entstehung und Ausbreitung des Lichtes im Vakuum und in Stoffen als Teil des elektromagnetischen Spektrums verbunden sind und vom Infrarot über das sichtbare Licht bis zum Ultraviolett reichen (↗ S. 253)
Elektrizitätslehre	Erscheinungen und Vorgänge, die mit ruhenden oder bewegten elektrischen Ladungen und den von ihnen ausgehenden elektrischen und magnetischen Feldern verbunden sind (↗ S. 181)
Moderne Physik	
Teilgebiet	**Gegenstand**
Atomphysik	Erforschung und Beschreibung des Aufbaus der Atome, ihrer Struktur und ihrer Wechselwirkungen untereinander und mit elektrischen und magnetischen Feldern (↗ S. 295)
Kernphysik	Erforschung und Beschreibung des Aufbaus und der Struktur der Atomkerne sowie der Eigenschaften und der Umwandlungen von Atomkernen, der Radioaktivität, der Kernenergie, der Kernspaltung und der Kernfusion (↗ S. 315)
Quantenphysik	Erforschung und Beschreibung von Erscheinungen der Mikrophysik (Atome, Kerne, Elementarteilchen), die nicht mehr im Rahmen der klassischen Physik zu deuten sind (↗ S. 295)
Elementarteilchenphysik	Erforschung der subatomaren Welt und Beschreibung der Existenz, der Struktur, der Erzeugung und Vernichtung von Elementarteilchen sowie der zwischen diesen Grundbausteinen wirkenden Kräfte (↗ S. 315)
Festkörperphysik	Erforschung und Beschreibung des Zusammenhanges, der zwischen den Atomen bzw. Molekülen und den mechanischen, thermischen, optischen, magnetischen und elektrischen Eigenschaften fester Stoffe besteht

Teilgebiet	Gegenstand
Relativitätstheorie	Untersuchung des Zusammenhanges von Raum, Zeit und Bewegung auf der Grundlage des Prinzips der Konstanz der Lichtgeschwindigkeit und der Invarianz der mechanischen Gesetze in zueinander geradlinig und gleichförmig bewegten abgeschlossenen Systemen (spezielle Relativitätstheorie) sowie über die Abhängigkeit der metrischen Struktur des Raumes von der Massenverteilung im Kosmos (allgemeine Relativitätstheorie) (↗ S. 285)

Betrachtungsweisen in der Physik

Makrophysikalische Betrachtungsweise Betrachtungsweise, die sich auf physikalische Objekte bezieht, deren Größenordnung bzw. deren Wirkungen im Bereich der menschlichen Wahrnehmungen liegen ■ Bewegung eines Fahrzeuges; Längenänderung bei Temperaturänderung; Wirkungen des elektrischen Stromes	*Mikrophysikalische Betrachtungsweise* Betrachtungsweise, die sich auf die Physik der kleinsten Teilchen bezieht und für die das Planck'sche Wirkungsquantum und die Heisenberg'sche Unbestimmtheitsrelation kennzeichnend sind ■ thermische Bewegung der Moleküle; Eigenschaften der Photonen
Körperbezogene Betrachtungsweise Betrachtungsweise, bei der die Aufmerksamkeit ausschließlich auf die wechselwirkenden Körper gerichtet ist ■ Anziehung und Abstoßung elektrisch geladener Körper	*Feldbezogene Betrachtungsweise* Betrachtungsweise, bei der der durch das Vorhandensein eines physikalischen Feldes besondere Zustand des Raumes einbezogen wird ■ Kraft auf einen elektrisch geladenen Körper an verschiedenen Punkten eines Raumgebietes, erkennbar z. B. an der Auslenkung des Körpers
Phänomenologische Betrachtungsweise Betrachtungsweise, bei der die makroskopisch wahrnehmbaren Eigenschaften und Vorgänge mit makroskopisch messbaren physikalischen Größen (z. B. Druck, Temperatur, Volumen, innere Energie) beschrieben werden ■ Zustandsgleichung des idealen Gases $p \cdot V = n \cdot R \cdot T$	*Kinetisch-statistische Betrachtungsweise* Betrachtungsweise, bei der von der Teilchenvorstellung ausgegangen wird und die Eigenschaften der Stoffe sowie die ablaufenden Prozesse auf der Grundlage der Bewegung der Teilchen (kinetischer Aspekt) und ihrer Wechselwirkungen untereinander mit statistischen Größen (statistischer Aspekt) beschrieben werden ■ Zustandsgleichung des idealen Gases $p \cdot V = \frac{2}{3} N \cdot \bar{E}_{kin}$

Kontinuumsvorstellung Vorstellung, die von einem lückenlosen Zusammenhang in den physikalischen Objekten und Prozessen ausgeht, der ohne Sprünge verläuft und in dem es keine Grenze der Teilbarkeit gibt ■ physikalische Felder	*Diskontinuumsvorstellung* Vorstellung, die von der Existenz diskreter, abgegrenzter und endlicher Teile, Elemente oder Bestandteile eines Ganzen, eines Objektes oder eines Prozesses ausgeht ■ Aufbau der Stoffe aus Teilchen
Kinematische Betrachtungsweise Betrachtungsweise, bei der Bewegungsvorgänge analysiert und typischen Bewegungen zugeordnet werden, ohne nach den Ursachen von Bewegungsänderungen zu fragen. Bestimmend sind die Begriffe Geschwindigkeit und Beschleunigung. ■ Beschreibung einer Welle als zeitlich und örtlich periodische Schwingung von Teilchen um ihre Gleichgewichtslage	*Dynamische Betrachtungsweise* Betrachtungsweise, bei der Bewegungsvorgänge unter Berücksichtigung der Kräfte analysiert werden, die die Bewegung und ihre Änderung hervorgerufen haben. Bestimmend sind die Begriffe Geschwindigkeit, Beschleunigung, Kraft, Masse und Energie. ■ Beschreibung einer mechanischen Welle als Ausbreitung eines Impulses, bei dem Energie übertragen, aber kein Stoff transportiert wird
Kausale Strategie Strategie zur Behandlung von Bewegungsvorgängen auf der Grundlage kinematischer und dynamischer Gesetze Grenzen: in der Mikrophysik nicht anwendbar	*Bilanzdenken* Strategie zur Behandlung von Bewegungsvorgängen auf der Grundlage von Erhaltungssätzen (z. B. der Energie, des Impulses, des Drehimpulses) Grenzen: Da in Erhaltungssätzen die Zeit nicht auftritt, kann keine Aussage über den zeitlichen Ablauf getroffen werden.

■ Erarbeitung der Gleichung für die Geschwindigkeiten beim freien Fall

$s = \frac{g \cdot t^2}{2}$ $\quad v = g \cdot t$ $t = \sqrt{\frac{2 \cdot s}{g}}$ $v = \sqrt{2 \cdot g \cdot s}$	$E_{kin} = E_{pot}$ $\frac{m \cdot v^2}{2} = m \cdot g \cdot s$ $v = \sqrt{2 \cdot g \cdot s}$

Teilchenvorstellung Vorstellung zur Erklärung physikalischer Erscheinungen und Vorgänge auf der Grundlage des Teilchenmodells	*Wellenvorstellung* Vorstellung zur Erklärung physikalischer Erscheinungen und Vorgänge auf der Grundlage des Wellenmodells

Teilchenmodell
Modell für Objekte, das solche Eigenschaften charakterisiert, die auch kleinen Körpern (Teilchen) zukommen
Zur Untersuchung, Beschreibung und Erklärung des Verhaltens von Mikroobjekten werden die Eigenschaften kleiner, makroskopisch wahrnehmbarer Körper benutzt (z. B. Stahl- oder Billardkugeln).

Merkmale des Teilchenmodells
- Die Teilchen eines Stoffes befinden sich in ständiger ungeordneter Bewegung.
- Zwischen den Teilchen wirken Kräfte.
- Die Teilchen befinden sich zu jedem Zeitpunkt an einem bestimmten Ort, besitzen eine bestimmte Geschwindigkeit und einen bestimmten Impuls.
- Die Teilchen sind diskontinuierlich über den Raum verteilt.
- Jedes Teilchen bewegt sich auf einer bestimmten Bahn.
- Die von den Teilchen übertragene Energie hängt von der Teilchendichte ab ($E \sim n$).

■ thermische Bewegung von Molekülen ↗ Modell, S. 50

Wellenmodell
Modell für Objekte, das solche Eigenschaften charakterisiert, die auch Wellen besitzen
Zur Untersuchung, Beschreibung und Erklärung des Verhaltens von Mikroobjekten werden die Eigenschaften von Wellen benutzt (z. B. Wasserwellen, Schallwellen).

Merkmale des Wellenmodells
- Wellen sind räumlich ausgedehnt.
- Wellen sind durch die räumliche und zeitliche Änderung einer physikalischen Größe gekennzeichnet.
- Bei der Überlagerung von Wellen tritt Interferenz auf.
- Durch Wellen wird Energie übertragen, jedoch kein Stoff transportiert. Die übertragene Energie ist dem Quadrat der Amplitude der Welle proportional ($E \sim A^2$).

■ Eigenschaften elektromagnetischer Wellen

Quantenvorstellung
Vorstellung, die auf der Eigenschaft von Mikroobjekten (z. B. Elektronen, Protonen, Photonen) beruht, dass bestimmte Wechselwirkungen weder mit dem Teilchenmodell noch mit dem Wellenmodell vollständig beschrieben werden können

Der Zusammenhang zwischen dem Teilchen- und dem Wellenmodell wird durch die de-Broglie-Beziehung $p = \frac{h}{\lambda}$ vermittelt (↗ S. 303).

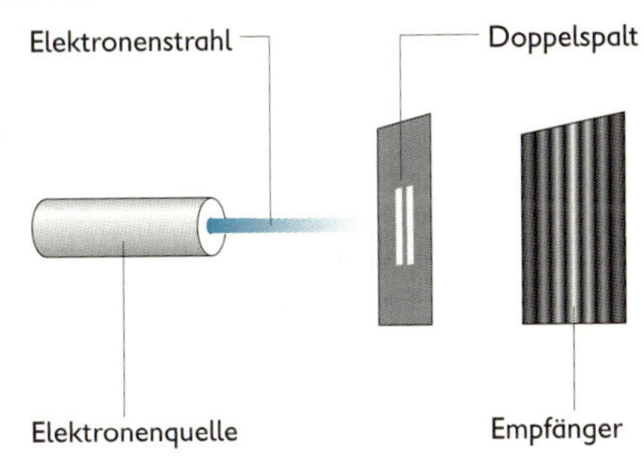

■ Ein Elektronenstrahl geringer Intensität fällt auf einen Doppelspalt. Die einzelnen Elektronen passieren nacheinander den Doppelspalt und verteilen sich so, als handele es sich um eine Wellenerscheinung.

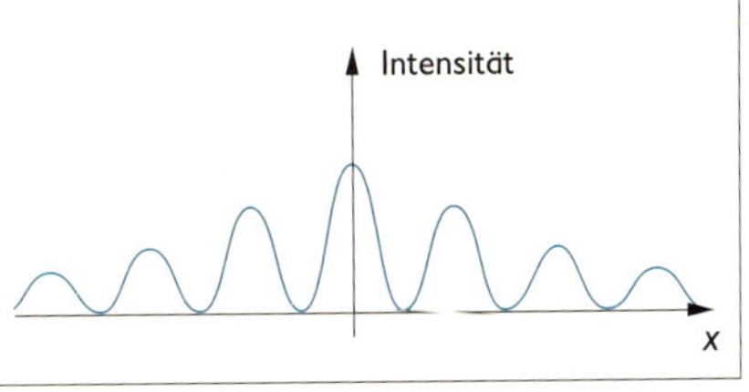

PHYSIKALISCHE GRÖSSEN UND EINHEITEN

Physikalische Größe

Ausdruck zur qualitativen und quantitativen Kennzeichnung einer messbaren Eigenschaft oder eines messbaren Merkmals von Gegenständen, Vorgängen oder Zuständen.

Die physikalische Größe wird als Produkt aus Zahlenwert und Einheit geschrieben.

$g = \{g\} \cdot [g]$

↗ Übersicht ausgewählter physikalischer Größen, deren Formelzeichen und Einheiten, S. 19

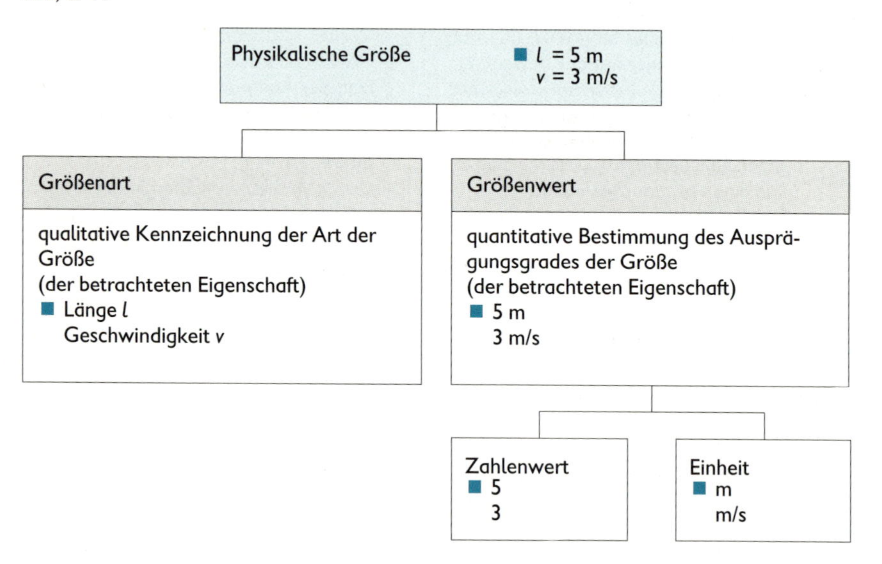

Basisgrößen (Grundgrößen)

Physikalische Größen, die nicht auf andere physikalische Größen zurückführbar und voneinander unabhängig sind.

■ Länge l, Zeit t, elektrische Stromstärke I, Masse m

Basisgrößen werden definiert durch	Beispiel
– die Angabe eines Messobjektes,	die Masse eines Körpers
– die Angabe einer Messvorschrift (↗ Messen, S. 39), die besagt, wie man eine bestimmte physikalische Größe zu messen hat,	Vergleich der Masse des Körpers mit des bekannten Masse eines anderen Körpers mittels einer Balkenwaage
wann zwei physikalische Größen gleich sind,	Zwei Körper haben die gleiche Masse, wenn sie am gleichen Ort die gleiche Gewichtskraft erfahren.

wie man Vielfache und Bruchteile dieser physikalischen Größe erhält, – die Einführung einer Einheit, – die Angabe eines Messgerätes.	Ein Körper hat die dreifache (halbe) Masse, wenn er am gleichen Ort die dreifache (halbe) Gewichtskraft erfährt. Die SI-Einheit der Masse ist das Kilogramm. Ein Kilogramm ist die Masse des internationalen Kilogrammprototyps. Die Masse eines Körpers kann mit einer Balkenwaage bestimmt werden.

Kennzeichen einer physikalischen Größe

Kennzeichen	■ elektrischer Widerstand
Bedeutung der Größe	Die physikalische Größe elektrischer Widerstand eines Bauelements gibt an, wie groß die Behinderung des elektrischen Stromes in ihm ist.
Formelzeichen	elektrischer Widerstand R
Definitionsgleichung	$R = \frac{U}{I}$ elektrischer Widerstand $= \frac{\text{Spannung am Bauelement}}{\text{Stromstärke im Bauelement}}$
Einheit	$1 \frac{\text{V}}{\text{A}} = 1\,\Omega$
Messgerät	Widerstandsmesser oder Berechnung aus gemessener Spannung U und gemessener Stromstärke I

Arten physikalischer Größen

Skalare Größen

Physikalische Größen, die durch Zahlenwert und zugehörige Einheit bestimmt sind

■ $m = 5\ \text{kg}$ $U = 10\ \text{V}$ $T = 373\ \text{K}$ $\vartheta = -17\ °\text{C}$

Skalare Größen lassen sich durch Strecken, Winkel oder Flächen darstellen. Für die Darstellung muss ein Maßstab festgelegt werden.

■ Länge l einer Strecke $\overline{AB}$

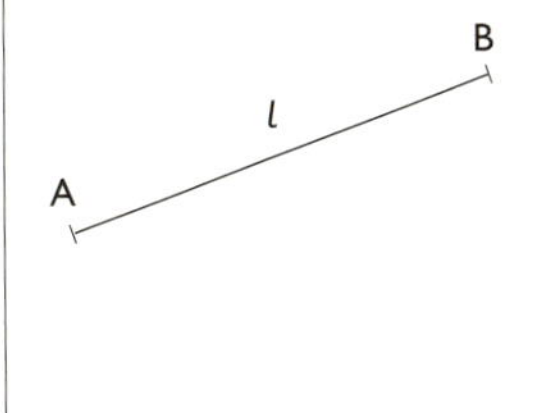

5 mm ≙ 1m

■ Widerstand R eines metallischen Leiters für ϑ = konstant

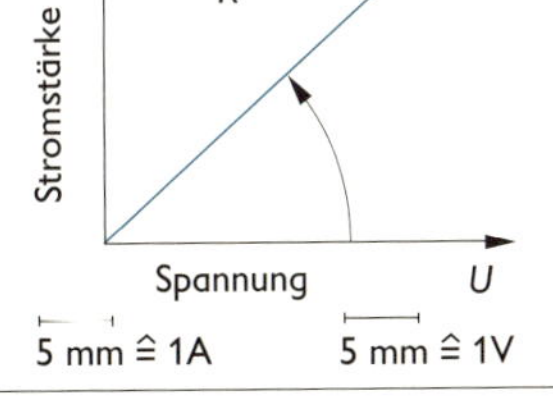

5 mm ≙ 1A   5 mm ≙ 1V

■ Weg s, den ein Körper bei einer gleichförmigen Bewegung mit der Geschwindigkeit v in der Zeit t zurücklegt

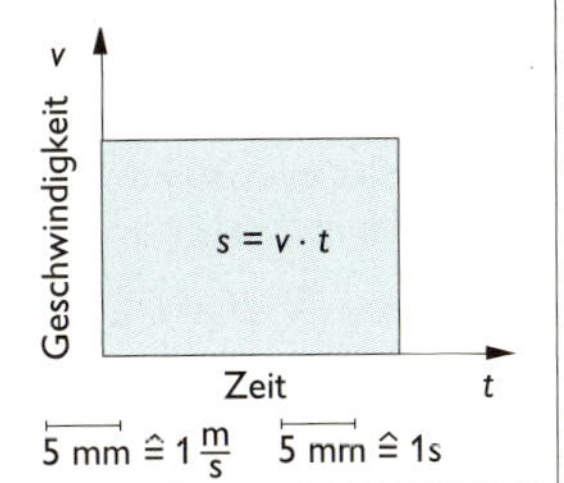

5 mm ≙ $1 \frac{\text{m}}{\text{s}}$ 5 mm ≙ 1s

Vektorielle Größen
Physikalische Größen, die von der Richtung abhängig sind. Sie sind durch die Angabe des Zahlenwertes, der zugehörigen Einheit und der Richtung in der Ebene oder im Raum gekennzeichnet (gerichtete Größen).

■ $\vec{v}$, $\vec{F}$, $\vec{p}$

Diese Größen werden grafisch durch Pfeile dargestellt. Dazu muss ein Maßstab festgelegt werden. Die Pfeilrichtung gibt die Richtung der physikalischen Größe an. Die Länge des Pfeiles gibt den Betrag der physikalischen Größe an.

■ Betrag und Richtung einer Kraft $\vec{F}$

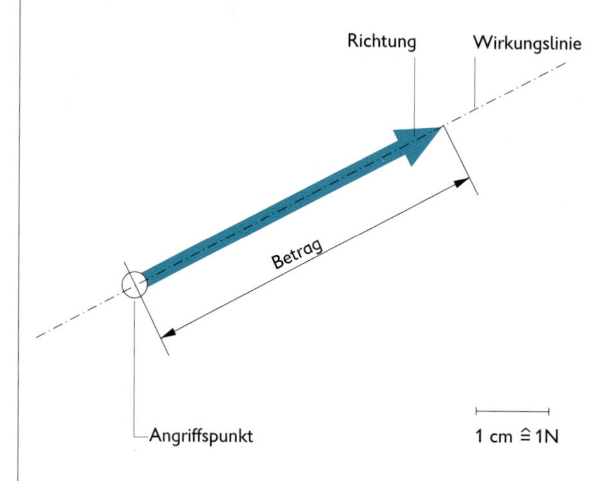

Zustandsgrößen Physikalische Größen, die den Zustand eines Systems beschreiben ■ T, p, V, ρ, E_{kin}	*Prozessgrößen* Physikalische Größen, die die in einem System ablaufenden Prozesse (stattfindenden Wechselwirkungen mit der Umgebung) beschreiben ■ W, Q (Wärme), $\vec{S}$ (Kraftstoß)
Erhaltungsgrößen Physikalische Größen, für die ein Erhaltungssatz gilt, d. h. die sich während des Ablaufs eines physikalischen Vorgangs in einem abgeschlossenen System nicht ändern (zeitlich konstante Zustandsgrößen) ■ $m, E, \vec{p}, \vec{L}, Q$ (Ladung)	*Wechselwirkungsgrößen* Physikalische Größen, die die gleichzeitige gegenseitige Einwirkung zweier makrophysikalischer Systeme aufeinander beschreiben. Das mit dem System A im Zusammenhang stehende System B wirkt auf das System A und das System A auf das System B. ■ $\vec{F}, W, Q$ (Wärme)

Addition vektorieller (gerichteter) Größen

- Die Vektoren haben die gleiche Richtung:

$\vec{F}_R = \vec{F}_1 + \vec{F}_2$

$F_R = F_1 + F_2$

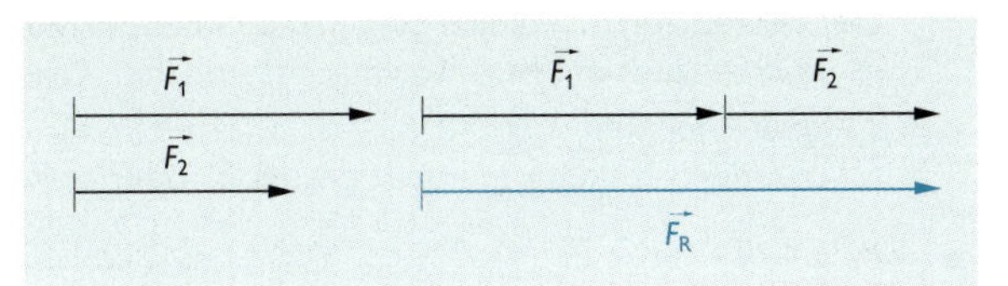

1

- Die Vektoren haben entgegengesetzte Richtung:

$\vec{F}_R = \vec{F}_1 + \vec{F}_2$

$F_R = |F_1 - F_2|$

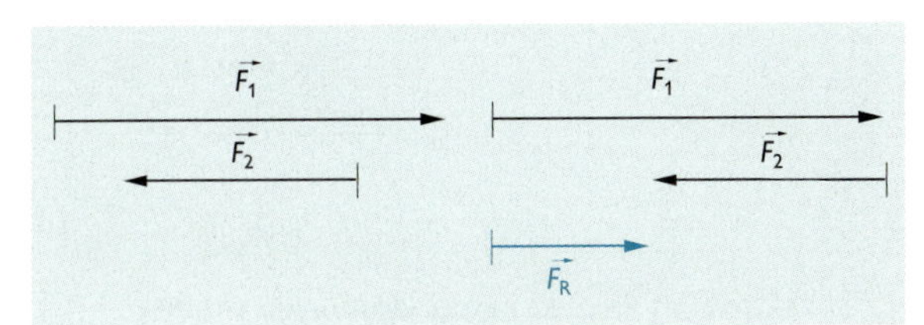

- Die Vektoren haben weder gleiche noch entgegengesetzte Richtung:

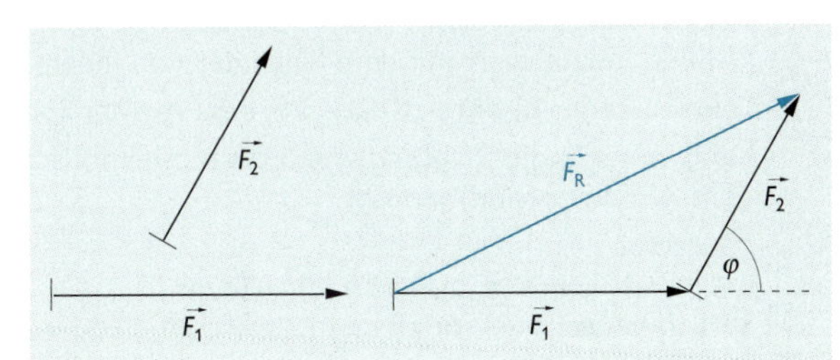

$\vec{F}_R = \vec{F}_1 + \vec{F}_2$

$$F_R = \sqrt{F_1^2 + F_2^2 + 2 \cdot F_1 \cdot F_2 \cdot \cos\varphi}$$

Multiplikation vektorieller (gerichteter) Größen

1. *Produkt einer vektoriellen mit einer skalaren Größe*
   Das Produkt $n \cdot \vec{a}$ einer vektoriellen Größe $\vec{a}$ mit einer skalaren Größe n ist gleich einer vektoriellen Größe $\vec{b}$, die dieselbe Richtung hat wie die vektorielle Größe $\vec{a}$ und deren Betrag $|\vec{b}| = n \cdot |\vec{a}|$ ist.

- $\vec{F} = m \cdot \vec{a}$
- $\vec{p} = m \cdot \vec{v}$

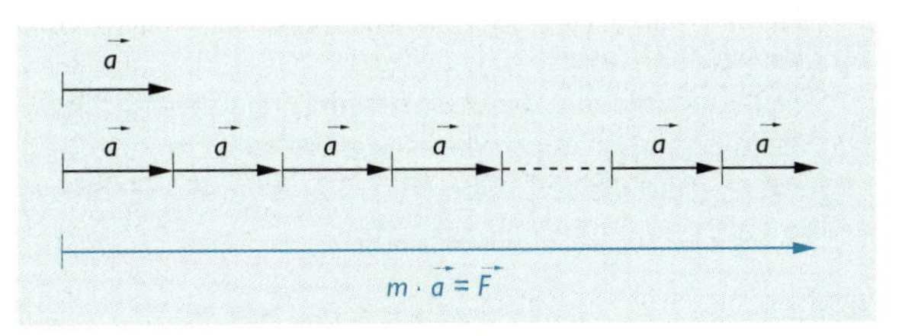

2. *Skalares Produkt zweier vektorieller Größen*
   Das skalare Produkt zweier vektorieller Größen $\vec{a}$ und $\vec{b}$ ist eine skalare Größe c. Der Betrag von c ist gleich dem Produkt der Beträge $|\vec{a}|$ und $|\vec{b}|$ der beiden Vektoren multipliziert mit dem Kosinus des von ihnen eingeschlossenen Winkels.
   $c = \vec{a} \cdot \vec{b} = |\vec{a}| \cdot |\vec{b}| \cdot \cos \sphericalangle(\vec{a}, \vec{b}) = a \cdot b \cdot \cos \sphericalangle(\vec{a}, \vec{b})$
   Sprechweise: „a skalar multipliziert mit b" oder „a Punkt b"

■ $W = \vec{F} \cdot \vec{s}$

$W = F \cdot s \cdot \cos \sphericalangle(\vec{F}, \vec{s})$

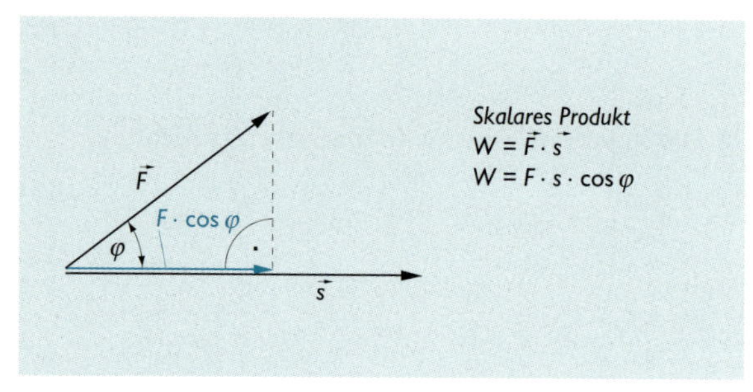

3. *Vektorielles Produkt zweier vektorieller Größen*
   Das vektorielle Produkt zweier vektorieller Größen $\vec{a}$ und $\vec{b}$ ist diejenige vektorielle Größe $\vec{c}$, die auf der durch $\vec{a}$ und $\vec{b}$ bestimmten Ebene senkrecht steht und deren Betrag gleich dem Produkt der Beträge $|\vec{a}|$ und $|\vec{b}|$ der beiden vektoriellen Größen multipliziert mit dem Sinus des von ihnen eingeschlossenen Winkels ist. Seine Richtung ergibt sich dadurch, dass von der Spitze von $\vec{c}$ aus die kürzeste Drehung von $\vec{a}$ in die Richtung von $\vec{b}$ als mathematisch positive Drehung (entgegen dem Uhrzeigersinn) erfolgt.
   $\vec{c} = \vec{a} \times \vec{b}$
   $\vec{c} = |\vec{a}| \cdot |\vec{b}| \cdot \sin \sphericalangle(\vec{a}, \vec{b}) = a \cdot b \cdot \sin \sphericalangle(\vec{a}, \vec{b})$
   Sprechweise: „a vektoriell multipliziert mit b" oder „a Kreuz b"

■ $\vec{M} = \vec{r} \times \vec{F}$

$M = r \cdot F \cdot \sin \sphericalangle(\vec{r}, \vec{F})$

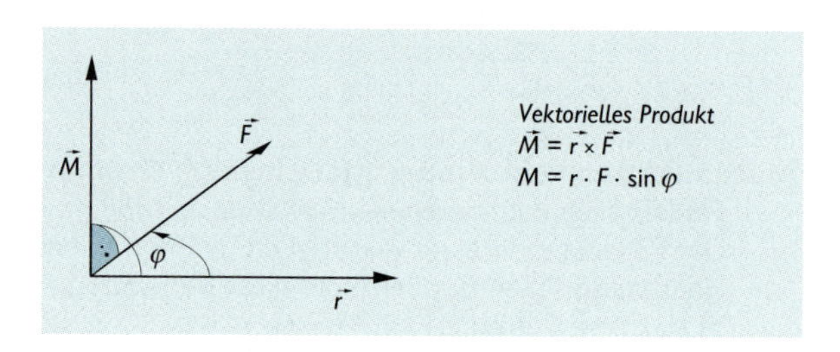

Größengleichung

Gleichung, die den gesetzmäßigen Zusammenhang zwischen physikalischen Größen beschreibt oder durch die eine physikalische Größe definiert wird.
Jede physikalische Größe (↗ S. 12) ist in die Größengleichung als Produkt aus Zahlenwert und Einheit einzusetzen.

■ $F = m \cdot a$ $\qquad$ $F = 5\ \text{kg} \cdot 4\ \text{m/s}^2$

Formelzeichen

Aus kleinen oder großen lateinischen oder griechischen Druckbuchstaben gebildetes Symbol zur Kennzeichnung einer physikalischen Größe. Zur weiteren Unterscheidung kann das Symbol mit Indizes versehen werden.
Formelzeichen werden zur Unterscheidung von Einheiten kursiv gedruckt.

■ $E_{kin} = \frac{1}{2} m \cdot v^2$

E_{kin} kinetische Energie
m Masse
v Geschwindigkeit

$\omega = \frac{\varphi}{t}$

ω Winkelgeschwindigkeit
φ Drehwinkel
t Zeit

Einheit

Die Einheit ist eine aus der Menge miteinander vergleichbarer Größen ausgewählte Bezugsgröße. Sie wird praktisch realisiert mit der erforderlichen, technisch möglichen Genauigkeit durch Geräte geeigneten Messprinzips und zweckentsprechender Ausführung.
↗ Einheiten (Wissensspeicher Größen und Einheiten)

■ Die Einheit der Masse ist das Kilogramm. 1799 wurde festgelegt: 1 kg ist die Masse eines Kubikdezimeters destillierten Wassers bei seiner größten Dichte. Diese Masse wird durch einen aus einer Platin-Iridium-Legierung hergestellten Zylinder mit einem Durchmesser von 39 mm und einer Höhe von 39 mm dargestellt. Dieser Körper wird in Sévres bei Paris aufbewahrt.

Internationales Einheitensystem (Système International d' Unités – SI)

Zum Zwecke der Vergleichbarkeit physikalischer Messungen 1954 in Paris von der „Generalkonferenz für Maß und Gewicht" getroffene internationale Vereinbarung über die verbindliche Anwendung ausgewählter Einheiten. Die Vereinbarung erhielt 1960 die Bezeichnung SI.
↗ Einheiten (Wissensspeicher Größen und Einheiten)

SI-Basiseinheiten

Unabhängig voneinander gewählte, durch verbale Festlegungen definierte Einheiten, die die Basis des SI bilden.

Größe	Formelzeichen	Basiseinheit	Einheitenzeichen
Länge	l	Meter	m
Masse	m	Kilogramm	kg
Zeit	t	Sekunde	s
elektrische Stromstärke	I	Ampere	A
Temperatur	T	Kelvin	K
Stoffmenge	n	Mol	mol
Lichtstärke	I_v	Candela	cd

Abgeleitete SI-Einheiten

Alle aus den SI-Basiseinheiten und ggf. aus den ergänzenden SI-Einheiten kohärent, d. h., als Potenzprodukt mit dem Zahlenfaktor 1, gebildeten Einheiten.

Größe	Formelzeichen	Abgeleitete Einheit	Einheitenzeichen
Geschwindigkeit	v	Meter je Sekunde	m/s
Druck	p	Pascal	Pa
elektrischer Widerstand	R	Ohm	Ω
Arbeit	W	Joule	J
Aber nicht: 1 J = 0,239 cal	1 min = 60 s	1 Pa = 1,02 · 10^{-5} kp/cm^2	1 m/s = 3,6 km/h

Ergänzende SI-Einheiten

Größe	Formelzeichen	Abgeleitete Einheit	Einheitenzeichen
ebener Winkel Raumwinkel	α, β, γ Ω, ω	Radiant Steradiant	rad sr

Vorsätze

Hilfsmittel zur Bildung von dezimalen Vielfachen oder Teilen von SI-Einheiten.

Vorsatz	Kurzzeichen	Faktor, mit dem die Einheit multipliziert wird	
Exa	E	1 000 000 000 000 000 000	(10^{18} Einheiten)
Peta	P	1 000 000 000 000 000	(10^{15} Einheiten)
Tera	T	1 000 000 000 000	(10^{12} Einheiten)
Giga	G	1 000 000 000	(10^{9} Einheiten)
Mega	M	1 000 000	(10^{6} Einheiten)
Kilo	k	1 000	(10^{3} Einheiten)
Hekto	h	100	(10^{2} Einheiten)
Deka	da	10	(10^{1} Einheiten)
Dezi	d	0,1	(10^{-1} Einheiten)
Zenti	c	0,01	(10^{-2} Einheiten)
Milli	m	0,001	(10^{-3} Einheiten)
Mikro	µ	0,000 001	(10^{-6} Einheiten)
Nano	n	0,000 000 001	(10^{-9} Einheiten)
Pico	p	0,000 000 000 001	(10^{-12} Einheiten)
Femto	f	0,000 000 000 000 001	(10^{-15} Einheiten)
Atto	a	0,000 000 000 000 000 001	(10^{-18} Einheiten)

Wichtige physikalische Größen, deren Formelzeichen und Einheiten

Physikalische Größe	Formelzeichen	Einheit	Einheitenzeichen	Beziehungen zu den Basiseinheiten
Raum und Zeit				
Länge	l	**Meter**	**m**	**Basiseinheit**
1 Meter ist die Länge der Strecke, die Licht im Vakuum während der Dauer von 1/299 792 458 Sekunde durchläuft.				
Fläche	A	Quadratmeter	m^2	$1\ m^2 = 1\ m \cdot 1\ m$
		Hektar	ha	$1\ ha = 10^4\ m^2$
Volumen	V	Kubikmeter	m^3	$1\ m^3 = 1\ m \cdot 1\ m \cdot 1\ m$
		Liter	l	$1\ l = 10^{-3}\ m^3$
ebener Winkel	α, β, γ	Radiant	rad	$1\ rad = \frac{1\ m\ Bogen}{1\ m\ Radius}$
		Grad	°	$1° = \frac{\pi}{180}\ rad$
		Minute	′	$1' = \frac{\pi}{10\,800}\ rad$
		Sekunde	″	$1'' = \frac{\pi}{648\,000}\ rad$
Zeit	t, T	**Sekunde** Minute Stunde Tag	**s** min h d	**Basiseinheit** 1 min = 60 s 1 h = 60 min = 3 600 s 1 d = 24 h = 86 400 s
1 Sekunde ist das 9 192 631 770fache der Periodendauer der dem Übergang zwischen den beiden Hyperfeinstrukturniveaus des Grundzustandes von Atomen des Nuklids $^{133}_{55}Cs$ entsprechenden Strahlung.				
Frequenz	f, ν	Hertz	Hz	$1\ Hz = 1/s$
Geschwindigkeit	v	Meter je Sekunde	$\frac{m}{s}$	$1\ \frac{m}{s}$
Winkelgeschwindigkeit	ω	Radiant je Sekunde; Eins je Sekunde	$\frac{rad}{s}$	$1\ \frac{rad}{s} = 1\ \frac{m}{m \cdot s} = \frac{1}{s}$
Beschleunigung	a	Meter je Quadratsekunde	$\frac{m}{s^2}$	$1\ \frac{m}{s^2}$

1

Physikalische Größe	Formelzeichen	Einheit	Einheitenzeichen	Beziehungen zu den Basiseinheiten
Winkelbeschleunigung	α	Radiant je Quadratsekunde	$\frac{\text{rad}}{\text{s}^2}$	$1\,\frac{\text{rad}}{\text{s}^2} = 1\,\frac{\text{m}}{\text{m} \cdot \text{s}^2} = 1/\text{s}^2$
Mechanik				
Masse	m	**Kilogramm**	**kg**	**Basiseinheit**
1 kg ist die Masse des Internationalen Kilogrammprototyps.				
Dichte	ρ	Kilogramm je Kubikmeter	$\frac{\text{kg}}{\text{m}^3}$	$1\,\frac{\text{kg}}{\text{m}^3}$
Kraft	F	Newton	N	$1\,\text{N} = 1\,\frac{\text{kg} \cdot \text{m}}{\text{s}^2}$
Drehmoment	M	Newtonmeter	N · m	$1\,\text{N} \cdot \text{m} = 1\,\frac{\text{kg} \cdot \text{m}^2}{\text{s}^2}$
Druck, Spannung	p	Pascal	Pa	$1\,\text{Pa} = 1\,\frac{\text{N}}{\text{m}^2} = 1\,\frac{\text{kg}}{\text{s}^2 \cdot \text{m}}$
Impuls	p	Kilogrammmeter je Sekunde	$\frac{\text{kg} \cdot \text{m}}{\text{s}}$	$1\,\frac{\text{kg} \cdot \text{m}}{\text{s}}$
Drehimpuls	L	Kilogramm mal Quadratmeter je Sekunde	$\frac{\text{kg} \cdot \text{m}^2}{\text{s}}$	$1\,\frac{\text{kg} \cdot \text{m}^2}{\text{s}}$
Kraftstoß	S	Newtonsekunde	N · s	$1\,\text{N} \cdot \text{s} = 1\,\frac{\text{kg} \cdot \text{m}}{\text{s}}$
Trägheitsmoment (Massenträgheitsmoment)	J	Kilogramm mal Quadratmeter	kg · m²	$1\,\text{kg} \cdot \text{m}^2$
Arbeit Energie	W, A E	Joule	J	$1\,\text{J} = 1\,\text{N} \cdot \text{m} = 1\,\frac{\text{kg} \cdot \text{m}^2}{\text{s}^2}$
Leistung	P	Watt	W	$1\,\text{W} = 1\,\frac{\text{J}}{\text{s}} = 1\,\frac{\text{kg} \cdot \text{m}^2}{\text{s}^3}$

Physikalische Größe	Formelzeichen	Einheit	Einheitenzeichen	Beziehungen zu den Basiseinheiten
Wärme				
Temperatur	T, ϑ	**Kelvin** Grad Celsius	**K** °C	**Basiseinheit** 0 °C ≙ 273,15 K
1 Kelvin ist der 273,16te Teil der thermodynamischen Temperatur des Tripelpunktes des Wassers. Der Tripelpunkt des Wassers ist +0,01 °C.				
Wärme	Q	Joule	J	$1\,\text{J} = 1\,\frac{\text{kg} \cdot \text{m}^2}{\text{s}^2}$
Wärmekapazität	C	Joule je Kelvin	$\frac{\text{J}}{\text{K}}$	$1\,\frac{\text{J}}{\text{K}} = 1\,\frac{\text{kg} \cdot \text{m}^2}{\text{s}^2 \cdot \text{K}}$
spezifische Wärmekapazität	c	Joule je Kilogramm und Kelvin	$\frac{\text{J}}{\text{kg} \cdot \text{K}}$	$1\,\frac{\text{J}}{\text{kg} \cdot \text{K}} = 1\,\frac{\text{m}^2}{\text{s}^2 \cdot \text{K}}$
linearer Ausdehnungskoeffizient	α	Meter je Meter und Kelvin	$\frac{\text{m}}{\text{m} \cdot \text{K}}$	$1\,\frac{\text{m}}{\text{m} \cdot \text{K}} = \frac{1}{\text{K}}$
kubischer Ausdehnungskoeffizient	γ	Kubikmeter je Kubikmeter und Kelvin	$\frac{\text{m}^3}{\text{m}^3 \cdot \text{K}}$	$1\,\frac{\text{m}^3}{\text{m}^3 \cdot \text{K}} = \frac{1}{\text{K}}$
Elektrizität und Magnetismus				
elektrische Stromstärke	I	**Ampere**	**A**	**Basiseinheit**
1 Ampere ist die Stärke eines zeitlich unveränderlichen elektrischen Stromes, der, durch zwei im Vakuum parallel im Abstand von 1 Meter angeordnete, geradlinige, unendlich lange Leiter von vernachlässigbar kleinem, kreisförmigem Querschnitt fließend, zwischen diesen Leitern je 1 Meter Leiterlänge die Kraft $2 \cdot 10^{-7}$ Newton hervorrufen würde.				
elektrische Ladung	Q	Coulomb	C	$1\,\text{C} = 1\,\text{A} \cdot \text{s}$
elektrische Leistung	P	Watt	W	$1\,\text{W} = 1\,\frac{\text{J}}{\text{s}} = 1\,\text{V} \cdot \text{A} = 1\,\frac{\text{kg} \cdot \text{m}^2}{\text{s}^3}$
Wirkleistung	P, P_w			
Scheinleistung	S, P_s	Voltampere	V · A	
Blindleistung	Q, P_q	Var	var	

1

Physikalische Größe	Formelzeichen	Einheit	Einheitenzeichen	Beziehungen zu den Basiseinheiten
elektrische Spannung	U	Volt	V	$1\,\mathrm{V} = 1\,\frac{\mathrm{J}}{\mathrm{C}} = 1\,\frac{\mathrm{W}}{\mathrm{A}} = 1\,\frac{\mathrm{kg \cdot m^2}}{\mathrm{A \cdot s^3}}$
elektrische Feldstärke	E	Volt je Meter	$\frac{\mathrm{V}}{\mathrm{m}}$	$1\,\frac{\mathrm{V}}{\mathrm{m}} = 1\,\frac{\mathrm{kg \cdot m^2}}{\mathrm{A \cdot s^3}}$
elektrische Kapazität	C	Farad	F	$1\,\mathrm{F} = 1\,\frac{\mathrm{C}}{\mathrm{V}} = 1\,\frac{\mathrm{A \cdot s}}{\mathrm{V}} = 1\,\frac{\mathrm{A^2 \cdot s^4}}{\mathrm{kg \cdot m^2}}$
Dielektrizitätskonstante	ε	Farad je Meter	$\frac{\mathrm{F}}{\mathrm{m}}$	$1\,\frac{\mathrm{F}}{\mathrm{m}} = 1\,\frac{\mathrm{A^2 \cdot s^4}}{\mathrm{kg \cdot m^3}}$
elektrische Feldkonstante, Influenzkonstante	ε_0			$\varepsilon_0 = 8{,}854 \cdot 10^{-12}\,\frac{\mathrm{A \cdot s}}{\mathrm{V \cdot m}}$
elektrischer Widerstand	R	Ohm	Ω	$1\,\Omega = \frac{\mathrm{V}}{\mathrm{A}} = 1\,\frac{\mathrm{kg \cdot m^2}}{\mathrm{A^2 \cdot s^3}}$
spezifischer elektrischer Widerstand	ρ	Ohmmeter	$\Omega \cdot \mathrm{m}$	$1\,\Omega \cdot \mathrm{m} = 1\,\frac{\Omega \cdot \mathrm{m^2}}{\mathrm{m}} = 1\,\frac{\mathrm{kg \cdot m^3}}{\mathrm{A^2 \cdot s^3}}$
magnetischer Fluss	ϕ	Weber	Wb	$1\,\mathrm{Wb} = 1\,\mathrm{V \cdot s} = 1\,\frac{\mathrm{kg \cdot m^2}}{\mathrm{A \cdot s^2}}$
magnetische Flussdichte (magnetische Induktion)	B	Tesla	T	$1\,\mathrm{T} = 1\,\frac{\mathrm{Wb}}{\mathrm{m^2}} = 1\,\frac{\mathrm{kg}}{\mathrm{A \cdot s^2}}$
magnetische Feldstärke	H	Ampere je Meter	$\frac{\mathrm{A}}{\mathrm{m}}$	$1\,\frac{\mathrm{A}}{\mathrm{m}}$
Induktivität	L	Henry	H	$1\,\mathrm{H} = 1\,\frac{\mathrm{Wb}}{\mathrm{A}} = 1\,\frac{\mathrm{N \cdot m}}{\mathrm{A^2}} = 1\,\frac{\mathrm{V \cdot s}}{\mathrm{A}} = 1\,\frac{\mathrm{kg \cdot m^2}}{\mathrm{A^2 \cdot s^2}}$
Permeabilität	μ	Henry je Meter	$\frac{\mathrm{H}}{\mathrm{m}}$	$1\,\frac{\mathrm{H}}{\mathrm{m}} = 1\,\frac{\mathrm{kg \cdot m}}{\mathrm{A^2 \cdot s^2}}$
magnetische Feldkonstante, Induktionskonstante	μ_0			$\mu_0 = 1{,}257 \cdot 10^{-6}\,\frac{\mathrm{V \cdot s}}{\mathrm{A \cdot m}}$

Physikalische Größe	Formelzeichen	Einheit	Einheitenzeichen	Beziehungen zu den Basiseinheiten
Ionisierende Strahlung				
Energiedosis	D	Gray	Gy	$1\ \mathrm{Gy} = 1\ \frac{\mathrm{J}}{\mathrm{kg}} = 1\ \frac{\mathrm{m}^2}{\mathrm{s}^2}$
Aktivität	A	Becquerel	Bq	1 Bq = 1/s
Exposition (Ionendosis)	X	Coulomb je Kilogramm	$\frac{\mathrm{C}}{\mathrm{kg}}$	$1\ \frac{\mathrm{C}}{\mathrm{kg}} = 1\ \frac{\mathrm{A \cdot s}}{\mathrm{kg}}$
Optische Strahlung				
Lichtstärke	I_v	**Candela**	**cd**	**Basiseinheit**
1 Candela ist die Lichtstärke in einer bestimmten Richtung, die monochromatische Strahlung der Frequenz $540 \cdot 10^{12}$ Hertz aussendet und deren Strahlstärke in dieser Richtung 1/683 Watt durch Steradiant beträgt.				
Physikalische Chemie				
Stoffmenge	n	**Mol**	**mol**	**Basiseinheit**
1 Mol ist die Stoffmenge eines Systems, das aus ebenso vielen Einzelteilchen besteht, wie Atome in 0,012 Kilogramm des Nuklids $^{12}_{6}C$ enthalten sind. Bei Benutzung des Mol müssen die Einzelteilchen des Systems spezifiziert werden. Es können Atome, Moleküle, Ionen, Elektronen sowie andere Teilchen oder Gruppen solcher Teilchen genau angegebener Zusammensetzung sein.				

Konstante

Physikalische Größe, die eine unter gegebenen Bedingungen unveränderliche Eigenschaft eines Objekts angibt.

Naturkonstanten	Stoff- oder Materialkonstanten
■ Ruhmasse des Elektrons $m_e = 0{,}911 \cdot 10^{-27}$ g	■ spezifische Wärmekapazität von Wasser bei 18 °C $c_{H_2O} = 4{,}186$ kJ/(kg · K)
■ Gravitationskonstante $\gamma = 6{,}672 \cdot 10^{-11}\ \mathrm{N \cdot m^2/kg^2}$	
■ elektrische Elementarladung $e = 1{,}602 \cdot 10^{-19}$ C	■ Dichte des Aluminiums bei 18 °C $\rho_{Al} = 2{,}7 \cdot 10^3\ \mathrm{kg/m^3}$

Bei Stoff- und Materialkonstanten wird zur Unterscheidung der Angaben für verschiedene Stoffe das chemische Symbol des Stoffes als Index angesetzt.

PHYSIKALISCHE BEGRIFFE

Typen physikalischer Begriffe

Qualitative oder klassifikatorische *Begriffe*	Begriffe, durch die Objekte, Eigenschaften oder Beziehungen, die in bestimmten Merkmalen übereinstimmen, einer Klasse zugeordnet werden können
■ gleichförmige Bewegung, konvexe Linse	
Halbquantitative oder komparative *Begriffe*	Begriffe, durch die Objekte, Eigenschaften oder Beziehungen durch Einführung einer Größer-kleiner-gleich-Relation in eine bestimmte Reihenfolge gebracht werden können
■ Härte verschiedener Stoffe, z. B. von Kalkspat, Quarz	
Quantitative oder metrische *Begriffe*	Begriffe, durch die Objekte, Eigenschaften oder Beziehungen mittels Messungen in ihrem Ausprägungsgrad quantitativ erfasst werden können
■ Länge, Dichte, elektrische Spannung	

Begriffsbestimmung

Festlegung der Bedeutung eines Begriffes durch
- eine Formulierung in Worten
- eine Formulierung in Worten und eine Definitionsgleichung.

Art des Begriffes	Beispiel
Begriff, dessen Bedeutung durch eine *Formulierung in Worten* festgelegt wird	*Flaschenzug*: technische Vorrichtung, die aus einer Kombination von mehreren festen und losen Rollen besteht *Welle*: physikalischer Vorgang der Ausbreitung einer Schwingung im Raum ohne Stofftransport *Temperatur*: physikalische Größe, die angibt, wie heiß oder wie kalt ein Körper ist
Begriff, dessen Bedeutung durch eine *Formulierung in Worten* und eine *Definitionsgleichung* festgelegt wird	*elektrischer Widerstand*: physikalische Größe, die angibt, wie groß die Behinderung des elektrischen Stromes in einem Bauelement ist $\text{elektrischer Widerstand} = \frac{\text{elektrische Spannung am Bauelement}}{\text{elektrische Stromstärke im Bauelement}}$ $\quad R = \frac{U}{I}$

Definitionsgleichung

Größengleichung zur Definition von abgeleiteten physikalischen Größen. Sie wird auf der Grundlage von Naturgesetzen, von Experimenten oder durch theoretische Betrachtungen gewonnen.

Die abgeleitete physikalische Größe x wird definiert	Beispiel
auf der Grundlage einer Proportionalität zwischen zwei anderen physikalischen Größen y und z.	Aus der Proportionalität $m \sim V$ wird die abgeleitete physikalische Größe $\rho = \frac{m}{V}$ definiert.
auf der Grundlage von zwei bestehenden Proportionalitäten $y \sim z$ und $y \sim w$ zwischen drei physikalischen Größen.	Aus den Proportionalitäten $\Delta l \sim l$ und $\Delta l \sim \Delta T$ wird die abgeleitete physikalische Größe $\alpha = \frac{\Delta l}{l \cdot \Delta T}$ definiert.
aufgrund des Zusammenwirkens zweier physikalischer Größen.	Aus F und s wird die abgeleitete physikalische Größe $W = F \cdot s$ definiert.
als Verhältnis der Werte y_1 und y_2 derselben physikalischen Größe y für zwei verschiedene Sachverhalte.	Aus dem Verhältnis der von einer Maschine verrichteten nutzbringenden Arbeit W_{nutz} und der dafür aufzuwendenden Arbeit W_{auf} wird der mechanische Wirkungsgrad der Maschine $\eta = \frac{W_{nutz}}{W_{auf}}$ definiert.
mithilfe eines Differentialquotienten (Augenblicksgröße).	Mithilfe der Ableitung des Weges s nach der Zeit t wird die Augenblicksgeschwindigkeit (Momentanwert) $v = \frac{ds}{dt}$ eines Körpers bzw. eines Massenpunktes definiert.
mithilfe eines bestimmten Integrals.	Mithilfe des bestimmten Integrals wird die Arbeit bei einer Translation definiert. $W = \int_{s_1}^{s_2} F \cdot ds$.

Definitionsgleichung und Gültigkeitsbedingung

Bei der Anwendung von Definitonsgleichungen zur Berechnung physikalischer Größen müssen die Gültigkeitsbedingungen für die Definitionsgleichung beachtet werden.

Definitionsgleichung	Gültigkeitsbedingung
■ mechanische Arbeit $W = F \cdot s$	gilt nur, wenn – die Kraft F längs des Weges s konstant ist – die Richtung der angreifenden Kraft F und die Richtung der Bewegung übereinstimmen
■ Drehmoment $M = r \cdot F$	gilt nur, wenn die Kraft $\vec{F}$ senkrecht zum Kraftarm $\vec{r}$ gerichtet ist
■ Leistung $P = \frac{W}{t}$	gilt nur, wenn die mechanische Arbeit W gleichmäßig während der Zeit t verrichtet wird

PHYSIKALISCHE GESETZE

Physikalisches Gesetz

Aussage, mit der ein vom Menschen unabhängiger (objektiver), allgemeiner und notwendiger Zusammenhang zwischen physikalischen Gegenständen, Vorgängen oder Zuständen beschrieben wird, der unter gleichen Bedingungen immer wieder auftritt. Physikalische Gesetze können wörtlich formuliert oder in Größengleichungen dargestellt werden.
Physikalische Gesetze beschreiben in der Natur gegebene, vom Menschen erkennbare Zusammenhänge. Sie werden im Ergebnis von Experimenten oder/und durch Ableitung aus bereits bekannten Gesetzen gewonnen.
Dabei ist zu beachten: Um einen physikalischen Zusammenhang zwischen zwei Größen eindeutig zu erkennen, müssen während des Experiments alle anderen Größen konstant gehalten werden.
Physikalische Gesetze werden angewandt zum
- Berechnen einer Größe,
- Erklären von Beobachtungen oder der Wirkungsweise technischer Geräte (↗ S. 41),
- Voraussagen von Erscheinungen in Natur und Technik (↗ S. 44).

Physikalische Gesetze bilden die Grundlage zahlreicher technischer Anwendungen.

Gesetz	Technische Anwendung
■ Induktionsgesetz	Wechselstromgenerator; Transformator
■ Brechungsgesetz	optische Geräte; Lichtleitkabel
■ Gesetz von Archimedes	Schwimmen von Schiffen; U-Boot; Heißluftballon

Gesetz und Gültigkeitsbedingung

Bei der Anwendung von Gesetzen müssen die Gültigkeitsbedingungen beachtet werden.

Gesetz	Gültigkeitsbedingungen
■ Gesetz für die Kraft an der losen Rolle $F_{Zug} = \frac{1}{2} F_{Hub}$	– Die Seile müssen parallel geführt werden. – Die lose Rolle und das Seil müssen gewichtslos sein. – Die lose Rolle muss ohne Reibung laufen.
■ Ohm'sches Gesetz $I \sim U$	bei konstanter Temperatur
■ Weg-Zeit-Gesetz für die gleichförmige Bewegung von Körpern $s = v \cdot t$	Die Wegmessung beginnt bei $t_A = 0$.

Arten physikalischer Gesetze

In physikalischen Gesetzen werden Zusammenhänge erfasst, die das Verhalten von Einzelobjekten oder einer großen Anzahl von Einzelobjekten unter gegebenen Bedingungen beschreiben.

Dynamische Gesetze

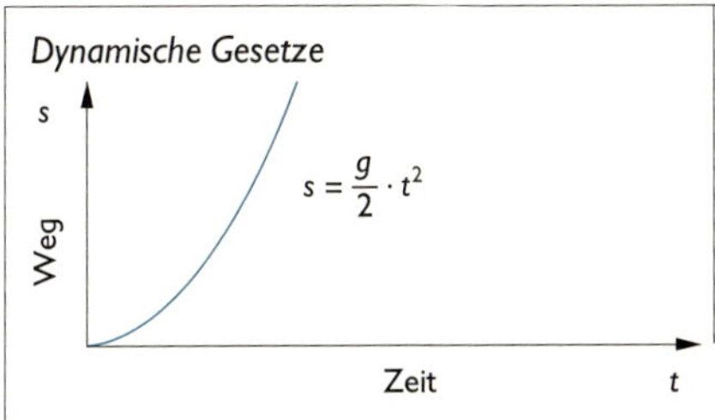

Gesetze, die angeben, wie sich ein Einzelobjekt unter gegebenen Bedingungen notwendig verhält.
Ist der Anfangszustand gegeben und sind die äußeren Bedingungen bekannt, dann beschreibt das dynamische Gesetz alle Folgezustände des Einzelobjekts eindeutig.

- *Weg-Zeit-Gesetz des freien Falles*: Es gibt an, welcher Zusammenhang zwischen Weg und Zeit für den freien Fall eines Massepunktes (Einzelobjekt) unter den gegebenen Bedingungen (Vakuum, Erdnähe) besteht.

Statistische Gesetze

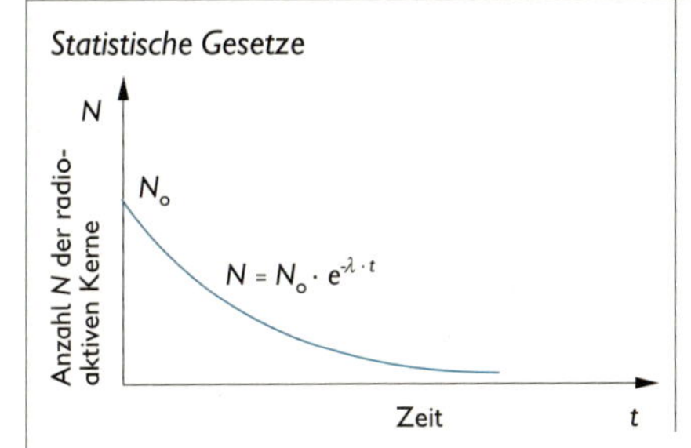

Gesetze, die angeben, wie sich eine große Anzahl von Einzelobjekten unter den gegebenen Bedingungen notwendig verhält.
Ist der Anfangszustand gegeben und sind die äußeren Bedingungen bekannt, dann beschreibt das statistische Gesetz das Verhalten der Gesamtheit der Einzelobjekte. Das Verhalten eines Einzelobjekts kann nur mit einer bestimmten Wahrscheinlichkeit angegeben werden.

- *Gesetz des Spontanzerfalls*: Es gibt an, wie viele Atomkerne (große Anzahl von Einzelobjekten) einer vorgegebenen Menge von Atomkernen unter den gegebenen Bedingungen in einer bestimmten Zeit zerfallen werden. Es gibt nicht an, welche der Atomkerne zerfallen werden.

Statistische Gesetze der klassischen Physik

Sie drücken eine *Unwissenheit* aus, die dadurch entsteht, dass man nicht alle Anfangsbedingungen kennt. Würde man alle Anfangsbedingungen kennen (was in der klassischen Physik bei einem einfachen abgeschlossenen System wenigstens prinzipiell möglich wäre), so wäre die „Unwissenheit" aufgehoben, d. h. zukünftige Einzelereignisse könnten (im Prinzip) streng determiniert vorausgesagt werden (*Thermodynamische Wahrscheinlichkeit*).

Statistische Gesetze der Mikrophysik

Sie drücken eine *Unwissenheit* aus, die dadurch entsteht, dass es wegen der Unbestimmtheitsrelation (↗ S. 305) nicht möglich ist, den Zustand eines Systems durch die gleichzeitige Angabe von Ort und Impuls der Teilchen zu bestimmen. Daher können bereits die Anfangsbedingungen nur mithilfe der Statistik beschrieben werden (*quantenmechanische Wahrscheinlichkeit*).

Erfahrungssätze

Physikalische Gesetze, die Erfahrungen der Menschen über den Zusammenhang zwischen physikalischen Größen in der Natur ausdrücken, die nicht aus anderen Gesetzen hergeleitet und nur an der Erfahrung bestätigt werden können.

- *Wechselwirkungsgesetz*: actio = reactio
  Trägheitsgesetz: Jeder Körper bleibt im Zustand der Ruhe oder der geradlinigen gleichförmigen Bewegung, solange die Resultierende der auf ihn einwirkenden Kräfte null ist.

Erhaltungssätze

Physikalische Gesetze, in denen die Konstanz einer physikalischen Größe festgestellt wird.

- *Energieerhaltungssatz der Mechanik*: $E_{kin} + E_{pot}$ = konstant für reibungsfreie Vorgänge in einem abgeschlossenen mechanischen System

Darstellungsformen eines physikalischen Zusammenhanges

Der ermittelte Zusammenhang kann dargestellt werden

- in Worten als Tendenzangabe,
- durch eine Messwertetabelle,
- in einem Diagramm,
- als Proportionalität,
- durch eine Gleichung.

- *Weg-Zeit-Gesetz der gleichförmigen Bewegung* von Körpern
  Gültigkeitsbedingungen: v = konstant, Körper als Massenpunkt, Wegmessung beginnt bei $t_A = 0$

<table>
<tr><td>Tendenzangabe</td><td>Bei einer gleichförmigen Bewegung werden in gleichen Zeiten gleich lange Wegstrecken zurückgelegt.</td></tr>
<tr><td>Messwertetabelle</td><td><table><tr><td>t in s</td><td>0</td><td>2</td><td>4</td><td>6</td><td>8 ....</td></tr><tr><td>s in m</td><td>0</td><td>4</td><td>8</td><td>12</td><td>16 ...</td></tr></table></td></tr>
<tr><td>Diagramm</td><td>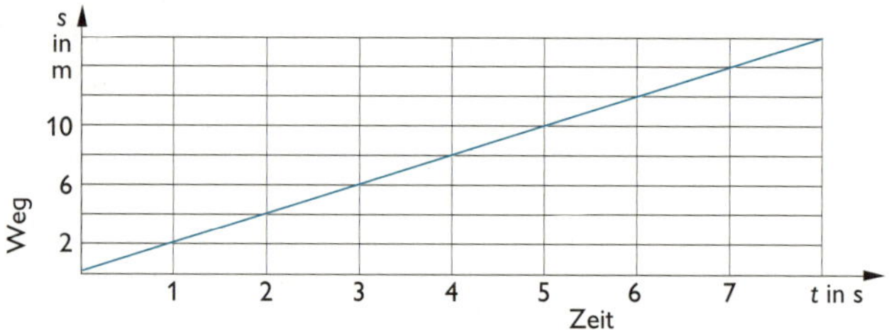
</td></tr>
<tr><td>Proportionalität
Gleichung</td><td>$s \sim t$
$s = v \cdot t$</td></tr>
</table>

Physikalische Deutung von Diagrammen

Diagramm	Physikalische Deutung	Beispiel
$y = \text{konstant}$	Konstanz einer physikalischen Größe $y = \text{konstant}$	Heben eines Körpers längs eines Weges s mit der Kraft $F = \text{konstant}$
$y \sim x$	direkt proportionaler Zusammenhang zwischen zwei physikalischen Größen $y \sim x$	$I \sim U$ $s \sim F$ $Q \sim m$
	rechnerische Bestätigung des Zusammenhanges $\frac{y}{x} = \text{konstant}$	
$y \sim \frac{1}{x}$	umgekehrt proportionaler Zusammenhang zwischen zwei physikalischen Größen $y \sim \frac{1}{x}$	$R \sim \frac{1}{A}$
	rechnerische Bestätigung des Zusammenhanges $y \cdot x = \text{konstant}$	

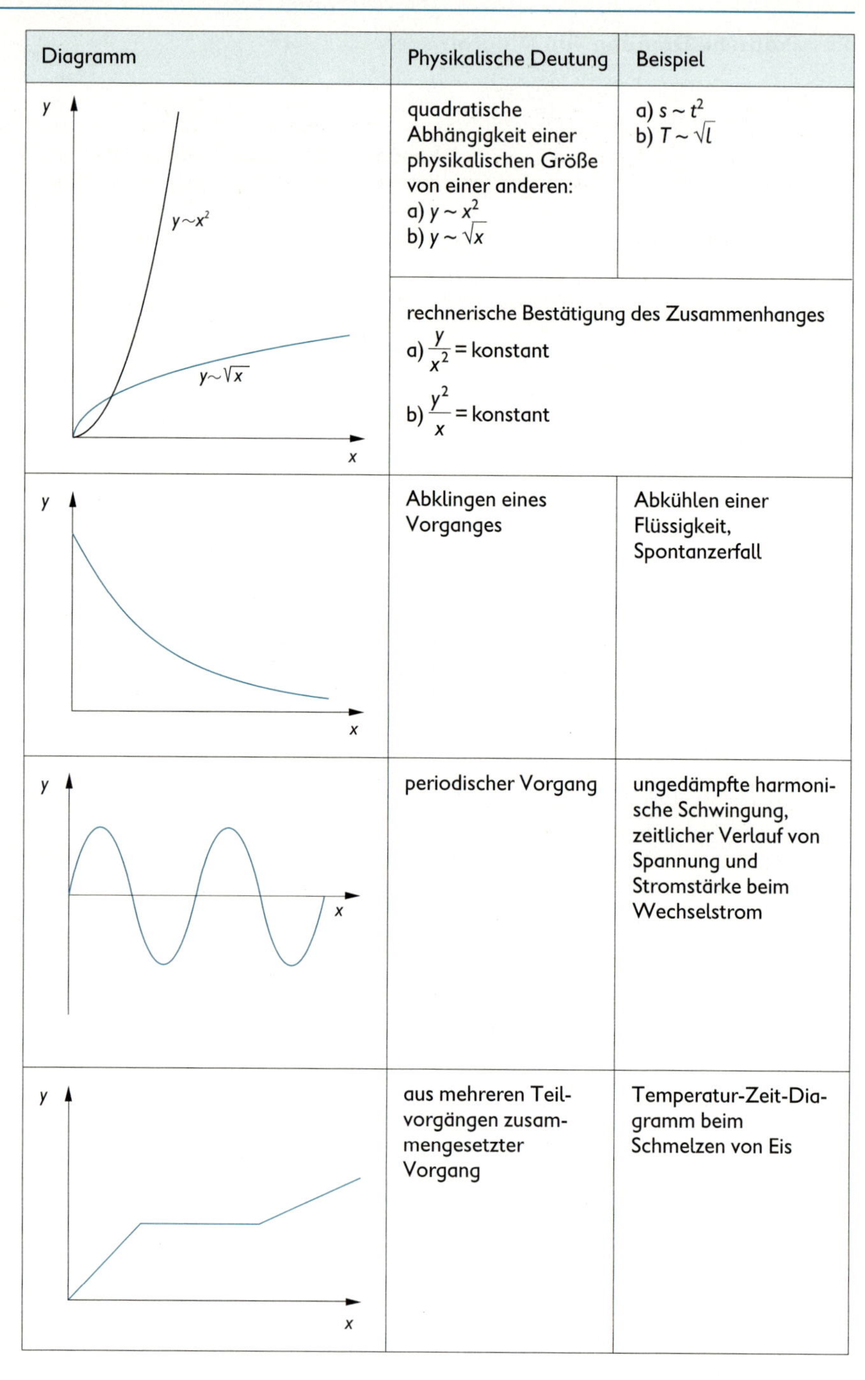

Diagramm	Physikalische Deutung	Beispiel
$y \sim x^2$, $y \sim \sqrt{x}$	quadratische Abhängigkeit einer physikalischen Größe von einer anderen: a) $y \sim x^2$ b) $y \sim \sqrt{x}$	a) $s \sim t^2$ b) $T \sim \sqrt{l}$
	rechnerische Bestätigung des Zusammenhanges a) $\frac{y}{x^2} = \text{konstant}$ b) $\frac{y^2}{x} = \text{konstant}$	
	Abklingen eines Vorganges	Abkühlen einer Flüssigkeit, Spontanzerfall
	periodischer Vorgang	ungedämpfte harmonische Schwingung, zeitlicher Verlauf von Spannung und Stromstärke beim Wechselstrom
	aus mehreren Teilvorgängen zusammengesetzter Vorgang	Temperatur-Zeit-Diagramm beim Schmelzen von Eis

TABELLEN UND GRAFISCHE DARSTELLUNGEN

Tabelle

Übersichtliche, geordnete Darstellung von physikalischen Größen oder Konstanten, von grafischen, symbolischen, wörtlichen oder mathematischen Formulierungen in einer Anordnung von Zeilen und Spalten.

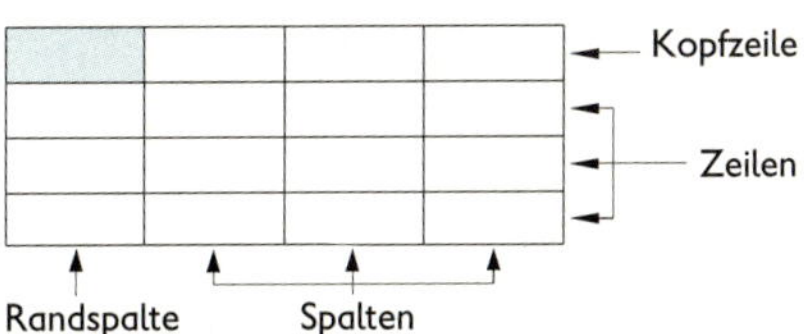

Anlegen einer Tabelle
Jedes Ordnen in Tabellen erfordert das Erkennen von zweckmäßigen Ordnungsmerkmalen.

Wertetabelle

Tabelle, in der physikalische Größen oder Konstanten erfasst werden.

Bei Tabellen, die in einer Spalte gleichartige physikalische Größen enthalten, werden zur Vereinfachung Namen oder Formelzeichen und Einheiten der physikalischen Größen im Kopf der Spalte oder der Zeile angegeben.

m in g	V in cm³	ρ in $\frac{\text{g}}{\text{cm}^3}$
50	6,3	7,9
100	12,5	8,0
150	19,0	7,9
200	25,0	8,0

Zusammenhang zwischen Masse und Volumen eines Körpers

Grafische Darstellung

Hilfsmittel zur Veranschaulichung physikalischer Sachverhalte in Schaubildern und zur zeichnerischen Lösung von Aufgaben.

- grafische Darstellung von Größenverhältnissen oder Zusammenhängen durch bildliche Darstellungen in Strecken-, Streifen- oder Kreisdiagrammen

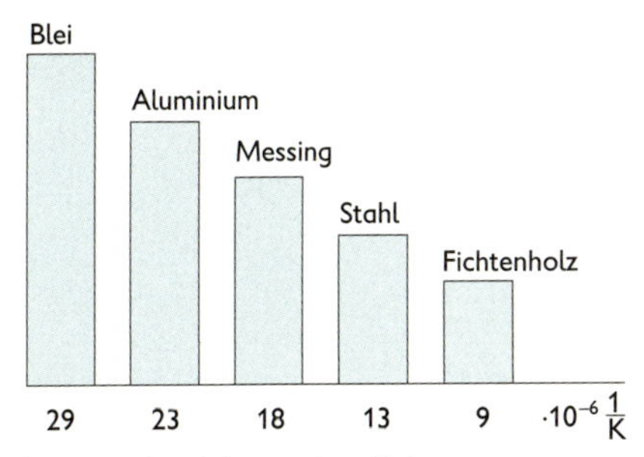

Linearer Ausdehnungskoeffizient für verschiedene Stoffe

- Vektoraddition von Kräften; grafische Darstellung der Überlagerung von Schwingungen und Wellen; Konstruktion optischer Strahlenverläufe

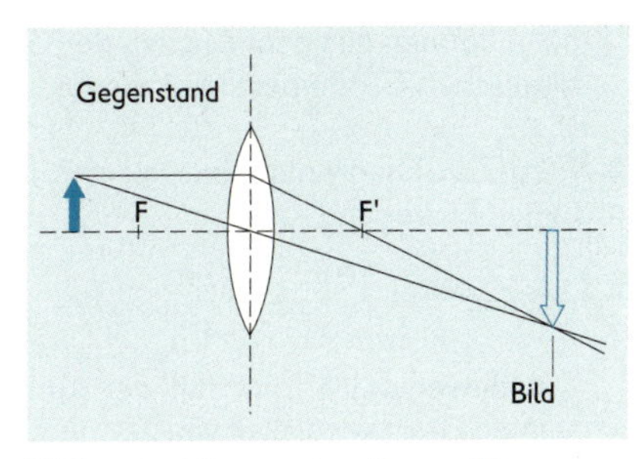

Bildkonstruktion an einer Sammellinse

1

Liniendiagramm

Grafische Darstellung von funktionalen Zusammenhängen in Koordinatensystemen. Die abhängige Variable wird meist auf der Ordinatenachse, die unabhängige Variable auf der Abszissenachse abgetragen.

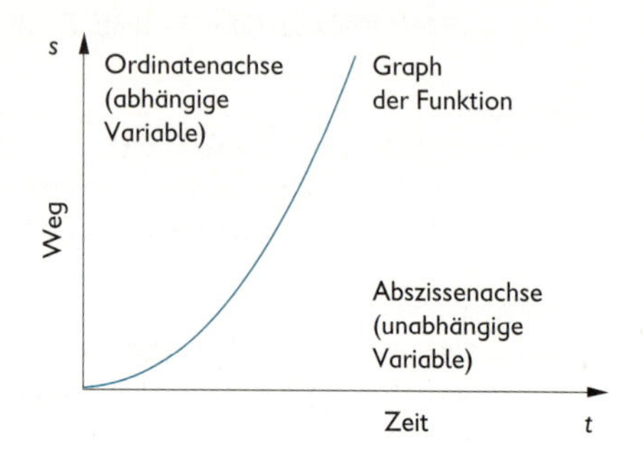

Die Koordinatenachsen können auf zwei Arten beschriftet werden:	
Die Kurve wird mithilfe einer Menge von Wertepaaren einer Funktion konstruiert. Handelt es sich bei den Wertepaaren um physikalische Größen, dann besteht jeder Wert aus einem durch die Funktion bestimmten *Zahlenwert* und einer *Einheit*.	Die Kurve zeigt den prinzipiellen Zusammenhang zwischen zwei physikalischen Größen. Bestimmte Messwerte mit bestimmten Einheiten liegen nicht vor.
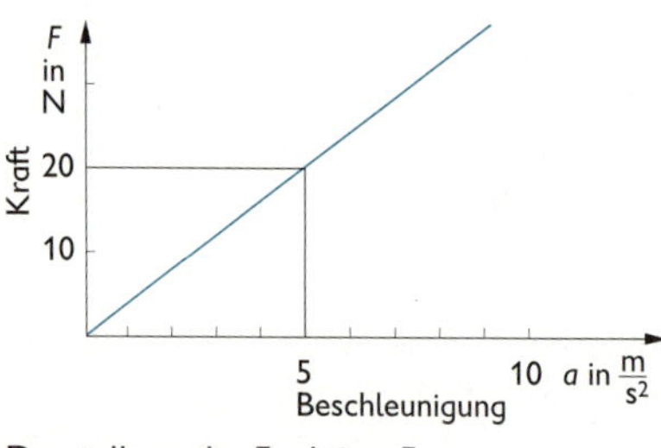	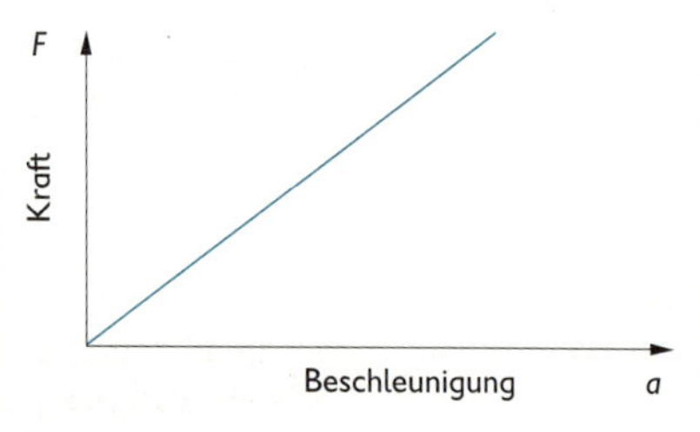
Darstellung der Funktion $F = m_1 \cdot a$ m_1 = konstant = $4\ \frac{N}{m/s^2} = 4$ kg	Darstellung der Funktion $F = m \cdot a$ m = konstant

Ergibt der Quotient der an den beiden Achsen abgetragenen physikalischen Größen eine neue physikalische Größe und liegen die Messwertepaare auf einer Geraden, dann können aus dem Anstieg der Geraden Zahlenwert und Einheit der neuen physikalischen Größe bestimmt werden.

- Weg-Zeit-Diagramm einer gleichförmigen Bewegung

  Anstieg: $\frac{s}{t} = \frac{10\ m}{3\ s} = \frac{3{,}3\ m}{s}$

  Die Bewegung erfolgt mit der konstanten Geschwindigkeit von 3,3 m/s.

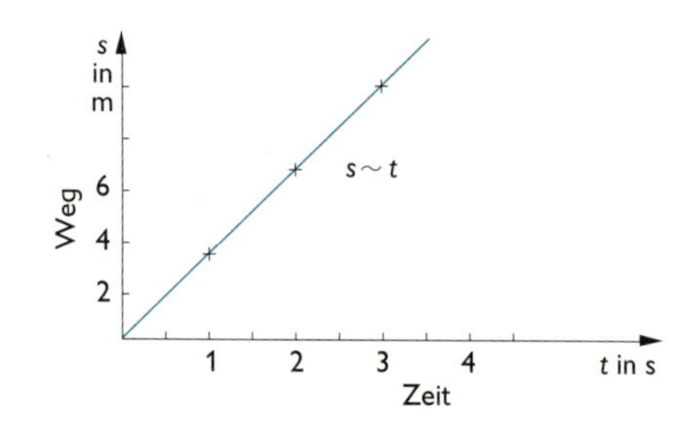

Ergibt das Produkt der an den beiden Achsen abgetragenen physikalischen Größen eine neue physikalische Größe, dann ist die Fläche unter dem Graphen ein Maß für den Wert der neuen physikalischen Größe.

- Geschwindigkeit-Zeit-Diagramm einer gleichmäßig beschleunigten Bewegung.
  Fläche:

  $s = \frac{1}{2} \cdot v \cdot t, \; s = \frac{1}{2} \cdot 5\,\frac{\text{m}}{\text{s}} \cdot 4\,\text{s} = 10\,\text{m}$

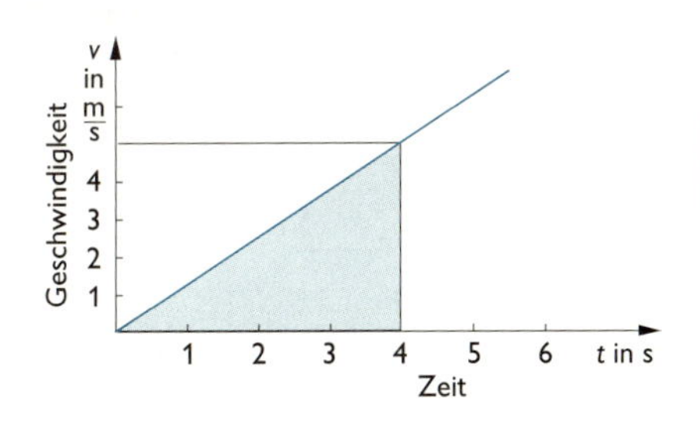

Der gleichmäßig beschleunigt bewegte Körper legt in den ersten 4 s einen Weg von 10 m zurück.

Wahl des Koordinatensystems

Die Wahl eines geeigneten Koordinatensystems ermöglicht, bestimmte Zusammenhänge durch Geraden darzustellen.

- $s = \frac{1}{2} \cdot g \cdot t^2$

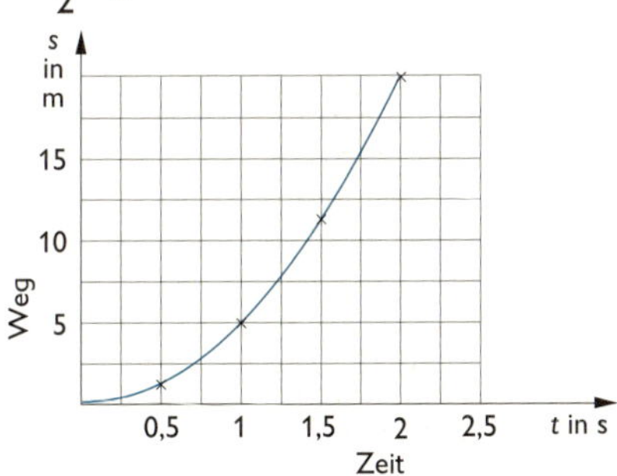

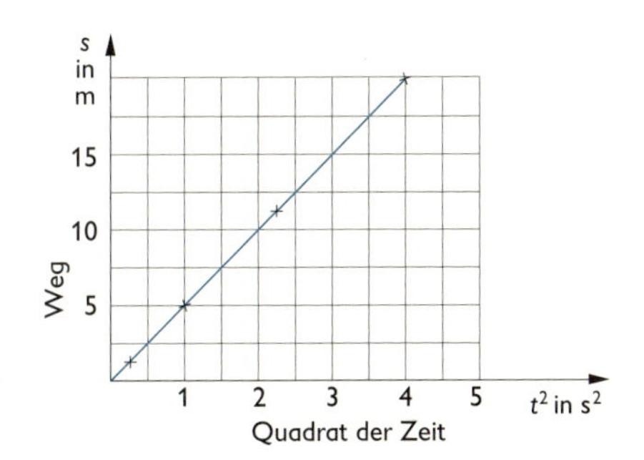

Aus der Darstellung im linearen Netz wird geschlossen, dass es sich bei dem gesuchten Zusammenhang um eine quadratische Funktion handelt.
Zur Prüfung dieser Annahme erfolgt eine Darstellung im linear-quadratisch geteilten Netz. Es ergibt sich eine Gerade. Die Annahme hat sich bestätigt. Eine Gerade lässt sich einfacher und genauer zeichnen als der entsprechende Graph im linken Bild.

Linear geteilte Netze sind besonders geeignet zur Darstellung von Funktionen der Form $y = mx + n$.

- $v_t = a \cdot t + v_0$ für $v_0 = 2$ m/s

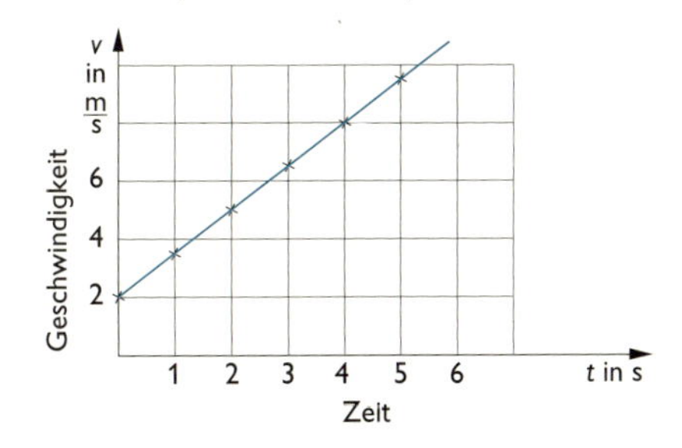

Physikalische Bedeutung des Anstiegs eines Graphen

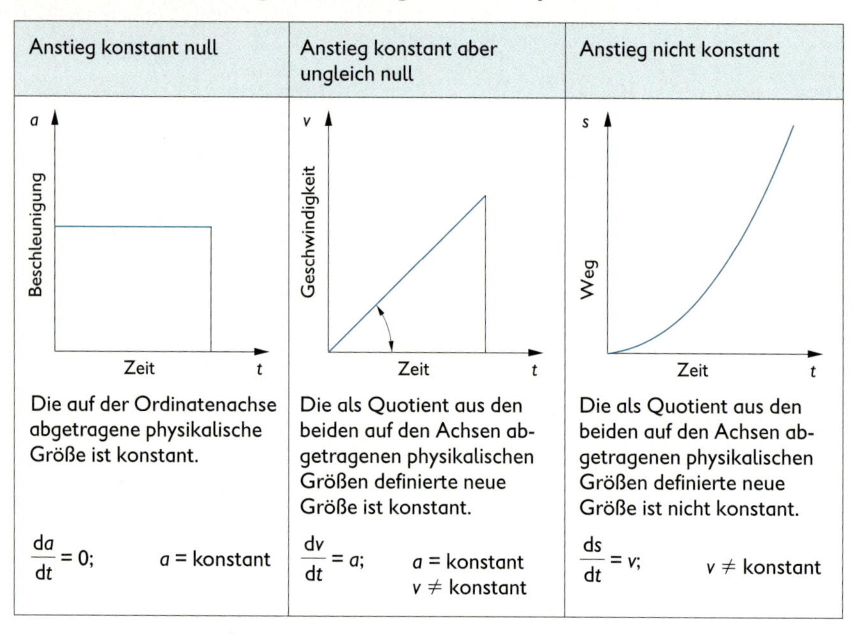

Anstieg konstant null	Anstieg konstant aber ungleich null	Anstieg nicht konstant
Die auf der Ordinatenachse abgetragene physikalische Größe ist konstant.	Die als Quotient aus den beiden auf den Achsen abgetragenen physikalischen Größen definierte neue Größe ist konstant.	Die als Quotient aus den beiden auf den Achsen abgetragenen physikalischen Größen definierte neue Größe ist nicht konstant.
$\frac{da}{dt} = 0$; a = konstant	$\frac{dv}{dt} = a$; a = konstant, $v \neq$ konstant	$\frac{ds}{dt} = v$; $v \neq$ konstant

Schaltzeichen, Sinnbilder

Symbole für elektrische Leitungen und elektrische oder elektronische Geräte.

Symbol	Bedeutung	Symbol	Bedeutung
	Betriebsmittel, Gerät Funktionseinheit		Veränderbarkeit, stufig
			Einstellbarkeit, stetig
	Hülle, Gehäuse, Röhrenkolben	—	Gleichstrom, Gleichspannung (rechts am Kennzeichen anzugeben)
+	positiver Anschluss		
—	negativer Anschluss	~	Wechselstrom, Wechselspannung (Frequenz oder Frequenzbereich rechts am Kennzeichen anzugeben)
	Veränderbarkeit, allgemein		
	Einstellbarkeit, abgleichbar allgemein	≂	Allstrom, Gleich- oder Wechselstrom, Gleich- oder Wechselspannung
	Veränderbarkeit, stetig	≈	Wechselspannung mittlerer Frequenz (Tonfrequenz)

Symbol	Bedeutung	Symbol	Bedeutung
	Wechselspannung hoher Frequenz (z. B. Ultraschall)		Wechsler mit Unterbrechung
	Strahlung, nicht ionisierend, elektromagnetisch (z. B. Radiowellen)		Zweiwegschließer mit Mittelstellung „Aus“
	kohärente Strahlung, nicht ionisierend (z. B. Laserlicht)		Relaisspule, allgemein
	Strahlung, ionisierend		Widerstand, allgemein
	Leiter, Leitung, Stromweg		Widerstand mit Schleifkontakt
	Abzweig von 2 Leitern		Widerstand mit Schleifkontakt, Potentiometer
	Doppelabzweig von Leitern		Widerstand mit Schleifkontakt, einstellbar
	Erde, allgemein Verbindung mit der Erde		Widerstand, veränderbar, allgemein
	Masse, Gehäuse		Widerstand, stetig veränderbar
	Anschluss (z. B. Buchse)		Widerstand, stufig veränderbar
	Verbindung von Leitern	U	Widerstand, nicht linear, spannungsabhängig
	Buchse	t^0	Widerstand, temperaturabhängig, mit positivem Temperaturkoeffizienten (Thermistor, Kaltleiter)
	Stecker	$-t^0$	Widerstand, temperaturabhängig, mit negativem Temperaturkoeffizienten (Heißleiter)
	Steckverbindung		Heizelement
	Primärzelle, Akkumulator		Kondensator, allgemein
	Batterie von Primärelementen, Akkumulatorenbatterie		Kondensator, gepolt
	Sicherung, allgemein		Kondensator, einstellbar
	Schließer, Schalter, allgemein		Kondensator, veränderbar
	Öffner		
	Taster		

Symbol	Bedeutung	Symbol	Bedeutung
	Induktivität, Spule, Wicklung. Drossel		Edelgasgleichrichterröhre
	Induktivität mit Magnetkern		Fotoelektrische Röhre, Fotozelle
	Induktivität mit bewegbarem Kontakt, stufig veränderbar		Fotoelement, Fotozelle
	Transformator mit Magnetkern		Diode, lichtempfindlich Fotodiode
	Transformator mit veränderbarer Kopplung		Leuchtdiode, allgemein
	Transformator mit Mittelanzapfung an einer Wicklung		Transistor, lichtempfindlich Fototransistor pnp-Typ
	Antenne, allgemein	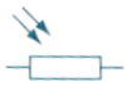	Widerstand, lichtempfindlich Fotowiderstand
	Dipolantenne		
	Halbleiterdiode	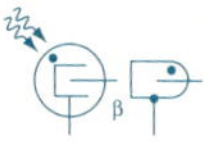	Zählrohr (z. B. zur Messung von β-Strahlung)
	Diode, Katode direkt geheizt	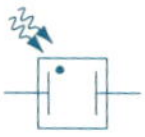	Ionisationskammer
	Diode, Katode indirekt geheizt	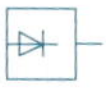	Halbleiterdetektor
	Triode, Katode direkt geheizt		Röntgenröhre, Katode direkt geheizt
	pnp-Transistor		Oszillograf
	npn-Transistor		Glühlampe
	npn-Transistor, bei dem der Kollektor mit dem Gehäuse verbunden ist		Leuchte für Entladungslampe, allgemein

Symbol	Bedeutung	Symbol	Bedeutung
	Glimmlampe		Gleichrichter-Gerät
	Lautsprecher, allgemein		Tonfrequenzgenerator
	Mikrofon, allgemein		Hochfrequenzgenerator
	Hörer, allgemein		Verstärker, allgemein
	Wecker, Klingel	G	Laser als Generator
G G	Generator, allgemein		Elektroherd
M	Elektromotor		Backofen
M	Gleichstrommotor		Waschmaschine
+ -	Thermoelement		Heißwasserspeicher
	Messgerät, anzeigend, allgemein, ohne Kennzeichnung der Messgröße		Durchlauferhitzer
A	Strommessgerät, anzeigend		Drehspulmesswerk mit Dauermagnet
V	Spannungsmessgerät, anzeigend		Drehspulmesswerk mit eingebautem Gleichrichter
W	Leistungsmessgerät, anzeigend		Dreheisenmesswerk
	Galvanometer		Elektrodynamisches Messwerk, eisenlos
	Oszilloskop	2	Prüfspannungszeichen mit Angabe der Prüfspannung in kV
	Uhr		

Symbol	Bedeutung	Symbol	Bedeutung
ϟ	Achtung, Hochspannung!	⚠	Hinweis auf Gebrauchsanweisung
⊥	Messgerät mit senkrechtem Skalenträger	0,2	Klassenzeichen
⊓	Messgerät mit waagerechtem Skalenträger		

Schaltplan

Zeichnerische Darstellung der leitenden Verbindungen zwischen den Bauelementen in elektrischen oder elektronischen Schaltungen.

- Schwingkreis mit Tonfrequenzgenerator und Oszillograf

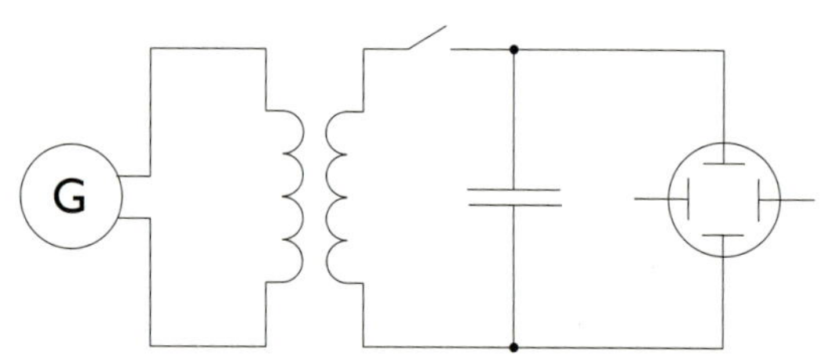

Blockschaltbild

Einfache übersichtliche Darstellung des Zusammenwirkens einzelner komplexer Baustufen einer technischen Anlage.

- Blockschaltbild eines einfachen Rundfunkempfängers

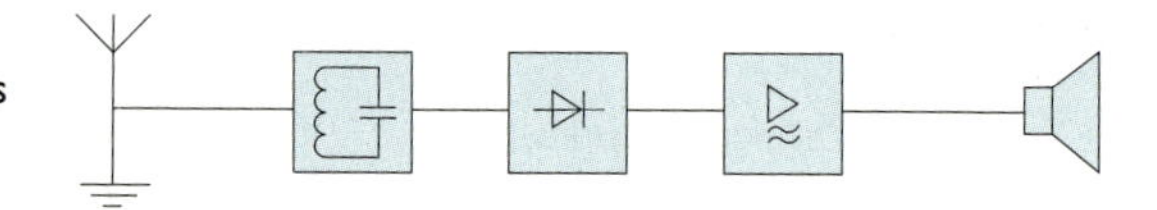

METHODEN UND VERFAHREN DER PHYSIK

Beobachten

Zielgerichtete sinnliche Wahrnehmung bewusst ausgewählter Gegenstände, Vorgänge oder Zustände bezüglich ihrer Existenz oder ihrer Veränderung.

- Beobachte das Verhalten eines Lichtbündels, das schräg auf eine Wasseroberfläche auftrifft!
  ↗ Beschreiben, S. 40

Messen

Vergleichen einer zu messenden Größe mit einer Größe gleicher Art, deren Betrag als Einheit festgelegt ist, unter Beachtung einer Messvorschrift; quantitative Form des Beobachtens.

■ Messen der Höhe einer Brückendurchfahrt

Die Einheit l_E = 1 m ist in der Höhe der Brückendurchfahrt 4-mal enthalten.

$h = 4 \cdot l_E$
$h = 4 \cdot 1\ \mathrm{m}$
$h = 4\ \mathrm{m}$

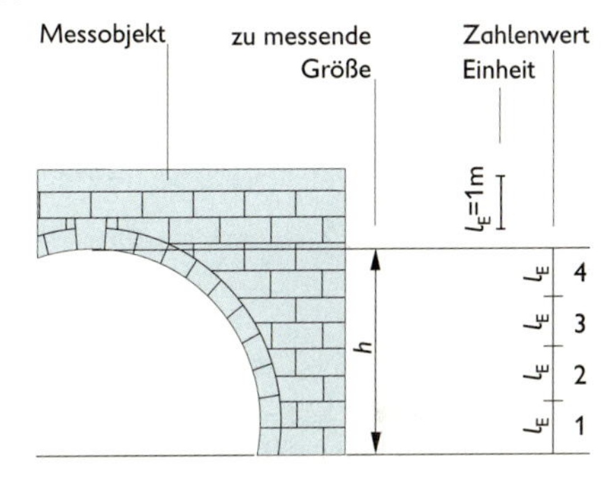

Messverfahren

Direktes Messen	Indirektes Messen
Die durch Messen zu bestimmende physikalische Größe kann am Messgerät unmittelbar oder nach Umrechnung abgelesen werden.	Die durch Messen zu bestimmende physikalische Größe ist nicht direkt ablesbar, sondern muss mithilfe eines bekannten Zusammenhanges aus direkt gemessenen physikalischen Größen berechnet werden.
■ Geschwindigkeit v am Tachometer elektrischer Widerstand R mittels Widerstandsmessgerät	■ Geschwindigkeit v einer gleichförmigen Bewegung durch Messen von Weg s und Zeit t und Berechnen aus $v = \frac{s}{t}$ elektrischer Widerstand R durch Messen von elektrischer Spannung U und elektrischer Stromstärke I und Berechnen aus $R = \frac{U}{I}$

Beispiel für eine Messvorschrift. Messen einer Länge

1. Auswählen eines geeigneten Messgerätes in Abhängigkeit von der zu messenden Länge, z. B. Meterstab
2. Beachten der Eichtemperatur des Messgerätes
3. Ausrichten des Messgerätes auf die Endpunkte der zu messenden Länge
4. Ermitteln der Länge durch senkrechtes Blicken auf die Stellen der Skala, die mit den Endpunkten der zu messenden Länge übereinstimmen

Beschreiben

Sprachliche Darstellung beobachteter physikalischer Sachverhalte bezüglich ihrer äußeren wahrnehmbaren Merkmale in systematischer Folge.
Die Beschreibung gibt an, wie der Sachverhalt beschaffen ist, aber nicht, warum er so und nicht anders beschaffen ist.

Hinweise zum Beschreiben einer Beobachtung

1. Angeben des Sachverhalts, der beschrieben werden soll (Beschreibungsobjekt)	Verhalten eines Lichtbündels bei schrägem Auftreffen auf eine Wasseroberfläche
2. Angeben der Merkmale des Sachverhalts	Ein schmales paralleles Lichtbündel trifft unter einem Winkel $0 < \alpha < 90°$ zwischen Einfallslot und Lichtbündelachse auf eine ebene Wasseroberfläche.
3. Angeben der beobachteten Veränderungen, des beobachteten Verhaltens	Das Lichtbündel ändert beim Übergang ins Wasser seine Richtung, es verläuft im Wasser steiler.

Hinweise zum Beschreiben des Aufbaus eines technischen Gerätes

1. Angeben der Bezeichnung des technischen Gerätes, das beschrieben werden soll (Beschreibungsobjekt)	Das Gerät ist ein Thermometer.
2. Angeben des Verwendungszweckes des technischen Gerätes	Das Thermometer wird zum Messen der Temperatur verwendet.
3. Angeben der wesentlichen Teile des technischen Gerätes und ihrer räumlichen Anordnung (eventuell unter Verwendung einer Skizze) 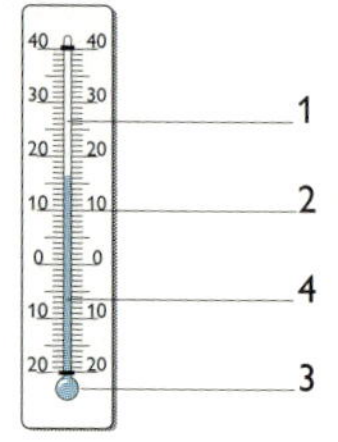	Das Thermometer besteht aus einem Anzeigeröhrchen (1) und einer Skala (2). Das Anzeigeröhrchen endet in dem Thermometergefäß. Das Thermometergefäß (3) und ein Teil des Anzeigeröhrchens sind mit einer Thermometerflüssigkeit (4) gefüllt. Die Skala reicht von –20 °C bis +40 °C. Sie ist in gleiche Teile geteilt.

Verallgemeinern

Verfahren zur Gewinnung von umfassenderen Begriffen oder Aussagen aus spezifischen Begriffen oder Einzelaussagen. Die wichtigste Form ist die induktive Verallgemeinerung (↗ S. 42).

Erklären

Zurückführen einer beobachteten physikalischen Erscheinung oder der Wirkungsweise eines technischen Gerätes auf die zugrunde liegenden Gesetze. Dabei sind die Bedingungen für das Zustandekommen der Erscheinung bzw. der Wirkungsweise des

technischen Gerätes und die Gültigkeitsbedingungen der zur Erklärung herangezogenen Gesetze zu beachten.
Die zum *Erklären* benutzten Gesetzes- und Bedingungsaussagen können *gesichert* oder noch *nicht gesichert* sein. Sind die zur Erklärung eines Sachverhalts erforderlichen Gesetzes- oder Bedingungsaussagen noch nicht bekannt, dann wird versucht, eine *wissenschaftlich begründete Vermutung*, eine *Hypothese* (S. 43), zu finden, die eine vorläufige Erklärung möglich macht.

Hinweise zum Erklären einer physikalischen Erscheinung

1. Angeben des Sachverhalts, der erklärt werden soll	Warum fällt ein laufender Mensch, der über einen Stein stolpert, nach vorn ?
2. Angeben des Gesetzes, das für den zu erklärenden Sachverhalt zutrifft	Trägheitsgesetz
3. Angeben der Bedingungen, unter denen der Sachverhalt auftritt	Der Mensch ist in Bewegung, der Stein fest mit dem Erdboden verbunden.
4. Ableiten der Erklärung aus dem Gesetz und den Bedingungen	Das Trägheitsgesetz besagt: Ein Körper ändert seine Geschwindigkeit nur, wenn eine Kraft auf ihn einwirkt. Stößt der Mensch beim Laufen mit dem Fuß gegen einen Stein, wirkt eine Kraft auf seinen Fuß. Dieser wird plötzlich abgebremst. Der Oberkörper wird weniger stark abgebremst. Der Mensch kippt nach vorn.

Hinweise zum Erklären der Wirkungsweise eines technischen Gerätes

1. Angeben des Gerätes, dessen Wirkungsweise erklärt werden soll	Thermometer
2. Angeben der Gesetze, die der Funktion des Gerätes zugrunde liegen	– Gesetz über den Temperaturausgleich – Gesetz über die Volumenänderung von Flüssigkeiten bei Temperaturänderung
3. Angeben der Bedingungen, die für die Funktion des Gerätes wesentlich sind	Bedingung: Flüssigkeit nicht zusammendrückbar; ausreichend lange Berührung des Thermometers mit dem Körper, dessen Temperatur bestimmt wird; Wärmekapazität des Thermometergefäßes klein gegenüber der des zu untersuchenden Körpers
4. Ableiten der Erklärung der Wirkungsweise des technischen Gerätes aus den Gesetzen und den Bedingungen	Bringt man das Thermometergefäß mit dem Körper in Berührung, dann nimmt die Thermometerflüssigkeit die Temperatur des Körpers an (Gesetz des Temperaturausgleichs). Da sich bei Temperaturänderung das Volumen der Thermometerflüssigkeit ändert (Gesetz der Volumenänderung), steigt die Thermometerflüssigkeit im Anzeigeröhrchen bei Temperaturerhöhung. An der Skala ist ablesbar, welche Temperatur der Körper hat.

Erläutern

Tätigkeit mit dem Ziel, bestimmte Gegenstände, Vorgänge, Ereignisse, Handlungen, Zusammenhänge, Verhaltensweisen usw. verständlicher, klarer, anschaulicher, begreifbarer zu machen.

Hinweise zum Erläutern einer Materialkonstanten

- Die spezifische Wärmekapazität von Wasser $c_{H_2O} = 4{,}186 \frac{kJ}{kg \cdot K}$ drückt aus, dass zur Erhöhung der Temperatur von 1 kg Wasser um 1 K eine Wärme von 4,186 kJ zugeführt werden muss.

Induktive Verallgemeinerung

↗ Verallgemeinern, S. 40

Hinweise zum Verallgemeinern

1. Formulieren der Aufgabe	Welcher Zusammenhang besteht zwischen Druck und Volumen einer Gasmenge bei konstanter Temperatur?
2. Sammeln von Beobachtungen mithilfe von Experimenten oder von praktischen Beispielen $p_0 = 0{,}2$ MPa $V_0 = 2{,}5 \cdot 10^{-3}$ m³	Beispiele: Durch Verkleinern des Volumens wächst der Druck in einem Luftpumpenzylinder. Beim Einatmen vergrößert sich der Lungenraum, der Druck der Luft in der Lunge wird kleiner. Beim Ausatmen verringert sich der Lungenraum, der Druck der Luft in der Lunge wird größer. Experiment: T = konstant
3. Induktive Verallgemeinerung (Ausführen des induktiven Schlusses, Verallgemeinerung der Einzelaussagen zu einer allgemeinen Aussage)	$p_1 \cdot V_1 = p_2 \cdot V_2 = ... = p_n \cdot V_n$ (T_n = konstant) $p \cdot V$ = konstant (T = konstant)
4. Prüfen der allgemeinen Aussage durch – Berechnung	a) Berechnung eines speziellen Beispiels unter Benutzung des gefundenen Zusammenhanges $p_1 \cdot V_1 = p_2 \cdot V_2$ Gesucht: V_2 Gegeben: $p_1 = 0{,}25$ MPa, $p_2 = 0{,}45$ MPa, $V_1 = 2{,}00 \cdot 10^{-3}$ m³

p in MPa	V in m³	$p \cdot V$ in N · m
0,1	$5{,}0 \cdot 10^{-3}$	500
0,2	$2{,}5 \cdot 10^{-3}$	500
0,3	$1{,}65 \cdot 10^{-3}$	495
0,4	$1{,}25 \cdot 10^{-3}$	500
0,5	$1{,}0 \cdot 10^{-3}$	500

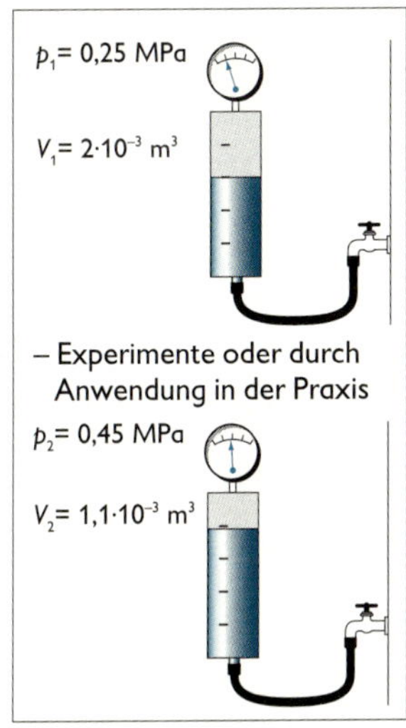

Lösung: $V_2 = \frac{p_1 \cdot V_1}{p_2}$

$$V_2 = \frac{0{,}25\ \text{MPa} \cdot 2{,}00 \cdot 10^{-3}\ \text{m}^3}{0{,}45\ \text{MPa}}$$

$$V_2 = 1{,}1 \cdot 10^{-3}\ \text{m}^3$$

b) Prüfen der Berechnung im Experiment

Eingestellt:	Abgelesen:
p_1 = 0,25 MPa	p_2 = 0,45 MPa
$V_1 = 2{,}00 \cdot 10^{-3}\ \text{m}^3$	$V_2 = 1{,}1 \cdot 10^{-3}\ \text{m}^3$

Auswertung des Experiments: Der berechnete Wert und der im Experiment für V_2 ermittelte Wert stimmen überein. Das Produkt aus Druck und Volumen ist konstant. Das Ergebnis dieser Überprüfung ist eine Bekräftigung der Gültigkeit der allgemeinen bzw. der speziellen Aussage.

Das Ergebnis einer induktiven Verallgemeinerung muss stets in der Praxis, im Experiment oder an der Erfahrung geprüft werden.

Hypothese

Wissenschaftlich begründete Annahme (Vermutung), mit deren Hilfe Erscheinungen erklärt werden können, die sich aus bisher bekannten Gesetzes- und Bedingungsaussagen nicht erklären lassen.

■ Zu einer Zeit, als die Wärmeerscheinungen noch mit der Existenz eines „Wärmestoffs" erklärt wurden, stellte BACON die Hypothese auf: „Wärme ist die Bewegung von Molekülen". Diese Hypothese wurde später von DAVY, RUMFORD u. a. durch experimentelle Befunde prinzipiell bestätigt.

Für eine Hypothese gilt:
– Sie darf den gesicherten wissenschaftlichen Erkenntnissen nicht widersprechen.
– Sie sollte die Erklärung und Voraussage weiterer Erscheinungen ermöglichen.
– Zur Verifikation muss sie in der Praxis oder im Experiment geprüft werden.

Ableiten

Gewinnen neuer Aussagen aus gesicherten (wahren) oder mehr oder weniger gesicherten (als wahr angenommenen) theoretischen Aussagen mithilfe logisch zwingender Schlüsse.
Die wichtigste Form der Ableitung ist die deduktive Ableitung.

Hinweise zur deduktiven Ableitung
Aus gesicherten Aussagen deduktiv abgeleitete Aussagen bedürfen aus logischer Sicht keiner Prüfung. Aus mehr oder weniger gesicherten theoretischen Aussagen abgeleitete Aussagen müssen in der Praxis, im Experiment oder an der Erfahrung geprüft werden.

1. Formulieren der Aufgabe	Wie groß ist die Induktionsspannung U zwischen den Enden eines geraden Leiterstückes der Länge l, das in einem homogenen magnetischen Feld mit konstanter magnetischer Flussdichte B senkrecht zu den Feldlinien um die Strecke Δs bewegt wird?
2. Zusammenstellen der allgemeinen Aussagen und der Bedingungen	Kraft auf einen Leiter in einem konstanten Magnetfeld, der von einem Strom der Stärke I durchflossen wird: $F = B \cdot I \cdot l$ (1) Umwandlung mechanischer Energie bei der Bewegung des Leiterstückes um die Strecke Δs im Magnetfeld in elektrische Energie. Für die dabei verrichteten Arbeiten gilt auf Grund des Erhaltungssatzes der Energie: $W_{mech} = W_{el}$ (2) $W_{mech} = F \cdot \Delta s$ (3) $W_{el} = U_{ind} \cdot I \cdot \Delta t$ (4)
3. Ausführen des deduktiven Schlusses Er führt zu der in der allgemeinen Aussage bereits enthaltenen speziellen Aussage.	Aus (3) und (1) folgt $W_{mech} = B \cdot I \cdot l \cdot \Delta s$. (5) Wenn (2), dann folgt mit (5) $B \cdot I \cdot l \cdot \Delta s = U_{ind} \cdot I \cdot \Delta t$. (6) Mit $\Delta A = l \cdot \Delta s$ folgt aus (6) $U_{ind} = \frac{B \cdot \Delta A}{\Delta t}$. (7)
4. Prüfen der speziellen Aussage durch Anwenden in der Praxis, durch Experimente oder an der Erfahrung	Die auf deduktivem Wege gewonnenen Zusammenhänge werden experimentell bestätigt durch den Nachweis, dass $U \cdot \Delta t \sim B$ und $U \cdot \Delta t \sim \Delta A$

Voraussagen

Gewinnen einer Aussage über einen bisher nicht bekannten, real möglichen Sachverhalt durch logisches Schließen aus gesicherten oder als gesichert angenommenen Aussagen. Das Ergebnis ist eine Voraussage (Prognose).

Für eine Voraussage gilt:
- Sie erklärt nicht.
- Zur Verifikation muss sie in der Praxis oder im Experiment geprüft werden.

Hinweise zum Voraussagen

1. Angeben der Aussage und ihrer Gültigkeitsbedingungen, aus der eine Voraussage abgeleitet werden soll	Brechungsgesetz: $\frac{\sin \alpha}{\sin \beta} = \frac{n_1}{n_2}$ für $\alpha > 0°$ und für den Übergang von Licht aus Wasser ($n_1 = 1{,}33$) in Luft ($n_2 = 1$).

2. Ableiten der Voraussage(n)	Aus dem Brechungsgesetz folgt $\sin\beta = \frac{n_1}{n_2} \cdot \sin\alpha = \frac{1{,}33}{1} \sin\alpha,$ d. h., $\beta > \alpha$. Voraussage 1: Beim Übergang des Lichtes von Wasser in Luft müsste das Licht vom Lot weggebrochen werden. Voraussage 2: Es gibt einen Winkel α_G, für den $\beta = 90°$ wird.
3. Prüfen der Voraussage in der Praxis	Das Experiment zeigt: Das Licht wird vom Lot weggebrochen. Es gibt einen Grenzwinkel $\alpha_G = 49°$. Für $\alpha > \alpha_G$ tritt keine Brechung mehr auf (Totalreflexion).

Bestätigen

Verfahren zum Nachweis der Gültigkeit von Aussagen mithilfe von Experimenten oder durch die Praxis. Dabei werden aus der zu prüfenden Aussage auf deduktivem Wege (↗ deduktive Ableitung, S. 43) Folgerungen abgeleitet.
Die Gültigkeit der Folgerungen wird durch unmittelbare oder mittelbare Beobachtung in der Praxis, im Experiment oder an der Erfahrung geprüft. Um die Gültigkeit einer Aussage zu sichern, müssen die daraus gezogenen Folgerungen durch mehrere, möglichst unterschiedliche Experimente bestätigt werden; sie dürfen durch kein einziges Experiment widerlegt werden.

Hinweise zum Bestätigen einer Aussage

1. Formulieren der Aussage, deren Gültigkeit (Wahrheit) noch nicht feststeht	Die Brechzahl des Lichtes in Glas ist von seiner Farbe abhängig.
2. Ableiten experimentell prüfbarer Folgerungen aus der zu prüfenden Aussage	Wenn diese Aussage richtig ist, dann müsste sich das bei der Brechung von Licht unterschiedlicher Farbe durch ein Glasprisma zeigen.
3. Durchführen des Experiments	Im Experiment wird ein Prisma durch einen Spalt zunächst mit blauem und dann mit rotem Licht durchstrahlt.
4. Auswerten des Experiments	Das Bild des Spaltes ist für blaues Licht und für rotes Licht an verschiedenen Stellen des Bildschirmes zu beobachten.
5. Vergleichen des Ergebnisses des Experiments mit der zu prüfenden Aussage	Das Experiment bestätigt die Folgerung. Rotes und blaues Licht werden unterschiedlich gebrochen. Die Brechzahl des Lichtes ist in Glas von seiner Farbe abhängig.

1

Interpretieren

Angabe der Bedeutung von Gleichungen oder von Diagrammen und ihrer Teile.

Hinweise zum Interpretieren einer Gleichung

■ Weg-Zeit-Gesetz der gleichmäßig beschleunigten Bewegung $s = \frac{1}{2} \cdot a \cdot t^2$

1. Angeben der physikalischen Größen	s Weg in m t Zeit in s a Beschleunigung in m/s^2
2. Nennen der Bedingungen, unter denen die Gleichung gilt	a ist konstant beschleunigte Bewegung aus dem Stillstand
3. Angeben des jeweils zwischen zwei physikalischen Größen bestehenden Zusammenhanges und der dabei als konstant zu betrachtenden Größen	$s \sim t^2$ a = konstant Bei der Beschleunigung aus dem Stillstand ist der Weg dem Quadrat der Zeit proportional, sofern die Beschleunigung konstant ist.
4. Angeben von Beispielen für diese Zusammenhänge	freier Fall eines Körpers im Vakuum; gleichmäßiges Anfahren eines Fahrzeuges aus dem Stillstand

Hinweise zum Interpretieren eines Diagramms

■ Diagramm der gleichförmigen Bewegung eines Körpers

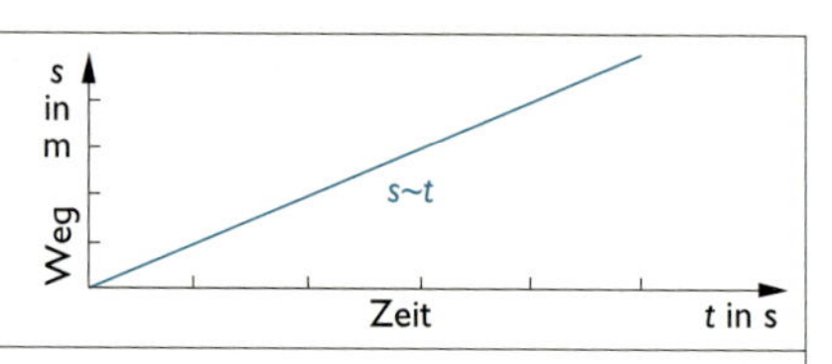

1. Angeben der physikalischen Größen, die auf den Koordinatenachsen abgetragen sind, einschließlich ihrer Einheiten	Ordinate: Weg s in m Abszisse: Zeit t in s
2. Nennen der Bedingungen, unter denen der dargestellte Zusammenhang gilt	v ist konstant Körper als Massenpunkt Die Wegmessung beginnt bei $t_0 = 0$.
3. Angeben des zwischen den physikalischen Größen bestehenden Zusammenhanges	$s \sim t$ (Der Weg ist der Zeit proportional; je mehr Zeit vergeht, umso länger ist der zurückgelegte Weg.)
4. Angeben eines Beispiels, in dem sich der dargestellte Zusammenhang zeigt	Bewegung eines Mauerziegels auf einem Förderband, Rolltreppe

Mathematisieren

Darstellen empirischer Befunde in Gleichungen oder Diagrammen. Dem durch Worte der Alltagssprache oder der physikalischen Fachsprache beschriebenen Tatsachenmaterial werden mathematische Symbole zugeordnet. Die zwischen messbaren Eigenschaften oder Merkmalen bestehenden Zusammenhänge und Beziehungen werden durch Proportionalitäten, Gleichungen oder Ungleichungen bzw. in Diagrammen dargestellt.

Hinweise zum Mathematisieren empirischer Befunde

■ Zusammenhang zwischen der Längenänderung und der Temperaturänderung eines festen Körpers	
1. Angeben der empirischen Befunde mit den Mitteln der Alltagssprache oder der Fachsprache	Zwischen der Längenänderung eines Metallstabes einerseits und der Temperaturänderung sowie der Ausgangslänge des Stabes andererseits besteht eine direkte Proportionalität. Die Längenänderung hängt auch vom Material des Stabes ab.
2. Zuordnen von Zeichen zu den Worten	Ausgangslänge l_0 Temperaturänderung ΔT Längenänderung Δl Linearer Ausdehnungskoeffizient α
3. Abbilden des Zusammenhangs unter Verwendung der zugeordneten Zeichen	$\left.\begin{array}{l}\Delta l \sim \Delta T \\ \Delta l \sim l_0\end{array}\right\} \Delta l \sim l_0 \cdot \Delta T$ Δl hängt von α ab.
4. Zusammenfassen der Abhängigkeiten zu einer Proportionalität, einer Gleichung oder Ungleichung	$\Delta l = \alpha \cdot l_0 \cdot \Delta T$

Experimentieren

Planen, Durchführen und Auswerten von Experimenten mit dem Ziel, eine vom Menschen an die Natur gestellte Frage zu beantworten.

↗ Experiment, S. 47

Experiment

Von einer Person unter Anwendung von Hilfsmitteln planmäßig ausgelöster Vorgang zur Beantwortung einer Frage an die Natur.

Merkmal	Beispiel
bewusst geschaffene Bedingungen	Die Experimentieranordnung wird gedanklich geplant, z. B. horizontale Fahrbahn mit Wagen möglichst geringer Reibung, Umlenkrolle mit bekannter Masse in Spitzen gelagert, beschleunigender Körper mit bekannter Gewichtskraft.

Merkmal	Beispiel
Veränderbarkeit der Bedingungen	Veränderung der Masse des Wagens, der beschleunigenden Kraft, der Reibung, der Neigung der Fahrbahn usw.
Kontrollierbarkeit der Bedingungen	Kontrolle der Übereinstimmung zwischen der gedanklich geplanten experimentellen Anordnung und den tatsächlich vorhandenen Bedingungen
Wiederholbarkeit des Experiments	Bei Gewährleistung der gleichen Bedingungen ergeben sich die gleichen Veränderungen, z. B. gleiche Beobachtungs- oder Messdaten, unabhängig vom Beobachter und vom Zeitpunkt des Experiments.
Isolierbarkeit nebensächlicher oder störender Einflüsse	Experimente können unter natürlichen oder künstlichen Bedingungen ablaufen (Beobachtung der beschleunigten Bewegung beim freien Fall in der Natur oder an einer Experimentieranordnung). Bei Experimenten unter künstlichen Bedingungen gelingt es meist besser, störende oder nebensächliche, das Ergebnis verfälschende Einflüsse zu isolieren (z. B. Luftreibung, Einfluss der Form des Körpers auf das Ergebnis) oder diese zumindest zu kontrollieren.

Hinweise zum Planen von Experimenten

<table>
<tr><td>1. Formulieren der Frage, die durch das Experiment beantwortet werden soll</td><td>Wie hängt die Temperturerhöhung eines Körpers von der zugeführten Wärme ab?</td></tr>
<tr><td>2. Ausdenken eines Experiments, das geeignet ist, die Frage zu beantworten</td><td>Experiment: Erwärmung einer bestimmten Wassermenge mit einer elektrischen Kochplatte (zeitlich konstante Wärmeabgabe); Temperaturmessung mit einem Thermometer; Zeitmessung mit einer Stoppuhr; Verwendung unterschiedlicher Wassermengen; Mengenbestimmung mit einem Messzylinder (Becherglas). Wiederholung des Experiments mit Öl im Wasserbad.</td></tr>
<tr><td>3. Festlegen der Größen, die verändert werden oder unverändert bleiben sollen</td><td><table>
<tr><th>Abhängigkeiten untersuchen</th><th>Verändern von</th><th>Konstanthalten von</th></tr>
<tr><td>Q von ΔT
Q von m
Q vom Stoff</td><td>ΔT
m
Stoff</td><td>m und Stoff
ΔT und Stoff
m und ΔT</td></tr>
</table></td></tr>
<tr><td>4. Bedenken möglicher Fehlerquellen</td><td>↗ Fehlerbetrachtungen, S. 53 ff.</td></tr>
</table>

Hinweise zum Durchführen von Experimenten

1. Aufbauen der experimentellen Anordnung und Auswählen der Messgeräte	
2. Durchführen der Beobachtungen oder Messungen entsprechend dem Plan ↗ Planen von Experimenten, S. 48	↗ Messen, S. 39 und 51
3. Protokollieren der Beobachtungs- bzw. Messergebnisse	siehe Tabelle

Nummer der Messung	Q in kJ	ΔT in K
1	10	12
2	20	24
3	30	36
4	40	48

Hinweise zum Auswerten von Experimenten

1. Verarbeiten der Beobachtungs- bzw. der Messergebnisse (z. B. Diagramme)	ΔT in K; 10, 20, 30, 40 Q in kJ; 10, 20, 30, 40 200 g Wasser
2. Erkennen des vermutlichen Zusammenhanges	$\Delta T \sim Q$
3. Prüfen des Zusammenhanges (Anmerkung: Die rechts stehende Spalte kann erst ausgefüllt werden, nachdem in den Schritten 1 und 2 der Auswertung ein vermutlich existierender Zusammenhang zwischen den gemessenen Größen erkannt wurde.)	$\frac{\Delta T}{Q}$ in $\frac{K}{kJ}$: 1,2; 1,2; 1,2; 1,2 $\frac{\Delta T}{Q}$ = konstant
4. Formulieren des Ergebnisses Beantworten der Frage an die Natur ↗ Planen von Experimenten	Die Messungen zeigen, dass die Temperaturzunahme ΔT des Wassers der zugeführten Wärme Q proportional ist. Je größer die zugeführte Wärme ist, umso größer ist die Temperaturzunahme bei gleicher Wassermenge.
5. Ermitteln möglicher Fehler und Durchführen der Fehlerbetrachtung	↗ Fehlerbetrachtung, S. 53 ff.

Modell

Vom Menschen auf der Grundlage von Analogien geschaffenes Ersatzobjekt, das ein komplizierteres Original vertritt.
Modelle können auf stofflicher Grundlage konstruiert sein (als Modell für eine Flüssigkeit können z. B. Seesand oder kleine Stahlkugeln dienen), sie können aber auch als Denkmodelle existieren (z. B. Massenpunkt als Modell für einen Stein).

Denkmodell. Vereinfachte Vorstellung von real existierenden Gegenständen und Vorgängen (Gedankengebilde).

- Massenpunkt als Ersatzobjekt (Denkmodell) für reale Körper
  Lichtstrahl als Ersatzobjekt (Denkmodell) für reale Lichtbündel
  Ideales Gas als Ersatzobjekt (Denkmodell) für reale Gase

<table>
<tr><th>Besonderheiten eines Modells</th><th>Beispiel</th></tr>
<tr><td>Für dasselbe Objekt können zur Beschreibung und Untersuchung verschiedener Eigenschaften verschiedene Modelle geschaffen werden.</td><td>Wenn man die Bewegung von Himmelskörpern untersuchen will, kann die Erde durch das Modell Massenpunkt dargestellt werden.
Wenn man Erdbebenwellen simulieren will, kann die Erde durch einen elastischen Körper (Gummiball als Modell) dargestellt werden.
Wenn man die Abplattung der Erde untersucht, kann die Erde durch ein elastisches, in Drehbewegung versetztes, kreisförmiges Metallband (Modell) dargestellt werden.</td></tr>
<tr><td>Jedes Modell stimmt nur in einigen Merkmalen mit dem Original überein.</td><td><table><tr><th>Original</th><th>Modell</th></tr><tr><td>Erde, real existierender Körper mit räumlicher Ausdehnung und mit einer bestimmten Masse</td><td>Massenpunkt, ideell vorgestelltes Gebilde ohne räumliche Ausdehnung (mathematischer Punkt) mit der dem Punkt zugeordneten Erdmasse</td></tr></table></td></tr>
<tr><td>Jedes Modell ist nur innerhalb angegebener Grenzen gültig.</td><td>Das Modell Massenpunkt ist nicht mehr anwendbar, wenn die räumliche Ausdehnung eines Körpers berücksichtigt werden muss.</td></tr>
<tr><td>Erkenntnisse aus Modellen müssen an der Wirklichkeit überprüft werden.</td><td>Das für den freien Fall eines Massenpunktes gefundene Weg-Zeit-Gesetz muss für den freien Fall eines ausgedehnten Körpers im Vakuum geprüft werden.</td></tr>
</table>

PHYSIKALISCHE MESSUNGEN

Messprozess

Vom Menschen herbeigeführte Wechselwirkung eines Messobjekts mit einer Messapparatur, um den Größenwert einer physikalischen Größe festzustellen.

Bestandteil	Erläuterung	Beispiel
Messobjekt	Objekt, an dem die Ausprägung einer bestimmten Eigenschaft (physikalische Größe) quantitativ bestimmt werden soll	Durchmesser eines Drahtes
Einheit	physikalische Größe, mit der die zu messende Größe verglichen werden soll	Einheit der Länge: 1 Meter (1 m)
Messapparatur	Messgeräte einschließlich der Mittel zur Registrierung der Messwerte	Mikrometerschraube, Messgenauigkeit 10^{-5} m (↗ S. 52)
Messvorschrift	Regeln zur Benutzung der Messgeräte und zur Durchführung von Messungen	Regeln zur Benutzung der Mikrometerschraube
Messergebnis	beim Vergleichen von Messobjekt und Einheit (ggf. nach Umrechnung auf die Basiseinheit) gewonnener Größenwert	$d = 5 \cdot 10^{-4}$ m

↗ Messen, S. 39

Regeln für das Messen

1. In vielen Fällen lässt sich die Messgenauigkeit verbessern, indem die Anzahl der Messungen vergrößert wird.
2. Für die Qualität des Messergebnisses ist die Güte der Messungen wesentlicher als die Anzahl der Messungen.
3. Offensichtlich sehr stark abweichende Messwerte sind bei der Auswertung der Messung nicht zu berücksichtigen. Bevor diese Werte ausgeschlossen werden, ist zu prüfen, ob systematische Fehler zu den Abweichungen geführt haben.
4. Vor der Messung sollte die Größenordnung des zu erwartenden Messergebnisses abgeschätzt und danach ein geeignetes Messgerät ausgewählt werden.
5. Messergebnisse sollen nicht genauer angegeben werden, als es die Messung aufgrund der Genauigkeit der Messmittel zulässt.
6. Fehlerangaben sind stets aufzurunden.
7. Der Größtfehler (↗ S. 58) einer Messgeräteskalenteilung beträgt eine halbe Einheit der Skalenteilung.
8. Bei der Auswertung der Messung ist die Güteklasse (↗ S. 56) der eingesetzten elektrischen Messgeräte zu beachten.
9. Der Anzeigewert auf Messgeräten muss stets senkrecht zur Skala abgelesen werden, um Ablesefehler (Parallaxefehler) zu vermeiden.

Protokoll

Um physikalische Messungen miteinander vergleichen zu können, müssen Art der Messung und Messergebnisse registriert werden. Dazu dient ein Protokoll.

Inhalt eines Protokolls (Empfehlung)

Name, Vorname, Datum

Gliederung	Auswahl möglicher Teilschritte
Aufgabenstellung	– Übernahme aus dem Lehrbuch o. ä. – selbstständige Erarbeitung
Planung und Aufbau des Experiments	– Beschreiben der experimentellen Anordnung einschließlich Skizze des Aufbaus – Angeben des Messverfahrens – Angeben der verwendeten Geräte (z. B. genaue Bezeichnung der Messgeräte, Angeben des Messbereichs und der Messgenauigkeit bzw. der Skalenteilung)
Durchführung des Experiments	– Beschreiben des Ablaufs des Experiments – Beschreiben der Beobachtungen – Angeben der gemessenen Größen und Erfassen in Tabellen
Auswertung des Experiments	– grafisches Darstellen der Ergebnisse – theoretische Verarbeitung der Ergebnisse, z. B.: • Erkennen und Formulieren mathematischer Zusammenhänge • Formulieren des Ergebnisses in qualitativer und in quantitativer Form
Fehlerbetrachtung	– Fehlerkritik – Fehlerabschätzung – Fehlerrechnung

Genauigkeit physikalischer Größenangaben

Näherungswerte. Zahlenwerte physikalischer Größen, die bei Messungen oder bei Berechnungen ermittelt werden. Aus unterschiedlichen Gründen (mögliche oder sinnvolle Messgenauigkeit, Messfehler, verfügbare Messmittel usw.) weichen die Messwerte vom „wahren" Wert der Messgröße ab. Näherungswerte ergeben sich beim Messen und bei mathematischen Operationen, z. B. beim Runden.

Eingangswerte. Näherungswerte, die in die Rechnung eingehen und die Genauigkeit eines Ergebnisses beeinflussen.

Rundungsfehler. Fehler, die die Genauigkeit eines Ergebnisses durch Runden im Verlaufe der Rechnung beeinflussen.

- Der Rundungsfehler muss stets kleiner sein als der Fehler der Eingangswerte, da sonst die Genauigkeit der Eingangswerte nicht voll genutzt wird.

- Das kann erreicht werden, indem bei der Rechnung 1 bis 2 Dezimalstellen mehr mitgeführt werden und erst im Ergebnis auf die den Eingangswerten entsprechende Genauigkeit gerundet wird.

↗ Runden (Wissensspeicher Mathematik)

Geltende Ziffern

Alle Ziffern eines Näherungswertes mit Ausnahme der Nullen, die links von der ersten von null verschiedenen Ziffer stehen.

$g \approx 980{,}665\ \text{cm/s}^2$ 6 geltende Ziffern $\quad$ $V \approx 150{,}0\ \text{ml}$ 4 geltende Ziffern

$g \approx 9{,}807\ \text{m/s}^2$ 4 geltende Ziffern $\quad$ $I \approx 0{,}305\ \text{A}$ 3 geltende Ziffern

Regeln für das Rechnen mit Näherungswerten

1. Die Genauigkeit eines Rechenergebnisses kann nie höher sein als die Genauigkeit der in die Rechnung eingehenden Eingangswerte.
2. Berechnungen mit Messergebnissen sind nur bis zu der Genauigkeit sinnvoll, mit der die unmittelbar gemessenen Größen bestimmt werden konnten.
3. Beim Rechnen mit Näherungswerten verschiedener Genauigkeit kann das Ergebnis der Rechnung höchstens die Genauigkeit des Näherungswertes mit der geringsten Genauigkeit haben.
4. Beim Addieren und Subtrahieren von Näherungswerten ist das Ergebnis mit der Genauigkeit anzugeben, die der Summand mit der geringsten Genauigkeit hat.

■ $l = l_1 + l_2 + l_3 = 0{,}765\ \text{m} + 3{,}3\ \text{m} + 28{,}71\ \text{m} \approx 32{,}8\ \text{m}$ Falsch: $l = 32{,}775\ \text{m}$

5. Beim Multiplizieren und Dividieren von Näherungswerten ist das Ergebnis mit so vielen geltenden Ziffern anzugeben, wie der Näherungswert mit der geringsten Anzahl geltender Ziffern hat.

■ $A = l_1 \cdot l_2 = 2{,}4\ \text{m} \cdot 3{,}78\ \text{m}, \approx 9{,}1\ \text{m}^2$ Falsch: $A = 9{,}072\ \text{m}^2$

6. In allen Zwischenergebnissen behalte man jeweils eine Ziffer mehr bei, als es die Regeln 4 bzw. 5 vorschreiben.

■ Eingangswerte: $s = 0{,}20\ \text{m}$, $t = 0{,}19\ \text{s}$
Zwischenergebnis: $t^2 = 0{,}0361\ \text{s}^2$
Endergebnis: $\frac{s}{t^2} \approx 5{,}5\ \text{m/s}^2$ Falsch: $\frac{s}{t^2} \approx 5{,}540\ \text{m/s}^2$

Die Angabe einer zu großen Stellenzahl bei physikalischen Ergebnissen ist häufig ein Zeichen mangelnder Kritik.

Fehlerbetrachtung

Kritische Einschätzung der Genauigkeit von Messergebnissen durch
- Fehlerkritik
- Fehlerabschätzung
- Fehlerrechnung

Fehlerkritik

Kritische Einschätzung der Genauigkeit von Messergebnissen durch wörtliche Aufzählung möglicher Fehlerursachen. Hierbei ist zwischen zufälligen und systematischen Fehlern zu unterscheiden und die Tendenz, mit der die gemessenen physikalischen Größen durch diese Fehler beeinflusst werden, zu beurteilen.

- Verweisen auf Wärmekapazität der Gefäße, Hinweis auf Einfluss der Lufttemperatur, Verweisen auf unterschiedliche, subjektiv bedingte, ungenaue Ablesungen, verbleibende Wasserreste in den Gefäßen bzw. in Messzylindern, auftretende Reibung, Ableseparallaxe u. a.

Fehlerabschätzung
Kritische Einschätzung der Genauigkeit von Messergebnissen. Dabei sind die erfassten systematischen Fehler zu berücksichtigen und die zufälligen und systematischen Fehler abzuschätzen (↗ S. 55).

Einfache Fehlerrechnung
Kritische Einschätzung der Genauigkeit von Messergebnissen, die durch statistische Schwankungen des Messwertes fehlerbehaftet sind. Zur quantitativen Abschätzung des Fehlers, der durch die statistischen Schwankungen des Messwertes entsteht, und zur Bestimmung der Messgröße (↗ S. 60) werden der Mittelwert, der absolute, der relative, der prozentuale Fehler des Messwertes und der mittlere Fehler des arithmetischen Mittels berechnet. (↗ S. 57 ff.)

Wahrer Wert einer Messgröße x_w

Zu einem bestimmten Zeitpunkt objektiver, von jedem Messverfahren unabhängiger Wert einer physikalischen Größe. Der wahre Wert ist im Allgemeinen unbekannt. Durch Messung soll ein Wert bestimmt werden, der dem wahren Wert nahekommt.

Messfehler

Abweichung Δx_i der Messwerte x_i vom wahren Wert (absoluter Fehler, ↗ S. 57):
$\Delta x_i = x_i - x_w \qquad i = 1, \ldots, n$

Ursachen für Messfehler
- Fehler, die durch die Experimentieranordnung bedingt sind
- Fehler, die durch die Messmittel (Messgeräte, Maßverkörperungen) entstehen
- Fehler, die durch Umwelteinflüsse auf das Experiment hervorgerufen werden
- Fehler, die im Verhalten des Experimentators begründet sind

Der Messfehler setzt sich aus groben, aus systematischen und aus zufälligen Fehlern zusammen.

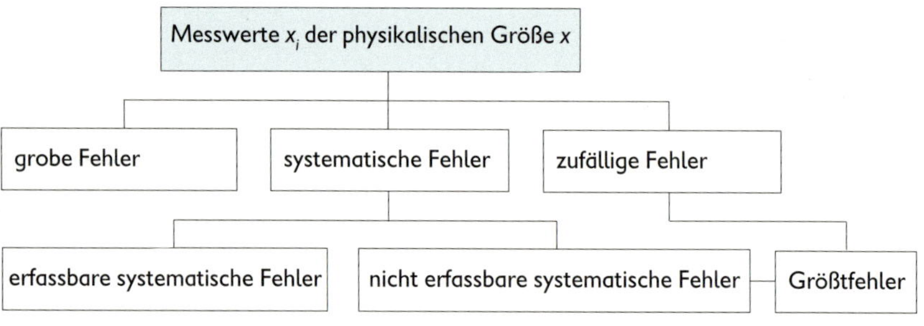

Grobe Fehler

Beruhen auf Irrtümern oder auf Unachtsamkeit des Experimentators bzw. auf falschen oder gestörten Ablesungen oder auf Defekten der verwendeten Messmittel und sind prinzipiell vermeidbar. Grobe Fehler sind also meist erkennbar. Die entsprechenden Messwerte werden deshalb aus Messreihen gestrichen. Sie werden manchmal auch als „uneigentliche Messfehler" bezeichnet.

- Irrtümer des Beobachters durch falsches Ablesen von Ziffern, Nichtbeachtung des Messbereiches bei Skalenablesung, falsche Haltung des Messzylinders, Parallaxefehler

Zufällige Fehler

Abweichungen, deren Ursache im Messvorgang selbst liegt. Sie lassen sich durch Wiederholung der Messung reduzieren. Sie setzen sich zusammen aus unkontrollierbaren und unbeeinflussbaren zufälligen Einflüssen während der Messvorgänge und Veränderungen der Messmittel sowie aus subjektiven, auf den Beobachter zurückführbaren Fehlern (Beobachtungsfehler).

Zufällige Fehler lassen sich nicht bestimmen und machen den Messwert unsicher. Sie werden deshalb manchmal auch als „Unsicherheiten" bezeichnet. Die Unsicherheit kann eingegrenzt werden.

Es gibt Messwerte, die größer als der wahre Wert sind (positive Abweichung), und Messwerte, die kleiner als der wahre Wert sind (negative Abweichung). Die Messwerte x_i streuen um einen Mittelwert $\bar{x}$.

Wird die Messung nur einmal durchgeführt, so muss der zufällige Fehler geschätzt werden.

- Beobachtungsfehler: Unsicherheit beim Ablesen von analog anzeigenden Messinstrumenten (Ablesefehler); Reaktionsschnelligkeit beim Messen der Zeit mit einer Stoppuhr (Auslösefehler); ungenaues Anlegen eines Maßstabes beim Messen einer Strecke (Anlegefehler); Unsicherheiten bei der Beurteilung der Schärfe eines reellen Bildes; unterschiedliche Geschicklichkeit beim Messen

- Messobjektbedingte Fehler: Schwankungen des Durchmessers eines Drahtes an verschiedenen Stellen; Temperaturunterschiede innerhalb einer Flüssigkeit

- Umwelteinflüsse: Temperaturschwankungen während des Messvorganges, Schwankungen der Netzfrequenz und der Netzspannung; Erschütterungen der Experimentieranordnung

Systematische Fehler

Abweichungen, deren Ursache in der Unvollkommenheit der Messgeräte, des Messverfahrens oder in den Einflüssen von Umwelt und Beobachter liegt.

Systematische Fehler sind prinzipiell vermeidbar und theoretisch erkennbar. Sie lassen sich praktisch, wenn auch oft nur mit großem Aufwand, erfassen bzw. korrigieren.

Sie lassen sich nach Größe und Vorzeichen bestimmen und machen den Messwert unrichtig. Sie werden deshalb manchmal auch als „Unrichtigkeiten" bezeichnet.

Systematische Fehler aus einer einzigen Quelle verfälschen die Messungen stets nach einer Seite.

- Messgeräte: Ungenauigkeiten der Messapparatur; Fehlertoleranzen eines Messgerätes (elektrische Messgeräte für Schülerexperimente gehören zur Güteklasse 2,5; die Messung weist also von vornherein, durch das Messgerät bedingt, eine Messungenauigkeit von ± 2,5 % auf); zu schnell oder zu langsam gehende Uhren; zu grob geteilte Skalen auf Messgeräten
- Maßverkörperungen: Toleranz von Festwiderständen, Ungenauigkeit von Wägestücken
- Messverfahren: Messgeräte in strom- oder spannungsrichtiger Schaltung
- Umwelteinflüsse: Wärmeaufnahme aus der Umgebung
- Beobachtungseinflüsse: Reibung bei mechanischen Bewegungen

Um die systematischen Fehler abzuschätzen, muss das Messverfahren einer Einschätzung und kritischen Überprüfung unterzogen werden.
Bei den systematischen Fehlern ist zu unterscheiden zwischen nach Betrag und Vorzeichen

– erfassbaren (erfassten) systematischen Fehlern:
  Sie lassen sich durch Änderung der Experimentieranordnung vermindern bzw. durch Rechnung beseitigen.

  - Berücksichtigung der Wärmekapazität des Kalorimeters bei der Bestimmung der spezifischen Wärmekapazität eines festen Körpers; strom- und spannungsrichtige Schaltung

– nicht erfassbaren (erfassten) systematischen Fehlern:
  Sie lassen sich nur durch Kenntnis von Fehlergrenzen der Messmittel abschätzen und werden zum zufälligen Fehler addiert.

Bestwert

Möglichst guter Näherungswert für den unbekannten wahren Wert x_w einer physikalischen Größe.
Er kann bestimmt werden
– als sorgfältig gemessener *Einzelwert*,
– als arithmetisches Mittel einer *Messreihe*.

Messreihe

Hilfsmittel zur Abschätzung der Fehler, die durch statistische Schwankungen des Messwertes (zufällige Fehler) entstehen.

- Der in der Tabelle angegebene Messwert für die Fallzeit einer Kugel aus 0,8 m Höhe wurde durch zehnmaliges Messen der Zeit für diese Fallhöhe gewonnen.

Messgerät: Digitalzähler; 1/100 s Messgenauigkeit; Meterstab 1 m, 1-mm-Teilung
Spalte 1: Nummer i der n Einzelmessungen der Messreihe
Spalte 2: Messwerte t_i der Einzelmessungen
Spalte 3: absoluter Betrag der Differenz zwischen dem Mittelwert $\bar{t}$ und dem einzelnen Messwert t_i
Spalte 4: Quadrat des absoluten Betrages der Differenz $|t_i - \bar{t}|^2$

1	2	3	4
i	t_i in s	$\lvert t_i - \bar{t}\rvert$ in s	$\lvert t_i - \bar{t}\rvert^2$ in s^2
1	0,40	0,009	0,000 081
2	0,41	0,001	0,000 001
3	0,41	0,001	0,000 001
4	0,40	0,009	0,000 081
5	0.43	0,021	0,000 441
6	0,42	0,011	0,000 121
7	0,40	0,009	0,000 081
8	0,43	0,021	0,000 441
9	0,40	0,009	0,000 081
10	0,39	0,019	0,000 361
	4,09 $\bar{t} = 0{,}409$	0,110	0,001 690

Zahlenmäßige Angabe von Messfehlern

Definition	Formel zur Berechnung
1. *arithmetisches Mittel aller einzelnen Messwerte, Mittelwert oder Bestwert $\bar{x}$* wahrscheinlichster Wert für das Ergebnis unter den gemessenen Werten einer Messreihe, falls die Einzelmessungen x_i voneinander unabhängig und gleichwertig sind	$\bar{x} = \frac{1}{n} \sum_{i=1}^{n} x_i$
■ $\bar{t} = \frac{1}{10} \cdot 4{,}09\ \text{s}$ $\quad$ $\bar{t} = 0{,}409\ \text{s} \approx 0{,}41\ \text{s}$	
2. *absoluter Fehler einer Einzelmessung Δx_i* Fehler einer Einzelmessung, der sich ergibt, wenn an Stelle des meist unbekannten wahren Wertes x_w der Mittelwert $\bar{x}$ eingesetzt wird. Er kann ein positives oder negatives Vorzeichen haben. Die Summe der absoluten Fehler ist null.	$\Delta x_i = x_i - \bar{x} \qquad i = 1, \ldots, n$
■ absoluter Fehler der 1. Messung in der Tabelle S. 57 $\Delta t_1 = 0{,}40\ \text{s} - 0{,}409\ \text{s}$ $\quad$ $\Delta t_1 = -0{,}009\ \text{s} \approx -0{,}01\ \text{s}$	
3. *Standardabweichung oder mittlerer quadratischer Fehler s* Maß für die Streuung der Einzelmesswerte x_i um das arithmetische Mittel $\bar{x}$. Genügen die Messwerte einer Normalverteilung, dann liegen in dem durch s bestimmten Intervall bei einer großen Anzahl von Messungen 68,3 % der Einzelmesswerte im Bereich $\bar{x} \pm s$. (↗ Wissensspeicher Mathematik)	$s = \pm \sqrt{\frac{\sum_{i=1}^{n} (x_i - \bar{x})^2}{n-1}}$
■ $s = \pm \sqrt{\frac{0{,}001\,69\ \text{s}^2}{9}}$ $\quad$ $s = \pm 0{,}014\ \text{s} \approx \pm 0{,}01\ \text{s}$	

Definition	Formel zur Berechnung
4. *mittlerer Fehler des arithmetischen Mittels oder mittlerer Fehler des Mittelwertes* $\Delta\overline{x}$ gibt den Bereich an, in dem der wahre Wert x_w mit einer bestimmten Wahrscheinlichkeit liegt (Vertrauensbereich) Er trifft eine Aussage darüber, wie weit das arithmetische Mittel vom wahren Wert abweicht Der wahre Wert liegt bei einer großen Anzahl von Messungen mit einer Wahrscheinlichkeit von 68,3 % im Bereich $\overline{x} \pm \lvert\Delta\overline{x}\rvert$.	$\Delta\overline{x} = \pm\sqrt{\frac{\sum_{i=1}^{n}(x_i - \overline{x})^2}{n\,(n-1)}}$
■ $\Delta t = \pm\sqrt{\frac{0{,}001\,69\ \text{s}^2}{10 \cdot 9}}$ $\Delta t = \pm 0{,}004\,3\ \text{s} \approx \pm 0{,}005\ \text{s}$	
5. *relativer Fehler* δx kennzeichnet die Güte einer Messung im Vergleich zu anderen Messungen	$\delta x = \pm\frac{\Delta\overline{x}}{\overline{x}}$
■ $\delta t = \pm\frac{0{,}005\ \text{s}}{0{,}409\ \text{s}}$ $\delta t = \pm 0{,}01$	
6. *prozentualer Fehler* $\delta x_{\%}$ relativer Fehler in Prozent	$\delta x_{\%} = \delta x \cdot 100\ \%$
■ $\delta t_{\%} = \pm 0{,}01 \cdot 100\%$ $\delta t_{\%} = \pm 1\ \%$	
7. *Größtfehler* Δx berücksichtigt den ungünstigsten Fall, bei dem sich alle Fehler addieren (sich keine Fehler gegenseitig aufheben) Er setzt sich zusammen aus den zufälligen und den systematischen Anteilen des Fehlers. Es ist zu unterscheiden zwischen der Ermittlung des Größtfehlers einer direkt messbaren physikalischen Größe und des Größtfehlers einer indirekt zu ermittelnden physikalischen Größe.	$\Delta x = \pm(\lvert\Delta x_{zuf}\rvert + \lvert\Delta x_{syst}\rvert)$
Größtfehler einer direkt messbaren physikalischen Größe Wird die physikalische Größe nur einmal gemessen, dann ist der Größtfehler beim Ablesen von Skalen mit der Hälfte der Einheit der kleinsten Skalenteilung anzusetzen.	
■ Lineal mit 1-mm-Teilung $\Delta l = \pm 0{,}5\ \text{mm}$ Strommessgerät mit 0,2-A-Teilung $\Delta I = \pm 0{,}1\ \text{A}$ Thermometer mit 1/1-Grad-Teilung $\Delta\vartheta = \pm 0{,}5\ \text{K}$	

Definition

Bei einer *genügend großen* Anzahl von Messwerten wird der *zufällige* Anteil des Größtfehlers durch eine statistische Fehlerbetrachtung ermittelt.

$$\Delta\overline{x}_{zuf} = \pm\sqrt{\frac{\sum_{i=1}^{n}(x_i - \overline{x})^2}{n(n-1)}} \qquad \text{für } n \gtrsim 10$$

Der *erfassbare systematische* Anteil des Fehlers kann durch Änderung der Experimentieranordnung oder durch Rechnung beseitigt werden (↗ S. 60).
Der *nicht erfassbare systematische* Anteil des Fehlers wird abgeschätzt.

■ Der Anzeigefehler eines Schülermessgerätes beträgt aufgrund der Genauigkeitsklasse bei Gleichgrößen ± 2,5 % und bei Wechselgrößen ± 5 % vom Messbereichsendwert, gleichgültig, an welcher Stelle der Skala der Zeiger steht.
Der Anzeigefehler bei Laborthermometern mit einem Anzeigebereich von –10 °C bis 150 °C und einer 1-K-Teilung beträgt ± 0,5 K.
Der Anzeigefehler von Messzylindern beträgt ± 1 % vom größten Volumen.
Die systematischen Fehler von Hakenkörpern müssen durch Vergleich mit geeichten Wägestücken ermittelt werden.
Die systematischen Fehler der Stoppuhr, des Lineals, des Messschiebers und der Messuhr können in vielen Fällen vernachlässigt werden.

Größtfehler einer indirekt zu ermittelnden physikalischen Größe z = $f(x, y, \ldots)$
Es wird jeweils der Größtfehler der in die Berechnung der indirekt zu ermittelnden physikalischen Größe z eingehenden direkt gemessenen Größen (x, y, ...) bestimmt. Die Fehler der direkt gemessenen physikalischen Größen pflanzen sich auf den Fehler der indirekt zu ermittelnden physikalischen Größe fort.

Werden die direkt gemessenen Größen (x, y, ...) nur einmal gemessen, dann wird der Größtfehler der indirekt zu bestimmenden physikalischen Größe z aus den Größtfehlern Δx, Δy, ... ermittelt.

■ Gemessen: $U_1 = 12$ V Geschätzt: $\Delta U_1 = \pm 0{,}5$ V
$U_2 = 18$ V $\Delta U_2 = \pm 0{,}5$ V

Gleichungen:
$U = U_1 + U_2$ $\quad \Delta U = \pm(|\Delta U_1| + |\Delta U_2|)$
$U = (12 + 18)$ V $\quad \Delta U = \pm(0{,}5 + 0{,}5)$ V
$U = 30$ V $\quad \Delta U = \pm 1$ V

Messgröße: $U = (30 \pm 1)$ V

relativer Fehler: $\delta U = \pm\frac{1\text{ V}}{30\text{ V}}$ prozentualer Fehler: $\delta U_{\%} \approx \pm 4\ \%$

$\delta U = \pm 0{,}033 \approx \pm 0{,}04$

Definition	Formel zur Berechnung
Wird das Experiment mehrfach wiederholt, dann wird für jede Messung die Größe z aus den direkt gemessenen Größen (*x*, *y*, ...) bestimmt. Der zufällige Anteil des Größtfehlers kann berechnet werden. Um den erfassbaren systematischen Anteil des Fehlers und den nicht erfassbaren systematischen Anteil des Fehlers zu ermitteln, wird wie bei der Ermittlung des Größtfehlers einer direkt messbaren physikalischen Größe verfahren (↗ S. 58).	$\Delta\overline{z} = \pm\sqrt{\frac{\sum_{i=1}^{n}(z_i - \overline{z})^2}{n\,(n-1)}}$ für $n \gtrsim 10$
8. *Messgröße oder Messergebnis der gemessenen Größe x* physikalische Größe, deren Wert beim Messen ermittelt wird und die als Summe bzw. Differenz aus Mittelwert/Bestwert und Betrag des Größtfehlers angegeben wird.	$x = \overline{x} \pm \lvert\Delta\overline{x}\rvert$ oder $(\overline{x} - \lvert\Delta\overline{x}\rvert) \leq x \leq (\overline{x} + \lvert\Delta\overline{x}\rvert)$
■ Der systematische Anteil bei der Zeitmessung kann vernachlässigt werden. Berücksichtigt wird nur der berechnete zufällige Anteil des Größtfehlers. $t = (0{,}409 \pm 0{,}005)$ s oder $0{,}404\ \text{s} \leq t \leq 0{,}414\ \text{s}$	

Fehlerfortpflanzung: Größtfehler einer Summe, einer Differenz, eines Produkts oder eines Quotienten

Summe und Differenz	Größe	Absoluter Größtfehler	Relativer Größtfehler
	$\overline{z} = \overline{x} \pm \overline{y}$	$\Delta\overline{z} = \pm(\lvert\Delta\overline{x}\rvert + \lvert\Delta\overline{y}\rvert)$	$\delta z = \pm\frac{\Delta\overline{z}}{\overline{z}}$

■ Gegeben: $I_1 = (5{,}9 \pm 0{,}5)$ A, $I_2 = (1{,}2 \pm 0{,}2)$ A   Gesucht: $\overline{I}$, $\Delta\overline{I}$, I, δI, $\delta I_{\%}$

Bestwert: $\overline{I} = \overline{I}_1 + \overline{I}_2$
$\overline{I} = (5{,}9 + 1{,}2)\ \text{A} = 7{,}1\ \text{A}$

absoluter Größtfehler: $\Delta\overline{I} = \Delta\overline{I}_1 + \Delta\overline{I}_2$
$\Delta\overline{I} = \pm(0{,}5 + 0{,}2)\ \text{A} = \pm 0{,}7\ \text{A}$

Messgröße: $I = \overline{I} \pm \Delta\overline{I}$
$I = (7{,}1 \pm 0{,}7)\ \text{A}$

relativer Größtfehler: $\delta I = \pm\frac{\Delta\overline{I}}{\overline{I}} = \pm\frac{0{,}7\ \text{A}}{7{,}1\ \text{A}} \approx \pm 0{,}1$

prozentualer Größtfehler: $\delta I_{\%} = \pm 10\ \%$

Anmerkung: Enthält ein Summand einen konstanten Faktor (z. B. 2), so ist auch der absolute Fehler von *x* zu vervielfachen (z. B. zu verdoppeln).

Produkt

Größe	Absoluter Größtfehler	Relativer Größtfehler
$\bar{z} = \bar{x} \cdot \bar{y}$	$\Delta\bar{z} = \pm(\bar{x} \cdot \Delta\bar{y} + \bar{y} \cdot \Delta\bar{x})$	$\delta z = \pm \frac{\Delta\bar{z}}{\bar{z}} = \pm\left(\left\lvert\frac{\Delta\bar{x}}{\bar{x}}\right\rvert + \left\lvert\frac{\Delta\bar{y}}{\bar{y}}\right\rvert\right)$

■ Gegeben: $p = (30 \pm 1)\ \mathrm{N \cdot cm^{-2}}$, $V = (1\,500 \pm 20)\ \mathrm{cm^3}$ Gesucht: $\overline{W}, \Delta\overline{W}, W, \delta W, \delta W_{\%}$

Bestwert:
$$\overline{W} = \bar{p} \cdot \overline{V}$$
$$\overline{W} = 30\ \mathrm{N \cdot cm^{-2}} \cdot 1\,500\ \mathrm{cm^3} = 450\ \mathrm{N \cdot m}$$

absoluter Größtfehler:
$$\Delta\overline{W} = \pm(|V \cdot \Delta p + p \cdot \Delta V|)$$
$$\Delta\overline{W} = \pm(1\,500\ \mathrm{cm^3} \cdot 1\ \mathrm{N \cdot cm^{-2}} + 30\ \mathrm{N \cdot cm^{-2}} \cdot 20\ \mathrm{cm^3})$$
$$\Delta\overline{W} = \pm 21\ \mathrm{N \cdot m}$$

Messgröße:
$$W = \overline{W} \pm \Delta\overline{W}$$
$$W = (450 \pm 21)\ \mathrm{N \cdot m}$$

relativer Größtfehler:
$$\delta W = \pm \frac{\Delta\overline{W}}{\overline{W}} = \pm \frac{21\ \mathrm{N \cdot m}}{450\ \mathrm{N \cdot m}} \approx \pm 0{,}05$$

prozentualer Größtfehler: $\delta W_{\%} = \pm 5\ \%$

Anmerkung: Enthält der mathematische Zusammenhang außer den Messgrößen noch konstante Faktoren bzw. konstante Summanden, so sind sie ohne Einfluss auf die Berechnung des relativen Größtfehlers.

Quotient

Größe	Absoluter Größtfehler	Relativer Größtfehler
$\bar{z} = \frac{\bar{x}}{\bar{y}}$	$\Delta\bar{z} = \pm \frac{\lvert\bar{x} \cdot \Delta\bar{y}\rvert + \lvert\bar{y} \cdot \Delta\bar{x}\rvert}{\bar{y}^2}$	$\delta z = \pm \frac{\Delta\bar{z}}{\bar{z}} = \pm\left(\left\lvert\frac{\Delta\bar{x}}{\bar{x}}\right\rvert + \left\lvert\frac{\Delta\bar{y}}{\bar{y}}\right\rvert\right)$

■ Gegeben: $U = (219 \pm 1)\ \mathrm{V}$, $R = (15{,}0 \pm 0{,}2)\ \Omega$ Gesucht: $\bar{I}, \Delta\bar{I}, I, \delta I, \delta I_{\%}$

Bestwert:
$$\bar{I} = \frac{\overline{U}}{\overline{R}} \qquad \bar{I} = \frac{219\ \mathrm{V}}{15{,}0\ \Omega} \approx 14{,}6\ \mathrm{A}$$

absoluter Größtfehler:
$$\Delta\bar{I} = \pm\left(\frac{\lvert\overline{U} \cdot \Delta\overline{R}\rvert + \lvert\overline{R} \cdot \Delta\overline{U}\rvert}{\overline{R}^2}\right)$$
$$\Delta\bar{I} = \pm\left(\frac{219\ \mathrm{V} \cdot 0{,}2\ \Omega + 15{,}0\ \Omega \cdot 1\ \mathrm{V}}{225\ \Omega^2}\right) \approx \pm 0{,}3\ \mathrm{A}$$

Messgröße: $I = \bar{I} \pm \Delta\bar{I} = (14{,}6 \pm 0{,}3)\ \mathrm{A}$

relativer Größtfehler:
$$\delta I = \pm \frac{\Delta\bar{I}}{\bar{I}} = \pm \frac{0{,}3\ \mathrm{A}}{14{,}6\ \mathrm{A}} \approx \pm 0{,}02$$

prozentualer Größtfehler: $\delta I_{\%} = \pm 2\ \%$

Anmerkung: ↗ Produkt

LÖSEN PHYSIKALISCHER AUFGABEN

Schrittfolge		Bemerkungen
1. Aufgabenstellung ↓		Die Aufgaben können in Form von Textaufgaben oder lediglich durch Angabe physikalischer Größen gestellt sein.
■ Eine homogene Kugel mit der Masse m = 1,0 kg und dem Radius r rollt unter dem Einfluss der Gewichtskraft auf einer geneigten Ebene mit der Länge s herab. Die geneigte Ebene bildet mit der Horizontalen den Winkel φ = 10°. Welche Geschwindigkeit hat der Schwerpunkt der Kugel nach dem Durchlaufen der Strecke s = 60 cm?		
2. Analysieren der Aufgabenstellung ↓	Erkennen des physikalischen Problems ↓ Anfertigen einer Skizze zur Aufgabe ↓ Herausschreiben der gesuchten Größen ↓ Herausschreiben der gegebenen Größen	Aus dem gegebenen Text oder den gegebenen physikalischen Größen muss das zu lösende Problem erkannt werden. Die Skizze dient zur Verdeutlichung des Problems. Die in der Aufgabe enthaltenen Informationen werden in die Skizze eingetragen.
Gesucht: v	Gegeben: m = 1,0 kg, φ = 10°, s = 0,60 m	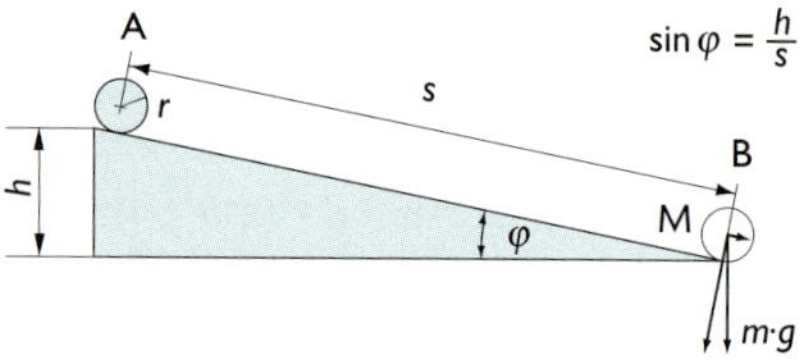 A, B, M, r, s, h, φ, $m \cdot g$; $\sin \varphi = \frac{h}{s}$
3. Vorbereiten der Lösung ↓	Suchen nach einer Lösungsidee ↓ Umsetzen des physikalischen Problems in einen mathematischen Ansatz ↓ Umstellen der Größengleichungen nach den gesuchten Größen	Sie wird häufig gefunden, indem man das Problem bekannten Lösungsverfahren zuordnet, analoge Probleme und deren Lösung aufsucht, es auf grundlegende Gesetze zurückführt (z. B. Energiesatz, Trägheitsgesetz, Impulssatz). Die geeigneten Größengleichungen sind aufzuschreiben. Die Anzahl der unabhängigen Größengleichungen darf nicht kleiner als die Anzahl der gesuchten Größen sein. Die gesuchten und die gegebenen Größen müssen in den Größengleichungen miteinander verknüpft sein. Auf der rechten Gleichungsseite dürfen nur gegebene Größen stehen.

Schrittfolge	Bemerkungen
■ Lösungsidee: Anwenden des Erhaltungssatzes der mechanischen Energie. Die potentielle Energie der Kugel im Punkt A ist gleich der Summe aus der kinetischen Energie der geradlinigen Bewegung und der kinetischen Energie der rotierenden Bewegung um den Kugelschwerpunkt im Punkt B.	

Erhaltungssatz der mechanischen Energie			Trägheitsmoment einer Kugel in Bezug auf ihren Durchmesser	Winkelgeschwindigkeit der Rotation eines starren Körpers	Neigung der Ebene
E_{pot}	$= E_{kin}$	$+ E_{rot}$	$J = \frac{2}{5} m \cdot r^2$	$\omega = \frac{v}{r}$	$\sin \varphi = \frac{h}{s}$
potentielle Energie eines Körpers	kinetische Energie der geradlinigen Bewegung	kinetische Energie einer rotierenden Kugel um den Kugelschwerpunkt			
$E_{pot} = m \cdot g \cdot h$	$E_{kin} = \frac{m}{2} v^2$	$E_{rot} = \frac{J}{2} \omega^2$			

$$m \cdot g \cdot h = \frac{m \cdot v^2}{2} + \frac{J \cdot \omega^2}{2}$$

$$m \cdot g \cdot s \cdot \sin \varphi = \frac{m \cdot v^2}{2} + \frac{1}{2} \cdot \frac{2}{5} \cdot m \cdot r^2 \cdot \frac{v^2}{r^2}$$

$$g \cdot s \cdot \sin \varphi = \frac{7}{10} v^2 \qquad v = \sqrt{\frac{10}{7} \; g \cdot s \cdot \sin \varphi}$$

Schrittfolge		Bemerkungen
4. Durchführen der numerischen oder grafischen Lösung	Einsetzen der Zahlenwerte und Einheiten der gegebenen physikalischen Größen in die Größengleichungen und Ermitteln des Ergebnisses oder Ausführen der grafischen Lösung ↓	Das Ergebnis muss evtl. in einer anderen Einheit angegeben und daher umgerechnet werden. Zum Berechnen können elektronische Taschenrechner oder grafische Lösungsverfahren eingesetzt werden.
↓	Überschlagsrechnung anstellen	Sie dient zum Abschätzen des Ergebnisses und zum Prüfen des Stellenwertes.

<table>
<tr><th colspan="2">Schrittfolge</th><th>Bemerkungen</th></tr>
<tr><td colspan="2">■ $v = \sqrt{\frac{10}{7} \cdot 9{,}81\ \mathrm{m} \cdot \frac{\mathrm{m}}{\mathrm{s}^2} \cdot 0{,}60\ \mathrm{m} \cdot 0{,}174}$
$v \approx 1{,}2\ \mathrm{m/s}$
Eine Überschlagsrechnung ergibt: $v \approx \sqrt{10 \cdot 0{,}1 \cdot \mathrm{m^2/s^2}}$</td><td>$v = \sqrt{\frac{10}{7} \cdot 9{,}81 \cdot 0{,}60 \cdot 0{,}174\ \frac{\mathrm{m}^2}{\mathrm{s}^2}}$
$v \approx 1\ \mathrm{m/s}$</td></tr>
<tr><td>5. Formulieren des Ergebnisses ↓</td><td>Angeben des Zahlenwertes und der Einheit
↓
Umsetzen des mathematischen Ergebnisses in eine physikalische Aussage
↓
Formulieren des Ergebnissatzes</td><td></td></tr>
<tr><td colspan="3">■ Die Geschwindigkeit der Kugel im Punkt B beträgt etwa 2,1 m/s.</td></tr>
<tr><td>6. Prüfen des Ergebnisses ↓</td><td>Probe durchführen
↓
Diskutieren des Ergebnisses im Hinblick auf die Aufgabenstellung, einschließlich spezieller Fälle oder von Grenzfällen
↓
Einschätzen des Ergebnisses bezüglich seiner praktischen Bedeutung</td><td>Gleichungsprobe zum Prüfen von Fehlern beim Durchführen der Rechnung; Einheitenprobe durch Vergleich zwischen der Einheit der gesuchten und der Einheit der errechneten Größe; Vergleich des Rechenergebnisses mit dem Ergebnis der Überschlagsrechnung

Ist das Ergebnis seinem Betrage und seiner physikalischen Aussage nach sinnvoll? Deckt es sich mit entsprechenden Erfahrungswerten? Kann das praktisch möglich sein?</td></tr>
<tr><td colspan="3">■ $m \cdot g \cdot h = \frac{1}{2} m \cdot v^2 + \frac{1}{2} \cdot J \cdot \omega^2 \quad h = \frac{1}{2} \cdot \frac{v^2}{g} + \frac{1}{2} \cdot \frac{2}{5} \cdot \frac{v^2}{g} = \frac{7}{10} \cdot \frac{v^2}{g} = \frac{7 \cdot 1{,}46\ \mathrm{m^2/s^2}}{10 \cdot 9{,}81\ \mathrm{m/s^2}} = 0{,}104\ \mathrm{m}$

Mit $s = \frac{h}{\sin\varphi}$ folgt $s = \frac{0{,}104\ \mathrm{m}}{0{,}174} = 0{,}60\ \mathrm{m}$.

Da sich die Bewegung der Kugel aus einer Translations- und einer Rotationsbewegung zusammensetzt, müsste die Geschwindigkeit, die die Kugel nach dem Durchlaufen der geneigten Ebene erreicht, kleiner sein als die beim freien Fall aus der Höhe h erreichte Geschwindigkeit. Beim freien Fall tritt keine Rotation der Kugel um eine Schwerpunktachse auf. Die Endgeschwindigkeit der Kugel beim freien Fall berechnet sich nach
$v = \sqrt{2 \cdot g \cdot h} = \sqrt{2 \cdot 9{,}81\ \mathrm{m/s^2} \cdot 0{,}104\ \mathrm{m}} \approx 1{,}4\ \mathrm{m/s}$.
Das für die Bewegung auf der geneigten Ebene gefundene Ergebnis ist sinnvoll.</td></tr>
</table>

Mechanik

KINEMATIK

2

Kinematik

Teilgebiet der Mechanik, in dem Bewegungen beschrieben werden, ohne die Ursachen der Bewegung zu betrachten.

↗ Dynamik, S. 79

Massenpunkt

Denkmodell, bei dem das Volumen eines Körpers vernachlässigt wird. Man stellt sich die gesamte Masse des Körpers in einem Punkt vereinigt vor. Mit diesem idealisierten Ersatzobjekt lassen sich Bewegungen vereinfacht beschreiben.

↗ Modell, S. 50

Starrer Körper

Denkmodell, bei dem man sich einen Körper als System starr miteinander verbundener Massenpunkte vorstellt, die ihren Abstand zueinander beibehalten. Einwirkende Kräfte rufen keine Veränderung der Gestalt des Körpers hervor. Das Modell wird zur Beschreibung der Rotation bzw. der Kombination von Rotation und Translation angewendet.

↗ Modell, S. 50

Mechanische Bewegung

Ortsveränderung eines Körpers in Bezug auf einen zweiten Körper. Es bleibt unberücksichtigt, ob sich dieser zweite Körper selbst gegenüber einem dritten Körper bewegt. Jede Bewegung ist deshalb relativ.

Die Beschreibung einer Bewegung erfolgt häufig in Form von Tabellen, Gleichungen oder Diagrammen.

↗ physikalisches Gesetz, S. 26; Tabellen und grafische Darstellungen, S. 31

■ Bewegung eines Fahrzeuges, der Erde um die Sonne

Translation

Fortschreitende Bewegung der einzelnen Punkte eines Körpers auf einer Bahn. Alle Punkte des Körpers werden in der gleichen Zeit t parallel um die gleiche Strecke s verschoben.

Geschwindigkeit v

Physikalische Größe, die den Bewegungszustand eines Körpers kennzeichnet. Sie gibt an, wie schnell ein Körper ist, in welchem Verhältnis die Ortsveränderung zur dafür benötigten Zeit steht. Die Geschwindigkeit ist eine vektorielle Größe.

$$\vec{v} = \frac{d\vec{r}}{dt}$$

$$\vec{v} = \frac{d\vec{s}}{dt}$$

v Geschwindigkeit
r Ortsvektor
s Weg
t Zeit

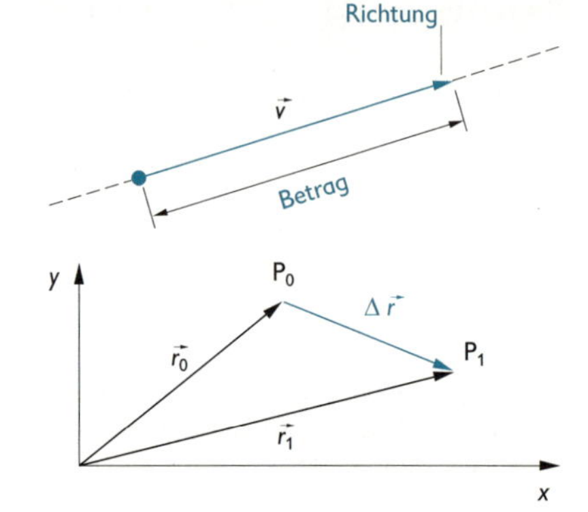

SI-Einheit: m/s (Meter je Sekunde),
Weitere Einheit: km/h (Kilometer je Stunde)
1 m/s = 3,6 km/h

Wenn ein Körper die Geschwindigkeit 1 m/s hat, dann legt er in der Zeit 1 s den Weg 1 m zurück.

Durchschnittsgeschwindigkeit $\bar{v}$

Physikalische Größe, die den Mittelwert der Geschwindigkeiten eines Körpers in einem Zeitintervall angibt.

- Bei einer Autofahrt zwischen den Orten P_0 und P_1 ändern sich in der Regel sowohl die Richtung als auch der Betrag der Geschwindigkeit mehrfach. Zur Berechnung der Durchschnittsgeschwindigkeit werden nur der Gesamtweg zwischen den Punkten P_0 und P_1 und die dafür benötigte Gesamtzeit herangezogen.

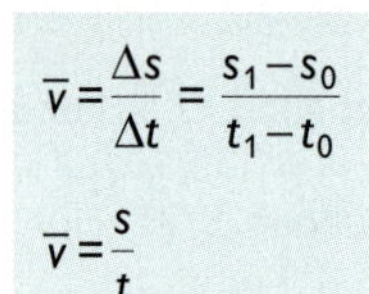

$$\bar{v} = \frac{\Delta s}{\Delta t} = \frac{s_1 - s_0}{t_1 - t_0}$$

$$\bar{v} = \frac{s}{t}$$

$\bar{v}$ Durchschnittsgeschwindigkeit
s Weg
t Zeit

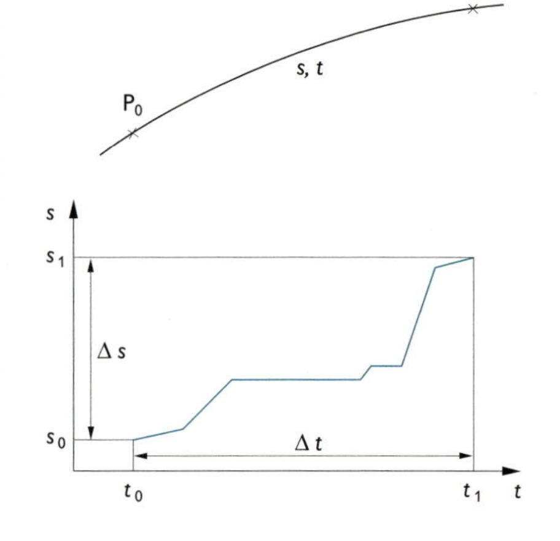

Momentangeschwindigkeit v_M

Physikalische Größe, die angibt, wie schnell ein Körper zu einem beliebigen Zeitpunkt an einem bestimmten Punkt P der Bahn ist.

$$\vec{v}_M = \lim_{\Delta t \to 0} \frac{\Delta \vec{s}}{\Delta t} = \frac{d\vec{s}}{dt}$$

v_M Momentangeschwindigkeit
s Weg
t Zeit

Die Momentangeschwindigkeit ist die 1. Ableitung des Weges *s* nach der Zeit *t*.

Einteilung der Bewegungen nach der Änderung von Richtung und Betrag der Geschwindigkeit

Betrag der Geschwindigkeit	Richtung der Geschwindigkeit	
	konstant	veränderlich
konstant	geradlinig gleichförmig ■ Person auf Rolltreppe; Luftblase in wassergefülltem Rohr	krummlinig gleichförmig ■ Bewegung eines Punktes des Ankers eines Synchronmotors
veränderlich	geradlinig gleichmäßig beschleunigt ■ frei fallender Körper geradlinig ungleichmäßig beschleunigt ■ Fahrzeugbewegung auf gerader Strecke	krummlinig gleichmäßig oder ungleichmäßig beschleunigt ■ Planetenbewegung um die Sonne; Fahrzeugbewegung auf kurvenreicher Straße

Bewegungen, bei denen sich der Betrag oder die Richtung der Geschwindigkeit ändern, heißen beschleunigte Bewegungen.

Beschleunigung *a*

Physikalische Größe, die angibt, wie schnell sich die Geschwindigkeit eines Körpers ändert, in welchem Verhältnis die Geschwindigkeitsänderung zur dafür benötigten Zeit steht. Die Beschleunigung ist eine vektorielle Größe.

$$\vec{a} = \frac{d\vec{v}}{dt}$$

a Beschleunigung
v Geschwindigkeit
t Zeit

SI-Einheit: m/s^2 (Meter je Quadratsekunde)

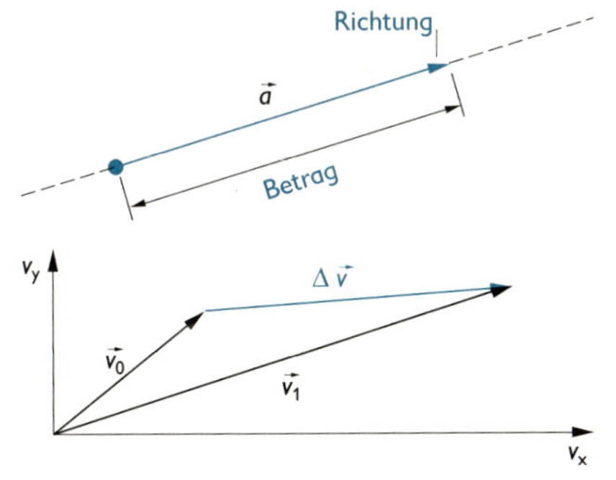

Wenn ein Körper die Beschleunigung 1 m/s^2 erfährt, dann ändert sich in der Zeit 1s seine Geschwindigkeit um 1 m/s.
Sind Geschwindigkeit und Beschleunigung einander entgegengerichtet, so verringert sich der Betrag der Geschwindigkeit. Die Beschleunigung erhält dann ein negatives Vorzeichen.

■ Bremsvorgänge

Durchschnittsbeschleunigung $\bar{a}$

Physikalische Größe, die den Mittelwert der Geschwindigkeitsänderungen eines Körpers in einem Zeitintervall angibt.

$$\bar{a} = \frac{\Delta v}{\Delta t} = \frac{v_1 - v_0}{t_1 - t_0}$$

$\bar{a}$ Durchschnittsbeschleunigung
v Geschwindigkeit
t Zeit

Momentanbeschleunigung a_M

Physikalische Größe, die die Geschwindigkeitsänderung eines Körpers zu einem beliebigen Zeitpunkt an einem bestimmten Punkt P der Bahn angibt.

$$\vec{a}_M = \lim_{\Delta t \to 0} \frac{\Delta \vec{v}}{\Delta t} = \frac{d\vec{v}}{dt}$$

$$\vec{a}_M = \frac{d^2\vec{s}}{dt^2}$$

a_M Momentanbeschleunigung
v Geschwindigkeit
s Weg
t Zeit

Die Momentanbeschleunigung ist die 1. Ableitung der Geschwindigkeit v nach der Zeit t bzw. die 2. Ableitung des Weges s nach der Zeit t.

Gleichförmige Bewegung

Bewegung eines Körpers, die durch eine konstante Geschwindigkeit gekennzeichnet ist.

Weg, Geschwindigkeit und Beschleunigung als Funktionen der Zeit bei der gleichförmig geradlinigen Bewegung

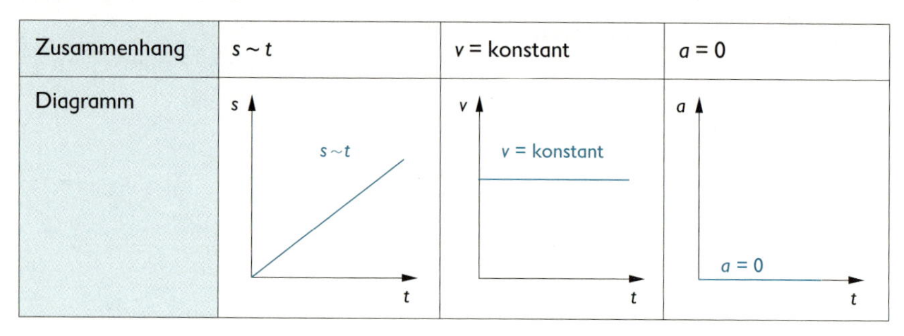

Zusammenhang	$s \sim t$	v = konstant	$a = 0$
Diagramm			

Weg-Zeit-Gesetz

$$s \sim t$$
$$s = v \cdot t$$

$$s = v \cdot t + s_0$$

s zur Zeit t zurückgelegter Weg
s_0 zur Zeit $t = 0$ zurückgelegter Weg
t Zeit
v Geschwindigkeit

Geschwindigkeit-Zeit-Gesetz

$v = \text{konstant}$	v Geschwindigkeit

Gleichmäßig beschleunigte Bewegung

Bewegung, die durch eine gleichmäßige Änderung der Geschwindigkeit in der Zeit gekennzeichnet ist.

Weg, Geschwindigkeit und Beschleunigung als Funktionen der Zeit bei der gleichmäßig beschleunigten, geradlinigen Bewegung

Zusammenhang	$s \sim t^2$	$v \sim t$	$a = \text{konstant}$
Diagramm	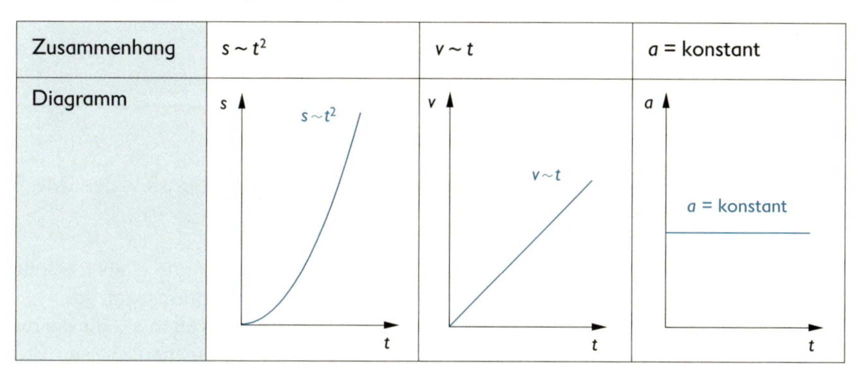		

Weg-Zeit-Gesetz

$$s \sim t^2$$
$$s = \frac{a}{2} t^2$$

$$s = \frac{a}{2} t^2 + v_0 \cdot t + s_0$$

- s zur Zeit t zurückgelegter Weg
- s_0 zur Zeit $t = 0$ zurückgelegter Weg
- t Zeit
- v_0 Geschwindigkeit zur Zeit $t = 0$
- a Beschleunigung

Geschwindigkeit-Zeit-Gesetz

$$v \sim t$$
$$v = a \cdot t$$

$$v = a \cdot t + v_0$$

- v Geschwindigkeit zur Zeit t
- v_0 Geschwindigkeit zur Zeit $t = 0$
- t Zeit
- a Beschleunigung

Beschleunigung-Zeit-Gesetz

$a = \text{konstant}$	a Beschleunigung

Zusammenhang zwischen den Bewegungsgesetzen
Die Bewegungsgesetze für die gleichmäßig beschleunigte, geradlinige Bewegung lassen sich durch Differentiation bzw. Integration ineinander überführen.

Anwendung der Differentiation	Bewegungsgesetze	Anwendung der Integration
	$s = \frac{a}{2} t^2 + v_0 \cdot t + s_0$	$= \int v \cdot dt$
$\frac{ds}{dt}$	$= a \cdot t + v_0$	$= \int a \cdot dt$
$\frac{d^2s}{dt^2} = \frac{dv}{dt}$	$= a$	

Freier Fall

Gleichmäßig beschleunigte, geradlinige Bewegung im Gravitationsfeld der Erde. Der freie Fall tritt ohne Einschränkungen nur im Vakuum auf.

Fallbeschleunigung g (Erdbeschleunigung). Beschleunigung eines frei fallenden Körpers. Sie ist abhängig von der Entfernung vom Gravitationszentrum.
In Meereshöhe und 45° nördlicher Breite beträgt sie $g = 9{,}806\,65\ \text{m/s}^2$. Für die meisten Berechnungen genügt es, mit dem Wert $g = 9{,}8\ \text{m/s}^2$ zu rechnen.

$s = \frac{g}{2} t^2$	*Weg-Zeit-Gesetz*
$v = g \cdot t$	*Geschwindigkeit-Zeit-Gesetz*
$v = \sqrt{2 \cdot g \cdot s}$	*Geschwindigkeit-Weg-Gesetz*

s Weg
g Fallbeschleunigung
t Zeit
v Geschwindigkeit

Kreisbewegung

Bewegung eines Massenpunktes auf einer Bahn mit konstantem Abstand r vom Bahnzentrum.

$P(x; y)$ Bahnpunkt (Kartesisches Koordinatensystem)
$P(r; \varphi)$ Bahnpunkt (Polarkoordinatensystem)
$x = r \cdot \cos\varphi$
$y = r \cdot \sin\varphi$
$r^2 = x^2 + y^2$
$\varphi = \arctan\left(\frac{y}{x}\right)$

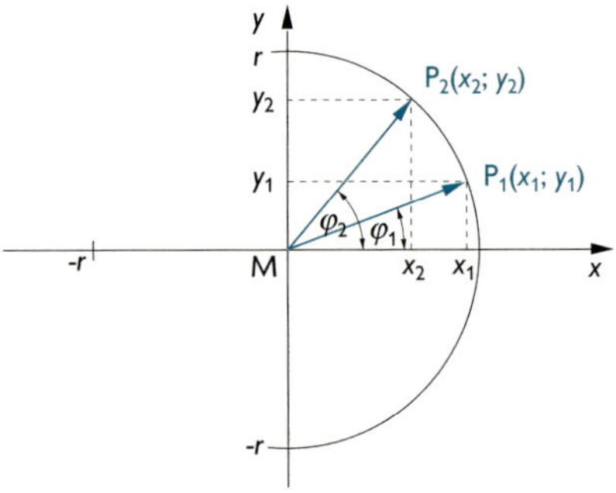

Rotation

Bewegung eines starren Körpers um eine im Bezugssystem feste Achse. Die einzelnen Punkte des Körpers beschreiben Kreisbahnen um die Achse. Die Bewegung wird auch Drehbewegung genannt.

Drehwinkel φ

Physikalische Größe, die den Ort eines Massenpunktes auf einer Bahn kennzeichnet.

$$\varphi = \frac{s}{r}$$

φ Drehwinkel
s Kreisbogenabschnitt
r Abstand des Punktes P vom Drehzentrum

2

SI-Einheit: rad (Radiant)
1 rad = 1m/m

1 rad ist der Drehwinkel, der von einem 1 m langen Radius überstrichen wird, sodass auf dem Umfang ein Bogen der Länge 1 m entsteht (Bogenmaß).

Kreisbahngeschwindigkeit v

Physikalische Größe, die den Bewegungszustand eines Körpers auf einer Kreisbahn kennzeichnet.

Sie gibt an, wie schnell ein Körper ist, in welchem Verhältnis die Ortsveränderung auf dem Kreisumfang zur dafür benötigten Zeit steht. Die Bahngeschwindigkeit bei der Kreisbewegung ist eine vektorielle Größe.

$$v = \frac{\Delta s}{\Delta t}$$

$$v = r \cdot \frac{\varphi_2 - \varphi_1}{t_2 - t_1}$$

$$\vec{v}_M = \lim_{\Delta t \to 0} \frac{\Delta \vec{s}}{\Delta t} = \frac{d\vec{s}}{dt}$$

v Kreisbahngeschwindigkeit
v_M Momentangeschwindigkeit
φ Drehwinkel
t Zeit
s Kreisbogen
r Kreisbahnradius

↗ Kreisbewegung, S. 70; Durchschnittsgeschwindigkeit, S. 66; Momentangeschwindigkeit, S. 66

Umlaufzeit T **(Periodendauer)**

Physikalische Größe, die angibt, welche Zeit ein Punkt eines Körpers für einen vollständigen Umlauf auf der Bahn benötigt.

Umlaufzahl n

Physikalische Größe, die angibt, wie häufig der Punkt eines Körpers einen bestimmten Punkt einer geschlossenen Bahn in der gleichen Richtung durchlaufen hat.

$$n = \frac{t}{T}$$

n Umlaufzahl
t Zeit für n Umläufe
T Umlaufzeit

Umlauffrequenz f

Physikalische Größe, die angibt, wie viele Umläufe ein Punkt eines Körpers in einer bestimmten Zeit zurücklegt.

$$f = \frac{n}{t}$$

$$f = \frac{1}{T}$$

f Umlauffrequenz
n Umlaufzahl
t Zeit für n Umläufe
T Umlaufzeit

SI-Einheit: 1/s (1 je Sekunde)

Winkelgeschwindigkeit ω

Physikalische Größe, die den Bewegungszustand eines rotierenden Körpers kennzeichnet. Sie gibt an, in welchem Verhältnis die Veränderung des Drehwinkels φ zur dafür benötigten Zeit t steht. Die Winkelgeschwindigkeit ist eine vektorielle Größe in der Richtung der Drehachse.

$$\omega = \frac{\Delta\varphi}{\Delta t} = \frac{\varphi_2 - \varphi_1}{t_2 - t_1}$$

$$\vec{\omega}_M = \lim_{\Delta t \to 0} \frac{\Delta\vec{\varphi}}{\Delta t} = \frac{d\vec{\varphi}}{dt}$$

ω Winkelgeschwindigkeit
ω_M momentane Winkelgeschwindigkeit
φ Drehwinkel
t Zeit

SI-Einheit: rad/s (Radiant je Sekunde)
1 rad/s = 1 m/(m · s) = 1/s

Wenn ein rotierender Körper die Winkelgeschwindigkeit 1 rad/s hat, dann dreht er sich in der Zeit 1 s um den Winkel 1 rad. ↗ Kreisbewegung, S. 70

Winkelbeschleunigung α

Physikalische Größe, die angibt, wie schnell sich die Winkelgeschwindigkeit eines rotierenden Körpers ändert, in welchem Verhältnis die Änderung der Winkelgeschwindigkeit zur dafür benötigten Zeit steht. Sie ist eine vektorielle Größe.

$$\alpha = \frac{\Delta\omega}{\Delta t} = \frac{\omega_2 - \omega_1}{t_2 - t_1}$$

$$\vec{\alpha}_M = \lim_{\Delta t \to 0} \frac{\Delta\vec{\omega}}{\Delta t} = \frac{d\vec{\omega}}{dt}$$

α Winkelbeschleunigung
α_M momentane Winkelbeschleunigung
ω Winkelgeschwindigkeit
t Zeit

SI-Einheit: rad/s^2 (Radiant je Quadratsekunde)

Wenn ein rotierender Körper die Winkelbeschleunigung 1 rad/s² erfährt, dann ändert sich seine Winkelgeschwindigkeit in der Zeit 1 s um 1 rad/s.
↗ gleichförmige Kreisbewegung, S. 73

Radialbeschleunigung a_r

Physikalische Größe, die die Änderung der Bahngeschwindigkeit in Abhängigkeit von der Zeit kennzeichnet. Sie ist eine vektorielle Größe, die zum Krümmungsmittelpunkt der Bahn gerichtet ist.

$$a_r = \frac{\Delta v}{\Delta t} = \frac{v_2 - v_1}{t_2 - t_1}$$

$$\vec{a}_{rM} = \lim_{\Delta t \to 0} \frac{\Delta \vec{v}}{\Delta t} = \frac{d\vec{v}}{dt}$$

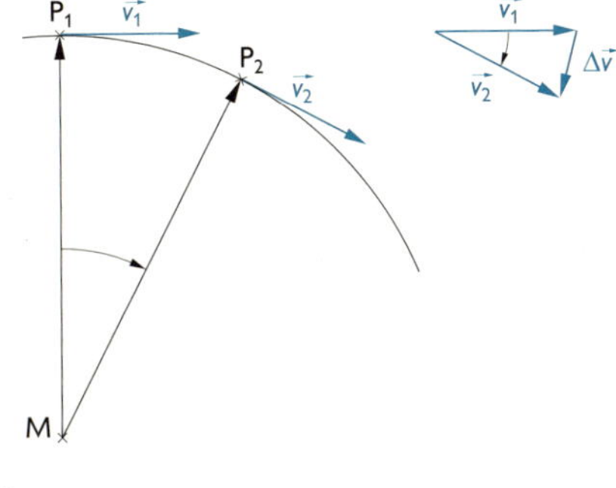

a_r Radialbeschleunigung
a_{rM} momentane Radialbeschleunigung
v Kreisbahngeschwindigkeit
t Zeit
SI-Einheit: m/s² (Meter je Quadratsekunde)
↗ Beschleunigung, S. 67

Gleichförmige Kreisbewegung

Bewegung eines Massenpunktes auf einer Kreisbahn, bei der ein Körper in gleichen Zeitintervallen Δt gleich lange Wege Δs zurücklegt
Es gilt: Betrag $v_1 = v_2$
Richtung $\vec{v}_2 \neq \vec{v}_1$

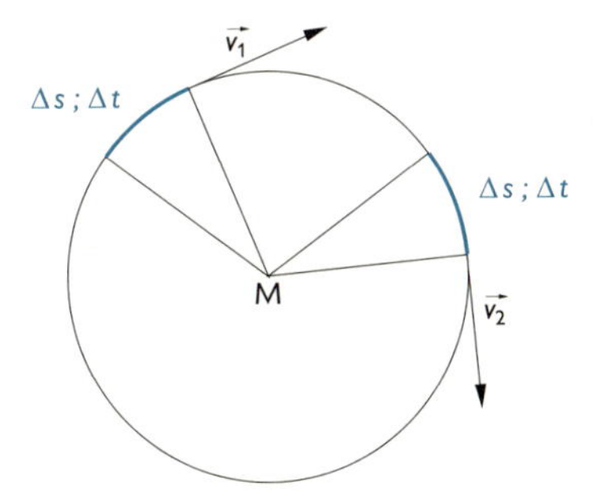

Drehwinkel, Winkelgeschwindigkeit, Winkelbeschleunigung und Radialbeschleunigung als Funktionen der Zeit bei der gleichförmigen Kreisbewegung

Zusammenhang	$\varphi \sim t$	ω = konstant	$\alpha = 0$	a_r = konstant
Diagramm	φ über t: $\varphi \sim t$	ω über t: ω = konstant	α über t: $\alpha = 0$	a_r über t: a_r = konstant

Drehwinkel-Zeit-Gesetz

$\varphi \sim t$
$\varphi = \omega \cdot t$

$\varphi = \omega \cdot t + \varphi_0$

φ Drehwinkel zur Zeit t
φ_0 Drehwinkel zur Zeit $t = 0$
ω Winkelgeschwindigkeit
t Zeit

Weitere Zusammenhänge:

$v = \omega \cdot r$ $\quad a_r = \omega^2 \cdot r$ $\quad a = \alpha \cdot r$

$\omega = 2\pi \cdot f = \frac{2\pi}{T}$ $\quad a_r = 4\pi^2 \cdot f^2 \cdot r = \frac{v^2}{r}$

Gleichmäßig beschleunigte Kreisbewegung

Bewegung eines Massenpunktes auf einer Kreisbahn, die durch eine gleichmäßige Änderung des Geschwindigkeitsbetrages gekennzeichnet ist.

Drehwinkel-Zeit-Gesetz

$\varphi = \frac{\alpha}{2} \cdot t^2$

$\varphi = \frac{\alpha}{2} \cdot t^2 + \omega_0 \cdot t + \varphi_0$

φ zur Zeit t zurückgelegter Drehwinkel
φ_0 zur Zeit $t = 0$ zurückgelegter Drehwinkel
t Zeit
α Winkelbeschleunigung
ω_0 Winkelgeschwindigkeit zur Zeit $t = 0$

Winkelgeschwindigkeit-Zeit-Gesetz

$\omega = \alpha \cdot t$

$\omega = \alpha \cdot t + \omega_0$

ω Winkelgeschwindigkeit
ω_0 Winkelgeschwindigkeit zur Zeit $t = 0$
t Zeit
α Winkelbeschleunigung

Winkelbeschleunigung-Zeit-Gesetz

$\alpha =$ konstant

α Winkelbeschleunigung

Überlagerung von Bewegungen

Die Bewegung eines Körpers kann man sich zur Vereinfachung in zwei oder mehrere Bewegungen zerlegt denken. Die reale Bewegung des Körpers wird dann als Überlagerung dieser einzelnen Bewegungen beschrieben.

- Schwimmer beim Überqueren eines Flusses: Überlagerung der Bewegung des Schwimmers mit der Bewegung des strömenden Wassers.
- Waagerechter Wurf: Überlagerung der Bewegung in waagerechter Richtung (geradlinig gleichförmig) mit der lotrechten Fallbewegung (gleichmäßig beschleunigt).

Prinzip der ungestörten Überlagerung von Bewegungen

Ein Körper kann gleichzeitig zwei oder mehrere Bewegungen ausführen, ohne dass diese sich stören. Die einzelnen Bewegungen können in beliebiger Reihenfolge nacheinander oder gleichzeitig erfolgen. Die Teilbewegungen überlagern sich zu einer resultierenden Bewegung, ohne sich zu beeinflussen (Superpositionsprinzip der Bewegungen).

Wege, Geschwindigkeiten und Beschleunigungen werden vektoriell addiert.

Zusammensetzen von Geschwindigkeiten

Für die vektorielle Addition von zwei Geschwindigkeiten gilt:

$$\vec{v}_R = \vec{v}_1 + \vec{v}_2$$

v_1 Geschwindigkeit der Bewegung 1
v_2 Geschwindigkeit der Bewegung 2
v_R Geschwindigkeit der Gesamtbewegung (resultierende Bewegung)

Winkel zwischen den Geschwindigkeitsvektoren	Zeichnerische Darstellung von Betrag und Richtung	Rechnerische Darstellung Betrag
beliebig	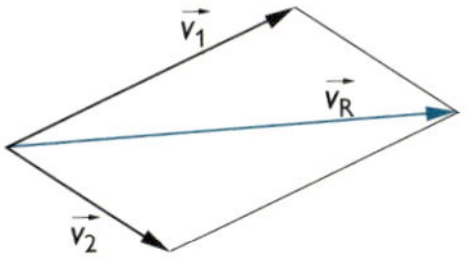 $\vec{v}_1$ $\vec{v}_R$ $\vec{v}_2$	$v_R = \sqrt{v_1^2 + v_2^2 + 2\,v_1 \cdot v_2 \cdot \cos \sphericalangle(\vec{v}_1, \vec{v}_2)}$
90°	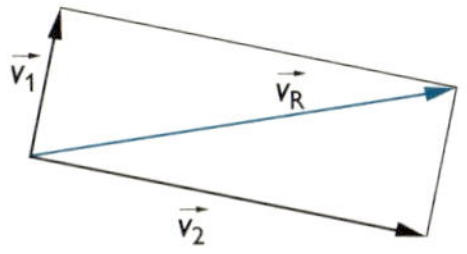 $\vec{v}_1$ $\vec{v}_R$ $\vec{v}_2$	$v_R = \sqrt{v_1^2 + v_2^2}$
180°	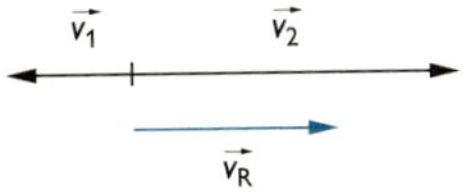 $\vec{v}_1$ $\vec{v}_2$ $\vec{v}_R$	$v_R = v_2 - v_1$
0°	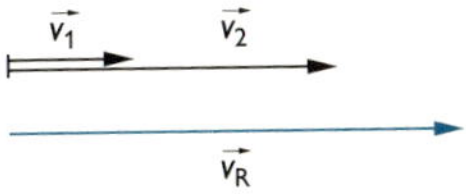 $\vec{v}_1$ $\vec{v}_2$ $\vec{v}_R$	$v_R = v_1 + v_2$

Wurf

Zusammengesetzte Bewegung aus der Überlagerung
- einer gleichförmig geradlinigen Bewegung mit der Anfangsgeschwindigkeit v_0 (v_0 = konstant) und
- der gleichmäßig beschleunigten, geradlinigen Bewegung des freien Falls ($v = -g \cdot t$) in negativer y-Richtung.

2

Übersicht über die Arten des Wurfes

	Zeichnerische Darstellung	Geschwindigkeit-Zeit-Gesetz für die resultierende Geschwindigkeit v_R	Verweise
Senkrechter Wurf nach oben	$\vec{v_0}$ $\vec{v_F}$	$v_R = v_0 - g \cdot t$	↗ Steigzeit, S. 77 ↗ Scheitelhöhe, S. 77 ↗ Wurfdauer, S. 77
Senkrechter Wurf nach unten	$\vec{v_F}$ $\vec{v_0}$	$v_R = -v_0 - g \cdot t$	
Waagerechter Wurf	$\vec{v_0}$ $\vec{v_F}$	$v_R = \sqrt{v_0^2 + g^2 \cdot t^2}$	↗ Bahnkurve, S. 77
Schräger Wurf	$\vec{v_0}$ α $\vec{v_F}$	$v_R = \sqrt{v_0^2 + g^2 \cdot t^2 - 2v_0 \cdot g \cdot t \cdot \sin\alpha}$	↗ Bahnkurve, S. 78 ↗ Wurfweite, S. 78 ↗ Wurfhöhe, S. 78 ↗ maximale Wurfhöhe, S. 78

Senkrechter Wurf. Der senkrechte Wurf kann als Sonderfall ($\alpha = 90°$ bzw. $\alpha = 270°$) aus den Gleichungen des schrägen Wurfes abgeleitet werden.

Senkrechter Wurf nach oben. Unter Vernachlässigung des Luftwiderstandes gilt:

Weg-Zeit-Gesetz

$s_x = 0$

$s_y = -\frac{g}{2} \cdot t^2 + v_0 \cdot t$

Geschwindigkeit-Zeit-Gesetz

$v_x = 0$

$v_y = -g \cdot t + v_0$

Im höchsten Punkt der Bahn ist die Geschwindigkeit gleich null.

$t_s = \frac{v_0}{g}$	*Steigzeit*: Zeit, in der der Körper seinen höchsten Bahnpunkt erreicht
$s = \frac{v_0^2}{2g}$	*Scheitelhöhe*: größte Entfernung des Körpers von der Ausgangslage. Mit Erreichen der Scheitelhöhe kehrt sich die Bewegungsrichtung um.
$t_w = \frac{2\,v_0}{g}$	*Wurfdauer*: Zeit, in der der Körper seine Ausgangslage wieder erreicht. Da Steigzeit und Fallzeit gleich sind, beträgt die Wurfdauer das Doppelte der Steigzeit.

- $v_0 = 20$ m/s   Steigzeit $t \approx 2$ s
  $g \approx 10$ m/s²   Scheitelhöhe $h \approx 20$ m
  Wurfdauer $t \approx 4$ s

Senkrechter Wurf nach unten. Unter Vernachlässigung des Luftwiderstandes gilt:

Weg-Zeit-Gesetz	*Geschwindigkeit-Zeit-Gesetz*
$s_x = 0$	$v_x = 0$
$s_y = -\frac{g}{2} \cdot t^2 - v_0 \cdot t$	$v_y = -g \cdot t - v_0$

Waagerechter Wurf. Der waagerechte Wurf kann als Sonderfall ($\alpha = 0°$) aus den Gleichungen des schrägen Wurfes abgeleitet werden.
Unter Vernachlässigung des Luftwiderstandes gilt:

Weg-Zeit-Gesetz	*Geschwindigkeit-Zeit-Gesetz*
$s_x = v_0 \cdot t$	$v_x = v_0$
$s_y = -\frac{g}{2} \cdot t^2$	$v_y = -g \cdot t$

Bahnkurve $\quad y = -\frac{g}{2\,v_0^2} \cdot x^2$

- Bahnverlauf beim waagerechten Wurf
  $v_0 = 20$ m/s
  $g \approx 10$ m/s²

t in s	1	2	3	4	5
x in m	20	40	60	80	100
y in m	–5	–20	–45	–80	–125

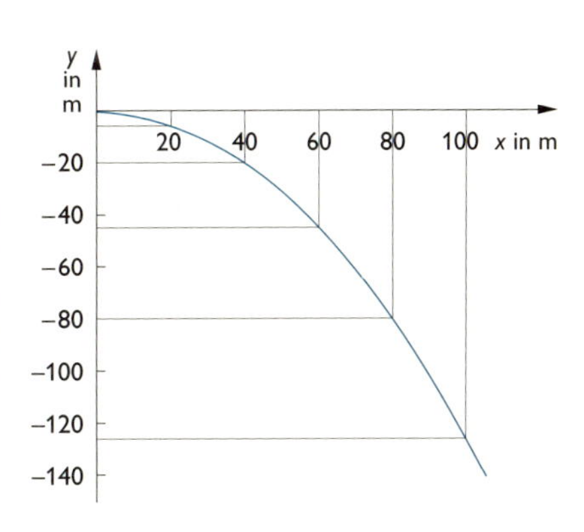

Schräger Wurf. Unter Vernachlässigung des Luftwiderstandes gilt:

Weg-Zeit-Gesetz

$s_x = v_0 \cdot t \cdot \cos\alpha$

$s_y = -\frac{g}{2} \cdot t^2 + v_0 \cdot t \cdot \sin\alpha$

Geschwindigkeit-Zeit-Gesetz

$v_x = -v_0 \cdot \cos\alpha$

$v_y = -g \cdot t + v_0 \cdot \sin\alpha$

Bahnkurve	Scheitelpunktkoordinaten	Steigzeit/Wurfweite
$y = -\frac{g}{2v_0^2 \cdot \cos^2\alpha} \cdot x^2 + \tan\alpha \cdot x$	$x_s = \frac{v_0^2 \cdot \sin(2\alpha)}{2g}$ $y_s = \frac{v_0^2 \cdot \sin^2\alpha}{2g}$	$t_s = \frac{v_0 \cdot \sin\alpha}{g}$ $x_w = \frac{v_0^2 \cdot \sin(2\alpha)}{g}$

2

Wurfweite. Kürzeste Entfernung zwischen Abwurf- und Auftreffpunkt, wenn Start- und Zielort in einer horizontalen Ebene liegen. Sie hängt ab von der Anfangsgeschwindigkeit v_0 und vom Abwurfwinkel α.

Maximale Wurfweite x_{max}: $\sin(2\alpha) = 1$, $\alpha = 45°$
Maximale Wurfhöhe y_{max}: $\sin^2\alpha = 1$, $\alpha = 90°$

Bei Abwurfwinkeln, die sich zu 90° ergänzen, sind die Wurfweiten gleich.

- $v_0 = 20$ m/s
  $g \approx 10$ m/s²

α in °	0	15	30	45	60	75	90
x_s in m	0	20,0	34,6	40,0	34,6	20,0	0
y_s in m	0	1,3	5,0	10,0	15,0	18,7	20,0

- Bahnverlauf eines Körpers beim schrägen Wurf
  $v_0 = 20$ m/s $g \approx 10$ m/s² $\alpha = 45°$

t in s	1	2	3	4	5
x in m	14,1	28,2	42,3	56,4	70,5
y in m	9,1	8,3	–2,6	–23,4	–54,3

$x_{max} \approx 40$ m $y_{max} \approx 10$ m

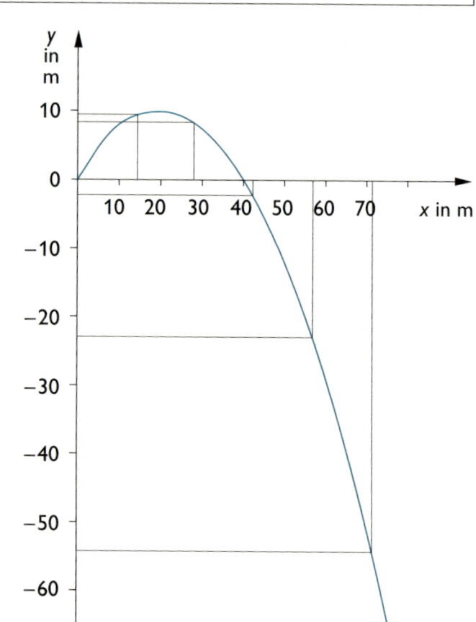

Ballistische Kurve
Wurfbahn, die der geworfene Körper unter Einfluss des Luftwiderstandes durchläuft. Sie weicht von der Parabelbahn im luftleeren Raum ab.

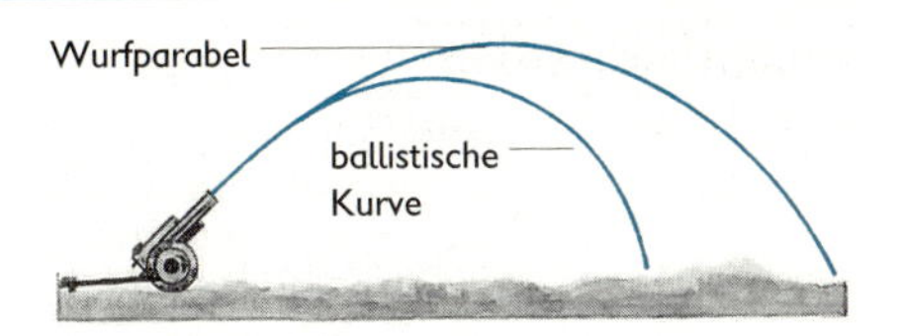

DYNAMIK

Dynamik
Teilgebiet der Physik, in dem Änderungen des Bewegungszustandes von Körpern in ihrem Zusammenhang mit Kräften beschrieben werden.

Statik
Teilgebiet der Physik, in dem der Ruhezustand eines Körpers unter dem Einfluss der auf ihn wirkenden Kräfte beschrieben wird. Es werden Gleichgewichtsbedingungen betrachtet. Die Statik kann als Sonderfall der Dynamik ($v = 0$) aufgefasst werden.
↗ Kräftegleichgewicht, S. 84; Momentengleichgewicht, S. 90

Masse *m*
Physikalische Größe, die die Eigenschaft eines Körpers kennzeichnet, träge und schwer zu sein.
SI-Einheit: kg (Kilogramm)
Weitere Einheiten: g (Gramm), t (Tonne)
1 kg = 1 000 g, 1 t = 1 000 kg
1 kg ist die Masse des internationalen Kilogrammprototyps.
↗ SI-System, S. 17; Grundgesetz der Dynamik, S. 86; Trägheitsgesetz, S. 85

Massebestimmung
Die Massebestimmung eines Körpers erfolgt
- beim statischen Verfahren durch den Vergleich der Masse des Körpers mit Wägestücken bekannter Masse auf Waagen,
- beim dynamischen Verfahren nach der Gleichung

$$m = \frac{F}{a}$$

m Masse des Körpers
F Kraft, mit der der Körper beschleunigt wird
a Beschleunigung, die der Körper erfährt

Weitere wichtige Beziehungen zur Masse bzw. Massebestimmung:
↗ Dichte, S. 80; Gewichtskraft; S. 86 Impuls, S. 98

Volumen *V*
Physikalische Größe, die den Raum kennzeichnet, den ein Körper einnimmt.
SI-Einheit: m^3 (Kubikmeter)
Weitere Einheiten: dm^3 (Kubikdezimeter), l (Liter)
$1\ m^3 = 1\,000\ dm^3$
$1\ dm^3 = 1\,000\ cm^3$ $1\ dm^3 = 1\ l$
$1\ cm^3 = 1\,000\ mm^3$ $1\ cm^3 = 1\ ml$

Volumenmessung

Messen und Berechnen	Verdrängung			
	Differenzmessung			Überlaufmethode
$V_K = l \cdot b \cdot h$	V_K	V_K	$V_K = V_2 - V_1$	V_K
feste Körper; Form regelmäßig	Flüssigkeiten	Gase	feste Körper; Form unregelmäßig	feste Körper; Form unregelmäßig

Dichte ρ

Physikalische Größe, die den Stoff kennzeichnet, aus dem ein Körper besteht. Sie ist eine Stoffkonstante.

$$\rho = \frac{m}{V}$$

ρ Dichte des (homogenen) Stoffes
m Masse des Körpers
V Volumen des Körpers

SI-Einheit: kg/m^3 (Kilogramm je Kubikmeter)
Weitere Einheit: g/cm^3 (Gramm je Kubikzentimeter)
$1 g/cm^3 = 1000 kg/m^3 = 1 kg/l$

1 kg/m^3 ist die Dichte eines Körpers, der bei einem Volumen von 1 m^3 die Masse 1 kg hat.

Dichtebestimmung

Die Dichtebestimmung erfolgt
- für Flüssigkeiten mithilfe eines Aräometers,
- für Flüssigkeiten und feste Körper durch das Messen des Volumens und der Masse und die Berechnung nach der Gleichung $\rho = \frac{m}{V}$.

Kraft F

Physikalische Größe, die die Wechselwirkung zwischen zwei Körpern kennzeichnet. Sie bewirkt eine Verformung (statische Kraftwirkung) und/oder eine Änderung des

Bewegungszustandes (dynamische Kraftwirkung). Die Kraft ist eine vektorielle Größe.
SI-Einheit: N (Newton)

$$1\,\mathrm{N} = 1\,\mathrm{kg} \cdot \mathrm{m/s^2}$$

1 N ist die Kraft, die einem Körper der Masse 1 kg die Beschleunigung von 1 m/s^2 erteilt.
↗ Gewichtskraft, S. 86; Reibungskraft, S. 86

Kraftmessung

Statisches Verfahren	Dynamisches Verfahren
direkte Messung mit dem Federkraftmesser ↗ Hooke'sches Gesetz, S. 81	Messen von Masse und Beschleunigung und Berechnung nach $F = m \cdot a$ ↗ Grundgesetz der Dynamik, S. 86 Bestimmen des Kraftstoßes (bzw. des Impulses) und der Zeit und Berechnung nach $F = S/\Delta t$ ↗ Kraftstoß, S. 98

Hooke'sches Gesetz (Lineares Kraftgesetz)

Für kleine Auslenkungen gilt: Die Verlängerung einer Schraubenfeder ist proportional der wirkenden Kraft.

$$F \sim s$$
$$F = D \cdot s$$

F wirkende Kraft
s Verlängerung
D Federkonstante

Die Federkonstante D kennzeichnet die Härte der Feder. Sie hängt ab vom Material und von der Geometrie der Feder.

Wechselwirkungsgesetz (3. Newton'sches Gesetz)

Übt ein Körper 1 auf einen Körper 2 die Kraft $\vec{F}_1$ aus (*actio*), so übt auch der Körper 2 auf den Körper 1 eine Kraft $\vec{F}_2$ aus (*reactio*). Beide Kräfte haben den gleichen Betrag, eine gemeinsame Wirkungslinie und sind einander entgegengesetzt gerichtet.

$$\vec{F}_1 = -\vec{F}_2$$
actio = reactio

Körper 1 Körper 2
N S $\vec{F}_1$ $\vec{F}_2$ Abstand r
Magnet Eisenkugel

Die Wechselwirkung kann bei Berührung zwischen zwei Körpern auftreten (↗ Impuls, S. 98), durch einen dritten Körper (Seil, Stange, Kette) oder auch durch Felder (elektrisches Feld, magnetisches Feld, Gravitationsfeld) vermittelt werden.
Das Wechselwirkungsgesetz gilt unabhängig davon, ob die Körper ruhen oder sich bewegen.
Die Wechselwirkungskraft ist nicht zu verwechseln mit einer Kompensationskraft. Kompensationskräfte treten an ein und demselben Körper auf und wirken in entgegengesetzter Richtung wie die Ausgangskraft.

2

Satz vom Kräfteparallelogramm

Greifen zwei Kräfte $\vec{F}_1$ und $\vec{F}_2$ in einem Punkt an, können sie durch eine einzige resultierende Kraft ersetzt werden. Kräfte werden vektoriell addiert:
$\vec{F}_R = \vec{F}_1 + \vec{F}_2$

Die Resultierende ist die Diagonale des Kräfteparallelogramms, dessen Seiten von den Kräften $\vec{F}_1$ und $\vec{F}_2$ aufgespannt werden.

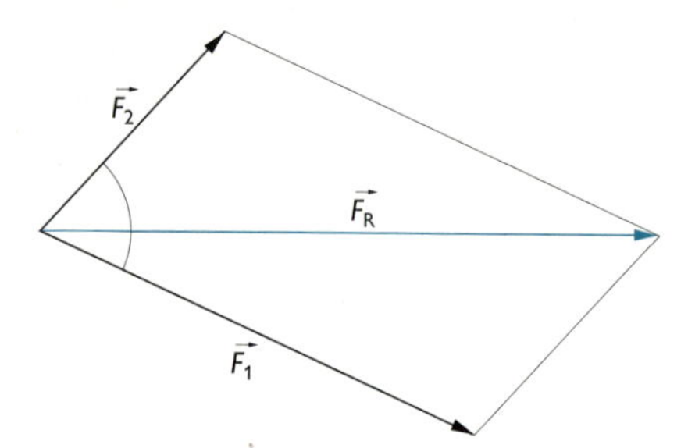

Betrag:

$$F_R = \sqrt{F_1^2 + F_2^2 + 2F_1 \cdot F_2 \cdot \cos \sphericalangle (\vec{F}_1, \vec{F}_2)}$$

Der Satz drückt die Überlagerung von Kräften aus (Unabhängigkeits- und Überlagerungsprinzip).
Greifen mehr als zwei Kräfte im selben Punkt an, so wird die Parallelogrammregel mehrfach angewendet. Einfacher ist es, die resultierende Kraft durch Parallelverschieben der einzelnen Kraftvektoren und das Zeichnen eines Polygonzuges zu ermitteln (Krafteck).
↗ Zusammensetzen von Kräften, S. 83

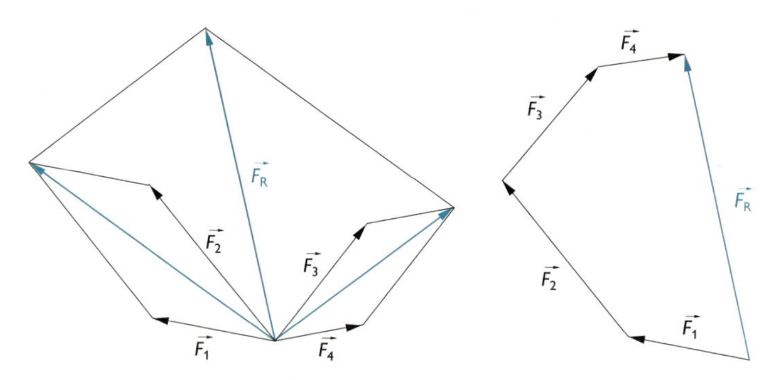

Umkehrung des Parallelogrammsatzes

Eine Kraft $\vec{F}$ lässt sich immer in zwei oder mehr Komponenten zerlegen.
↗ Zerlegung von Kräften, S. 83

Zusammensetzen und Zerlegen von Kräften

Zusammensetzen von Kräften		
Winkel zwischen den Kraftvektoren	Zeichnerische Darstellung Betrag und Richtung	Rechnerische Darstellung Betrag
beliebig	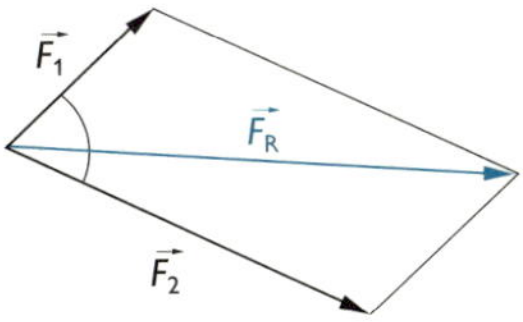	$F_R = \sqrt{F_1^2 + F_2^2 + 2F_1 \cdot F_2 \cdot \cos \sphericalangle(\vec{F_1}, \vec{F_2})}$
90°	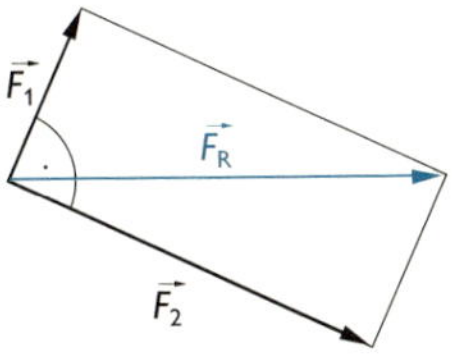	$F_R = \sqrt{F_1^2 + F_2^2}$
180°	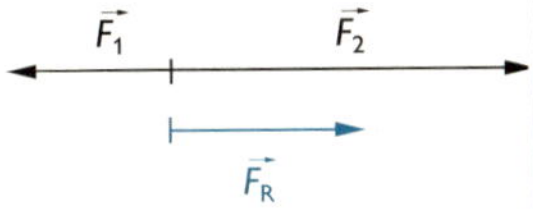	$F_R = F_2 - F_1$
0°	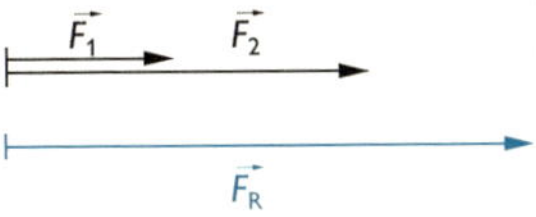	$F_R = F_1 + F_2$
Zerlegen von Kräften		
beliebig	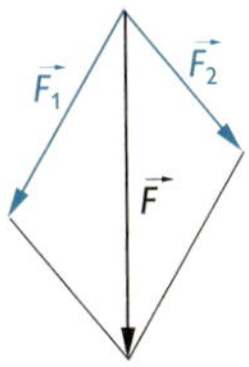	
90°	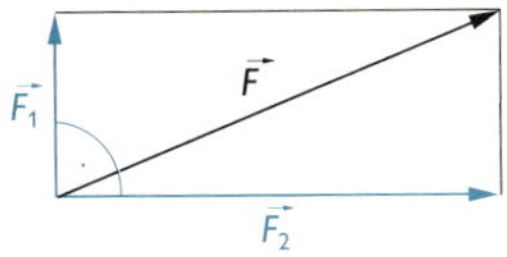	

Kräftegleichgewicht

Ein Massenpunkt befindet sich im statischen Gleichgewicht, wenn die Summe aller auf ihn wirkenden Kräfte $\vec{F}_k$ gleich null ist.

$$\sum_{k=1}^{n} \vec{F}_k = 0$$

2

Schwerpunkt

Der Schwerpunkt ist der Punkt eines starren Körpers, in dem man sich die Gesamtmasse vereinigt und die resultierende Gewichtskraft angreifend denken kann.

- Der Schwerpunkt S eines frei beweglichen Körpers befindet sich stets lotrecht unter dem Aufhängepunkt P. Er ist der Schnittpunkt der Schwerelinien. Unterstützt man den Körper im Schwerpunkt, so bleibt er in der Gleichgewichtslage.

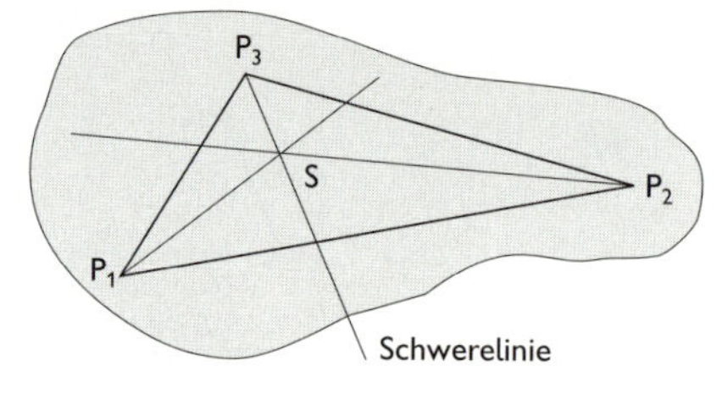

- Die Lage des Schwerpunktes S berechnet sich nach der Beziehung $m_1 : m_2 = r_2 : r_1$.

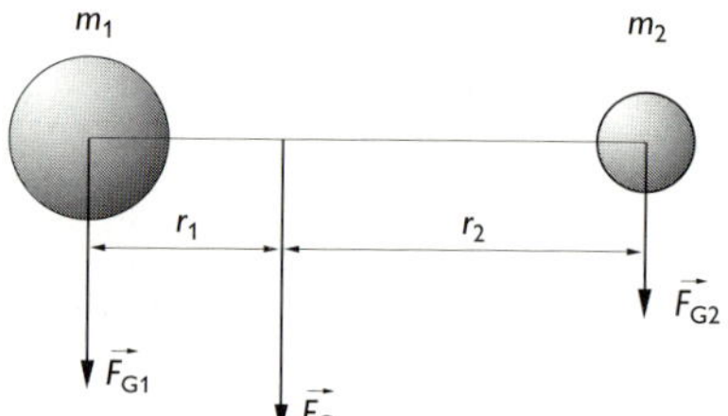

Schwerpunktsatz

Der Schwerpunkt eines Systems von Massenpunkten verharrt im Zustand der Ruhe oder der gleichförmigen, geradlinigen Bewegung, solange keine äußeren Kräfte auf die einzelnen Massenpunkte einwirken.

↗ Trägheitsgesetz, S. 85

Gleichgewichtsarten im Schwerefeld

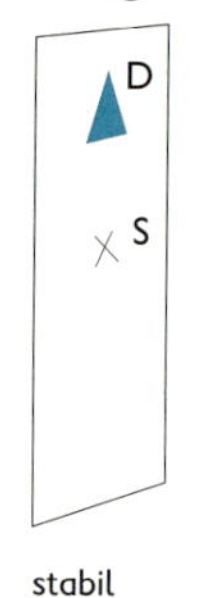

stabil

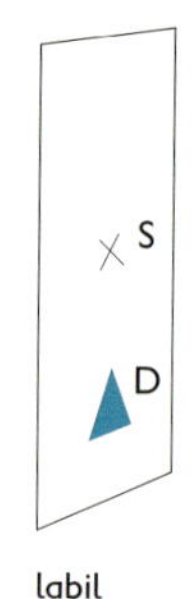

labil

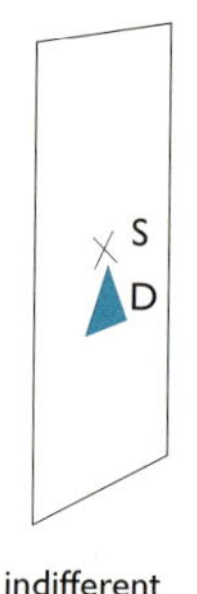

indifferent

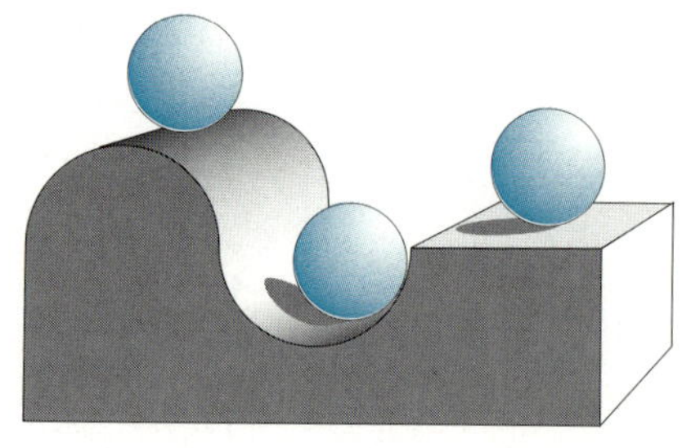

labil stabil indifferent

Stabiles Gleichgewicht. Der Schwerpunkt S liegt unterhalb des Unterstützungspunktes D. Bei Störungen wird der Schwerpunkt gehoben, die potentielle Energie wird größer. Der Körper ist bestrebt, wieder diese Gleichgewichtslage einzunehmen.

Labiles Gleichgewicht. Der Schwerpunkt S liegt über dem Unterstützungspunkt D. Bei geringsten Störungen verlässt der Körper diese Gleichgewichtslage, der Schwerpunkt wird gesenkt, die potentielle Energie wird kleiner. Der Körper geht in die stabile Lage über.

Indifferentes Gleichgewicht. Der Schwerpunkt S liegt im Unterstützungspunkt D. Bei Störungen bleiben die Lage des Schwerpunktes und die potentielle Energie unverändert. Der Körper behält seine Lage bzw. dreht sich endlos.

Standfestigkeit

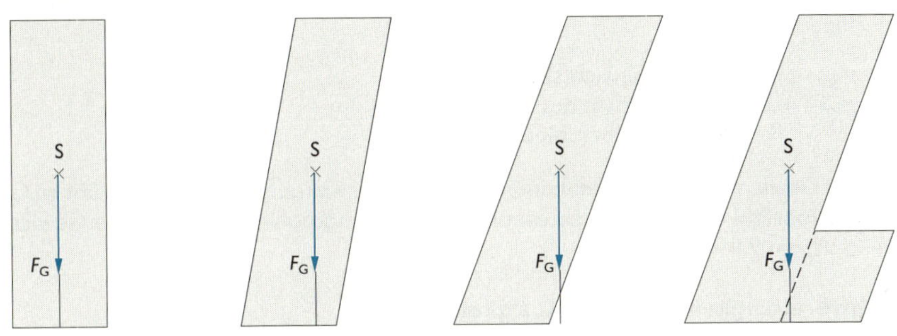

Ein Körper bleibt auf seiner Standfläche nur dann stehen, wenn sie vom Lot durch den Schwerpunkt getroffen wird. Die Standfestigkeit eines Körpers ist umso größer,
- je tiefer sein Schwerpunkt liegt,
- je größer seine Unterstützungsfläche ist,
- je größer die Gewichtskraft des Körpers ist.

↗ Gewichtskraft, S. 86; Drehmoment, S. 89; potentielle Energie, S. 94

Trägheitsgesetz (1. Newton'sches Gesetz)

Wirken keine äußeren Kräfte auf einen Körper bzw. ist die Resultierende aller auf einen Körper wirkenden Kräfte null, so verharrt er im Zustand der Ruhe oder der gleichförmig geradlinigen Bewegung.

Mit $\sum_{k=1}^{n} \vec{F}_k = 0$ folgt aus dem Grundgesetz der Dynamik $F = m \cdot a = 0$. Mit $m \neq 0$ folgt $a = 0$.

Das heißt $v = \text{konstant} \neq 0$ (gleichförmig geradlinige Bewegung)
bzw. $v = \text{konstant} = 0$ (Ruhe).

↗ Erfahrungsatz, S. 28; Grundgesetz der Dynamik, S. 86

Inertialsystem

Als Inertialsystem bezeichnet man ein Bezugssystem, in dem das Trägheitsgesetz und die übrigen Gesetze der Newton'schen Mechanik gelten.

↗ Relativitätstheorie, S. 285

Grundgesetz der Dynamik (2. Newton'sches Gesetz)

Eine an einem frei beweglichen Körper angreifende Kraft erteilt dem Körper eine Beschleunigung in der Wirkungsrichtung der Kraft.

$a \sim F \quad (m = \text{konstant})$

$a = \frac{1}{m} \cdot F$

$\vec{F} = m \cdot \vec{a}$

F auf den Körper wirkende Kraft
m Masse des Körpers
a durch die Kraft bewirkte Beschleunigung

↗ dynamische Massebestimmung, S. 79

Gewichtskraft F_G

Kraft, mit der ein Körper der Masse *m* auf seine Unterlage drückt oder an seiner Aufhängung zieht.

$\vec{F}_G = m \cdot \vec{g}$

F_G Gewichtskraft
m Masse des Körpers
g Fallbeschleunigung

Die Gewichtskraft ist ortsabhängig. Ein ruhender Körper der Masse 1 kg übt im Gravitationsfeld der Erde in Meereshöhe und 45° geographischer Breite eine Gewichtskraft von 9,81 N aus.

Schwerelosigkeit (Gewichtslosigkeit)

Schwerelosigkeit tritt ein, wenn die Gewichtskraft eines Körpers null ist ($F_G = 0$). Dieser Zustand tritt z. B. bei frei fallenden Körpern auf.
In einer Raumstation herrscht Schwerelosigkeit; sie kann als frei fallender Körper aufgefasst werden. Im rotierenden Bezugssystem betrachtet, wirkt der Erdanziehungskraft eine gleich große Zentrifugalkraft entgegen.
↗ Fallbeschleunigung, S. 70; Zentrifugalkraft, S. 89

Reibung

Vorgang, bei dem an der Berührungsfläche zwischen einander berührenden Körpern bewegungshemmende Kräfte auftreten, Reibungskräfte. Bei Bewegung treten Energieumwandlungen auf.

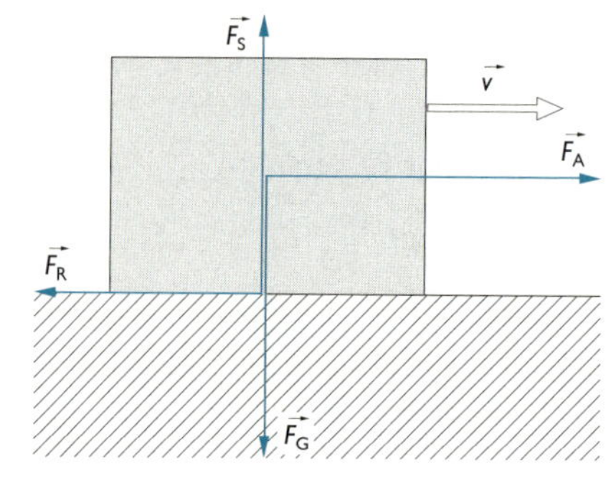

F_R Reibungskraft
F_A Antriebskraft
F_S Stützkraft von der Unterlage auf den Körper
F_G Gewichtskraft
v Geschwindigkeit

Bei gleichförmiger Bewegung gilt:
$\vec{F}_R + \vec{F}_A = 0$

Haftreibung. Der Körper befindet sich gegenüber der Unterlage in Ruhe. Haftreibung liegt vor, solange die Antriebskraft F_A die Haftreibungskraft F_{HR} nicht übersteigt. Die Haftreibungskraft F_{HR} hängt ab von der Normalkraft F_N, mit der der Körper senkrecht auf die Unterlage drückt, und von der Rauigkeit und der Stoffart der reibenden Flächen (μ_{HR}). Sie ist unabhängig vom Flächeninhalt der Berührungsflächen.

$$F_{HR} = \mu_{HR} \cdot F_N$$

μ_{HR} Haftreibungszahl
F_N Normalkraft

■ Schuhe auf Straßenbelag; um einen Pfosten geschlungenes Seil

Gleitreibung. Der Körper bewegt sich gegenüber der Unterlage. Gleitreibung liegt vor, wenn sich der Körper infolge der Antriebskraft F_A mit der Geschwindigkeit v bewegt. Soll die Bewegung aufrechterhalten werden, so muss die Antriebskraft F_A mindestens der Gleitreibungskraft F_{GR} gleichkommen.
Die Gleitreibungskraft F_{GR} hängt ab von der Normalkraft F_N und von der Rauigkeit und der Stoffart der gleitenden Flächen (μ_{GR}). Sie ist unabhängig vom Flächeninhalt der Berührungsflächen.

$$F_{GR} = \mu_{GR} \cdot F_N$$

μ_{GR} Gleitreibungszahl

■ gleitende Maschinenteile; Achse im Lager

Rollreibung. Der Körper bewegt sich gegenüber der Unterlage. Rollreibung liegt vor, wenn sich ein runder Körper (Rad, Walze, Welle) infolge der Antriebskraft F_A mit der Geschwindigkeit v bewegt. Soll die Bewegung aufrechterhalten werden, so muss die Antriebskraft F_A mindestens der Rollreibungskraft F_{RR} gleichkommen.
Die Rollreibungskraft F_{RR} hängt ab von der Normalkraft F_N, von der Rauigkeit und von der Beschaffenheit der sich berührenden Flächen (μ_{RR}) und vom Radius r des rollenden Körpers.

$$F_{RR} = \mu_{RR} \cdot \frac{F_N}{r}$$

μ_{RR} Rollreibungszahl
r Radius des rollenden Körpers

■ Kugellager, Rad auf Schiene
Unter vergleichbaren Bedingungen gilt: $F_{RR} < F_{GR} < F_{HR}$.

Körper und Unterlage		μ_{HR}	μ_{GR}
Autoreifen auf der Straße	nass	0,7 ... 0,9	0,5 ... 0,8
	trocken	0,1 ... 0,8	
Stahl auf Stahl	trocken	0,15 ... 0,5	0,1 ... 0,4
	gefettet	0,1	0,01
Stahl auf Teflon		0,04	0,04

Bezugssysteme bei der Kreisbewegung

Jede Bewegung kann von verschiedenen Bezugssystemen aus beschrieben werden.

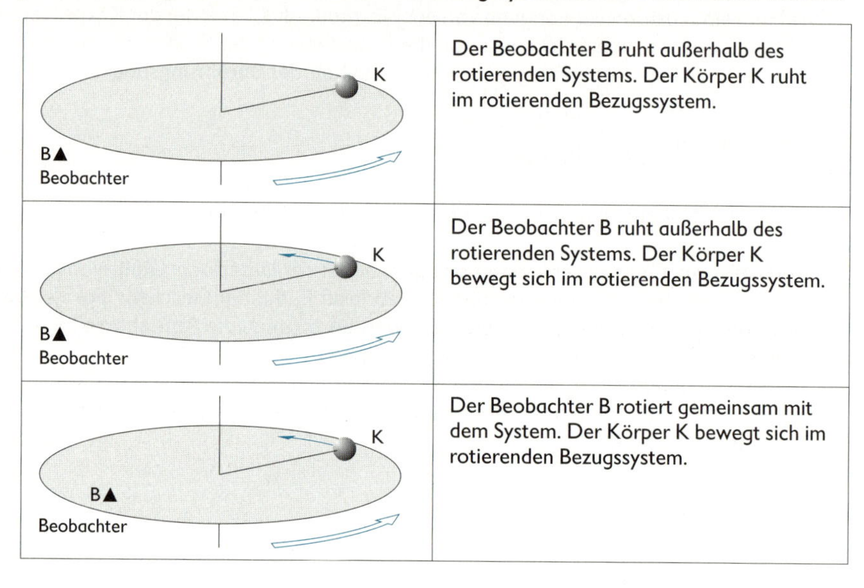

	Der Beobachter B ruht außerhalb des rotierenden Systems. Der Körper K ruht im rotierenden Bezugssystem.
	Der Beobachter B ruht außerhalb des rotierenden Systems. Der Körper K bewegt sich im rotierenden Bezugssystem.
	Der Beobachter B rotiert gemeinsam mit dem System. Der Körper K bewegt sich im rotierenden Bezugssystem.

Radialkraft F_r

Kraft, mit der ein Körper auf einer Kreisbahn geführt wird. Durch die in Richtung des Drehzentrums wirkende Radialkraft $\vec{F}_r$ wird am Körper eine Radialbeschleunigung $\vec{a}_r$ hervorgerufen.

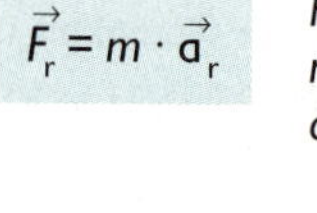

$$\vec{F}_r = m \cdot \vec{a}_r$$

F_r Radialkraft
m Masse
a_r Radialbeschleunigung

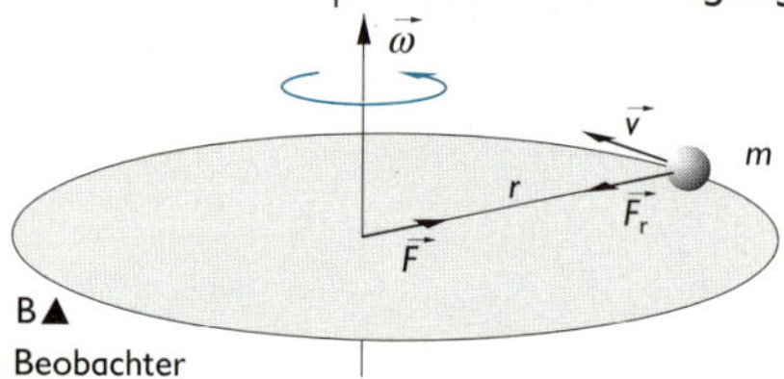

v Bahngeschwindigkeit
ω Winkelgeschwindigkeit
r Abstand des Körpers vom Drehzentrum
T Umlaufzeit

Für die gleichförmige Kreisbewegung ist die Radialkraft F_r konstant. Es gilt:

$$F_r = m \cdot \frac{v^2}{r}$$

$$F_r = m \cdot \omega^2 \cdot r$$

$$F_r = m \cdot \frac{4\pi^2}{T^2} \cdot r$$

- Rotation eines Sägeblattes einer unbelastet laufenden Kreissäge
  ↗ Radialbeschleunigung, S. 73

Zentrifugalkraft F_z

Kraft, die in Richtung des Bahnradius vom Drehzentrum weg wirkt und nur im rotierenden Bezugssystem auftritt.

Es gilt: $\vec{F}_z = -\vec{F}_r$.

Für ihre Abhängigkeit von Masse, Bahnradius, Bahngeschwindigkeit usw. gilt das Gleiche wie für die Radialkraft. Annulliert man die Radialkraft, so verschwindet auch die Zentrifugalkraft.

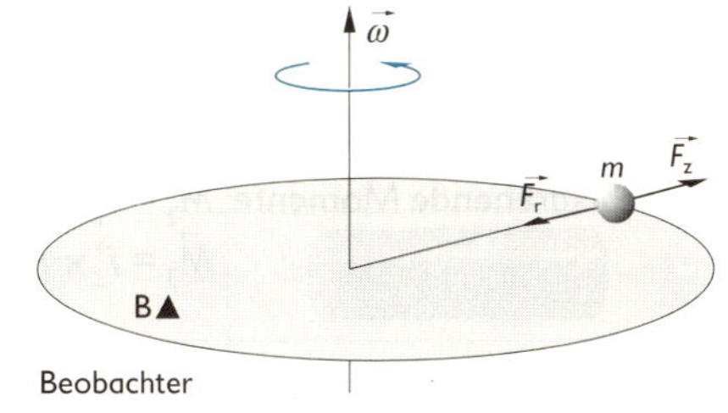

2

- Ein an einem Faden kreisender Stein fliegt nach Loslassen des Fadens infolge seiner Trägheit tangential zur Kreisbahn weg.

Corioliskraft

Kraft, die auf Körper wirkt, die sich im rotierenden System selbst bewegen. Sie wirkt senkrecht zur Bahngeschwindigkeit (Querkraft). Sie wirkt von oben gesehen nach rechts, wenn sich das rotierende System entgegen dem Uhrzeigersinn dreht.

- Abdriften von Passatwinden; Meeresströmungen, stärkeres Auswaschen der rechten Flussufer auf der Nordhalbkugel; stärkere Belastung der rechten Schienenstränge auf der Nordhalbkugel:
- Foucault'sches Pendel: Unter einer sich drehenden Unterlage (z. B. der Erde) bleibt die Schwingungsebene im Inertialsystem fest.

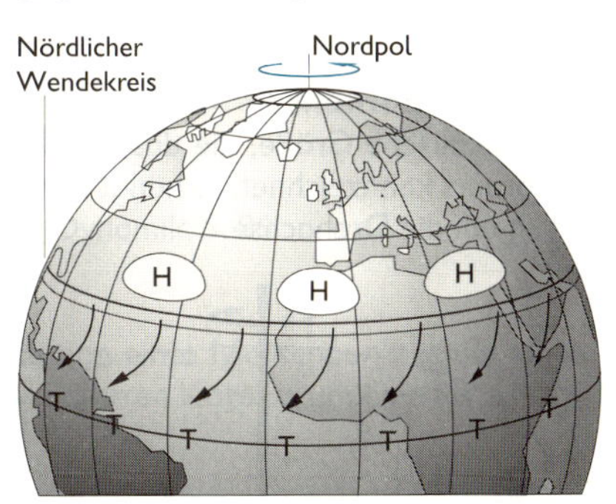

Drehmoment M

Physikalische Größe, die die Einwirkung einer Kraft F auf einen starren Körper kennzeichnet, der in einem Punkt drehbar gelagert ist. Sie ist eine vektorielle Größe.

$$\vec{M} = \vec{r} \times \vec{F}$$
$$M = r \cdot F \cdot \sin \sphericalangle(\vec{r}, \vec{F})$$
$$M = r' \cdot F$$

M Drehmoment
F Kraft
r Abstand des Angriffspunktes der Kraft vom Drehpunkt

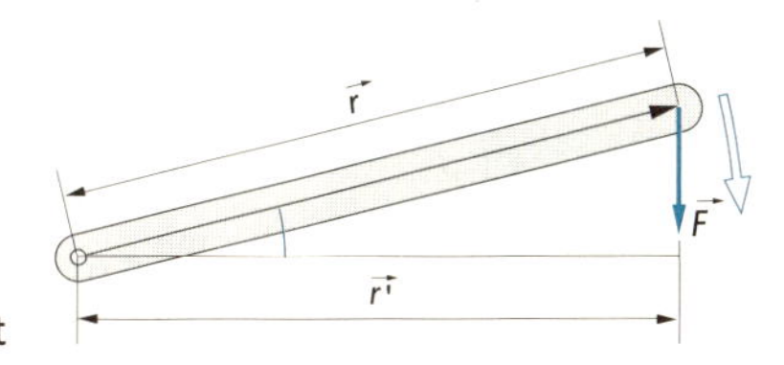

SI-Einheit: N · m (Newtonmeter)

1 N · m ist das Drehmoment, das durch eine Kraft von 1 N im Abstand von 1 m vom Drehpunkt erzeugt wird (Gültigkeitsbedingung: $\vec{r}$ senkrecht auf $\vec{F}$).

2

Übersicht über einige Kraft umformende Einrichtungen

Kraft umformende Einrichtung	Gleichgewicht	Gleichung	Beispiel
Hebel zweiseitig gleicharmig	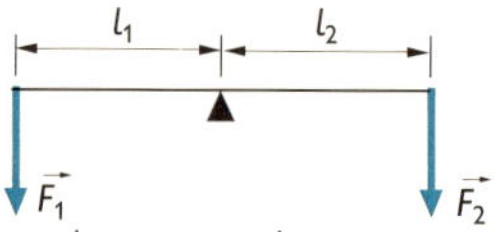	$M_1 = M_2$ $F_1 \cdot l_1 = F_2 \cdot l_2$	Balkenwaage
zweiseitig ungleicharmig	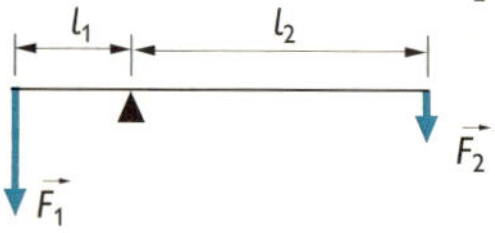	$M_1 = M_2$ $F_1 \cdot l_1 = F_2 \cdot l_2$	Wippe
einseitig ungleicharmig	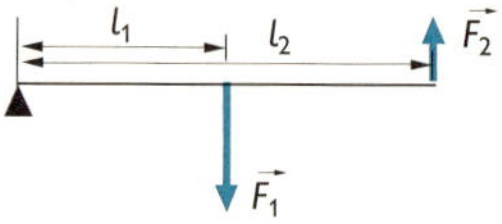	$M_1 = M_2$ $F_1 \cdot l_1 = F_2 \cdot l_2$	Schubkarre
Rolle fest	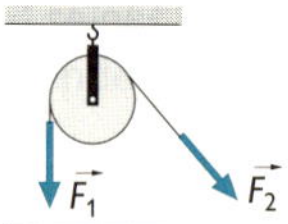	$F_2 = F_1$	Umlenkrolle
lose	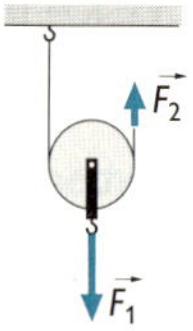	$F_2 = \frac{F_1}{2}$	in Verbindung mit fester Rolle als Spannrolle
Flaschenzug	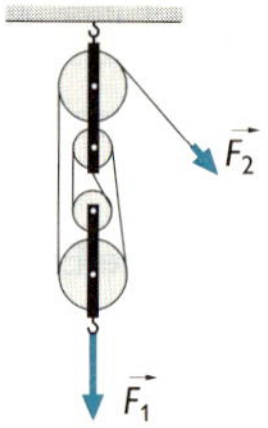	$F_2 = \frac{F_1}{n}$ n Zahl der belasteten Seilstücke	Kran
geneigte Ebene	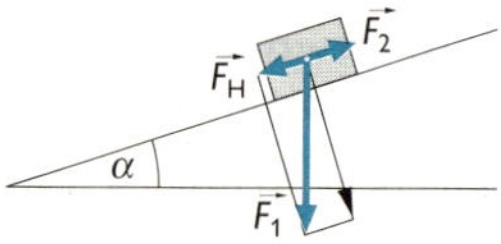	$F_2 = F_1 \cdot \sin \alpha$	Schrotleiter, Keil, Serpentine

Die Gleichungen gelten für den Gleichgewichtszustand (Ruhe). Das Eigengewicht der Hebel und Rollen wird als vernachlässigbar klein gegenüber der Kraft F_1 angenommen. Für das Verrichten von Arbeit ist zuzüglich zur Kraft F_2 eine Kraft zum Überwinden der Reibung aufzubringen.

Mechanische Leistung P

Physikalische Größe, die kennzeichnet, wie schnell eine mechanische Arbeit verrichtet wird.

$$P = \frac{W}{t}$$

P Leistung
W Arbeit
t Zeit

SI-Einheit: W (Watt)
1 W = 1 J/s = 1 N · m/s

Wenn eine Leistung von 1 W erbracht wird, dann wird der Angriffspunkt der Kraft von 1 N in der Zeit 1 s um 1 m in Wegrichtung verschoben.

Durchschnittsleistung $\bar{P}$

$$\bar{P} = \frac{W}{t}$$

$$\bar{P} = \frac{F \cdot s}{t}$$

$$\bar{P} = F \cdot v$$

F = konstant,
F und s in gleicher Richtung,
gleichförmige Bewegung

Momentanleistung P_M

$$P_M = \frac{dW}{dt}$$

Leistung bei der Drehbewegung P

$$P = M \cdot \omega$$

M Drehmoment
ω Winkelgeschwindigkeit

Mechanischer Wirkungsgrad η

Physikalische Größe, die das Verhältnis vom nutzbaren zum aufgewendeten Anteil mechanischer Arbeit, Energie bzw. Leistung kennzeichnet.

$$\eta = \frac{W_{nutz}}{W_{auf}} \qquad \eta = \frac{P_{nutz}}{P_{auf}}$$

$$\eta = \frac{E_{nutz}}{E_{auf}}$$

$$W_{nutz} < W_{auf}$$

$$\eta < 1$$

η mechanischer Wirkungsgrad
W_{nutz} nutzbare Arbeit
P_{nutz} nutzbare Leistung
E_{nutz} nutzbare Energie
W_{auf} aufgewendete Arbeit
P_{auf} aufgewendete Leistung
E_{auf} aufgewendete Energie

Die nutzbare Arbeit einer Anordnung ist stets kleiner als die aufgewendete Arbeit. Der Wirkungsgrad η einer Anordnung ist stets kleiner als 1. Der Wirkungsgrad wird als Dezimalbruch oder in Prozent angegeben.

- $\eta = 0{,}42$ oder $\eta = 42\%$

STOSS, KRAFTSTOSS, IMPULS UND DREHIMPULS

Kraftstoß *S*

Physikalische Größe, die die Wirkung einer Kraft in Abhängigkeit von der Zeit kennzeichnet. Der Kraftstoß ist eine vektorielle Größe in Richtung der Kraft. Er ist eine Prozessgröße.

$$\vec{S} = \vec{F} \cdot \Delta t \qquad (F = \text{konstant})$$

$$\vec{S} = \sum_{i=1}^{n} \vec{F}_i \cdot \Delta t_i$$

$$\vec{S} = \int_{t_1}^{t_2} \vec{F} \cdot \mathrm{d}t \qquad (F = f(t))$$

S Kraftstoß
F Kraft
t Zeit

SI-Einheit: N · s (Newtonsekunde)
1 N · s = 1 kg · m/s

1 N · s ist der Kraftstoß, den eine Kraft von 1 N während der Zeit 1 s einem Körper erteilt.

Impuls *p*

Physikalische Größe, die den Bewegungszustand eines Körpers in Abhängigkeit von seiner Masse und seiner Geschwindigkeit kennzeichnet. Der Impuls ist eine vektorielle Größe mit der Richtung der Geschwindigkeit. Er ist eine Zustandsgröße.

$$\vec{p} = m \cdot \vec{v}$$

p Impuls
m Masse
v Geschwindigkeit

SI-Einheit: kg · m/s
(Kilogrammmeter je Sekunde)

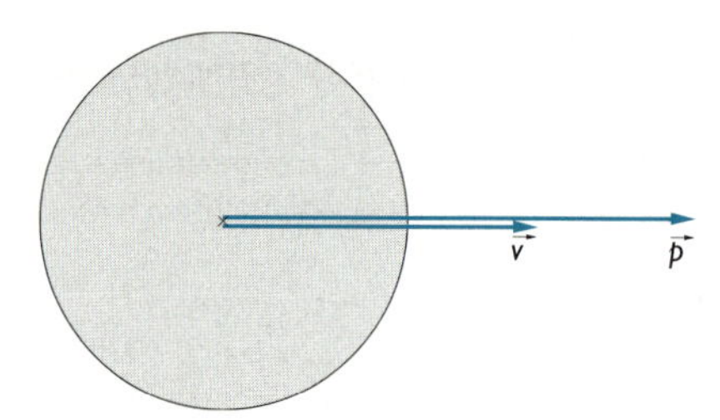

Zusammenhang zwischen Kraftstoß und Impuls

Aus dem Grundgesetz der Dynamik (↗ S. 86) $\vec{F} = m \cdot \vec{a} = m \cdot \frac{\mathrm{d}\vec{v}}{\mathrm{d}t}$ folgt:
$\vec{F} \cdot \mathrm{d}t = m \cdot \mathrm{d}\vec{v} = \mathrm{d}\vec{p}$ (Bedingung: m = konstant).
Der einem Körper erteilte Kraftstoß führt zu einer Impulsänderung. Die Definition der Kraft mithilfe des Impulses lautet:

$$\vec{F} = \frac{\mathrm{d}\vec{p}}{\mathrm{d}t}$$

In einem System von Massenpunkten ist die resultierende äußere Kraft gleich der zeitlichen Änderung des Gesamtimpulses.

↗ Kraftmessung, S. 81

Durch einen Kraftstoß von 1 N · s wird an einem Körper eine Impulsänderung von 1 kg · m/s hervorgerufen.

↗ Impulserhaltungssatz, S. 99

Impulserhaltungssatz

Ähnlich der Energie kann auch der Impuls von einem Körper auf einen anderen übertragen werden.

Befinden sich diese Körper in einem System, in dem die Einwirkung äußerer Kräfte fehlt, so ist die Summe aller Impulse vor und aller Impulse nach der Übertragung konstant. In diesem System bleibt der resultierende Impuls sowohl in seiner Richtung als auch in seinem Betrag erhalten.

$$\sum_{i=1}^{n} (m_i \cdot \vec{v}_i) = \text{konstant}$$

$$\vec{p} = \sum_{i=1}^{n} \vec{p}_i = \text{konstant}$$

$$d\vec{p} = 0$$

Bedingung: äußere Kräfte $\vec{F}_a = 0$

p Impuls
m Masse
v Geschwindigkeit

- elastischer Stoß zwischen zwei Billardkugeln

$$m_1 \cdot \vec{v}_1 + m_2 \cdot \vec{v}_2 = m_1 \cdot \vec{u}_1 + m_2 \cdot \vec{u}_2$$

m_1, m_2 Massen der Kugeln
v_1, v_2 Geschwindigkeiten der Kugeln vor dem Stoß
u_1, u_2 Geschwindigkeiten der Kugeln nach dem Stoß

Trägheitsgesetz als Sonderfall des Impulserhaltungssatzes

Steht ein Körper nicht in Wechselwirkung mit anderen Körpern, so ist sein Impuls

$$p = m \cdot v = \text{konstant}.$$

Mit m = konstant folgt v = konstant. Das heißt, die Geschwindigkeit ist nach Betrag und Richtung konstant. Der Körper befindet sich in Ruhe oder in gleichförmig geradliniger Bewegung.

↗ Trägheitsgesetz, S. 85

Schwerpunktsatz als Folgerung des Impulserhaltungssatzes

Aus $m_1 \cdot v_1 = m_2 \cdot v_2$ und $v_1 = s_1/\Delta t$ sowie $v_2 = s_2/\Delta t$ folgt

$$m_1/m_2 = s_2/s_1.$$

Der Schwerpunkt eines Systems, in dem keine äußeren Kräfte wirken, kann durch die Wirkung der inneren Kräfte nicht verschoben werden. Der Schwerpunkt bewegt sich nach dem Trägheitsgesetz.

↗ Schwerpunkt, S. 84

Zusammenhang zwischen Impuls und Schubkraft. Wirkt zwischen zwei Körpern der Massen m_1 und m_2 eine Kraft, so gilt nach dem Impulserhaltungssatz:
$m_1 \cdot v_1 + m_2 \cdot v_2 = 0$

- Schubkraft auf eine Rakete

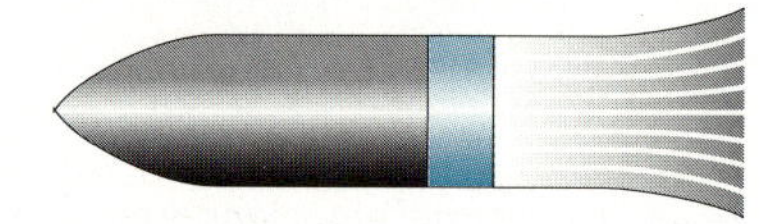

F_1 Schubkraft auf die Rakete
m_1 Masse der Rakete
m_2 Masse des ausströmenden Gases
v_2 Geschwindigkeit des Gasstroms
Δt Zeit, in der das Gas ausströmt

Mit $F_1 \cdot \Delta t = m_1 \cdot v_1 = m_2 \cdot v_2$ folgt $F_1 = \frac{m_2}{\Delta t} \cdot v_2$

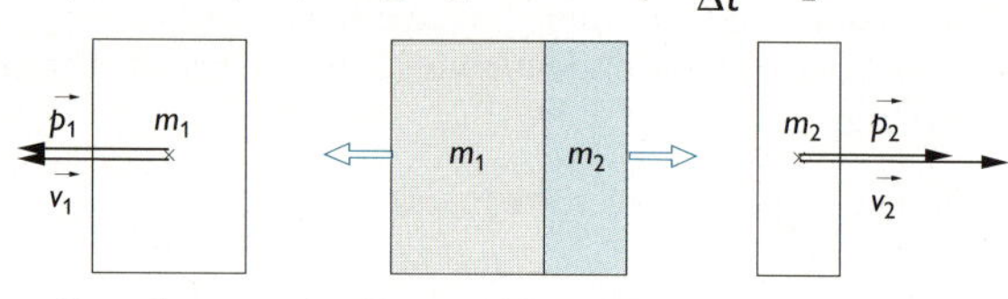

↗ Grundgesetz der Dynamik der Translation, S. 86; Kraft, S. 80

Zentraler Stoß

Vorgang, bei dem zwei Körper aufeinander treffen, die sich auf der Verbindungsgeraden ihrer Schwerpunkte bewegen. Auf dieser Geraden findet auch die Berührung statt. Beim Stoß ändern sich die Impulse der beteiligten Körper, wobei der Gesamtimpuls nach dem Impulserhaltungssatz konstant bleibt.
Man unterscheidet die beiden Idealfälle *elastischer* und *unelastischer Stoß.*

Zentraler Stoß zwischen zwei Körpern

	Elastischer zentraler Stoß	Unelastischer zentraler Stoß
Kennzeichen	Beim Stoß entstehende Verformungen bilden sich vollkommen zurück.	Beim Stoß entstehende Verformungen bleiben bestehen.
Energiebilanz	Es wird nur mechanische Energie übertragen. Der Energieerhaltungssatz der Mechanik gilt. $\frac{m_1 \cdot v_1^2}{2} + \frac{m_2 \cdot v_2^2}{2} = \frac{m_1 \cdot u_1^2}{2} + \frac{m_2 \cdot u_2^2}{2}$	Da ein Teil der mechanischen Energie in innere Energie umgewandelt wird, gilt der Energieerhaltungssatz der Mechanik nicht.
Darstellung der Stoßprozesse	m_1, v_1; m_2, v_2 (vor dem Stoß); m_1, u_1; m_2, u_2 (nach dem Stoß) m_1, m_2 Masse der Körper v_1, v_2 Geschwindigkeit der Körper vor dem Stoß u, u_1, u_2 Geschwindigkeit der Körper nach dem Stoß	m_1, v_1; m_2, v_2 (vor dem Stoß); $m_1 + m_2$, u (nach dem Stoß)

	Elastischer zentraler Stoß	Unelastischer zentraler Stoß
Impulserhaltungssatz	Der Impulserhaltungssatz gilt bei allen Stoßprozessen. $m_1 \cdot v_1 + m_2 \cdot v_2 = m_1 \cdot u_1 + m_2 \cdot u_2$	$m_1 \cdot v_1 + m_2 \cdot v_2 = (m_1 + m_2) \cdot u$
Geschwindigkeiten nach dem Stoß – allgemein	$u_1 = \frac{(m_1 - m_2) \cdot v_1 + 2 \cdot m_2 \cdot v_2}{m_1 + m_2}$ $u_2 = \frac{(m_2 - m_1) \cdot v_2 + 2 \cdot m_1 \cdot v_1}{m_1 + m_2}$	$u = \frac{m_1 \cdot v_1 + m_2 \cdot v_2}{m_1 + m_2}$
Sonderfälle: (1) $m_1 = m_2$, $v_1 \neq v_2$	$u_1 = v_2$ $u_2 = v_1$	$u = \frac{v_1 + v_2}{2}$
(2) $m_1 = m_2$, $v_2 = 0$	$u_1 = 0$ $u_2 = v_1$	$u = \frac{v_1}{2}$
(3) $m_1 << m_2$, $v_2 = 0$	$u_1 = -v_1$ $u_2 = 0$	$u = 0$
(4) $m_1 = m_2$, $v_1 = -v_2$	$u_1 = -v_1$ $u_2 = -v_2$	$u = 0$
Beispiele	dynamische Härteprüfung, Stoß von Billardkugeln, Tennisball, senkrecht an die Wand gespielt	Crashtest

Drehimpuls *L*

Physikalische Größe, die den Bewegungszustand eines rotierenden Körpers in Abhängigkeit von seinem Trägheitsmoment und seiner Winkelgeschwindigkeit kennzeichnet. Der Drehimpuls ist eine vektorielle Größe. Für feste Achsen stimmt seine Richtung mit der Richtung der Winkelgeschwindigkeit $\vec{\omega}$ überein. Der Drehimpuls ist eine Zustandsgröße.

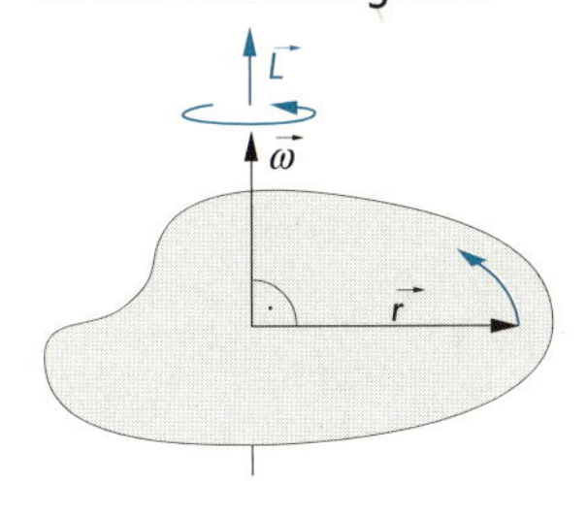

$$\vec{L} = J \cdot \vec{\omega}$$

L Drehimpuls
J Trägheitsmoment
ω Winkelgeschwindigkeit

SI-Einheit: kg · m²/s (Kilogrammquadratmeter je Sekunde)

Die Definition des Drehmoments mithilfe des Drehimpulses lautet:

$$\vec{M} = \frac{d\vec{L}}{dt}$$

↗ Drehmoment, S. 89

Drehimpulserhaltungssatz

In einem abgeschlossenen System ist die Summe der Drehimpulse konstant.

$$J_1 \cdot \vec{\omega}_1 = J_2 \cdot \vec{\omega}_2$$
$$\sum_{i=1}^{n} (J_i \cdot \vec{\omega}_i) = \text{konstant}$$
$$\vec{L} = \sum_{i=1}^{n} \vec{L}_i = \text{konstant}$$
$$d\vec{L} = 0$$

Bedingung: äußere Kraft $\vec{F}_A = 0$
oder äußeres Drehmoment $\vec{M}_A = 0$

ω Winkelgeschwindigkeit
J Trägheitsmoment
L Drehimpuls

Der Drehimpuls eines starren Körpers bezüglich einer festen Achse ist konstant, solange kein äußeres Drehmoment auf ihn wirkt.

- Bei einer Verkleinerung des Trägheitsmomentes J, z. B. durch Verringerung des Radius r, vergrößert sich die Winkelgeschwindigkeit ω, da $J \cdot \omega = L = \text{konstant}$.

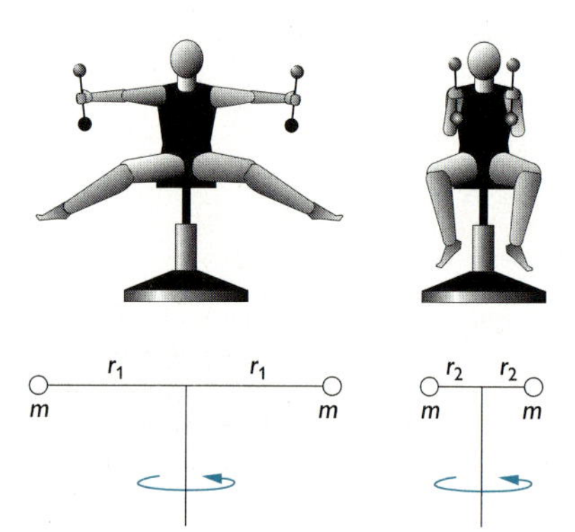

Gegenüberstellung von Größen und Gesetzen der Translation und der Rotation

Bewegung eines Massenpunktes auf einer Geraden			Drehung eines starren Körpers um eine feste Achse
$\vec{F} = m \cdot \vec{a}$	Grundgesetz		$\vec{M} = J \cdot \vec{\alpha}$
$\vec{p} = m \cdot \vec{v}$	Impuls	Drehimpuls	$\vec{L} = J \cdot \vec{\omega}$
$\frac{d\vec{p}}{dt} = \vec{F}$	Änderung des Impulses	Änderung des Drehimpulses	$\frac{d\vec{L}}{dt} = \vec{M}$
$\Sigma m_k \cdot \vec{v}_k = \text{konstant}$	Erhaltung des Impulses	Erhaltung des Drehimpulses	$\Sigma J_k \cdot \vec{\omega}_k = \text{konstant}$

Bewegung eines Massenpunktes auf einer Geraden		Drehung eines starren Körpers um eine feste Achse
$W = \int_{s_1}^{s_2} F \cdot \cos\sphericalangle(\vec{F}, \vec{s}) \cdot \mathrm{d}s$	Arbeit	$W = \int_{\varphi_1}^{\varphi_2} M \cdot \mathrm{d}\varphi$
$E_{\text{kin}} = \frac{1}{2} m \cdot v^2$	Energie	$E_{\text{rot}} = \frac{1}{2} J \cdot \omega^2$
$P = F \cdot \frac{\mathrm{d}s}{\mathrm{d}t}$	Leistung	$P = M \cdot \frac{\mathrm{d}\varphi}{\mathrm{d}t}$

Analogien zwischen den physikalischen Größen bei der

Translation	s	$\vec{F}$	m	$\vec{v}$	$\vec{a}$	$\vec{p}$
Rotation	φ	$\vec{M}$	J	$\vec{\omega}$	$\vec{\alpha}$	$\vec{L}$

WESENTLICHE ZUSAMMENHÄNGE IN DER MECHANIK

Physikalische Größen und Einheiten

Kraft	Arbeit Energie	Leistung	Kraftstoß Impuls
$\vec{F} = m \cdot \frac{\mathrm{d}\vec{v}}{\mathrm{d}t}$ $\vec{F} = m \cdot \vec{a}$	$W = \int_{s_1}^{s_2} \vec{F} \cdot \mathrm{d}\vec{s}$ $E_{\text{kin}} = \frac{1}{2} m \cdot v^2$ $E_{\text{pot}} = m \cdot g \cdot h$	$P = \frac{\mathrm{d}W}{\mathrm{d}t}$	$\vec{S} = \int_{t_1}^{t_2} \vec{F} \cdot \mathrm{d}t$ $\vec{p} = m \cdot \vec{v}$
1 N	1 N · m 1 W · s 1 J	1 N · m/s 1 W 1 J/s	1 N · s 1 kg · m/s

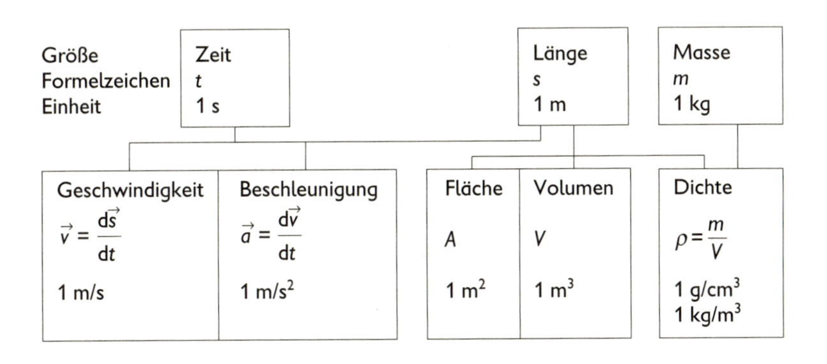

Beschleunigte Bewegungen

Bewegung auf geradlinigen Bahnen		Bewegung auf krummlinigen Bahnen	
gleichmäßig beschleunigt	ungleichmäßig beschleunigt	gleichförmige Kreisbewegung	ungleichförmige Bewegung
Geschwindigkeit			
Gleichungen $v = \frac{\Delta s}{\Delta t}$ $v = a \cdot t$	$v = \frac{ds}{dt}$	$v = \frac{\Delta s}{\Delta t}$ $v = \frac{2\pi}{T} \cdot r$ $v = \omega \cdot r$	$v = \frac{ds}{dt}$
Betrag ändert sich gleichmäßig	ändert sich ungleichmäßig	konstant	ändert sich
Richtung in Bewegungsrichtung	in Bewegungsrichtung	in Bewegungsrichtung	in Bewegungsrichtung
Beschleunigung			
Gleichungen a = konstant $a = \frac{\Delta v}{\Delta t}$ $a = \frac{2s}{t^2}$	$a \neq$ konstant $a = \frac{dv}{dt}$	$a_r = \omega^2 \cdot r$ $a_r = \frac{v^2}{r}$	$a = \frac{dv}{dt}$
Betrag konstant	ändert sich	konstant	ändert sich
Richtung in Bewegungsrichtung	in Bewegungsrichtung	rechtwinklig zur Bewegungsrichtung	ändert sich
Kraft			
Gleichungen $F = m \cdot a$	$F = m \cdot \frac{dv}{dt}$	$F = m \cdot \omega^2 \cdot r$ $F = m \cdot \frac{v^2}{r}$	$F = m \cdot \frac{dv}{dt}$

Bewegung auf geradlinigen Bahnen		Bewegung auf krummlinigen Bahnen	
gleichmäßig beschleunigt	ungleichmäßig beschleunigt	gleichförmige Kreisbewegung	ungleichförmige Bewegung
Betrag konstant	ändert sich	konstant	ändert sich
Richtung in Bewegungsrichtung	in Bewegungsrichtung	rechtwinklig zur Bewegungsrichtung	ändert sich

GRAVITATION

Gravitation

Eigenschaft aller Körper, aufgrund ihrer Masse Anziehungskräfte aufeinander auszuüben.
Deshalb bezeichnet man das Phänomen auch als Massenanziehung.

Gravitationsgesetz

Zwei beliebige Körper K_1 und K_2 mit den Massen m_1 und m_2 ziehen sich gegenseitig mit der Gravitationskraft F_g in Richtung der Verbindungslinien ihrer Schwerpunkte an.

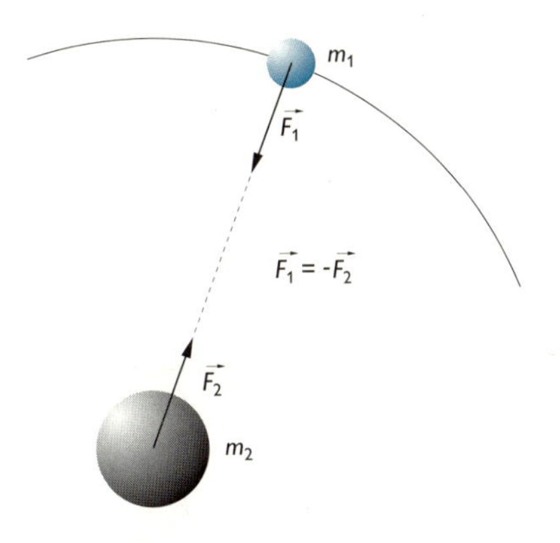

$$F_g = \gamma \cdot \frac{m_1 \cdot m_2}{r^2}$$

F_g	Gravitationskraft zwischen zwei Körpern
m_1, m_2	Massen der beiden Körper
r	Abstand der Massenmittelpunkte der beiden Körper
γ	Gravitationskonstante

Gravitationskonstante γ. Sie ist eine universelle Naturkonstante.

$\gamma = (6{,}672 \pm 0{,}004) \cdot 10^{-11}\ \mathrm{N} \cdot \mathrm{m}^2/\mathrm{kg}^2$

Zwei Körper mit den Massen von je 1 kg und einem Abstand der Massenmittelpunkte von 1 m üben aufeinander eine Anziehungskraft von $6{,}67 \cdot 10^{-11}$ N aus.

2

Gravitationsfeld

Raum um Körper, in dem an jedem Punkt auf einen dort befindlichen Körper aufgrund seiner Masse eine Gravitationskraft F_g ausgeübt wird.

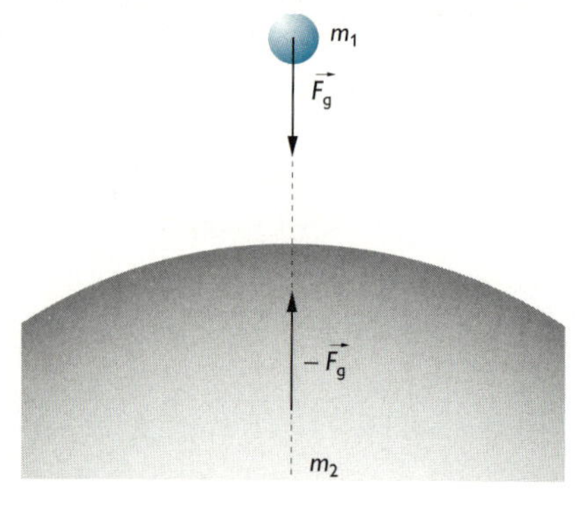

F_g Gravitationskraft

↗ Gewichtskraft, S. 86
Fallbeschleunigung, S. 70

Gravitationsfeldstärke E_g

$$\vec{E}_g = \frac{\vec{F}_g}{m}$$

E_g Gravitationsfeldstärke
F_g Gravitationskraft
m Masse

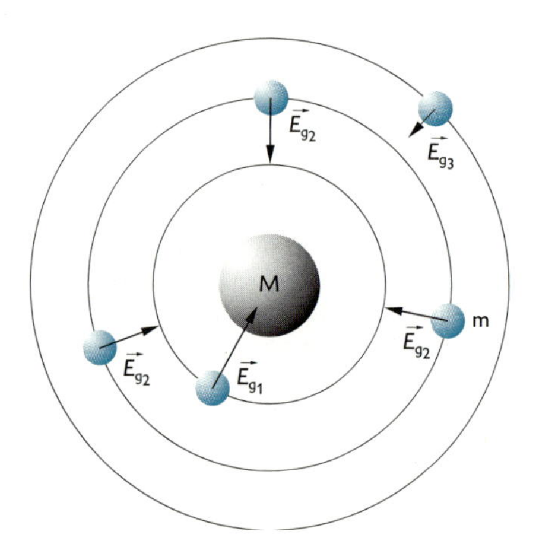

Der Betrag F_g/m und die Richtung der Kraft charakterisieren den entsprechenden Punkt im Raum.
Die Gravitationsfeldstärke $\vec{E}_g$ ergibt sich aus der Gravitationskraft $\vec{F}_g$, die ein Körper der Masse m in einem beliebigen Punkt des Feldes erfährt. Sie ist eine vektorielle Größe mit der Richtung der Kraft. Punkte mit gleicher Feldstärke lassen sich durch Linien verbinden.

$$E_g = \gamma \cdot \frac{M}{r^2}$$

$$\vec{E}_g = \vec{g}$$

E_g Gravitationsfeldstärke
M Masse des das Feld verursachenden Körpers
Voraussetzung: kugelsymmetrische Masseverteilung
r Abstand vom Gravitationszentrum
γ Gravitationskonstante

SI-Einheit: N/kg (Newton je Kilogramm)
$1\ \text{N/kg} = 1\ \text{m/s}^2$

Für ruhende Körper auf der Erde ist die Gravitationskraft F_g gleich der Gewichtskraft F_G.

Arbeit im Gravitationsfeld

Um einen Körper der Masse m_1 im Gravitationsfeld eines Körpers der Masse m_2 von Punkt P_1 zum Punkt P_2 zu verschieben, ist Arbeit zu verrichten.

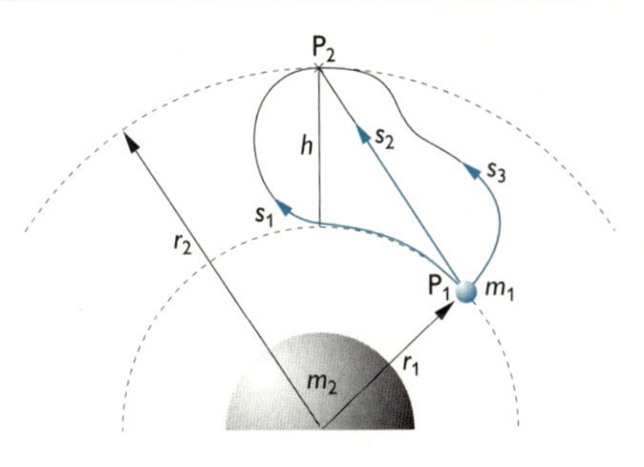

$$W_{12} = \int_{r_1}^{r_2} \vec{F} \cdot d\vec{r}$$

$$W_{12} = \int_{r_1}^{r_2} \gamma \cdot \frac{m_1 \cdot m_2}{r^2} \cdot dr$$

$$W_{12} = \gamma \cdot m_1 \cdot m_2 \left(\frac{1}{r_1} - \frac{1}{r_2} \right)$$

W	Arbeit	m	Masse
F	Kraft	γ	Gravitationskonstante
		r	Abstand

Kepler'sche Gesetze

1. Gesetz: Alle Planeten bewegen sich auf Ellipsenbahnen, in deren einem Brennpunkt die Sonne steht.

2. Gesetz: Ein von der Sonne zu einem Planeten gezogener Leitstrahl überstreicht in gleichen Zeiten gleiche Flächen.

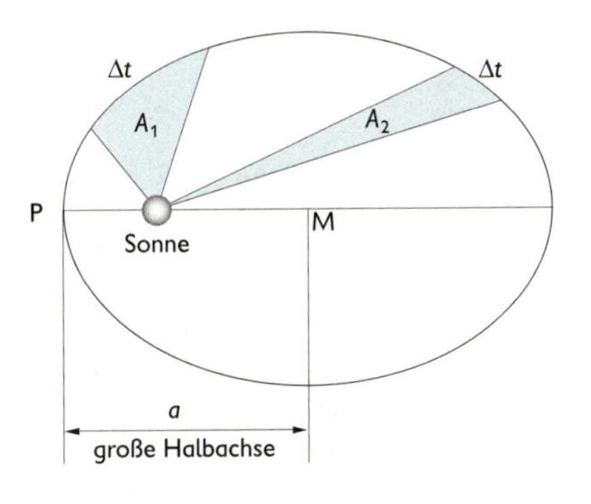

$$\frac{\Delta A}{\Delta t} = \text{konstant}$$

Folgerung: Der Betrag der Bahngeschwindigkeit ist in Sonnennähe größer als in Sonnenferne.

3. Gesetz: Die Quadrate der Umlaufzeiten T zweier Planeten verhalten sich wie die dritten Potenzen der großen Halbachsen a ihrer Bahnen.

$$T_1^2 : T_2^2 = a_1^3 : a_2^3$$

$$\frac{T^2}{a^3} = \text{konstant}$$

T Umlaufzeit
a große Halbachse

Folgerung: Der Quotient T^2/a^3 ist für alle Planeten eines Sonnensystems gleich.

Kosmische Geschwindigkeiten

Geschwindigkeiten für das Erreichen bestimmter kosmischer Bahnen.

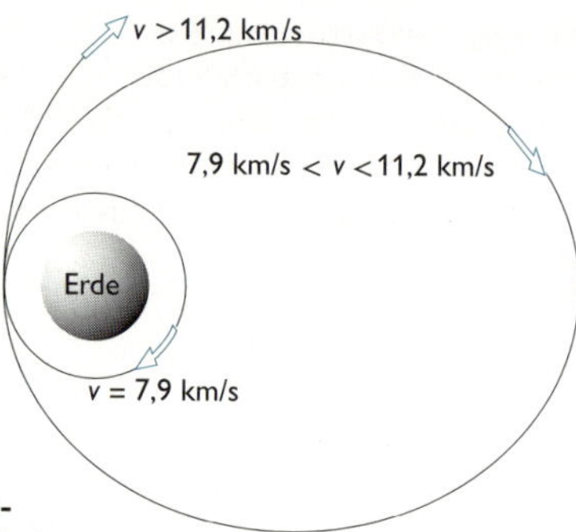

1. Kosmische Geschwindigkeit (Kreisbahngeschwindigkeit). Geschwindigkeit, die ein Körper haben muss, wenn er von der Erdoberfläche aus gestartet wird und auf einer Kreisbahn die Erde umrunden soll.

$$v_1 = \sqrt{\frac{\gamma \cdot M}{r}} = 7{,}9\ \text{km/s}$$

v_1 Kreisbahngeschwindigkeit
r Erdradius
M Erdmasse

2. Kosmische Geschwindigkeit (Parabelbahngeschwindigkeit). Mindestgeschwindigkeit, die ein Körper haben muss, wenn er von der Erdoberfläche aus gestartet wird und das Gravitationsfeld der Erde verlassen soll.

$$v_2 = \sqrt{\frac{2 \cdot \gamma \cdot M}{r}} = 11{,}2\ \text{km/s}$$

Der Einfluss der Erdrotation wird vernachlässigt.

3. Kosmische Geschwindigkeit. Mindestgeschwindigkeit, die ein Körper haben muss, wenn er von der Erdoberfläche aus gestartet wird und das Sonnensystem verlassen soll.

$$v_3 = 16{,}7\ \text{km/s}$$

MECHANIK DER FLÜSSIGKEITEN UND GASE

Aussagen zum Aufbau der Stoffe aus Teilchen

Alle Stoffe sind aus Atomen oder Molekülen aufgebaut. Oft genügt es, Atome bzw. Moleküle in einem einfachen *Teilchenmodell* zu betrachten (↗ Modell, S. 50):

- Man stellt sich die Teilchen als sehr kleine Kugeln vor.
- Zwischen den Teilchen befindet sich leerer Raum.
- Die Teilchen der Stoffe befinden sich in ständiger unregelmäßiger Bewegung.
- Zwischen den Teilchen treten anziehende und abstoßende Kräfte auf. (**Kohäsionskräfte** zwischen Teilchen *eines* Stoffes; **Adhäsionskräfte** zwischen Teilchen *unterschiedlicher* Stoffe)

Aussagen zu Form und Volumen von Flüssigkeiten

- Volumen und Form werden durch das Gefäß bestimmt.
- Flüssigkeiten lassen sich kaum zusammenpressen, sie sind nahezu inkompressibel.

Aussagen zu Form und Volumen von Gasen

– Volumen und Form werden durch das Gefäß bestimmt.
– In Gasen ist der Abstand zwischen den Teilchen groß.
– Gase lassen sich zusammenpressen, sie sind kompressibel.
– Bei den unregelmäßigen Bewegungen treten Wechselwirkungen mit anderen Teilchen und mit der Wand des Gefäßes auf.

Druck p

Physikalische Größe, die die Wirkung einer Kraft in Abhängigkeit von der Fläche kennzeichnet. Der Druck ist eine Zustandsgröße.

$$p = \frac{F}{A}$$

p Druck
F Druckkraft (F senkrecht zu A)
A Fläche, auf die die Kraft wirkt

SI-Einheit: Pa (Pascal)
1 Pa = 1 N/m^2
1 hPa = 1 mbar (nur in der Meteorologie)

1 Pa ist der Druck, der auftritt, wenn eine Kraft von 1 N senkrecht auf eine Fläche von 1 m^2 wirkt.

Druckmessung

Geräte zur Druckmessung heißen Manometer bzw. Barometer. Wirkprinzip ist die Herstellung des Druckausgleichs durch den Schweredruck einer Flüssigkeit (Flüssigkeitsmanometer) oder durch die elastische Spannkraft einer Metallmembran (Membranmanometer).

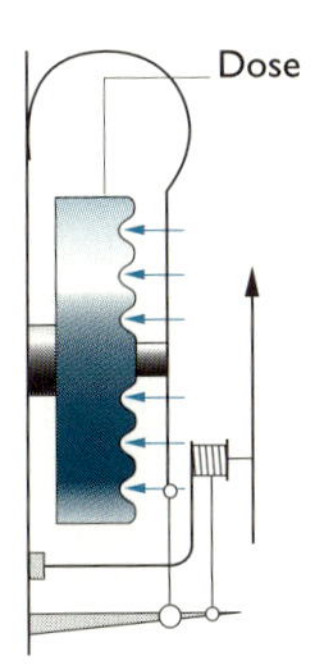

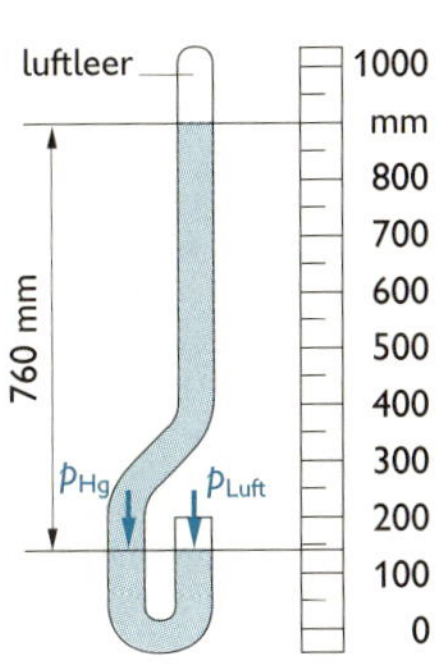

Gasdruck

Druck, der durch die Stöße der Teilchen eines abgeschlossenen Gases gegen die Gefäßwände entsteht.
Der Druck in einer Gasmenge, die sich in einem abgeschlossenen, nicht zu hohem Gefäß befindet, ist überall gleich. Er erhöht sich, wenn

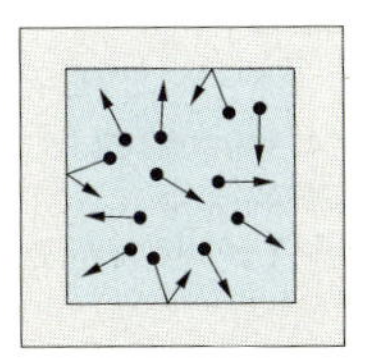

– die eingeschlossene Gasmenge vergrößert wird (V und T konstant),
– das Volumen für das Gas verkleinert wird (n und T konstant),
– bei gleichbleibendem Volumen die Temperatur des Gases vergrößert wird (n und V konstant).

↗ Zustandsgleichung für das ideale Gas, S. 157

Kolbendruck

Druck, der durch die Einwirkung einer äußeren Kraft über einen Kolben auf eine eingeschlossene Flüssigkeit bzw. ein eingeschlossenes Gas entsteht.

Der Druck im Behälter ist an allen Stellen gleich.

$$p = \frac{F}{A}$$

p Kolbendruck
F Druckkraft (F senkrecht zu A)
A gedrückte Fläche

↗ hydraulische Anlagen, S. 112

Schweredruck

Druck, der durch die Gewichtskraft der Flüssigkeit bzw. des Gases entsteht.

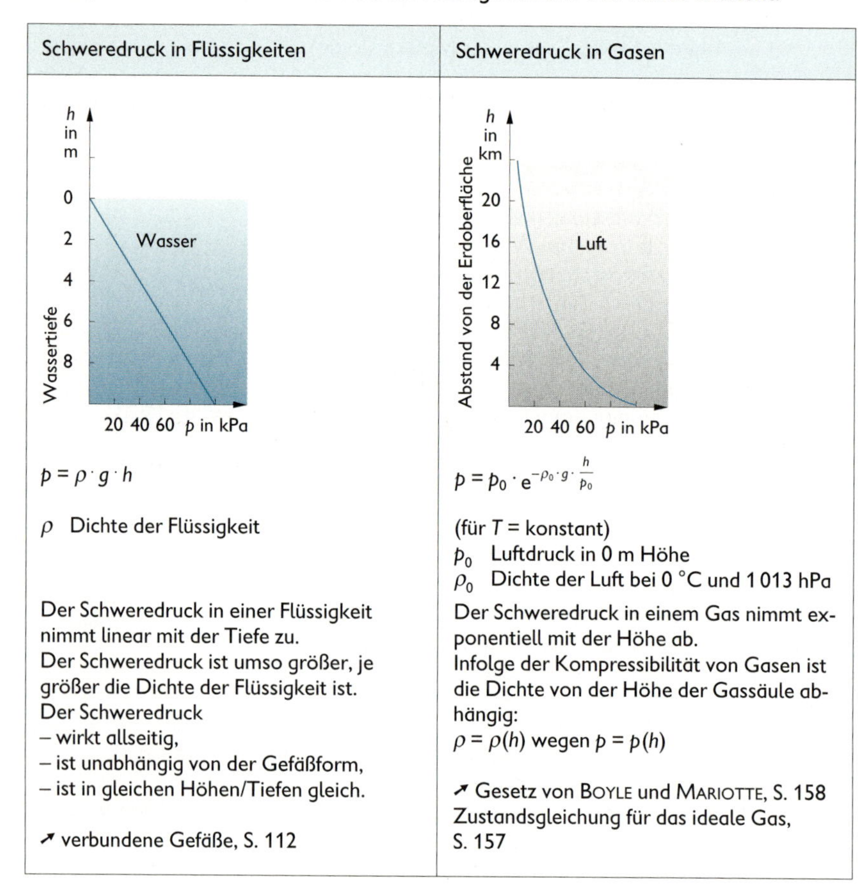

Schweredruck in Flüssigkeiten	Schweredruck in Gasen
$p = \rho \cdot g \cdot h$	$p = p_0 \cdot e^{-\rho_0 \cdot g \cdot \frac{h}{p_0}}$
ρ Dichte der Flüssigkeit	(für T = konstant) p_0 Luftdruck in 0 m Höhe ρ_0 Dichte der Luft bei 0 °C und 1 013 hPa
Der Schweredruck in einer Flüssigkeit nimmt linear mit der Tiefe zu. Der Schweredruck ist umso größer, je größer die Dichte der Flüssigkeit ist. Der Schweredruck – wirkt allseitig, – ist unabhängig von der Gefäßform, – ist in gleichen Höhen/Tiefen gleich.	Der Schweredruck in einem Gas nimmt exponentiell mit der Höhe ab. Infolge der Kompressibilität von Gasen ist die Dichte von der Höhe der Gassäule abhängig: $\rho = \rho(h)$ wegen $p = p(h)$
↗ verbundene Gefäße, S. 112	↗ Gesetz von BOYLE und MARIOTTE, S. 158 Zustandsgleichung für das ideale Gas, S. 157

Auflagedruck

Druck, der von einem Körper infolge seiner Gewichtskraft auf die Unterlage ausgeübt wird.

$p = \frac{F}{A}$

p Auflagedruck
F Druckkraft (F senkrecht zu A)
A Auflagefläche

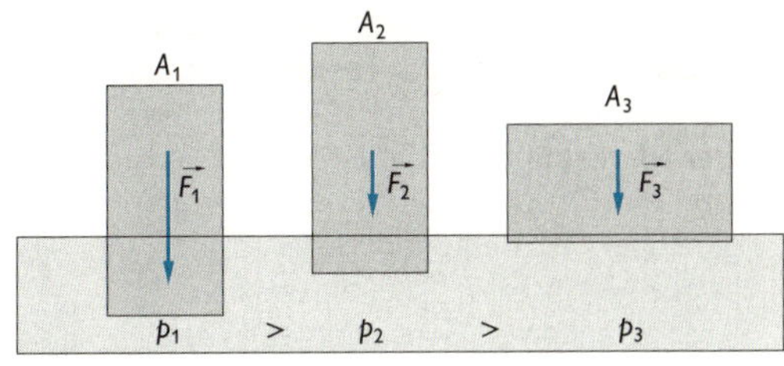

Kraft	Fläche	Druck
$F_1 > F_2$	$A_1 = A_2$	$p_1 > p_2$
$F_2 = F_3$	$A_2 < A_3$	$p_2 > p_3$

Ein kleinerer Auflagedruck ist durch Verringern der Gewichtskraft und durch Vergrößern der Auflagefläche zu erreichen.

Druckausbreitung (Pascal'sches Gesetz)

Der Kolbendruck breitet sich in einer eingeschlossenen Flüssigkeit bzw. einem eingeschlossenen Gas nach allen Seiten gleichmäßig aus. Er ist an allen Stellen der Flüssigkeit bzw. des Gases gleich.

Druckübertragung

Durch Erzeugen eines Kolbendruckes können in verbundenen Gefäßen Kräfte übertragen und dabei der Betrag der Kräfte und/oder ihre Richtung geändert werden.

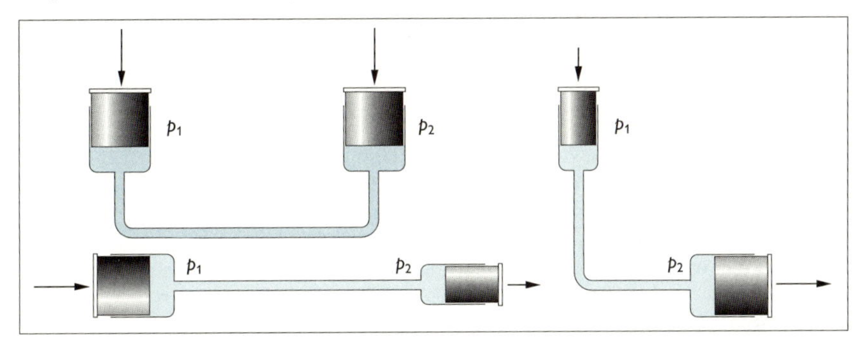

$p_1 = p_2$

Auf jedes Teilstück der Begrenzungsfläche wirkt die Flüssigkeit mit der Kraft $F = p \cdot A$. Somit gilt:

$F_1 : A_1 = F_2 : A_2$ oder $F_1 : F_2 = A_1 : A_2$.

Da in einer eingeschlossenen Flüssigkeit der Druck überall gleich ist, wirkt auf die größere Begrenzungsfläche die größere Kraft.

↗ verbundene Gefäße, S. 112; hydraulische Anlagen, S. 112

Druckausgleich

An der Grenzfläche zwischen Flüssigkeiten bzw. Gasen unterschiedlichen Druckes treten Kräfte auf. Die resultierende Kraft ist stets so gerichtet, dass sie vom Gebiet höheren Druckes zum Gebiet niedrigeren Druckes wirkt, bis sich ein Druckausgleich, eine Druckgleichheit, einstellt.
In der Natur bzw. Technik werden die Kräfte häufig von Grenzflächen (Trennflächen, Membranen, Mauern) aufgenommen.

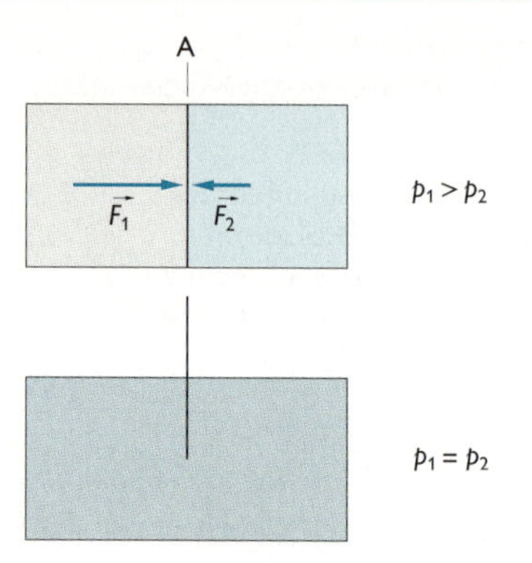

Verbundene Gefäße

Gefäße, zwischen denen eine Verbindung (Rohr, Schlauch, Kanal) besteht, sodass eine Flüssigkeitsübertragung zwischen den einzelnen Gefäßen möglich ist.

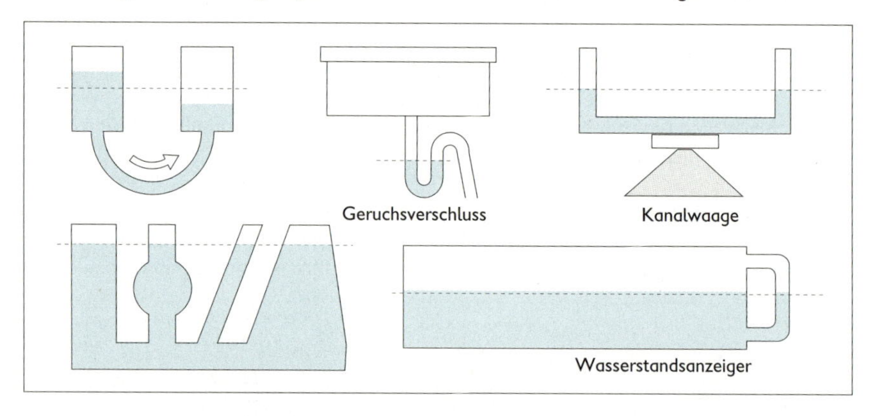

In offenen, miteinander verbundenen Gefäßen liegen die Flüssigkeitsoberflächen in derselben waagerechten Ebene. Bei unterschiedlichem Flüssigkeitsstand, d. h. unterschiedlichem Schweredruck, in den miteinander verbundenen Gefäßen kommt es infolge der leichten Verschiebbarkeit der Flüssigkeitsteilchen zu einem Druckausgleich. Er tritt ein, wenn die Flüssigkeitsoberfläche in allen Gefäßteilen die gleiche Höhe erreicht hat.

↗ Aufbau der Stoffe, S. 108
Druckausgleich, S. 112; Schweredruck, S. 110

Hydraulische Anlagen

Kraft umformende Einrichtungen, bei denen die Möglichkeit der Druckübertragung durch Flüssigkeiten genutzt wird.

Die allseitige und gleichmäßige Ausbreitung des Druckes dient der Übertragung und Umformung von Kräften, deren Betrag und Richtung geändert wird.

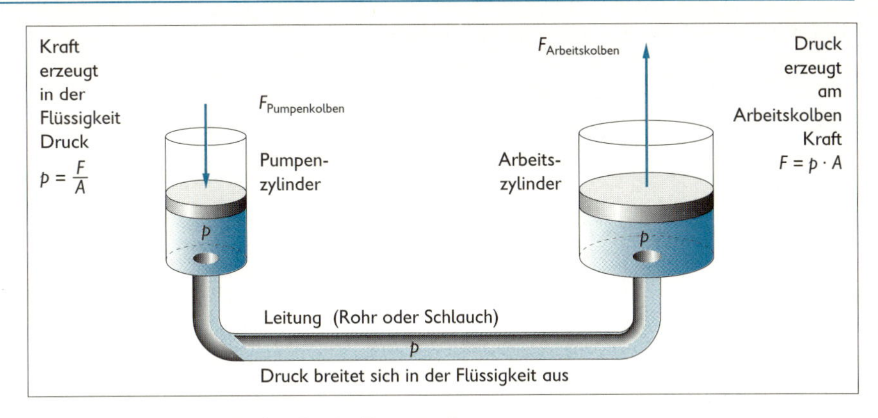

- hydraulische Presse, hydraulische Bremsanlagen
  ↗ Kraft umformende Einrichtungen, S. 95

Statischer Auftrieb

Erscheinung beim Eintauchen von Körpern in Flüssigkeiten oder Gase. Der statische Auftrieb kommt durch die Auftriebskraft F_A zustande, die auf den vollständig oder teilweise eingetauchten Körper wirkt.

Auftriebskraft F_A

Kraft, die auf Körper wirkt, die in Flüssigkeiten oder in Gase eingetaucht sind. Sie ist der Gewichtskraft entgegengerichtet.

- Taucht ein Körper vollständig in eine Flüssigkeit ein, so wirken auf ihn mehrere Drücke: Die von allen Seiten wirkenden Seitendrücke heben sich in jeder Höhe paarweise auf. Durch die unterschiedliche Höhe bedingt (h_1, h_2), stellen sich Unterschiede im Schweredruck an der Ober- und an der Unterseite des Körpers ein (p_1, p_2). Damit wirken, bei Gleichheit der Fläche, unterschiedliche Kräfte ($\vec{F_1}$, $\vec{F_2}$). Die resultierende Kraft $\vec{F_A}$ ist nach oben gerichtet, der Körper erfährt einen Auftrieb.

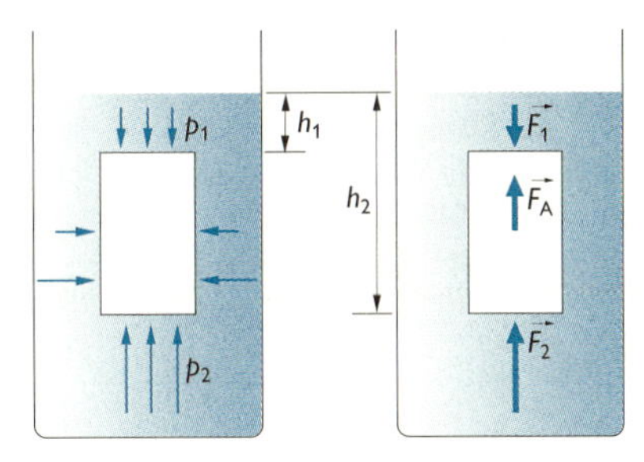

Archimedisches Gesetz

Der Auftrieb eines Körpers in einer Flüssigkeit ist gleich der Gewichtskraft der von ihm verdrängten Flüssigkeitsmenge.

$$F_A = F_G$$

$$p_1 = F_1 / A \qquad F_1 = p_1 \cdot A = \rho \cdot g \cdot h_1 \cdot A$$

$$p_2 = F_2 / A \qquad F_2 = p_2 \cdot A = \rho \cdot g \cdot h_2 \cdot A$$

$$F_A = F_2 - F_1 = \rho \cdot g \cdot (h_2 - h_1) \cdot A = \rho \cdot g \cdot V = m \cdot g = F_G$$

Sinken, Schweben, Steigen, Schwimmen

Entsprechend den Relationen zwischen Gewichtskraft F_G und Auftriebskraft F_A zeigen die Körper in Flüssigkeiten bzw. Gasen folgendes Verhalten:

Verhalten	Sinken	Schweben	Steigen	Schwimmen
zeichnerische Darstellung				
Vergleich von Auftriebskraft und Gewichtskraft	$F_A < F_G$	$F_A = F_G$	$F_A > F_G$	$F_A = F_G$
resultierende Kraft	$F \neq 0$ nach unten gerichtet	$F = 0$	$F \neq 0$ nach oben gerichtet	$F = 0$
Vergleich der Dichte des Körpers mit der Dichte der Flüssigkeit	$\rho_{Fl} < \rho_{fest}$	$\rho_{Fl} = \rho_{fest}$	$\rho_{Fl} > \rho_{fest}$	$\rho_{Fl} > \rho_{fest}$
Vergleich des Volumens des Körpers mit dem Volumen der verdrängten Flüssigkeit	$V_{Fl} = V_{fest}$	$V_{Fl} = V_{fest}$	$V_{Fl} = V_{fest}$	$V_{Fl} \leq V_{fest}$

Stromlinien

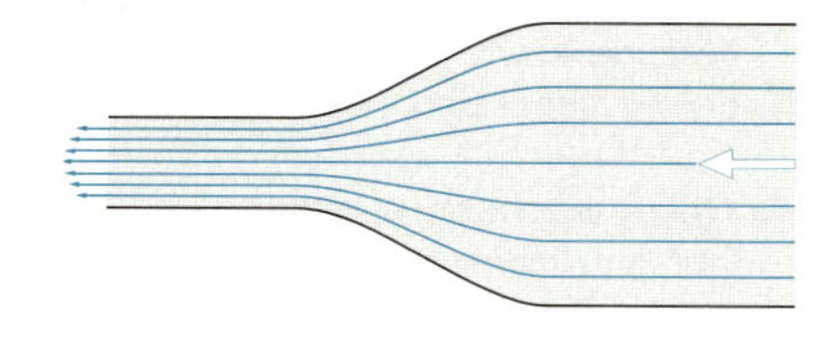

Modell, mit dem man bei stationären Strömungen die Bahnen der bewegten Flüssigkeits- und Gasteilchen beschreiben kann. Mit Stromlinienbildern lassen sich der Verlauf der Strömung, ihre Richtung, ihre Geschwindigkeit und das Verhalten von Körpern in Strömungen beschreiben und somit Schlussfolgerungen auf die Druckverhältnisse in der Strömung ziehen.

↗ dynamischer Druck, S. 115; statischer Druck, S. 115; Modell, S. 50

Strömungsgeschwindigkeit und Strömungsquerschnitt

Das in der Zeit Δt in ein geschlossenes Rohr einströmende Flüssigkeitsvolumen ist gleich dem in der Zeit Δt ausströmenden Flüssigkeitsvolumen (*Kontinuitätsgleichung für inkompressible Flüssigkeiten*).

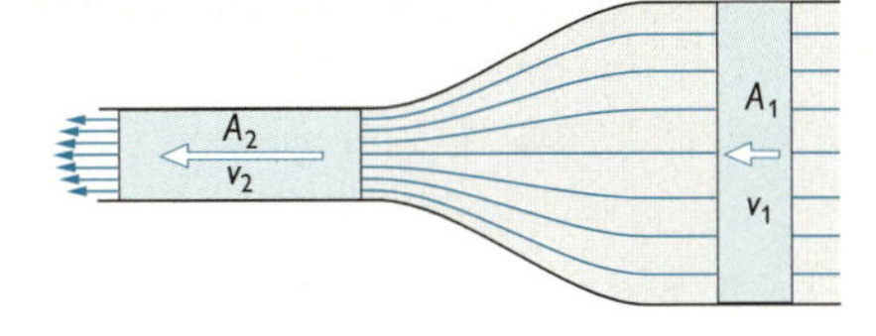

Durchströmt eine Flüssigkeit ein Rohr mit unterschiedlichen Querschnittsflächen, dann ist die Strömungsgeschwindigkeit dort am größten, wo der Rohrquerschnitt am kleinsten ist.

$$A_1 \cdot v_1 \cdot \Delta t = A_2 \cdot v_2 \cdot \Delta t$$
$$A_1 \cdot v_1 = A_2 \cdot v_2$$
$$A \cdot v = \text{konstant}$$
$$\frac{A_1}{A_2} = \frac{v_2}{v_1}$$

A durchströmte Querschnittsfläche
v Strömungsgeschwindigkeit
t Zeit

Druck in strömenden Flüssigkeiten und Gasen

In einer stationären Strömung besteht ein gesetzmäßiger Zusammenhang zwischen dem Druck, der Geschwindigkeit und der Dichte des strömenden Stoffes.

Statischer Druck p_s

Druck im Inneren von Flüssigkeiten.
Der statische Druck nimmt mit zunehmender Strömungsgeschwindigkeit ab.

Schweredruck p

Druck, der seine Ursache in der potentiellen Energie des strömenden Stoffes hat.

$$p = \rho \cdot g \cdot (h_2 - h_1)$$

p Schweredruck
ρ Dichte des strömenden Stoffes
h Höhe

Der Schweredruck wird mit zunehmender Dichte und mit zunehmender Höhendifferenz größer.

Dynamischer Druck p_w (Staudruck)

Druck, der seine Ursache in der kinetischen Energie des strömenden Stoffes hat.

$$p_w = \frac{1}{2}\,\rho \cdot v^2$$

p_w dynamischer Druck
ρ Dichte des strömenden Stoffes
v Strömungsgeschwindigkeit

Der dynamische Druck hat seine Ursache in der Trägheit des strömenden Stoffes. Er nimmt mit zunehmender Dichte und mit zunehmender Strömungsgeschwindigkeit zu.

Bernoulli'sche Gleichung

Aus der Energiebilanz an einer Stromröhre folgt die Gleichung:

$$p_{s1} + \rho \cdot g \cdot h_1 + \frac{1}{2} \cdot \rho \cdot v_1^2 = p_{s2} + \rho \cdot g \cdot h_2 + \frac{1}{2} \cdot \rho \cdot v_2^2$$

$$p_s + \rho \cdot g \cdot h + \frac{1}{2} \cdot \rho \cdot v^2 = \text{konstant}$$

$$p_s + p + p_w = \text{konstant}$$

p_s statischer Druck
p Schweredruck
p_w dynamischer Druck

2

Die Konstante kann bei verschiedenen Stromröhren unterschiedliche Werte annehmen. Bei Vernachlässigung der Schwerkraft (für eine horizontale Röhre) gilt:

$$p_0 = p_s + \frac{1}{2} \rho \cdot v^2$$

p_0 Gesamtdruck

- Kontinuitätsgleichung und Bernoulli'sche Gleichung werden bei Düsen angewendet. Durch die Verengung der Querschnittsfläche einer Stromröhre werden die Strömungsgeschwindigkeit und damit der dynamische Druck vergrößert. Der statische Druck wird vermindert.

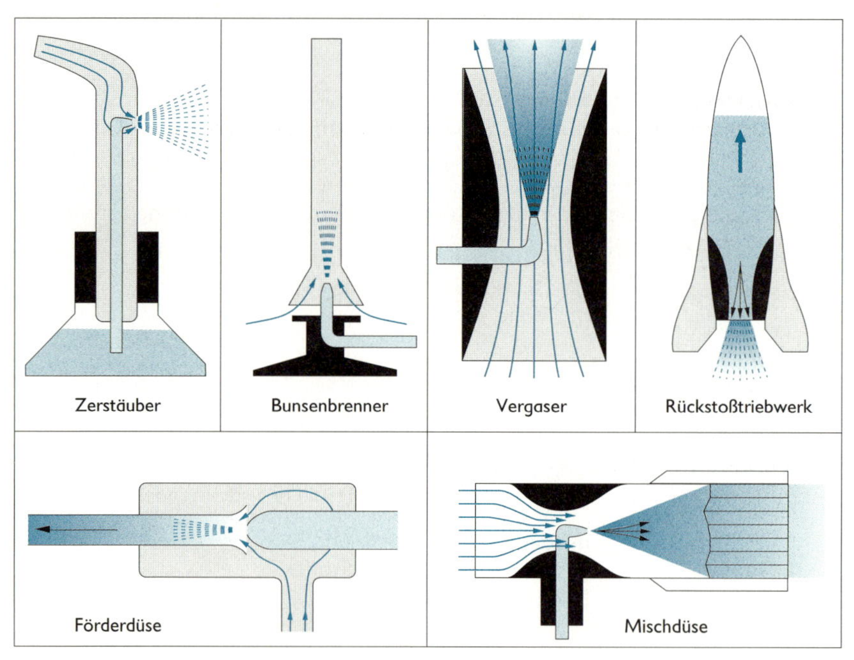

↗ Bernoulli'sche Gleichung, S. 116; Kontinuitätsgleichung, S. 115

Strömungswiderstand F_w

Kraft, die auf einen Körper wirkt, der von einer Flüssigkeit bzw. einem Gas umströmt wird.

$$F_w = \frac{1}{2} c_w \cdot \rho \cdot v^2 \cdot A$$

F_w Strömungswiderstand
c_w Widerstandszahl
ρ Dichte des strömenden Stoffes
v Strömungsgeschwindigkeit (v senkrecht zu A)
A Querschnittsfläche

Die Widerstandszahl (Widerstandsbeiwert) hängt ab von der Form und von der Oberflächenbeschaffenheit des umströmten Körpers.

Widerstandszahlen c_w

Körperform						
c_w (Luftkanal)	0,05	0,1	0,25	0,35	1,2	1,3
Strömungsgeschwindigkeit, Körperquerschnitt und Oberflächenbeschaffenheit sind bei allen Körperformen gleich.						

Dynamischer Auftrieb

Erscheinung, die auftreten kann, wenn ein Körper von Flüssigkeiten oder Gasen umströmt wird. Voraussetzung ist ein in Strömungsrichtung asymmetrisches Profil des Körpers.

Dynamische Auftriebskraft F_{AD}

Kraft, die auf Körper wirkt, die von Flüssigkeiten oder Gasen umströmt werden. Die Auftriebskraft ist der Gewichtskraft entgegengerichtet.

- Auftrieb an einem Tragflügelprofil

statischer Druck an einem

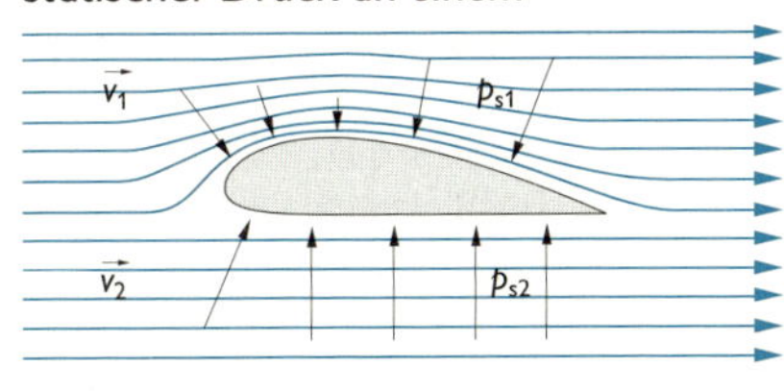

umströmten Tragflügel
p_s statischer Druck
v Strömungsgeschwindigkeit

Kräfte an einem Tragflügel
F_{AD} dynamische Auftriebskraft
F_G Gewichtskraft

Wird ein Tragflügel von Luft umströmt, so kommt es aufgrund der Profilform an seiner Unterseite bzw. Oberseite zu unterschiedlichen Strömungsgeschwindigkeiten ($v_1 > v_2$). Diese führen zu unterschiedlichen dynamischen Drücken ($p_{w1} > p_{w2}$) und damit zu unterschiedlichen statischen Drücken ($p_{s1} < p_{s2}$).

$$p_{s1} + p_{w1} = p_{s2} + p_{w2}$$

↗ Bernoulli'sche Gleichung, S. 116

Infolge des Druckunterschiedes erfährt der Körper eine resultierende Kraft nach oben, den Auftrieb F_{AD}.

2 SCHWINGUNGEN

Vorgänge mit zeitlicher Periodizität, die in einigen Teilgebieten der Physik unter bestimmten Bedingungen auftreten. ↗ Mechanik, S. 123; Elektrizitätslehre, S. 228

Wesen von Schwingung und Welle

Vorgang	Schwingung	Welle
Definition	Eine Schwingung ist ein physikalischer Vorgang, der durch die zeitlich periodische Änderung einer physikalischen Größe beschrieben wird. Bei ihr wandeln sich zwei verschiedene Energiearten periodisch ineinander um.	Eine Welle ist ein physikalischer Vorgang, der durch die zeitlich und räumlich periodische Änderung einer physikalischen Größe beschrieben wird. Eine Welle überträgt Energie, jedoch keinen Stoff.
Gleichung	$y = f(t)$ $y = y_{max} \cdot (\sin\omega \cdot t + \varphi)$	$y = f(s, t)$ $y = y_{max} \cdot \sin\left[2\pi\left(\frac{s}{\lambda} - \frac{t}{T}\right) + \varphi\right]$
Entstehung	Einem schwingungsfähigen System (Schwinger) wird Energie zugeführt.	Eine Welle entsteht, wenn sich eine Schwingung im Raum ausbreitet.
Voraussetzung	Es sind zwei „gekoppelte" Energiespeicher erforderlich.	Es müssen gekoppelte schwingungsfähige Objekte (Teilchen, Felder) vorhanden sein.

Physikalische Größen zur Beschreibung einer Schwingung

Physikalische Größe	Formelzeichen	Definition	Grafische Darstellung/ mathematische Beziehung
Momentanwert	z. B. y	Augenblickswert der sich zeitlich und örtlich periodisch ändernden Größe (z. B. Auslenkung, Wechselstromstärke)	(Diagramm: y über t)

Physikalische Größe	Formelzeichen	Definition	Grafische Darstellung/ mathematische Beziehung
Amplitude	z. B. y_{max}	Höchstwert der sich zeitlich periodisch ändernden physikalischen Größe	
Phasenkonstante (Nullphasenwinkel)	φ	Argument für den Momentanwert zur Zeit $t = 0$	
Periodendauer	T	Zeitdauer einer vollen Schwingung	
Frequenz	f	Quotient aus Anzahl der Perioden n und Zeit t	$f = \frac{n}{t}$ $f = \frac{1}{T}$
Kreisfrequenz	ω	2π-facher Wert der Frequenz	$\omega = 2\pi \cdot f$ $\omega = \frac{2\pi}{T}$

Harmonische und nichtharmonische Schwingungen

Schwingungen, die nach der Art der beschreibenden Funktion unterschieden werden.

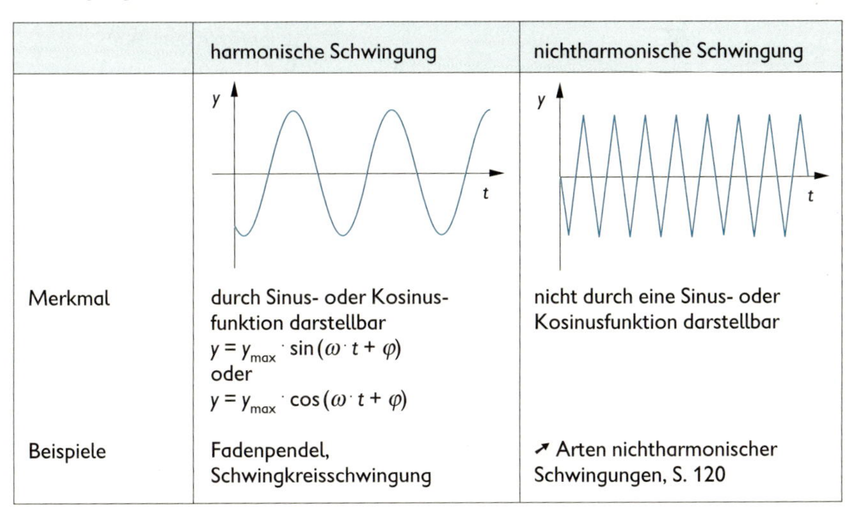

	harmonische Schwingung	nichtharmonische Schwingung
Merkmal	durch Sinus- oder Kosinusfunktion darstellbar $y = y_{max} \cdot \sin(\omega \cdot t + \varphi)$ oder $y = y_{max} \cdot \cos(\omega \cdot t + \varphi)$	nicht durch eine Sinus- oder Kosinusfunktion darstellbar
Beispiele	Fadenpendel, Schwingkreisschwingung	↗ Arten nichtharmonischer Schwingungen, S. 120

Arten nichtharmonischer Schwingungen

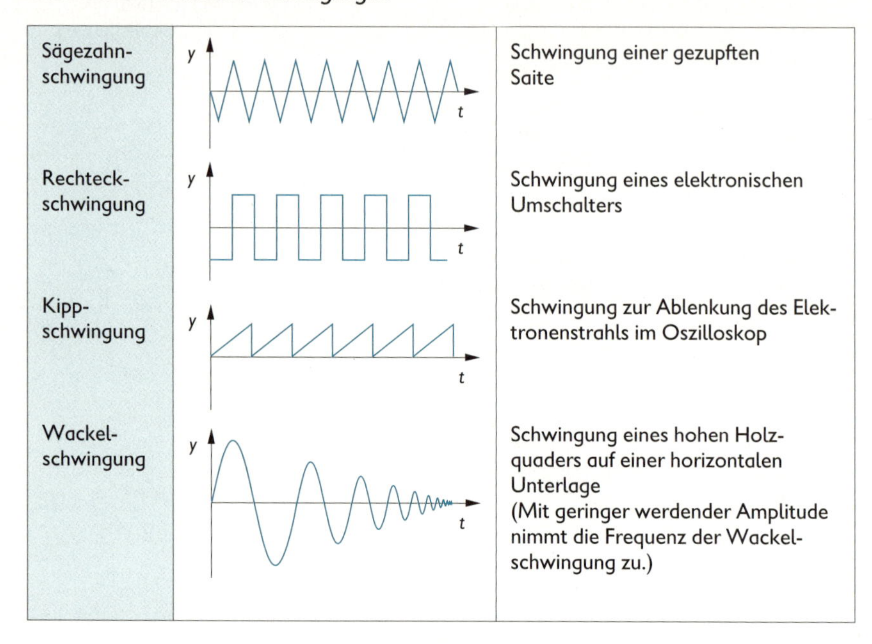

Art		Beispiel
Sägezahnschwingung		Schwingung einer gezupften Saite
Rechteckschwingung		Schwingung eines elektronischen Umschalters
Kippschwingung		Schwingung zur Ablenkung des Elektronenstrahls im Oszilloskop
Wackelschwingung		Schwingung eines hohen Holzquaders auf einer horizontalen Unterlage (Mit geringer werdender Amplitude nimmt die Frequenz der Wackelschwingung zu.)

Ungedämpfte und gedämpfte Schwingungen

Schwingungen, die sich in der Zeitabhängigkeit der Amplitude unterscheiden

	Ungedämpfte Schwingung	Gedämpfte Schwingung
Merkmal	y_{max} ist konstant Das schwingungsfähige System gibt keine Energie ab oder ihm wird periodische Energie zugeführt, sodass seine Gesamtenergie erhalten bleibt.	y_{max} nimmt ab (z. B. nach einer Exponentialfunktion) Dem schwingungsfähigen System wird einmalig Energie zugeführt. Danach gibt das System Energie (z. B. in Form von Wärme) an die Umgebung ab.
	y, y_{max}, t	y, $y_{max} \cdot e^{-\delta t}$, t
Beispiel	Transistorgeneratorschwingung	Schwingkreisschwingung

Eigenschwingungen und erzwungene Schwingungen

Schwingungen, die nach der Art der Energiezufuhr unterschieden werden.

	Eigenschwingung	Erzwungene Schwingung
Merkmal	Einmalige Energiezufuhr zum schwingungsfähigen System. Es tritt eine Eigenschwingung mit der Eigenfrequenz f_0 des Systems auf.	Periodische Energiezufuhr zum schwingungsfähigen System. Es tritt eine erzwungene Schwingung mit der Erregerfrequenz f_E auf.
Beispiel	Fadenpendelschwingung, Schwingkreisschwingung	Dipolschwingung eines Empfangsdipols

2

Vergleich zwischen Fadenpendel und Schwingkreis

	Fadenpendel	Schwingkreis
einmalige Energiezufuhr $t = 0$	Der Schwinger erhält potentielle Energie (gehobener Pendelkörper).	Die elektrische Energie wird im elektrischen Feld des Kondensators gespeichert (geladener Kondensator).
Energieumwandlung $t = T/4$	Die potentielle Energie wird in kinetische des sich bewegenden Schwingers umgewandelt.	Die elektrische Feldenergie wird in magnetische Feldenergie der Spule umgewandelt.
$t = T/2$	Infolge der Trägheit setzt der Schwinger seine Bewegung über die Gleichgewichtslage fort. Die kinetische Energie wandelt sich wieder in potentielle um usw.	Infolge der Selbstinduktion in der Spule fließt der Strom nach Ladungsausgleich weiter. Die magnetische Feldenergie wandelt sich wieder in elektrische um usw.
Periodendauer	$T = 2\pi \sqrt{\frac{l}{g}}$	$T = 2\pi \sqrt{L \cdot C}$
Dämpfung	durch Reibungswiderstand	durch ohmschen Widerstand

Erzeugung ungedämpfter Schwingungen

Die durch Widerstand oder Reibung dem System entzogene Energie wird durch periodisch zugeführte Energie ersetzt. Stimmen Erreger- und Eigenfrequenz überein (durch Selbststeuerung erreichbar), lassen sich mit geringstem Energieaufwand ungedämpfte Schwingungen erzeugen (↗ Meißner'sche Rückkopplungsschaltung, S. 229).

Schwebung

Resultierende Schwingung, die bei Überlagerung von zwei Schwingungen auftritt, deren Frequenzen sich nur geringfügig unterscheiden. Die Amplitude der resultierenden Schwingung nimmt periodisch zu und ab. Die Frequenz der Schwebung ist gleich der Differenz der Frequenzen der beiden Schwingungen.

■ 1. Schwingung	$f_1 = 80$ Hz	f_1
2. Schwingung	$f_2 = 90$ Hz	f_2
Schwebung	$f = f_2 - f_1$	f_3

Resonanz

Besonders heftiges Mitschwingen eines schwingungsfähigen Systems (Körpers) bei Übereinstimmung von Erreger- und Eigenfrequenz (Resonanzfall) $f_E = f_0$. Die Amplitude einer erzwungenen Schwingung (↗ S. 121) hängt von der Dämpfung und der Frequenz des Erregers ab. Je größer die Dämpfung ist (große Reibung), umso geringere Werte erreicht die Amplitude.
Als Resonanzkatastrophe bezeichnet man die Zerstörung des schwingenden Systems durch starkes Anwachsen der Amplitude im Resonanzfall.

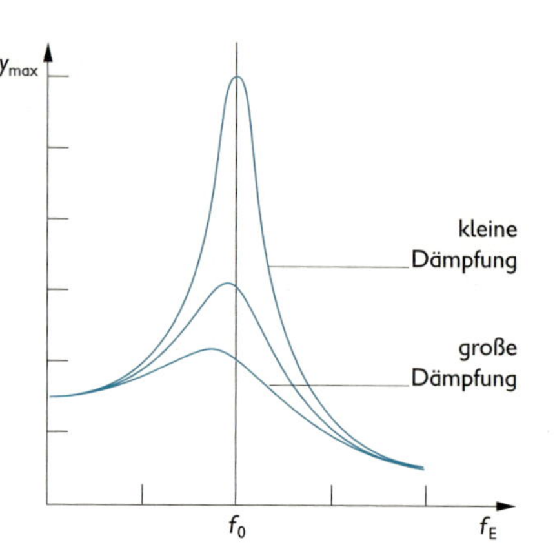

Mechanische und elektromagnetische Schwingungen

Sie werden nach den physikalischen Vorgängen und der *Art der veränderlichen Größen* unterschieden.

	Mechanische Schwingung	Elektromagnetische Schwingung
Merkmal	mit Größen der Mechanik beschreibbar; z. B. Auslenkung *y* Auslenkungswinkel α Geschwindigkeit *v*	mit Größen des elektromagnetischen Feldes beschreibbar; z. B. elektrische Spannung *U* elektrische Feldstärke *E* magnetische Flussdichte *B*
Beispiel	Fadenpendel	geschlossener Schwingkreis

Mechanische Schwingung

Periodische Bewegung eines Körpers um seine Gleichgewichtslage
Zur Beschreibung kann der Körper als Massenpunkt betrachtet werden. Man kann die mechanische Schwingung z. B. mithilfe der sich zeitlich ändernden Größen Ort, Geschwindigkeit, Kraft und Energie beschreiben.
Voraussetzungen für das Entstehen einer mechanischen Schwingung sind
- eine zur Gleichgewichtslage gerichtete Kraft und
- die Trägheit des schwingenden Körpers.

Physikalische Größen zur Beschreibung einer mechanischen Schwingung

Physikalische Größe	Formelzeichen	Definition	Grafische Darstellung/ mathematische Beziehung
Auslenkung (Elongation)	y	jeweiliger Abstand des schwingenden Körpers von der Gleichgewichtslage	y, y, t
Amplitude (Maximalwert)	y_{max}	größter Abstand des schwingenden Körpers von der Gleichgewichtslage	y, y_{max}, t
Phasenkonstante	φ	↗ S. 119	
Periodendauer	T	↗ S. 119	
Frequenz	f	kennzeichnet die Anzahl der Hin- und Herbewegungen des schwingenden Körpers in einer bestimmten Zeit	$f = \frac{n}{t}$ $f = \frac{1}{T}$
Kreisfrequenz	ω	↗ S. 119	

Harmonische mechanische Schwingung

Schwingung, die auftritt, wenn bei einem mechanischen Schwinger die rücktreibende Kraft der Auslenkung proportional ist.

$F \sim y$

$F = -k \cdot y$ k Federkonstante

bzw.

$F = -D \cdot y$ D Direktionsgröße

	Fadenpendel	Horizontaler Federschwinger
rücktreibende Kraft	in Bahnrichtung wirkende Komponente der Gewichtskraft	Federkraft
Periodendauer	$T = 2\pi\sqrt{\frac{l}{g}}$ l Fadenlänge Gültigkeitsbedingungen: kleine Amplitude, reibungsfreie Bewegung, Masse des Fadens vernachlässigbar klein	$T = 2\pi\sqrt{\frac{m}{k}}$ bzw. $T = 2\pi\sqrt{\frac{m}{D}}$ k Federkonstante bzw. D Direktionsgröße Gültigkeitsbedingungen: kleine Amplitude (Hooke'sches Gesetz), reibungsfreie Bewegung, Masse der Feder vernachlässigbar klein
Energieumwandlungen	ständige Umwandlung von potentieller Energie in kinetische Energie und umgekehrt	ständige Umwandlung von Federspannenergie in kinetische Energie und umgekehrt
zeichnerische Darstellung	E_{pot}, E_{kin}, E_{pot}, m, h, v_{max}, y_{max}, y Umkehrpunkt, Gleichgewichtslage	$E_{pot\,max}$, $E_{kin\,max}$, $E_{pot\,max}$, m, v_{max}, y_{max}, y Umkehrpunkt, Gleichgewichtslage

Gleichungen der mechanischen harmonischen Schwingung

Weg

$$y = y_{max} \cdot \sin(\omega \cdot t + \varphi)$$

Geschwindigkeit

$$\frac{dy}{dt} = v$$

$$v = \omega \cdot y_{max} \cdot \cos(\omega \cdot t + \varphi)$$

$$v = v_{max} \cdot \cos(\omega \cdot t + \varphi)$$

Beschleunigung

$$\frac{d^2y}{dt^2} = \frac{dv}{dt} = a$$

$$a = -\omega^2 \cdot y_{max} \cdot \sin(\omega \cdot t + \varphi)$$

$$a = -a_{max} \cdot \sin(\omega \cdot t + \varphi) = -\omega^2 \cdot y$$

Der ausgelenkte Körper wird durch die rücktreibende Kraft in Richtung Gleichgewichtslage bewegt. Infolge seiner Trägheit bewegt er sich über diese hinaus bis zum gegenüberliegenden Umkehrpunkt. Dort ändert er die Richtung seiner Bewegung und der Vorgang beginnt von neuem.

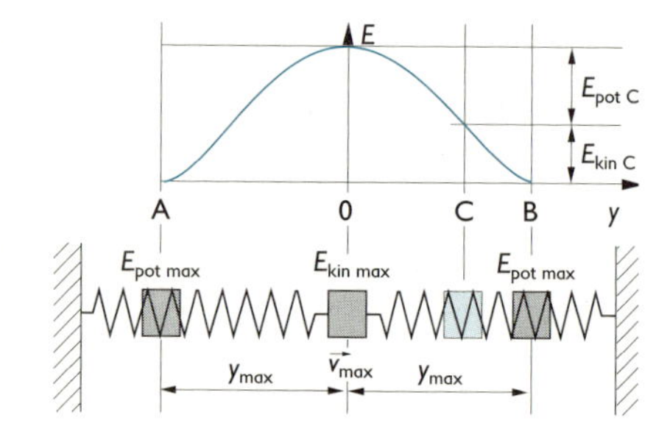

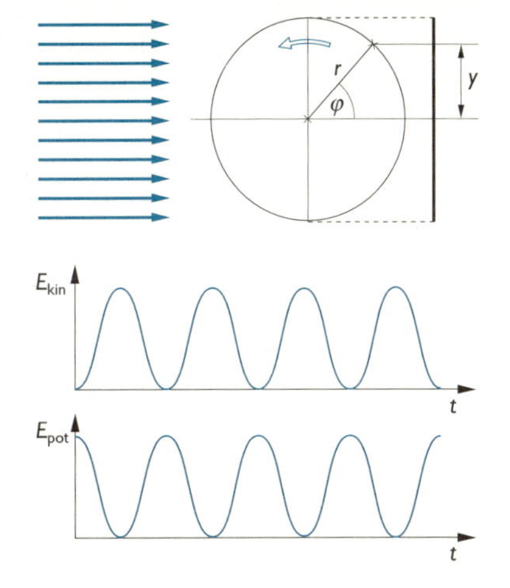

Harmonische mechanische Schwingung als Projektion einer Kreisbewegung
Bewegt sich ein Körper gleichförmig auf einer Kreisbahn, so führt sein mit parallelem Licht erzeugter Schatten eine harmonische Schwingung aus.

Gesamtenergie eines Federschwingers
Potentielle Energie und kinetische Energie ändern sich ständig periodisch zwischen null und dem gleichen Höchstwert.

2

Ungedämpfte mechanische Schwingung
Vorgang, bei dem sich ständig potentielle in kinetische Energie und umgekehrt kinetische Energie in potentielle umwandelt. Die Summe aus potentieller und kinetischer Energie ist zu jedem Zeitpunkt konstant. Die Amplitude einer ungedämpften Schwingung ändert sich nicht.

Gedämpfte mechanische Schwingung
Vorgang, bei dem neben der wechselseitigen Umwandlung potentieller und kinetischer Energie ständig mechanische Energie meist infolge der Reibung in eine andere Energieform (z. B. thermische Energie) umgewandelt wird. Die Summe aus potentieller und kinetischer Energie nimmt ab. Die Amplitude einer gedämpften Schwingung verringert sich ständig.

Chaotische Bewegungen
Langfristig nicht vorhersagbare Bewegungsabläufe. Sehr kleine Änderungen einer physikalischen Größe können zu völlig andersartigen Bewegungsabläufen führen.

Chaotische Bewegungen eines mechanischen Schwingers
Wenn z. B. ein Stabpendel zu erzwungenen Schwingungen mit einer Frequenz angeregt wird, die stark von der Eigenfrequenz abweicht, so treten kleine Amplituden auf. Bei Erregung mit einer Frequenz in der Nähe der Eigenfrequenz können Überschläge auftreten, die zu unvorhersagbaren Bewegungsabläufen führen.

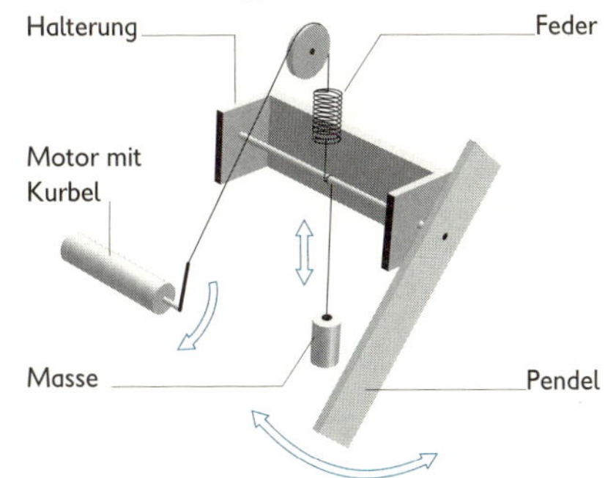

Anordnung zur Erzeugung chaotischer Bewegungen eines Stabpendels

	Erregerfrequenz f_E	Phasenwinkel zwischen Erregerfrequenz und Bewegung des Schwingers	Schwingungsablauf
vorhersagbare Bewegungen	$f_E < f_0$	$\varphi \approx 0°$ Schwingung erfolgt im Gleichtakt (wenn die Dämpfung vernachlässigbar ist).	
	$f_E > f_0$	$\varphi \approx 180°$ Schwingung erfolgt im Gegentakt (wenn die Dämpfung vernachlässigbar ist).	
chaotische Bewegungen	$f_E \approx f_0$	φ ändert sich ständig Die schwingungsartige Bewegung erfolgt unabhängig von der Erregerfrequenz.	

WELLEN

Grundlegende Vorgänge mit zeitlicher und räumlicher Periodizität, die in verschiedenen Teilgebieten der Physik wie Mechanik (↗ S. 133), Elektrizitätslehre (↗ S. 233), Optik (↗ S. 269) sowie Atom- und Quantenphysik (↗ S. 304) unter bestimmten Bedingungen auftreten.

Physikalische Größen zur Beschreibung einer Welle

Physikalische Größe	Formelzeichen	Definition	Grafische Darstellung/ mathematische Beziehung
Momentanwert	z. B. y	Augenblickswert der sich zeitlich und örtlich periodisch ändernden physikalischen Größe (z. B. Elongation, elektrische Feldstärke)	y, y, t

Physikalische Größe	Formelzeichen	Definition	Grafische Darstellung/ mathematische Beziehung
Amplitude	z. B. y_{max}	Höchstwert der sich periodisch ändernden physikalischen Größe	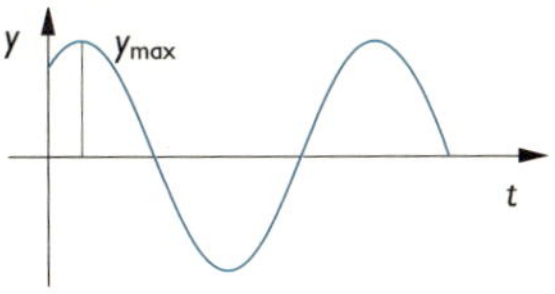 y, y_{max}, t
Entfernung	s	von einem bestimmten Schwingungszustand zurückgelegter Weg	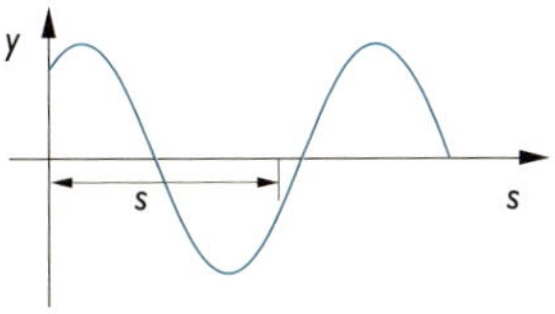 y, s, s
Phasenkonstante	φ	Argument für den Momentanwert zur Zeit $t = 0$ am Ort $s = 0$	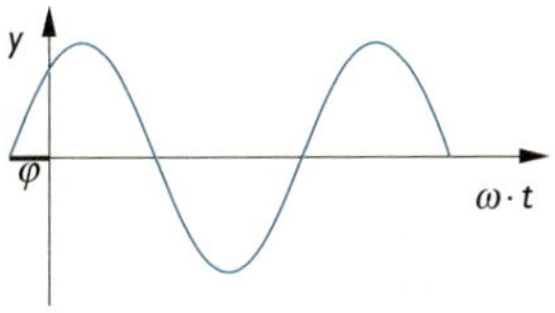 y, φ, $\omega \cdot t$
Periodendauer	T	Zeitdauer einer vollen Schwingung an einem bestimmten Ort	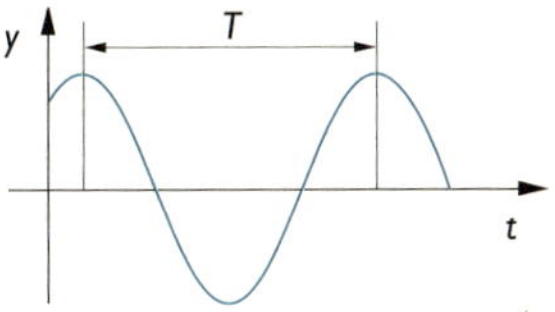 y, T, t
Frequenz	f	Verhältnis aus Anzahl der Perioden n und Zeit t; reziproker Wert der Periodendauer	$f = \frac{n}{t}$ $f = \frac{1}{T}$
Kreisfrequenz	ω	2π-facher Wert der Frequenz	$\omega = 2 \cdot \pi \cdot f$
Wellenlänge	λ	Abstand zweier in Ausbreitungsrichtung aufeinander folgender gleicher Schwingungszustände	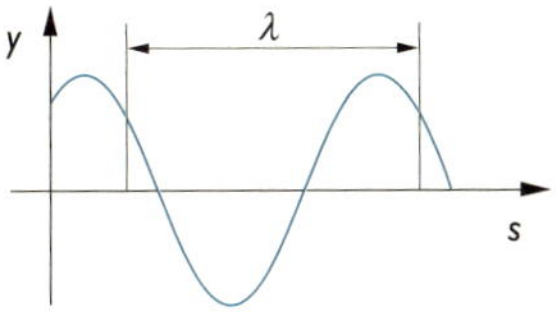 y, λ, s
Ausbreitungsgeschwindigkeit	c	Geschwindigkeit, mit der sich ein Schwingungszustand im Raum ausbreitet	$c = \lambda \cdot f$

2

2

Transversal-, Longitudinal- und Oberflächenwellen

Wellen, die nach der Art des Zusammenhanges zwischen Schwingungsrichtung und Ausbreitungsrichtung unterschieden werden.

	Transversalwelle	Longitudinalwelle	Oberflächenwelle
Merkmal	Schwingungs- und Ausbreitungsrichtung stehen senkrecht aufeinander s y, s	Schwingungs- und Ausbreitungsrichtung fallen zusammen s y, s	Teilchen bewegen sich auf Kreisbahnen, deren Ebenen parallel zur Ausbreitungsrichtung liegen s y, s
Beispiel	Seilwellen Hertz'sche Wellen	Schallwellen	Wasserwellen

Mechanische und elektromagnetische Wellen

Wellen, die nach der Art der veränderlichen Größen unterschieden werden.

	Mechanische Welle	Elektromagnetische Welle
Merkmal	mit Größen der Mechanik beschreibbar; z. B. Auslenkung $y = f(s, t)$ Druck $p = f(s, t)$	mit Größen des elektromagnetischen Feldes beschreibbar; z. B. elektrische Feldstärke $E = f_1(s, t)$ magnetische Flussdichte $B = f_2(s, t)$
Beispiel	Schallwelle	Hertz'sche Welle
Erregerzentrum	Schallquelle (Klingel)	Sendedipol
Ausbreitungsart	räumliche Longitudinalwelle	räumliche Transversalwelle
Ausbreitung	nur in Stoffen Die Geschwindigkeit v ist stoffabhängig.	in Stoffen (Isolatoren) und im Vakuum Die größte Ausbreitungsgeschwindigkeit c tritt im Vakuum auf.

	Mechanische Welle	Elektromagnetische Welle
Beispiel	Schallwelle	Hertz'sche Welle
Kopplung	Kopplung der schwingungsfähigen Systeme (Teilchen) durch Kohäsionskräfte	Verknüpfung von elektrischen und magnetischen Feldern im elektromagnetischen Feld
Energieübertragung	Übertragung mechanischer Energie	Übertragung der Energie des elektromagnetischen Feldes

Huygens'sches Prinzip

Prinzip zum Erklären der Ausbreitung sowie der Eigenschaften von Wellen (↗ S. 126).

Nach dem Huygens'schen Prinzip ist jeder Punkt einer Welle Ausgangspunkt einer kreis- bzw. kugelförmigen Elementarwelle. Durch Überlagerung (↗ S. 130 und 136) bilden diese Elementarwellen neue Wellenfronten.

Die Normale einer Wellenfront, die Wellennormale, gibt deren Ausbreitungsrichtung an.

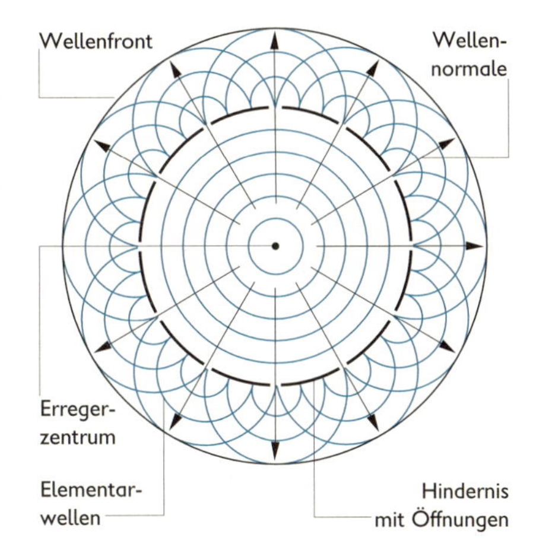

Eigenschaften von Wellen

Unterschiedliche Wellenarten haben wesentliche gemeinsame Eigenschaften.

Eigenschaft	Definition	Beispiel
Absorption von Wellen	Verringerung der Amplitude von Wellen beim Durchgang durch Stoffe	Absorption von Hertz'schen Wellen in Wasser Dämpfung von Schallwellen beim Durchgang durch Mineralwolle
Brechung von Wellen	Änderung der Ausbreitungsrichtung beim Übergang in einen Bereich anderer Ausbreitungsgeschwindigkeit	Brechung von Lichtwellen beim Übergang vom optisch dünneren in ein optisch dichteres Medium und umgekehrt Brechung von Hertz'schen Wellen beim Übergang von Luft in Paraffin und umgekehrt

Eigenschaft	Definition	Beispiel
	Gesetz: Die Sinus von Einfalls- und Brechungswinkel verhalten sich wie die Ausbreitungsgeschwindigkeiten der Welle. $\frac{\sin\alpha}{\sin\beta} = \frac{c_1}{c_2}$ Wellennormale der einfallenden Welle, Einfallslot und Wellennormale der gebrochenen Welle liegen in einer Ebene	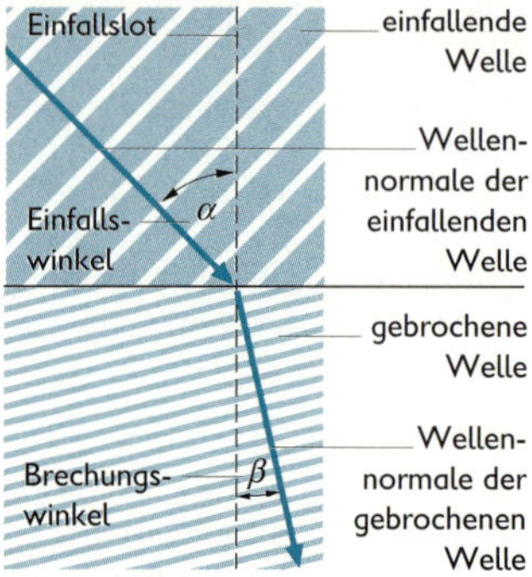 Brechung von Wasserwellen an der Grenze von tiefem und flachem Wasser
Reflexion von Wellen	Zurückwerfen beim Auftreffen auf ein Hindernis *Gesetz*: Der Einfallswinkel ist gleich dem Reflexionswinkel. $\alpha = \alpha'$ Wellennormale der einfallenden Welle, Einfallslot und Wellennormale der reflektierten Welle liegen in einer Ebene	Reflexion von Schallwellen und Licht an Grenzflächen von Körpern 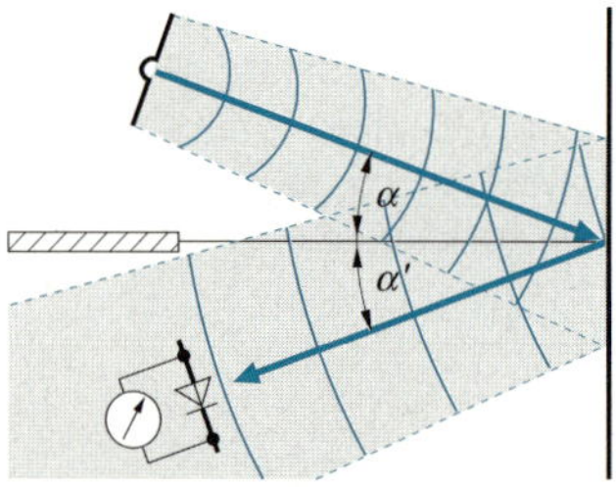 Reflexion von Hertz'schen Wellen an elektrisch leitenden Flächen
Beugung von Wellen	Änderung der Ausbreitungsrichtung an einem Spalt oder an einer Kante, sodass die Welle in den dahinter liegenden geometrischen Schattenraum eindringt	Beugung von Elektronenstrahlung beim Durchgang durch einen Doppelspalt oder von Röntgenstrahlung im Kristallgitter 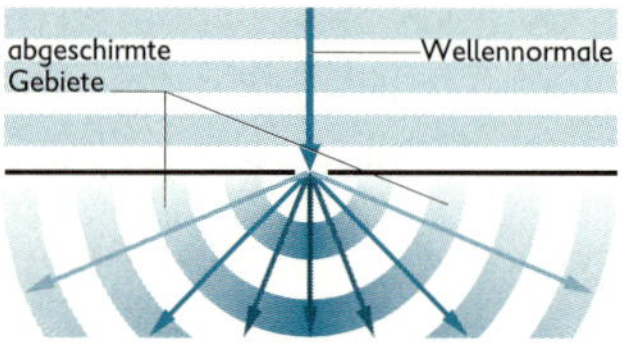 Beugung von Wasserwellen an einem schmalen Spalt

Eigenschaft	Definition	Beispiel
Interferenz von Wellen	Überlagerung von Wellen mit dem Ergebnis, dass ein Interferenzbild auftritt Je nach der Größe des Gangunterschiedes $\Delta\lambda$ tritt Verstärkung oder Abschwächung auf. $\Delta\lambda = k \cdot \lambda$ (k = 0,1,2,...): Verstärkung $\Delta\lambda = (2k+1)\,\frac{\lambda}{2}$ (k = 0,1,2,...): Auslöschung Interferenz kann durch Reflexion, Brechung und Beugung hervorgerufen werden.	Interferenz von Elektronenstrahlung durch Beugung; Interferenz von Licht am Doppelspalt 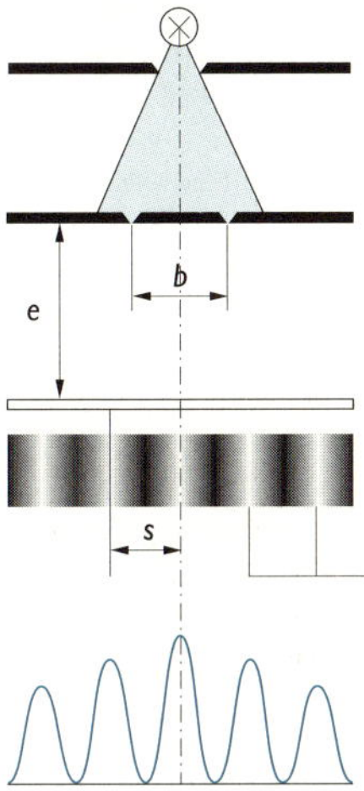
Polarisation von Wellen	Aussondern einer Schwingungsrichtung von Wellen durch Polarisatoren Polarisation kann durch Reflexion und Brechung auftreten. Polarisation tritt nur bei Transversalwellen auf.	Polarisation von Licht durch ein Polarisationsfilter Linear polarisiertes Licht zeigt das gleiche Verhalten wie Transversalwellen. 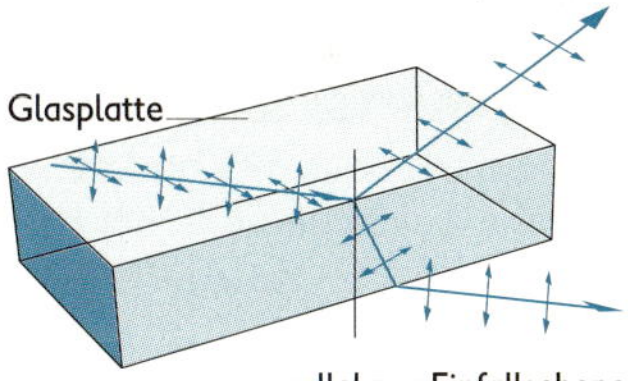 Polarisation des Lichtes durch Reflexion und Brechung an einer Glasplatte

Reflexion von Wellen am festen und am losen Ende

Bei der Reflexion am losen (freien) Ende verändert sich die Phase der Welle nicht. Bei der Reflexion am festen Ende tritt ein Phasensprung von $\Delta\varphi = 180°$ auf.

Reflexion am	Beispiele	Verlauf der Welle
losen (freien) Ende	Reflexion der mechanischen Welle am Ende einer Schraubenfeder, die mit einem dünnen Faden befestigt ist Reflexion von Licht an der Rückseite einer Glasplatte	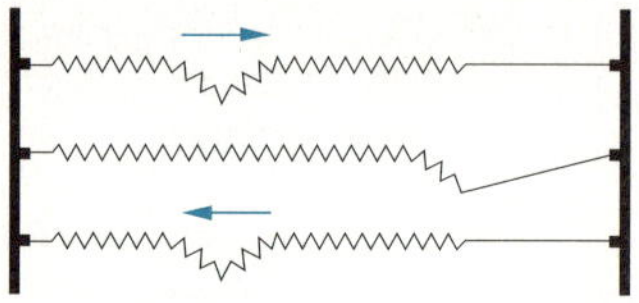
festen Ende	Reflexion der mechanischen Welle am Ende einer starr befestigten Schraubenfeder Reflexion von Licht an einer spiegelnden Metallplatte	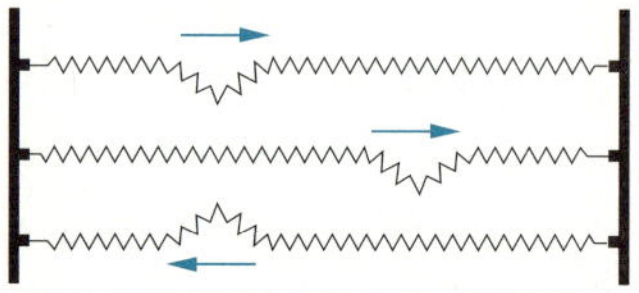

Interferenz als typische Welleneigenschaft

Die bei der Überlagerung von Wellen auftretenden Verstärkungen und Auslöschungen sind typisch für Wellen. Treten bei einem beliebigen Objekt solche Verstärkungen und Abschwächungen auf (z. B. beim Licht), so kann man daraus auf Welleneigenschaften schließen.

Stehende Welle

Welle, die durch Überlagerung zweier Wellen gleicher Amplitude und gleicher Frequenz entsteht, die in entgegengesetzter Richtung verlaufen. Sie ist dadurch gekennzeichnet, dass kein Schwingungszustand durch den Raum wandert. An bestimmten Raumpunkten tritt keine Bewegung auf (Schwingungsknoten), an anderen starke Bewegung (Schwingungsbäuche).

- Reflexion einer Seilwelle
  In der Darstellung ist erkennbar, dass sich die hinlaufende und die reflektierte Welle von Bild zu Bild um eine achtel Wellenlänge weiterbewegt hat, und zwar die eine nach links, die andere nach rechts. In der Zeichnung erkennt man, dass die resultierende Welle nicht fortschreitet. Der Abstand zweier Knoten beträgt jeweils $\frac{\lambda}{2}$.

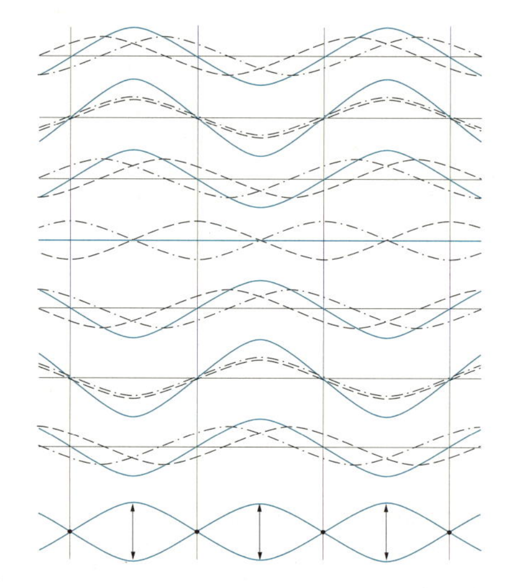

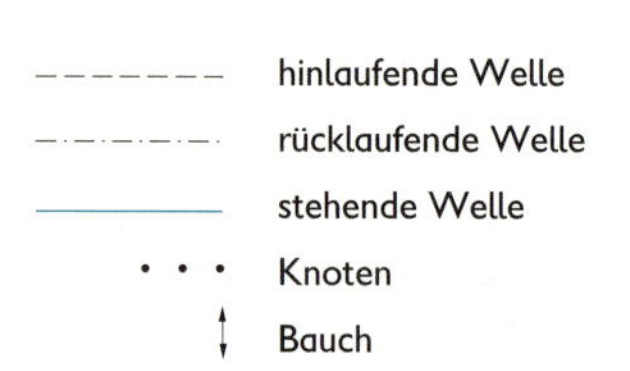

- Stehende Wellen durch Reflexion von Schallwellen
  a) offene Pfeife (Reflexion am losen Ende)
  b) gedackte Pfeife (Reflexion am festen Ende)

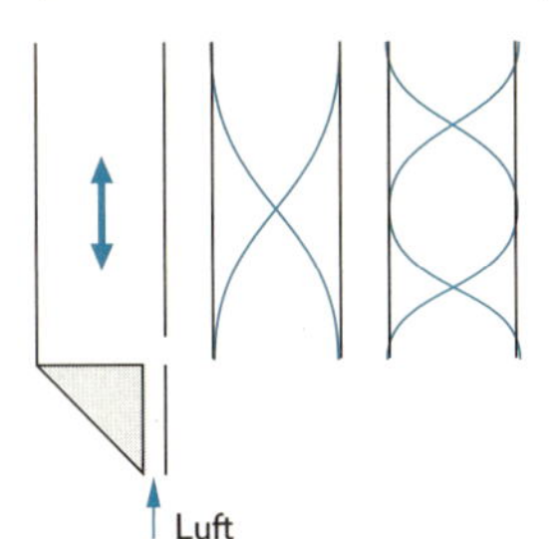

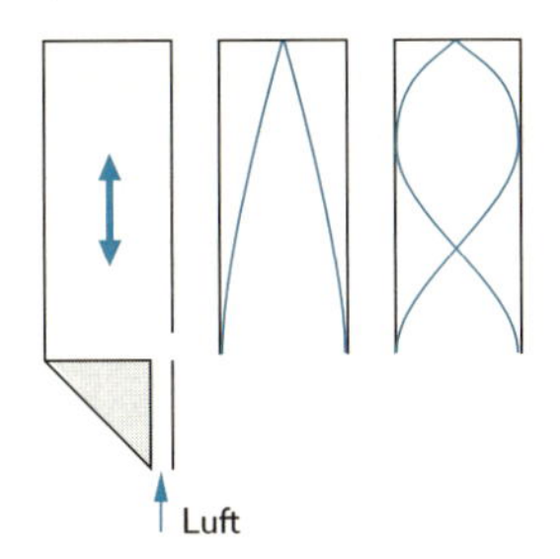

Dopplereffekt

Veränderung der Frequenz von Wellen bei Relativbewegung zwischen Wellenerreger und Beobachter. Bei Verringerung des Abstandes zwischen Wellenerreger und Beobachter nimmt die wahrgenommene Frequenz zu, bei Vergrößerung des Abstandes nimmt sie ab.

$$\Delta f = \pm f \cdot \frac{v}{c}$$

Bedingung: $v << c$
v Geschwindigkeit des Beobachters bzw. des Wellenerzeugers
c Ausbreitungsgeschwindigkeit der Welle

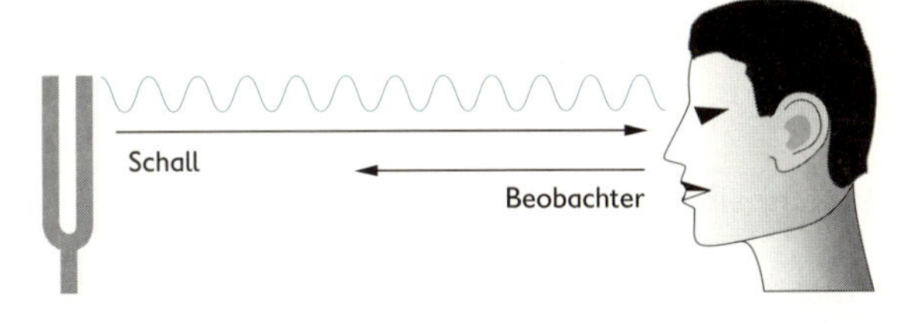

Bewegter Wellenerreger	Beobachtung
Fixsterne, die sich von der Erde wegbewegen	Rotverschiebung der Spektrallinien (Verringerung der Frequenz)
Rettungswagen mit Martinshorn, der sich zunächst auf den Beobachter zu bewegt und nachfolgend von ihm weg	größere Tonhöhe, die beim Wegbewegen in eine geringere umschlägt

Mechanische Welle

Vorgang der Ausbreitung einer mechanischen Schwingung im Raum, bei der Energie, jedoch kein Stoff übertragen wird. Die Übertragung der mechanischen Energie erfolgt durch die Kopplung der Schwinger.
Zur Beschreibung sind z. B. die sich zeitlich bzw. örtlich periodisch ändernden physi-

kalischen Größen Auslenkung, Weg, Geschwindigkeit, Druck, Dichte, Kraft und Energie geeignet.

Entstehung einer mechanischen Welle

Voraussetzungen für das Entstehen einer mechanischen Welle sind
- schwingungsfähige Teilchen und
- Kopplungskräfte zwischen den Teilchen.

Die Kopplung kann z. B. durch mechanische, elektrische oder magnetische Kräfte erfolgen.

Harmonische mechanische Welle

Welle, deren gekoppelte mechanische Schwinger harmonische Schwingungen (↗ S. 119) ausführen. Da eine Welle ein örtlich und zeitlich periodischer Vorgang ist, kann sie durch zwei Gleichungen bzw. Diagramme beschrieben werden.

$y = y_{max} \cdot \sin(\omega \cdot t + \varphi_1)$

Bedingung: s = konstant

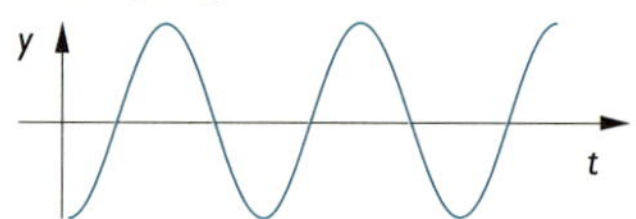

$y = y_{max} \cdot \sin\left(\frac{2\pi s}{\lambda} + \varphi_2\right)$

Bedingung: t = konstant

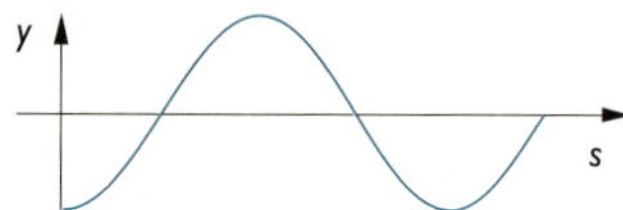

Die Gleichungen können zusammengefasst werden, sodass y als Funktion des Ortes und der Zeit dargestellt wird:

$$y = y_{max} \cdot \sin\left[2\pi\left(\frac{s}{\lambda} - \frac{t}{T}\right) + \varphi\right]$$

Physikalische Gößen zur Beschreibung einer mechanischen Welle

Physikalische Größe	Formelzeichen	Definition	Grafische Darstellung/ mathematische Beziehung
Auslenkung (Elongation)	y	jeweiliger Abstand des schwingenden Körpers von der Gleichgewichtslage	
Amplitude (Maximalwert)	y_{max}	größter Abstand des schwingenden Körpers von der Gleichgewichtslage	
Phasenkonstante	φ	↗ S. 127	

Physikalische Größe	Formelzeichen	Definition	Grafische Darstellung/ mathematische Beziehung
Periodendauer	T	Zeit, die jedes einzelne Teilchen für eine vollständige Hin- und Herbewegung benötigt	y, T, t
Frequenz	f	kennzeichnet die Anzahl der Hin- und Herbewegungen des schwingenden Körpers in einer bestimmten Zeit	
Kreisfrequenz	ω	↗ S. 127	
Wellenlänge	λ	Abstand zweier benachbarter Teilchen, die in Ausbreitungsrichtung einer Welle den gleichen Schwingungszustand besitzen	y, λ, s
Ausbreitungsgeschwindigkeit	c	↗ S. 127	$c = \lambda \cdot f$

Reflexion, Brechung und Beugung von mechanischen Wellen

Erscheinungen, die beim Auftreffen mechanischer Wellen auf Körper auftreten können. Dabei erfolgt eine Änderung der Ausbreitungsrichtung von Wellen. Diese Erscheinungen können mithilfe des Huygens'schen Prinzips erklärt werden.

↗ Huygens'sches Prinzip, S. 129

Reflexion	Brechung	Beugung
Zurückwerfen einer Welle an der Grenzfläche eines Körpers	Richtungsänderung einer Welle, wenn sie durch die Grenzfläche zwischen zwei verschiedenen Körpern geht	Richtungsänderung eines Teils der Welle, wenn diese auf Spalte oder Kanten trifft
Reflexionsgesetz $\alpha = \alpha'$	Brechungsgesetz $\frac{\sin\alpha}{\sin\beta} = \frac{c_1}{c_2}$ c_1, c_2: Geschwindigkeiten in den betreffenden Medien	
Einfallender Strahl, Einfallslot und reflektierter Strahl liegen in einer Ebene.	Einfallender Strahl, Einfallslot und gebrochener Strahl liegen in einer Ebene.	

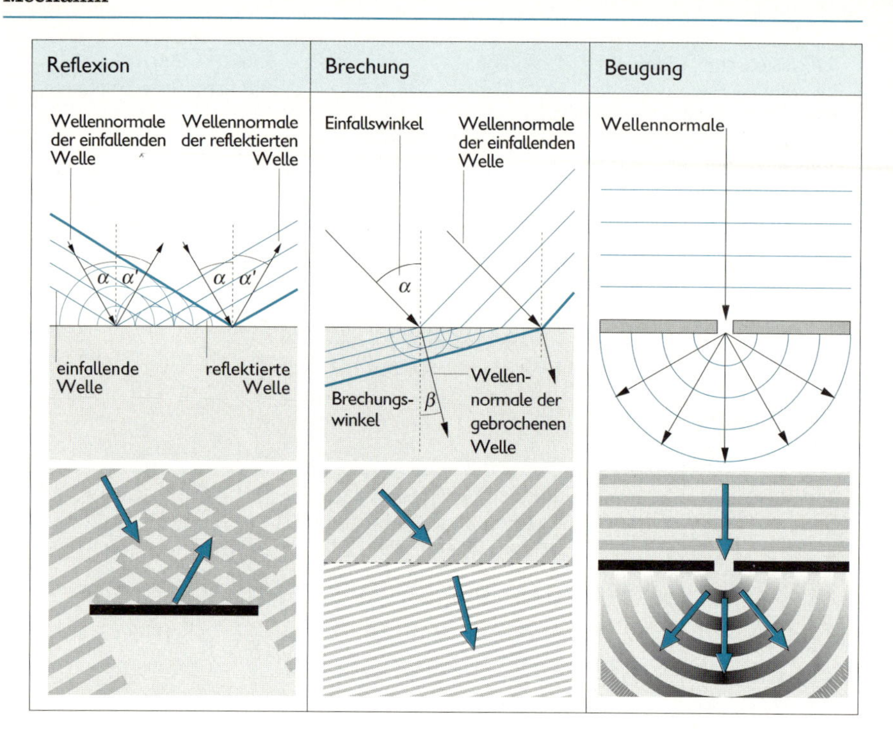

Interferenz mechanischer Wellen

Überlagerung zweier oder mehrerer Wellen. Die Wellen beeinflussen einander dabei nicht. Die Auslenkungen der Teilchen, die von den einzelnen Wellen erfasst werden, addieren sich während der Überlagerung an jeder Stelle.

- Überlagerung zweier Kreiswellen gleicher Frequenzen und gleicher Amplitude
  Je nach Betrag des Gangunterschiedes tritt an verschiedenen Orten Verstärkung oder Abschwächung auf. Die Abschwächung führt an bestimmten Stellen zur Auslöschung. Es entsteht ein regelmäßiges Interferenzbild.

maximale Verstärkung	Gangunterschied $(k \cdot \lambda)$	$(k = 0,1,2,...)$
Auslöschung	Gangunterschied $(2k + 1) \cdot \frac{\lambda}{2}$	$(k = 0,1,2,...)$

Interferenz von Kreiswellen

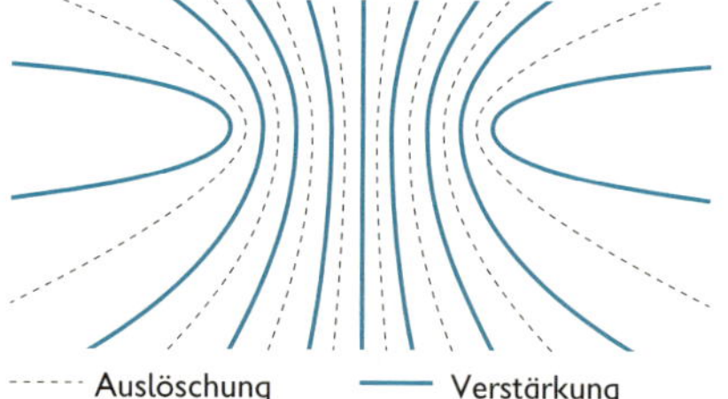

AKUSTIK

Schall

Im engeren Sinne Schallschwingungen und Schallwellen im Frequenzbereich zwischen 16 Hz und 20 kHz, die der Mensch hören kann. Schallschwingungen und Schallwellen geringerer Frequenz nennt man *Infraschall*, die größerer Frequenz *Ultraschall*.

Erzeugung der Schallschwingung durch	Geräte, die auf diesem Prinzip beruhen	Skizze
schwingende Saiten	Geige, Gitarre, Klavier	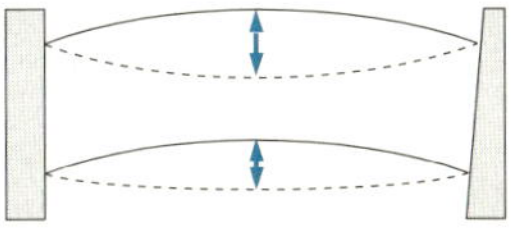
schwingende Zungen	Mundharmonika, Akkordeon	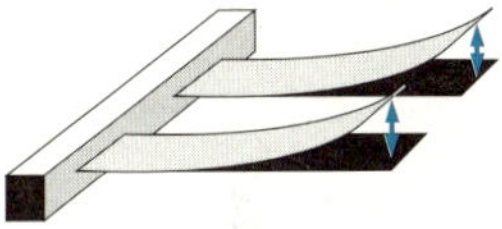
schwingende Membranen	Lautsprecher, Trommel	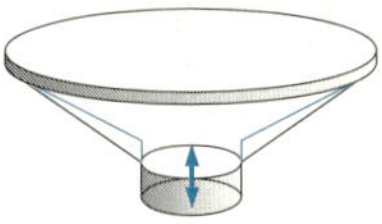
schwingende Luftsäulen	Flöte, Trompete, Orgel	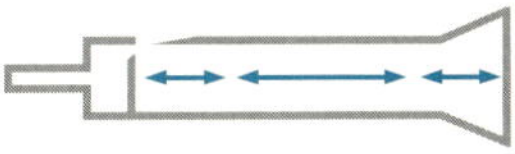

Schallgeschwindigkeit

Ausbreitungsgeschwindigkeit des Schalls

- Schallgeschwindigkeit c in verschiedenen Stoffen (bei 20 °C und Normaldruck)

Stahl	5 100 m/s	Wasser	1 490 m/s
Beton	3 800 m/s	Luft	343 m/s

Schallstärke und Tonhöhe

Je größer die Amplitude des schwingenden Körpers ist, umso größer ist die Schallstärke.

Je größer die Frequenz eines schwingenden Körpers ist, umso größer ist die Tonhöhe.

	tiefer Ton $f = 220$ Hz	hoher Ton $f = 528$ Hz
kleine Schallstärke	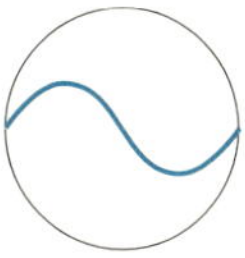	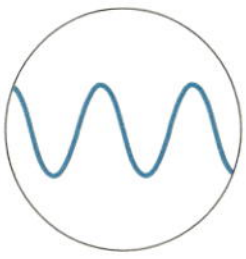

	tiefer Ton $f = 220$ Hz	hoher Ton $f = 528$ Hz
große Schallstärke		

2

Töne und Klänge von Musikinstrumenten

Art des Instruments	Anregen der Schwingungen	Vergrößern der Tonhöhe
Saiteninstrumente Violine, Cello	Streichen oder Zupfen	strafferes Spannen der Saite bzw.
Klavier, Gitarre	Anschlagen	Verkürzen der Saite
Blasinstrumente Trompete, Flöte, Orgel	Erzeugen eines Luftstroms	Verkürzen der Luftsäule

Empfindung	Ton	Klang	Geräusch
Schwingungsverlauf	sinusförmig	periodisch, aber nicht sinusförmig	nichtperiodisch

Intervall

Die Beziehung zweier Töne zueinander bezeichnet man in der Musik als Intervall. Bezieht man das Intervall auf einen Grundton, so ergeben sich bei der Dur-Tonskala in reiner Stimmung folgende Beziehungen:

Intervall	Oktave	Quinte	Quarte	große Terz	kleine Terz
Verhältnis der Frequenzen	1:2	2:3	3:4	4:5	5:6

Tonleiter

Folge von Tönen, die sich in ihrer Frequenz voneinander unterscheiden. Die Frequenzen der Töne stehen in einem bestimmten Verhältnis zueinander.

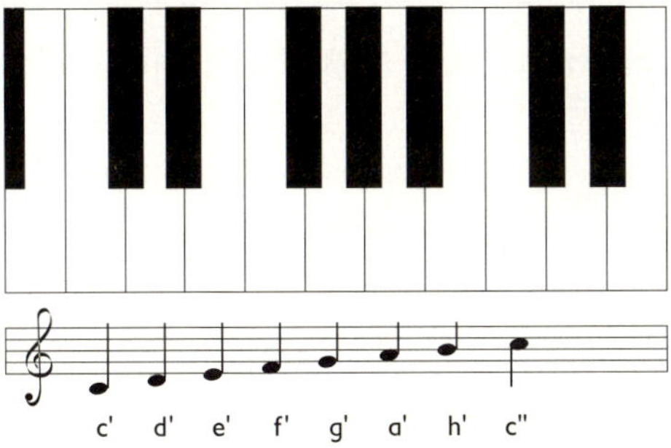

C-Dur-Tonleiter

Ton	c′	d′	e′	f′	g′	a′	h′	c″
Frequenz bei reiner Stimmung in Hz	264	297	330	352	396	440	495	528
	kleine Terz, große Terz, Quarte, Quinte, Oktave							
Intervalle	8/9	9/10	15/16	8/9	9/10	8/9	15/16	

Bei der heute meist verwendeten temperierten Stimmung beträgt dagegen das Frequenzverhältnis für jedes Halbtonintervall $V_R = \sqrt[12]{2}$.

Lautstärke

Die Lautstärke gibt an, wie laut ein Ton empfunden wird.
Die Einheit der Lautstärke ist Dezibel A (dB(A)).
Wenn sich die Schallstärke um 10 dB(A) erhöht, empfindet man die doppelte Lautstärke. Zur Verdopplung der Lautstärke ist eine Verzehnfachung der Schallenergie erforderlich.

Lärm

Störender Schall, der bei längerer Einwirkung auf den Menschen zu gesundheitlichen Schäden führen kann.

Gesundheitliche Schäden durch Lärm.

- Lärmschwerhörigkeit
- psychische Störungen, Verminderung der Konzentrationsfähigkeit
- Müdigkeit oder Erschöpfung
- Magenbeschwerden
- Schlaflosigkeit

Lärmstärken.

30 dB(A) Immissionsgrenzwert in Wohnungen nachts (z. B. Kühlschrankbrummen)
50 dB(A) normales Sprechen
70 dB(A) Schreibmaschine in 1 m Abstand
90 dB(A) schwerer Lkw in 5 m Abstand
120 dB(A) Schmerzgrenze

Lärmschutz

Technische, organisatorische und gesetzgeberische Maßnahmen zum Schutz von Mensch, Tier und Gütern vor Lärmbelästigung.

Ort des Lärmschutzes	Maßnahmen
an der Lärmquelle	lärmarme Konstruktionen Verkleiden der Lärm erzeugenden Teile
auf den Ausbreitungswegen	Dämmung durch stark reflektierende bzw. wenig reflektierende Wände Dämmung durch Absorption
beim Empfänger	Gehörschutz

Ultraschall

Schallschwingungen und Schallwellen, die der Mensch infolge ihrer hohen Frequenz nicht mehr hören kann. Der Frequenzbereich liegt zwischen 20 kHz und 10^7 kHz.

Ultraschallquellen

Mechanische Schwinger mit Frequenzen über 20 kHz.

Ultraschallquelle	Wirkprinzip
Galtonpfeife	Ein Luftstrahl trifft auf eine Schneide und erregt eine sehr kleine Luftsäule zum Schwingen.
Piezoelektrischer Ultraschallgeber	Ein Schwingquarz oder keramischer Schallgeber wird mit einer Hochfrequenz durch den piezoelektrischen Effekt (Längenänderung im elektrischen Feld) zu Schwingungen mit der Eigenfrequenz angeregt.
Magnetostriktiver Ultraschallgeber	Ein Nickelkern wird im Magnetfeld eines Hochfrequenzstromes infolge der Magnetostriktion (Längenänderung im magnetischen Feld) zu Schwingungen mit der Eigenfrequenz angeregt.

Anwendungen des Ultraschalls

- Zerstörungsfreie Materialprüfung
- Ultraschalldiagnose in der Medizin
- Ultraschallortung (z. B. Tiefenmessung im Meer mit dem Echolot)
- Bohren mit Ultraschall
- Reinigen von Metallteilen mit Ultraschall

Thermodynamik

THERMODYNAMISCHE GRUNDBEGRIFFE

Betrachtungsweisen

Phänomenologische Betrachtungsweise (makroskopisch)	Kinetisch-statistische Betrachtungsweise (mikroskopisch)
Ausgangspunkt der phänomenologischen Betrachtungsweise sind äußere Erscheinungen und damit direkt messbare Größen des Systems, wie die Größen Temperatur, Volumen, Druck. Die gewonnenen Erkenntnisse werden in Form *dynamischer Gesetze* (↗ S. 27) dargestellt. Damit sind sichere Aussagen über das Verhalten und die Eigenschaften von einzelnen (makroskopischen) Objekten möglich.	Ausgangspunkt der kinetisch-statistischen Betrachtungsweise sind die Bewegung der Teilchen, aus denen das System aufgebaut ist, sowie deren Wechselwirkungen. Im Mittelpunkt stehen solche physikalische Größen wie Geschwindigkeit und kinetische Energie der Teilchen. Die gewonnenen Erkenntnisse werden in Form *statistischer Gesetze* (↗ S. 27) dargestellt. Über einzelne Teilchen können deshalb nur Wahrscheinlichkeitsaussagen gemacht werden, über das Verhalten und die Eigenschaften einer großen Anzahl von Teilchen (mikroskopisch) sind jedoch zuverlässige Aussagen möglich.

Thermodynamisches System

Bereich, der gedanklich oder tatsächlich durch seine Systemgrenze von der Umgebung abgetrennt wird, aber mit dieser in Wechselwirkung stehen kann. Die Systemgrenzen thermodynamischer Systeme sind in unterschiedlichem Maße durchlässig für Stoff- und Energietransport.
Im thermodynamischen System werden nur bestimmte, vor allem thermodynamische Eigenschaften der betrachteten Objekte untersucht. Die Beschreibung seines Zustandes erfolgt durch Zustandsgrößen.

Umgebung. Gesamtheit aller Objekte, mit denen das System über die Systemgrenze in Wechselwirkung treten kann. Die Beschreibung der Wechselwirkung erfolgt mithilfe von Prozessgrößen.

- Tauchsieder; Zylinder eines Motors
↗ Zustandsgrößen, S. 14, 142
Prozessgrößen, S. 14, 144

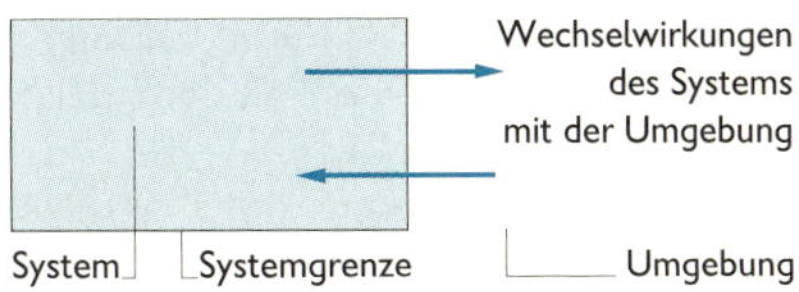

Man unterscheidet offene, geschlossene und abgeschlossene Systeme:

Bezeichnung des Systems	Kennzeichnung der Systemgrenze durchlässig für	undurchlässig für	Beispiel
offenes System	Stoff Energie		offener Kühlschrank
geschlossenes System	Energie	Stoff	geschlossener Kühlschrank
abgeschlossenes System (Idealisierung)		Stoff Energie	

Thermodynamische Zustandsgröße

Physikalische Größe, die zur Beschreibung des Zustandes eines thermodynamischen Systems geeignet ist. Der Wert der Zustandsgröße beschreibt den gegenwärtigen Zustand des Systems unabhängig davon, wie der betreffende Zustand entstanden ist. Zur eindeutigen Festlegung des Zustandes eines Systems ist meist die Angabe mehrerer Zustandsgrößen notwendig. Die Änderung einer dieser Größen bewirkt die Änderung einer oder mehrerer anderer Zustandsgrößen.

- Phänomenologische Betrachtungsweise
  Temperatur T, Volumen V, Druck p, innere Energie U, die mechanische Zustandsgröße Masse m
- Kinetisch-statistische Betrachtungsweise
  mittlere kinetische Energie $\overline{E}_{kin}$ der Teilchen, Teilchenanzahldichte $\frac{N}{V}$, Geschwindigkeit v_i eines Teilchens, Masse m_T eines Teilchens

Temperatur *T*, *ϑ*

Die Temperatur ist eine Zustandsgröße.

Phänomenologische Betrachtungsweise	Kinetisch-statistische Betrachtungsweise
Physikalische Größe, die aussagt, wie heiß bzw. kalt ein Körper ist	Physikalische Größe, die die mittlere kinetische Energie der Teilchen eines thermodynamischen Systems widerspiegelt Dabei ist die Temperatur eines Systems umso höher, je heftiger sich die Teilchen bewegen, aus denen das System besteht. ↗ mittlere kinetische Energie S. 159

SI-Einheit: K (Kelvin)
Weitere Einheit: °C (Grad Celsius)
1 K ist der 273,16te Teil der (thermodynamischen) Temperatur des Tripelpunktes von Wasser (+ 0,01 °C).
Zwischen der Temperatur T in Kelvin und der Temperatur ϑ in Grad Celsius besteht folgende Beziehung:

$$\frac{\vartheta}{°C} = \frac{T}{K} - \frac{T_0}{K}$$

T absolute Temperatur
ϑ Celsiustemperatur
$T_0 = 273{,}15$ K

Vereinfacht rechnet man meist mit der Beziehung
–273 °C ≙ 0 K (absoluter Nullpunkt).
Temperaturdifferenzen werden stets in K angegeben: 100 °C – 20 °C = 80 K.

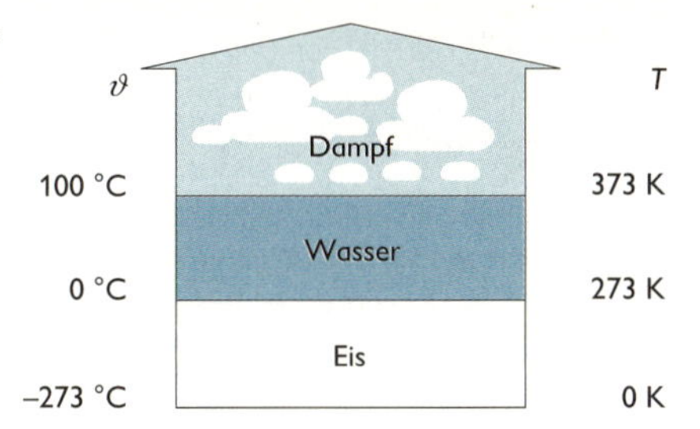

Temperaturskalen. Sie dienen zur objektiven Festlegung der Temperatur eines Systems. Zum Eichen der Skalen werden die Änderung von Zustandsgrößen (Länge, Volumen) oder Eigenschaften (elektrischer Widerstand, Farbe) des thermodynamischen Systems (Thermometer) bei Temperaturänderung genutzt.
Die Temperaturdifferenz zwischen der Schmelztemperatur des Eises und der Siedetemperatur des Wassers bei normalem Luftdruck (genau reproduzierbare Fixpunkte) wird in 100 gleiche Teile eingeteilt. Einem solchen Teil wird die Temperaturdifferenz ein Kelvin (1 K) zugeordnet.

- Volumenänderung des idealen Gases (↗ S. 158) bei einer isobaren Zustandsänderung

$$V = \gamma \cdot V_0 \cdot T$$

V_0 Volumen bei 0 °C
γ kubischer Ausdehnungskoeffizient (↗ S. 150)
T Temperatur

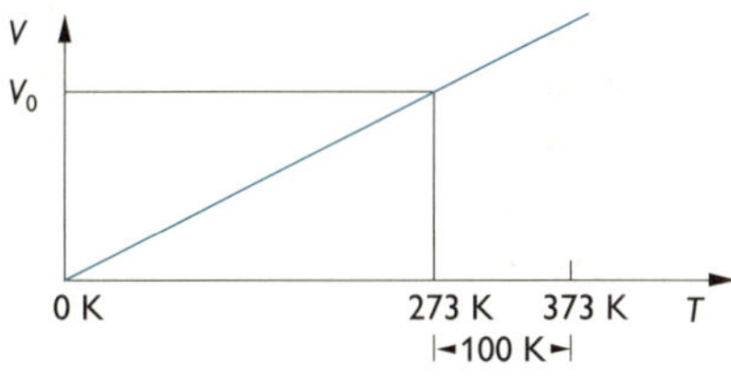

V-*T*-Diagramm des idealen Gases

Temperaturmessung

Verfahren zum quantitativen Erfassen von Temperaturen unter Ausnutzung einer möglichst proportionalen Zustands- oder Eigenschaftsänderung bei Temperaturänderung.

Temperaturmessverfahren

Temperaturmessverfahren	Messbereich	Änderung der Zustandsgröße bzw. Eigenschaft
Flüssigkeitsthermometer		
– mit Quecksilber	–30 °C bis 280 °C	Volumen
– mit Alkohol	–110 °C bis 60 °C	Volumen
Thermocolore	150 °C bis 600 °C	Farbe
Thermoelement	–250 °C bis 3 000 °C	Spannung
elektrische Widerstandsthermometer	–250 °C bis 1 000 °C	elektrischer Widerstand
Gasthermometer	–272 °C bis 2 800 °C	Volumen

Innere Energie U

Phänomenologische Betrachtungsweise	Kinetisch-statistische Betrachtungsweise
Physikalische Größe, die die Fähigkeit eines Systems beschreibt, an seine kältere Umgebung Wärme abzugeben oder mechanische Arbeit zu verrichten. Die innere Energie eines thermodynamischen Systems ist umso größer, je höher die Temperatur und je größer die Masse des Systems sind. Die innere Energie eines Systems ist auch von dem Stoff abhängig, aus dem das System besteht. Für das ideale Gas (↗ S. 156) gilt: $U = c_V \cdot m \cdot T$ U innere Energie c_V spezifische Wärmekapazität bei konstantem Volumen (↗ S. 148, 161) m Masse des Systems T Temperatur	Physikalische Größe, die sich aus der Summe der kinetischen und der potentiellen Energie im Kraftfeld der gegenseitigen Kohäsionskräfte aller Teilchen des thermodynamischen Systems zusammensetzt. Die kinetische Energie der Teilchen (auch *thermische Energie* E_{th} genannt) umfasst – Translationsenergie, – Rotationsenergie, – Schwingungsenergie der Teilchen des Systems.

Die innere Energie ist eine Zustandsgröße.
SI-Einheit: J (Joule)
$1\,\text{J} = 1\,\text{W} \cdot \text{s} = 1\,\text{N} \cdot \text{m}$

Druck p

Phänomenologische Betrachtungsweise	Kinetisch-statistische Betrachtungsweise
Physikalische Größe, die die Wirkung einer Kraft auf eine Fläche kennzeichnet. $p = \frac{F}{A}$ p Druck F Druckkraft senkrecht auf die gedrückte Fläche A Fläche, auf die die Kraft wirkt (↗ Druck S. 109)	Physikalische Größe, die durch die mittlere kinetische Energie der Teilchen sowie durch die Teilchenanzahldichte eines thermodynamischen Systems gekennzeichnet ist. Der Druck in einem thermodynamischen System ist umso höher, je heftiger sich die Teilchen des Systems bewegen und je größer die Teilchenanzahldichte ist.

Der Druck ist eine Zustandsgröße.
SI-Einheit: Pa (Pascal)
$1\,\text{Pa} = 1\,\text{N/m}^2$

Thermodynamische Prozessgröße

Physikalische Größe, die die Wechselwirkung eines thermodynamischen Systems über die Systemgrenze mit der Umgebung kennzeichnet. Durch die Einwirkung einer Prozessgröße wird der Zustand des Systems geändert.

- Wärme Q (↗ S. 145), Volumenarbeit W_V (↗ S. 149)

Wärme Q

Physikalische Größe, die angibt, wie viel Energie von einem System auf ein anderes System übertragen wird und dadurch in dem anderen System den Zustand (Temperatur, Volumen, Druck) ändert. Die Wärme ist eine Prozessgröße.
Die Wärme, die einem thermodynamischen System übertragen wird, ist umso größer, je höher die Temperaturänderung und je größer die Masse des Systems sind. Die übertragene Wärme ist auch vom Stoff abhängig, aus dem das System besteht.

$$Q = c \cdot m \cdot \Delta T$$

Q übertragene Wärme
c spezifische Wärmekapazität des Stoffes, ↗ S. 148
m Masse des Systems
ΔT Temperaturänderung, wobei $\Delta T = T_E - T_A$
T_E Endtemperatur
T_A Anfangstemperatur

SI-Einheit: J (Joule)
$1\,J = 1\,W \cdot s = 1\,N \cdot m$

Änderung der inneren Energie eines Gases bei Wärmezufuhr

Q

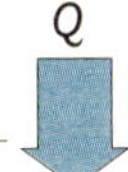

innere Energie wächst	($\Delta U > 0$)	mittlere kinetische Energie der Teilchen wächst
→ Temperatur steigt	($\Delta T > 0$)	
System dehnt sich aus	($\Delta V > 0$)	
Druckerhöhung (wenn V = konstant)	($\Delta p > 0$)	Anzahl der Stöße je Zeiteinheit auf die Wand steigt

Änderung der inneren Energie eines Gases bei Wärmeabgabe

innere Energie nimmt ab	($\Delta U < 0$)	mittlere kinetische Energie der Teilchen sinkt
→ Temperatur sinkt	($\Delta T < 0$)	
System verkleinert sein Volumen	($\Delta V < 0$)	
Druckabnahme (wenn V = konstant)	($\Delta p < 0$)	Anzahl der Stöße je Zeiteinheit auf die Wand sinkt

$|Q|$

Vorzeichenfestlegung
Wird einem thermodynamischen System Wärme zugeführt, so gilt: $Q > 0$.
Wird von einem thermodynamischen System Wärme abgegeben, so gilt: $Q < 0$.

Wärmekapazität C

Physikalische Größe, die den Zusammenhang zwischen der einem thermodynamischen System zugeführten (bzw. von ihm abgegebenen) Wärme und der dadurch erzielten Temperaturänderung beschreibt.

$$C = \frac{Q}{\Delta T}$$

C Wärmekapazität
Q zugeführte bzw. abgegebene Wärme
ΔT Temperaturänderung

Bedingung: keine Änderung des Aggregatzustandes (↗ S. 152)
SI-Einheit: J/K (Joule je Kelvin)

1 J/K ist die Wärmekapazität eines Körpers, dessen Temperatur um 1 K steigt, wenn ihm die Wärme 1 J zugeführt wird.
Besteht ein Körper aus einem einheitlichen Stoff, so ist die Wärmekapazität gleich dem Produkt aus der Masse m des Körpers und der spezifischen Wärmekapazität c des Stoffes, aus dem der Körper besteht.

$$C = c \cdot m$$

C Wärmekapazität
c spezifische Wärmekapazität des Stoffes
m Masse des Körpers

Spezifische Wärmekapazität c

Physikalische Größe, die angibt, wie viel Wärme aufgenommen oder abgegeben wird, wenn sich die Temperatur eines Körpers von einer bestimmten Masse um einen bestimmten Betrag ändert.

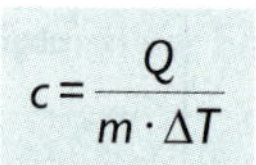

$$c = \frac{Q}{m \cdot \Delta T}$$

c spezifische Wärmekapazität des Stoffes
Q zugeführte bzw. abgegebene Wärme
m Masse des Körpers
ΔT Temperaturänderung

SI-Einheit: J/(kg · K) (Joule je Kilogramm und Kelvin)

1 J/(kg · K) ist die spezifische Wärmekapazität eines Stoffes, bei der ein Körper aus diesem Stoff der Masse 1 kg die Wärmekapazität 1 J/K besitzt. Die spezifische Wärmekapazität eines Stoffes ist von dessen Temperatur abhängig.
Wasser hat von allen in der Natur vorkommenden Flüssigkeiten die größte spezifische Wärmekapazität. Das ist für die Natur und Technik von großer Bedeutung.

- Einfluss des Meeres auf das Klima

Spezifische Wärmekapazität der Gase. Bei Gasen sind zu unterscheiden:

Spezifische Wärmekapazität c_V bei konstantem Volumen (V = konstant)	Spezifische Wärmekapazität c_p bei konstantem Druck (p = konstant)

↗ Zusammenhang von c_p und c_V beim idealen Gas, S. 161

Volumenarbeit W_V

Physikalische Größe, die den Vorgang der Veränderung des Volumens durch eine auf einen Kolben wirkende Kraft kennzeichnet.
Die Volumenarbeit ist eine Prozessgröße.
SI-Einheit: J (Joule)
$1\ \text{J} = 1\ \text{N} \cdot \text{m} = 1\ \text{W} \cdot \text{s}$

Vorzeichenfestlegung

Wird einem thermodynamischen System die Volumenarbeit W_V zugeführt, so gilt: $W_V > 0$.
Wird von einem thermodynamischen System die Volumenarbeit W_V abgegeben, so gilt: $W_V < 0$.

Eine entsprechende Vorzeichenfestlegung gilt für alle Formen der mechanischen Arbeit (↗ Beschleunigungsarbeit, S. 93; Hubarbeit, S. 93; Federspannarbeit, S. 93; Reibungsarbeit, S. 93).

Gleichung zur Berechnung der Volumenarbeit

Druck konstant (isobare Zustandsänderung: p = konstant)

$$W_V = -p \cdot \Delta V$$
$$W_V = -p \cdot (V_2 - V_1)$$

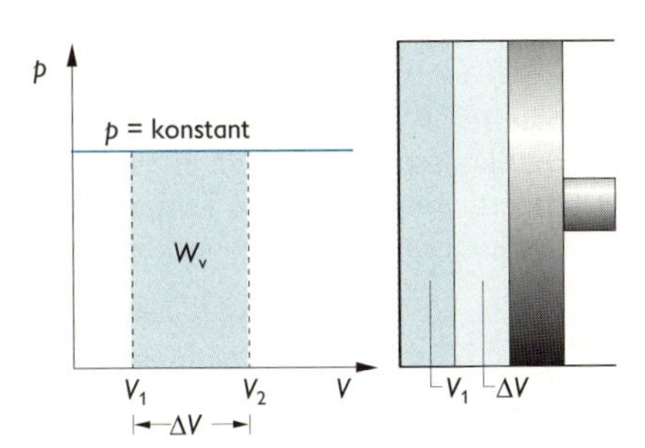

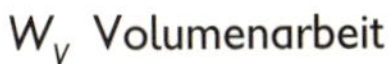

W_V Volumenarbeit
p konstanter Druck
ΔV Volumenänderung
V_2 Endvolumen
V_1 Anfangsvolumen

Druck nicht konstant
(nicht isobare Zustandsänderung)

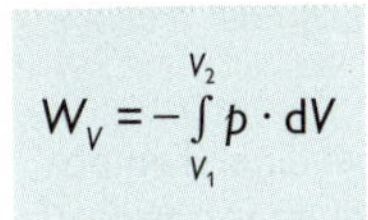

$$W_V = -\int_{V_1}^{V_2} p \cdot dV$$

W_V Volumenarbeit
p veränderlicher Druck
dV Volumenelement
V_2 Endvolumen
V_1 Anfangsvolumen

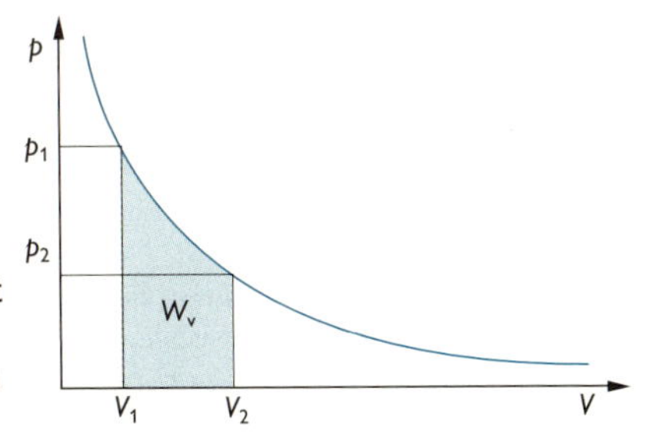

Temperatur konstant (isotherme Zustandsänderung)

$$W_V = -p_1 \cdot V_1 \cdot \ln \frac{V_2}{V_1}$$

W_V Volumenarbeit
p_1 Anfangsdruck
V_2 Endvolumen
V_1 Anfangsvolumen

THERMISCHES VERHALTEN VON KÖRPERN

Temperaturänderung ΔT

Physikalische Größe, die die Änderung der mittleren kinetischen Energie der Teilchen eines Körpers beschreibt.
Für Temperaturerhöhung gilt: $\Delta T > 0$.
Für Temperaturerniedrigung gilt: $\Delta T < 0$.

- Temperaturerhöhung einer Flüssigkeit durch Erwärmen
  Temperaturerhöhung von Luft durch Kompression (pneumatisches Feuerzeug, Dieselmotor)

Häufig ändern sich bei der Temperaturänderung eines Gases sowohl das Volumen als auch der Druck.

- Reifen; Luftmatratze; Schlauchboot

Volumenänderung ΔV

Physikalische Größe, die die Änderung der räumlichen Ausdehnung bei fast allen festen Körpern, den meisten Flüssigkeiten und allen Gasen bei Temperaturänderung beschreibt.

Kubischer Ausdehnungskoeffizient γ

Physikalische Größe, die angibt, um welchen Teil sich das Volumen eines Körpers ändert, wenn sich seine Temperatur um einen bestimmten Betrag ändert.
Der kubische Ausdehnungskoeffizent ist eine Stoffkonstante.

$$\gamma = \frac{\Delta V}{V_0 \cdot \Delta T}$$

γ kubischer Ausdehnungskoeffizient
ΔV Volumenänderung
V_0 Anfangsvolumen bei 0 °C
ΔT Temperaturdifferenz

SI-Einheit: $\frac{1}{\mathrm{K}}$

Für alle Gase, die als ideales Gas betrachtet werden können, beträgt der kubische Ausdehnungskoeffizient:

$$\gamma = \frac{1}{273} \frac{1}{\mathrm{K}}$$

Das bedeutet: Ein Gas vergrößert sein Volumen bei einer Temperaturerhöhung um 1 K um 1/273 seines Anfangsvolumens bei 0 °C.

Bei den festen Stoffen und Flüssigkeiten kann man wegen der wesentlich geringeren Volumenänderung von einem Anfangsvolumen bei beliebiger Temperatur ausgehen.

- Der kubische Ausdehnungskoeffizient von Petroleum beträgt $\gamma = 0{,}000\,96 \cdot 1/\mathrm{K}$. Das heißt: 1 l Petroleum dehnt sich bei einer Temperaturerhöhung um 1 K um 0,000 96 l aus.

Längenänderung Δl

Physikalische Größe, die die Volumenänderung nur in einer Richtung beschreibt.

Linearer Ausdehnungskoeffizient α

Physikalische Größe, die angibt, um welchen Teil sich die Länge eines Körpers ändert, wenn sich seine Temperatur um einen bestimmten Betrag ändert.
Der lineare Ausdehnungskoeffizient ist eine Stoffkonstante.

$$\alpha = \frac{\Delta l}{l_0 \cdot \Delta T}$$

α linearer Ausdehnungskoeffizient
Δl Längenänderung
l_0 Anfangslänge
ΔT Temperaturdifferenz

SI-Einheit: $\frac{1}{\mathrm{K}}$

Für feste Körper gilt $3\alpha \approx \gamma$.

- Der lineare Ausdehnungskoeffizient von Stahl beträgt $\alpha = 0{,}000\,013\ \frac{1}{\mathrm{K}}$.
  Das heißt: Ein 1 m langer Stahlstab dehnt sich bei einer Temperaturerhöhung von 1 K um 0,000 013 m aus.

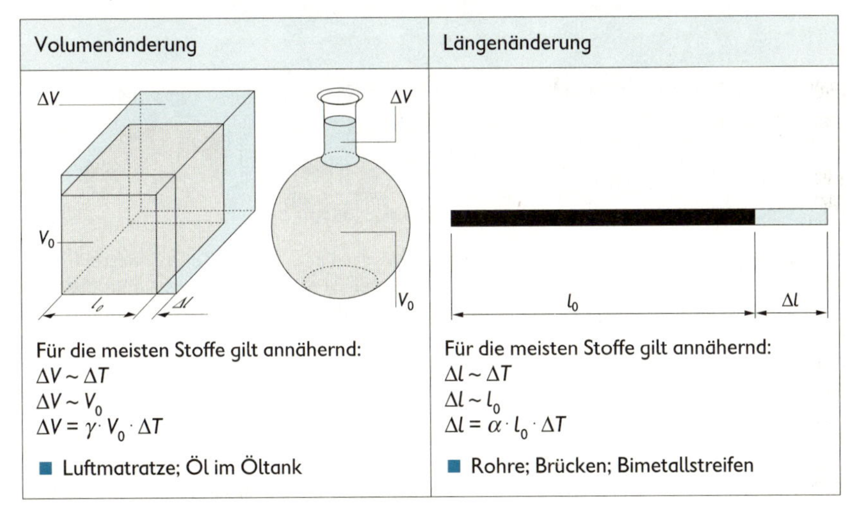

Volumenänderung	Längenänderung
Für die meisten Stoffe gilt annähernd: $\Delta V \sim \Delta T$ $\Delta V \sim V_0$ $\Delta V = \gamma \cdot V_0 \cdot \Delta T$	Für die meisten Stoffe gilt annähernd: $\Delta l \sim \Delta T$ $\Delta l \sim l_0$ $\Delta l = \alpha \cdot l_0 \cdot \Delta T$
■ Luftmatratze; Öl im Öltank	■ Rohre; Brücken; Bimetallstreifen

Anomalie des Wassers

Eigenschaft des Wassers, sich beim Abkühlen im Temperaturbereich von 4 °C bis 0 °C auszudehnen.
Wasser hat bei 4 °C seine größte Dichte.

- Stehende Gewässer frieren von oben her zu.

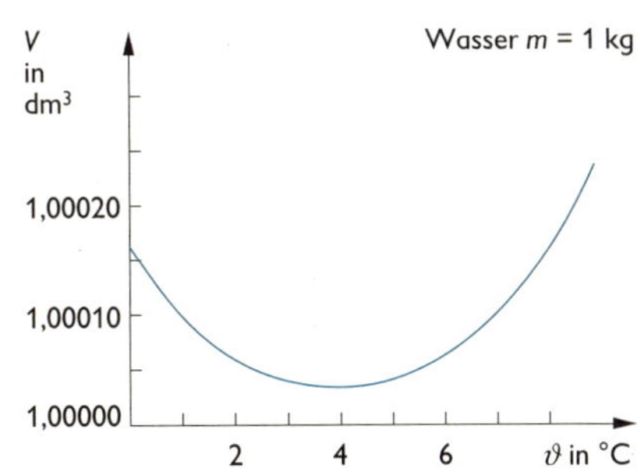

Thermodynamische Phase

Physikalisch einheitlicher Teilbereich eines thermodynamischen Systems, der durch räumlich konstante Beschaffenheit gekennzeichnet und von anderen Teilbereichen des Systems durch Grenzflächen abgegrenzt ist.

- verschiedene Modifikationen eines festen Körpers, ↗ Wissensspeicher Chemie

Aggregatzustand

Zustandsform, in der ein Körper auftritt.
Es gibt den festen, den flüssigen und den gasförmigen Zustand.

Fest	Flüssig	Gasförmig
Die Teilchen befinden sich eng beieinander und üben aufeinander starke Kohäsionskräfte aus. Dabei schwingen die Teilchen um ihre Gleichgewichtslage.	Der Abstand zwischen benachbarten Teilchen ist etwas größer als im festen Zustand, die Kohäsionskraft damit kleiner. Die Teilchen sind frei verschiebbar.	Der Teilchenabstand ist so groß, dass Kohäsionskräfte vernachlässigt werden können. Die Teilchen bewegen sich frei im Raum.
Feste Körper besitzen deshalb eine bestimmte Gestalt und ein bestimmtes Volumen.	Flüssigkeiten behalten ihr Volumen, nehmen jedoch eine beliebige, durch das Gefäß bedingte Gestalt an.	Gase füllen in Gefäßen das gesamte zur Verfügung stehende Raumgebiet aus.

Aggregatzustandsänderung

Physikalischer Vorgang, bei dem ein Stoff durch Zufuhr oder Entzug von Wärme bei bestimmten Temperaturen in einen anderen Aggregatzustand übergeht.
Die Temperatur bleibt dabei konstant, bestimmte physikalische Eigenschaften ändern sich sprunghaft.

Umwandlungstemperatur T_U

Physikalische Größe, die die Temperatur kennzeichnet, bei der die Aggregatzustandsänderung eines bestimmten Stoffes erfolgt.
Die Umwandlungstemperaturen der Stoffe sind vom Druck abhängig.

Umwandlungswärme Q_U

Physikalische Größe, die die Wärme angibt, die einem Körper für eine bestimmte Aggregatzustandsänderung zugeführt werden muss oder von dem Körper abgegeben wird.

Die dem Körper zugeführte oder von ihm abgegebene Umwandlungswärme bewirkt keine Temperaturänderung des Körpers. Durch die Energieübertragung wird der Ordnungszustand der Teilchen des Stoffes geändert (potentielle Energie), nicht aber deren mittlere kinetische Energie.

Spezifische Umwandlungswärme *q*

Physikalische Größe, die angibt, welche Wärme aufgenommen oder abgegeben wird, wenn sich der Aggregatzustand eines Stoffes mit einer bestimmten Masse bei der Umwandlungstemperatur ändert.

$$q = \frac{Q_U}{m}$$

q spezifische Umwandlungswärme
Q_U Umwandlungswärme
m Masse

SI-Einheit: J/kg (Joule je Kilogramm)

Schmelzen und Erstarren

Schmelzen	Erstarren
Physikalischer Vorgang, bei dem ein fester Stoff durch Zufuhr von Wärme in den flüssigen Zustand übergeht. Die starre Anordnung der Teilchen wird zerstört. Die Umwandlungswärme heißt **Schmelzwärme** Q_S. Die Umwandlungstemperatur ist die **Schmelztemperatur** ϑ_S bzw. T_S.	Physikalischer Vorgang, bei dem eine Flüssigkeit unter Abgabe von Wärme in den festen Zustand übergeht. Eine starre Anordnung der Teilchen entsteht. Die Umwandlungswärme heißt **Erstarrungswärme** Q_E. Die Umwandlungstemperatur ist die **Erstarrungstemperatur** ϑ_E bzw. T_E.
Die beim Schmelzen dem Körper zugeführte Wärme wird beim Erstarren wieder abgegeben: $Q_S = \lvert Q_E \rvert$ Die Schmelztemperatur ist für einen bestimmten Stoff bei konstantem Druck gleich der Erstarrungstemperatur: $\vartheta_S = \vartheta_E$ Die Schmelztemperatur steigt bei den meisten Stoffen mit dem Druck. Bei Eis gilt jedoch: Je größer der Druck ist, desto niedriger ist die Schmelztemperatur. ■ Gleiten der Schlittschuhe; Wandern von Gletschern	

Ideales Gas

Phänomenologische Betrachtungsweise

Gas, für das die Gleichung $V = V_0 \cdot \gamma \cdot T$ mit $\gamma = \frac{1}{273}\,\frac{1}{K}$ bei einer isobaren Zustandsänderung streng erfüllt ist. Für viele reale Gase kommt γ diesem Wert sehr nahe.

Kinetisch-statistische Betrachtungsweise

Modell (↗ S. 50), das wesentliche Eigenschaften realer Gase durch folgende Annahmen erfasst:

- Das Eigenvolumen der Teilchen ist gegenüber dem Gefäßvolumen vernachlässigbar klein.
- Die Teilchen besitzen nur kinetische Energie.
- Zwischen den Teilchen bestehen keine Wechselwirkungen.
- Der Abstand benachbarter Teilchen ist relativ groß.
- Beim Stoß gegen eine Wand ändert sich die Energie der Teilchen nicht, die Stöße erfolgen elastisch.
- Es wird von einer großen Anzahl von Teilchen ausgegangen.
- Die Teilchen haben alle die gleiche Masse m_T.
- Bei der Teilchenbewegung wird keine Richtung bevorzugt.

Stoffmenge *n*

Physikalische Größe, die angibt, aus wie vielen gleichartigen Teilchen (Atome, Moleküle usw.) ein System besteht.

SI-Einheit: mol (Mol)

Ein System hat die Stoffmenge 1 Mol, wenn es aus ebenso vielen Teilchen besteht wie Atome in 12 g des reinen Kohlenstoffisotops $^{12}_{6}C$ enthalten sind.

Avogadro-Konstante N_A

Physikalische Konstante, die angibt, wie viele Teilchen 1 mol eines Stoffes enthält.

$N_A = 6{,}022\,14 \cdot 10^{23} \cdot 1/\text{mol}$

Für die Anzahl *N* der Teilchen eines Systems gilt damit:

$$N = N_A \cdot n$$

N Teilchenanzahl des Systems
N_A Avogadro-Konstante
n Stoffmenge

Molares Volumen V_m

Physikalische Größe, die das Volumen angibt, das 1 mol eines Gases einnimmt.

$$V_m = \frac{V}{n}$$

V_m molares Volumen
V Volumen
n Stoffmenge

SI-Einheit: m^3/mol (Kubikmeter je Mol)

Das molare Volumen des idealen Gases bei Normbedingungen (T_0 = 273,15 K, p_0 = 101,3 kPa) beträgt 22,41 l/mol.

Molare Masse m_m

Physikalische Größe, die die Masse angibt, die 1 mol eines Stoffes besitzt.

$$m_m = \frac{m}{n}$$

m_m molare Masse
m Masse
n Stoffmenge

SI-Einheit: kg/mol (Kilogramm je Mol)

Für die Masse m_T eines Teilchens gilt damit:

$$m_T = \frac{m}{N} = \frac{m_m}{N_A}$$

m_T Masse eines Teilchens
m Masse des Systems
m_m molare Masse des Systems
N Anzahl der Teilchen des Systems
N_A Avogadro-Konstante

Zwischen der molaren Masse und dem molaren Volumen besteht die Beziehung:

$$m_m = \rho \cdot V_m$$

m_m molare Masse
ρ Dichte des Stoffes
V_m molares Volumen

Molare Wärmekapazität C_m

Physikalische Größe, die angibt, wie viel Wärme aufgenommen oder abgegeben wird, wenn sich die Temperatur einer bestimmten Stoffmenge eines Stoffes um einen bestimmten Betrag ändert.

$$C_m = \frac{Q}{n \cdot \Delta T}$$

C_m molare Wärmekapazität des Stoffes
n Stoffmenge
ΔT Temperaturänderung

SI-Einheit: J/(mol · K) (Joule je Mol und Kelvin)
Bei Gasen wird die molare Wärmekapazität bei konstantem Volumen mit C_V bezeichnet und die molare Wärmekapazität bei konstantem Druck mit C_p.
(↗ Zusammenhang von C_V und C_p beim idealen Gas, S. 161)

Zustandsgleichung für das ideale Gas

Gesetz, das die Abhängigkeit der thermischen Zustandsgrößen Druck p, Volumen V, Temperatur T und der Stoffmenge n voneinander beschreibt.

$$p \cdot V = n \cdot R \cdot T$$

p Druck
V Volumen
n Stoffmenge
R molare Gaskonstante
T Temperatur

Betrachtet man ein abgeschlossenes System des idealen Gases, so vereinfacht sich die Zustandsgleichung.

$$\frac{p \cdot V}{T} = \text{konstant} \qquad \frac{p_1 \cdot V_1}{T_1} = \frac{p_2 \cdot V_2}{T_2}$$

Bedingung: n = konstant
(p_1, V_1, T_1) Anfangszustand
(p_2, V_2, T_2) Endzustand

Molare Gaskonstante *R*

Universelle Konstante, die für alle Gase den gleichen Wert hat.

$R = 8{,}314\ \mathrm{J/(mol \cdot K)}$

Boltzmann-Konstante *k*

Universelle Konstante, die sich als Quotient aus der molaren Gaskonstante R und der Avogadro-Konstante N_A ergibt.

$$k = \frac{R}{N_A}$$

k Boltzmann-Konstante
R molare Gaskonstante
N_A Avogadro-Konstante

$k = 1{,}380\,6 \cdot 10^{-23}\ \mathrm{J/K}$

Sonderfälle der Zustandsgleichung für das ideale Gas

	Bedingung	Zustandsgleichung	p-V-Diagramm
Isotherme Zustandsänderung	T = konstant	$p \cdot V$ = konstant $p_1 \cdot V_1 = p_2 \cdot V_2$ (Gesetz von Boyle und Mariotte)	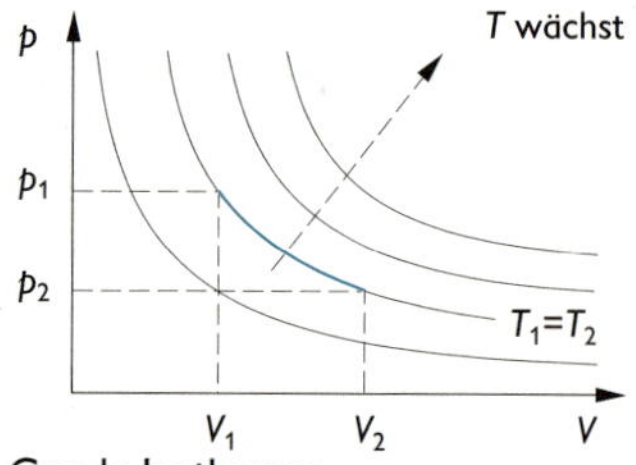 p, p_1, p_2, T wächst, $T_1 = T_2$, V_1, V_2, V Graph: Isotherme
Isochore Zustandsänderung	V = konstant	$\frac{p}{T}$ = konstant $\frac{p_1}{T_1} = \frac{p_2}{T_2}$ (Gesetz von Amontons)	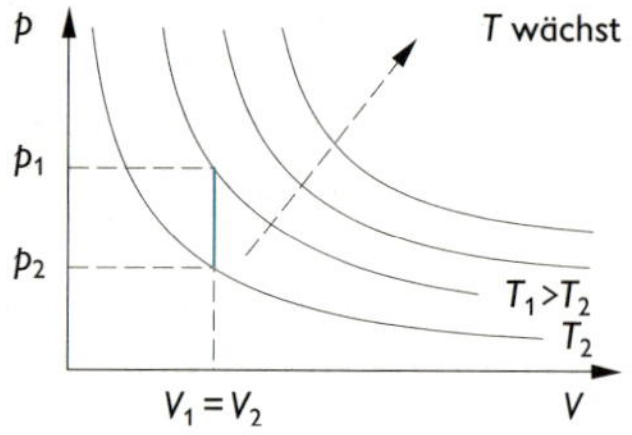 p, p_1, p_2, T wächst, $T_1 > T_2$, T_2, $V_1 = V_2$, V Graph: Isochore
Isobare Zustandsänderung	p = konstant	$\frac{V}{T}$ = konstant $\frac{V_1}{T_1} = \frac{V_2}{T_2}$ (Gesetz von Gay-Lussac)	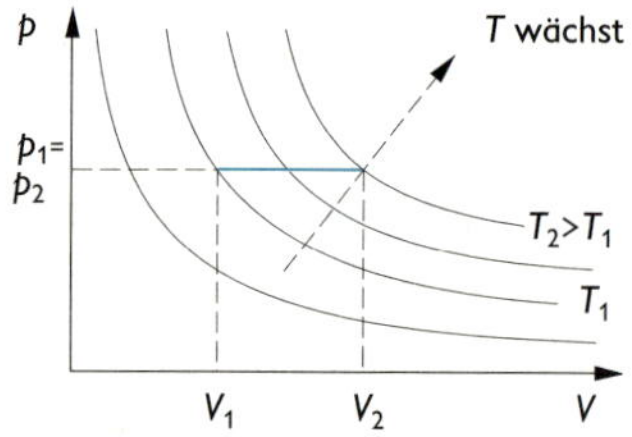 p, $p_1 = p_2$, T wächst, $T_2 > T_1$, T_1, V_1, V_2, V Graph: Isobare

Innere Energie des idealen Gases

Physikalische Größe, die angibt, wie groß die Summe der kinetischen Energien aller Teilchen des idealen Gases ist.
Beim idealen Gas besteht die innere Energie nur aus thermischer Energie.

Phänomenologische Betrachtungsweise

$$U = C_V \cdot n \cdot T$$

U innere Energie
C_V molare Wärmekapazität bei konstantem Volumen
n Stoffmenge
T Temperatur

Mit $C_V = \frac{3}{2} R$ (↗ Gleichverteilungssatz S. 178) ergibt sich daraus:

$$U = \frac{3}{2} n \cdot R \cdot T$$

U innere Energie
n Stoffmenge
R molare Gaskonstante
T Temperatur

Kinetisch-statistische Betrachtungsweise

$$U = \sum_{i=1}^{N} E_{\text{kin},i}$$

U innere Energie
N Gesamtanzahl der Teilchen
$E_{\text{kin},i}$ kinetische Energie des i-ten Teilchens

$$E_{\text{kin}} = U = \sum_{i=1}^{N} \frac{1}{2} \cdot m_{\text{T}} \cdot v_i^2$$

E_{kin} kinetische Energie aller Teilchen
U innere Energie
m_{T} Masse eines Teilchens
v_i Geschwindigkeit des i-ten Teilchens

Mittlere kinetische Energie $\bar{E}_{\text{kin}}$

Physikalische Größe, die angibt, welche kinetische Energie die Teilchen des idealen Gases im Mittel besitzen.

$$\bar{E}_{\text{kin}} = \frac{\sum_{i=1}^{N} E_{\text{kin},i}}{N}$$

$\bar{E}_{\text{kin}}$ mittlere kinetische Energie der Teilchen
N Gesamtanzahl der Teilchen
$E_{\text{kin},i}$ kinetische Energie des i-ten Teilchens

$$U = N \cdot \bar{E}_{\text{kin}}$$

U innere Energie
N Gesamtanzahl der Teilchen
$\bar{E}_{\text{kin}}$ mittlere kinetische Energie der Teilchen

3

HAUPTSÄTZE DER THERMODYNAMIK

Erster Hauptsatz der Thermodynamik

Der erste Hauptsatz der Thermodynamik macht eine Aussage über die *Erhaltung und Umwandlung von Energie.*

> Bei keinem Vorgang kann Energie neu entstehen oder verschwinden. Energie kann jedoch durch mechanische Arbeit, Wärme oder Strahlung von einem Körper auf einen anderen übertragen werden und sich von einer Energieform in eine andere umwandeln.

Die Änderung der inneren Energie eines thermodynamischen Systems ist gleich der Summe der über die Systemgrenze übertragenen Energie.	$\Delta E_{Syst} = \Sigma E_{übertr}$

Betrachtet man nur Systeme, bei denen die Änderung der kinetischen und potentiellen Energie des Systems null oder vernachlässigbar klein ist und bei denen kein Stofftransport über die Systemgrenze sowie keine Energieübertragung durch Strahlung erfolgt, so gilt:

Änderung der inneren Energie des Systems	=	über die Systemgrenze übertragene Wärme	+	über die Systemgrenze übertragene Arbeit
ΔU	=	Q	+	W

Die Arbeit W kann Volumenarbeit, Hubarbeit oder Reibungsarbeit sein.

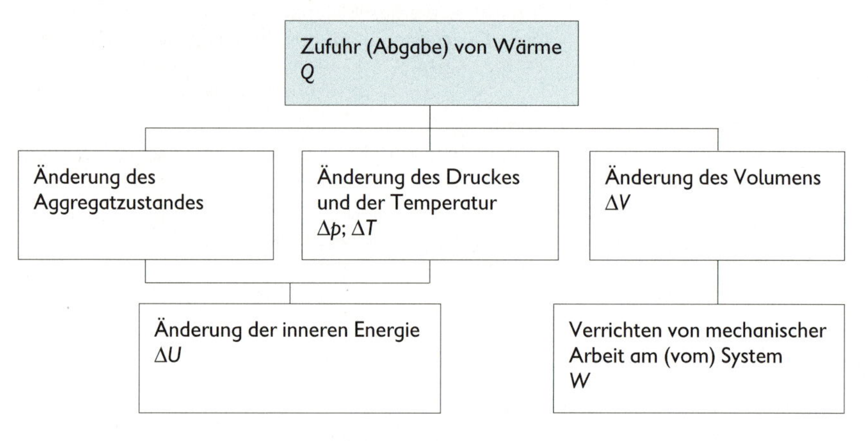

Die Zufuhr bzw. Abgabe von Wärme Q kann sowohl zu einer Änderung der inneren Energie ΔU als auch zum Verrichten bzw. zur Aufnahme einer mechanischen Arbeit W oder auch zu beidem führen.

Zusammenhang von C_p und C_V beim idealen Gas

Isochorer Vorgang $W = 0$	Isobarer Vorgang $W = -p \cdot \Delta V$, wobei $p \cdot \Delta V = n \cdot R \cdot \Delta T$
1. Hauptsatz der Thermodynamik: $Q = \Delta U$ $Q = C_V \cdot n \cdot \Delta T$	$Q = \Delta U + p \cdot \Delta V$ $Q = C_V \cdot n \cdot \Delta T + R \cdot n \cdot \Delta T$ $Q = C_p \cdot n \cdot \Delta T$
$C_V < C_p$	
Die zugeführte Wärme bewirkt nur eine Erhöhung der inneren Energie.	Die zugeführte Wärme bewirkt nicht nur eine Erhöhung der inneren Energie, sondern auch eine Verrichtung von Arbeit.

Mit $C_V \cdot n \cdot \Delta T = C_p \cdot n \cdot \Delta T - n \cdot R \cdot \Delta T$ ergibt sich:

$$C_p - C_V = R$$

C_p molare Wärmekapazität bei konstantem Druck
C_V molare Wärmekapazität bei konstantem Volumen
R molare Gaskonstante

Perpetuum mobile 1. Art. Maschine, die mehr Energie abgäbe, als man ihr zuführt. Aus dem Energieerhaltungssatz folgt, dass dies nicht möglich ist.

Reversible und irreversible Vorgänge

Reversible Vorgänge	Irreversible Vorgänge
Reversibel oder umkehrbar wird ein Vorgang genannt, der rückgängig gemacht werden kann, ohne dass dabei dauernde Veränderungen gegenüber dem ursprünglichen Zustand in der Umgebung des Systems zurückbleiben.	Irreversibel oder nicht umkehrbar heißt ein Vorgang, der nur durch äußere Einwirkung rückgängig gemacht werden kann. Dadurch tritt in der Umgebung des Systems eine Veränderung gegenüber dem ursprünglichen Zustand ein. Irreversible Vorgänge verlaufen von selbst nur in einer Richtung.
■ Bewegungen ohne Reibung wie Pendelschwingung, Stoß zwischen elastischen Körpern	■ Reibungsvorgänge; Temperaturausgleich zwischen Körpern; Diffusion
Planetenbewegung	Ofen

Innere Energie, Wärme und Arbeit bei Zustandsänderungen

Sonderfälle zum 1. Hauptsatz der Thermodynamik

Zustandsänderung	1. Hauptsatz der Thermodynamik	p-V-Diagramm	Beispiel
isotherme Zustandsänderung ($\Delta T = 0$ $\rightarrow \Delta U = 0$)	$Q = -W$ $Q \rightarrow \Delta U = 0 \rightarrow \lvert W \rvert$ oder $W = -Q$ $\lvert Q \rvert \leftarrow \Delta U = 0 \leftarrow W$	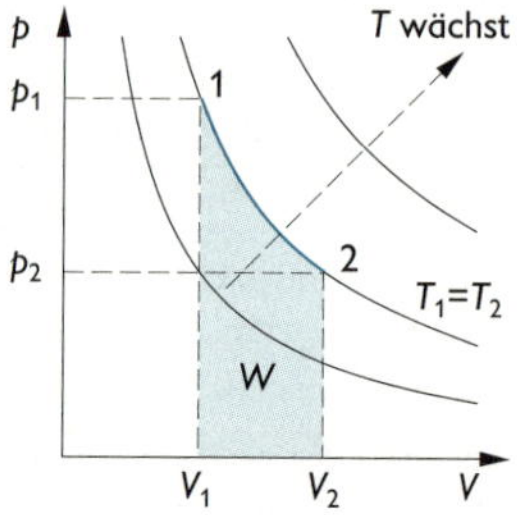 T wächst; p_1, p_2; 1, 2; $T_1 = T_2$; W; V_1, V_2, V	Ausdehnen des Dampfes bei der Dampfmaschine (angenähert)
isochore Zustandsänderung ($\Delta V = 0$ $\rightarrow W = 0$)	$Q = \Delta U$ $Q \rightarrow \Delta U > 0$ oder $-\Delta U = -Q$ $\lvert Q \rvert \leftarrow \Delta U < 0$	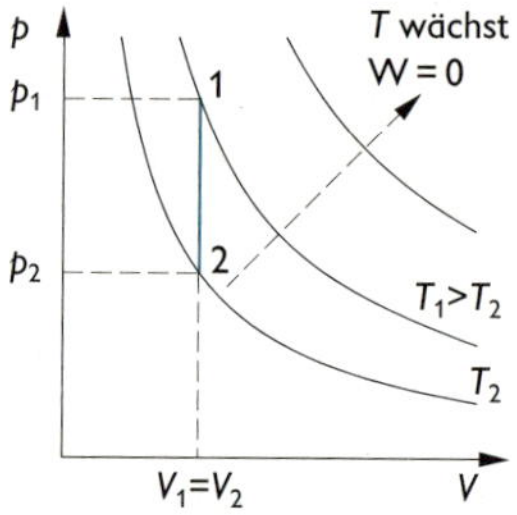 T wächst; $W = 0$; p_1, p_2; 1, 2; $T_1 > T_2$; T_2; $V_1 = V_2$, V	Erwärmen eines Gases in einem geschlossenen Behälter
isobare Zustandsänderung ($\Delta p = 0$)	$Q = \Delta U - W$ $Q = \Delta U + p \cdot \Delta V$ $Q \rightarrow \Delta U > 0 \rightarrow \lvert W \rvert$ oder $W = \Delta U - Q$ $\lvert Q \rvert \leftarrow \Delta U > 0 \leftarrow W$	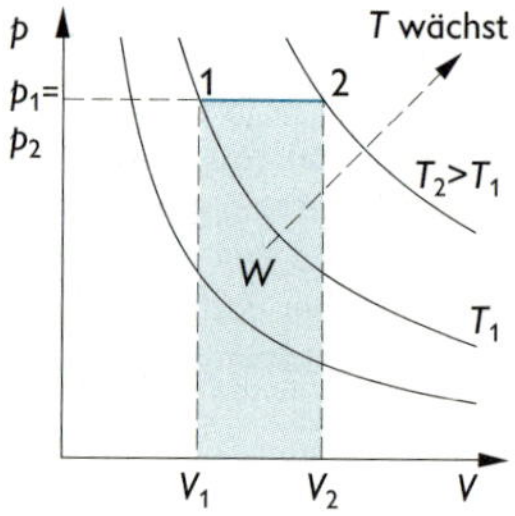 T wächst; $p_1 = p_2$; 1, 2; $T_2 > T_1$; T_1; W; V_1, V_2, V	Verbrennen von Kraftstoff im Strahltriebwerk (angenähert)
adiabatische Zustandsänderung ($Q = 0$)	$W = \Delta U$ $\Delta U > 0 \leftarrow W$ oder $-\Delta U = -W$ $\Delta U < 0 \rightarrow \lvert W \rvert$	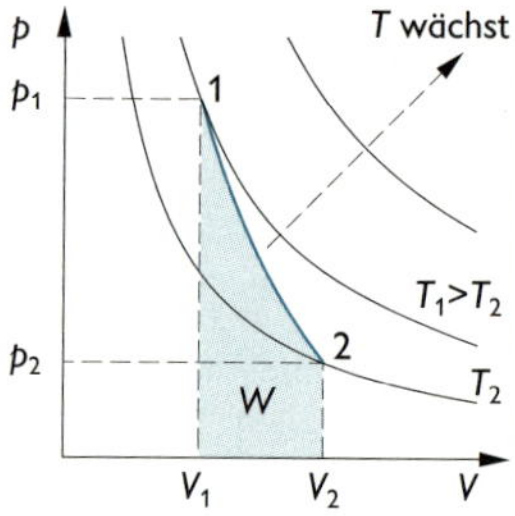 T wächst; p_1, p_2; 1, 2; $T_1 > T_2$; T_2; W; V_1, V_2, V	pneumatisches Feuerzeug; Kompressionstakt beim Dieselmotor; Nebelkammer

Zweiter Hauptsatz der Thermodynamik

Der 2. Hauptsatz der Thermodynamik macht eine Aussage über die *Richtung der Übertragung von Wärme.*

Wärme geht von selbst nur von einem System höherer Temperatur zu einem System niedrigerer Temperatur über. In einem System entstehen nie von selbst dauerhafte Temperaturunterschiede.

Wenn die Richtung der Übertragung von Wärme umgekehrt werden soll, dann muss zusätzlich Energie zugeführt werden.

■ Kühlschrank (↗ S. 173); Wärmepumpe (↗ S. 173)

Alle Vorgänge, bei denen Reibung auftritt, sind irreversibel. Alle natürlichen Prozesse sind irreversibel. Reversible Prozesse sind nicht erreichbare Grenzfälle irreversibler Vorgänge.

Die Natur strebt aus einem unwahrscheinlicheren Zustand dem wahrscheinlichsten zu (↗ Entropie, S. 179).

Es ist unmöglich, eine periodisch arbeitende Maschine zu konstruieren, die nichts weiter bewirkt, als einem Energiespeicher Wärme zu entziehen und vollständig als mechanische Arbeit nach außen abzugeben (↗ Wärmekraftmaschine, S. 164).

Perpetuum mobile 2. Art. Periodisch arbeitende Maschine, die lediglich einen Körper abkühlt und die aufgenommene Wärme vollständig in mechanische Arbeit umwandelt. Da es sich um die Umkehrung eines irreversiblen Vorganges handelt, kann es ein Perpetuum mobile 2. Art nicht geben.

Dritter Hauptsatz der Thermodynamik

Es ist nicht möglich, einen Körper bis zum absoluten Nullpunkt (0 K) abzukühlen.

THERMISCHE ENERGIEWANDLER

Thermischer Energiewandler

Periodisch arbeitende Maschine, die
- die innere Energie eines Energiespeichers höherer Temperatur nutzt, um mechanische Arbeit zu verrichten (Wärmekraftmaschine) oder
- durch Zufuhr von mechanischer Arbeit die Energie von einem Energiespeicher niederer Temperatur zu einem Energiespeicher höherer Temperatur überträgt (Kältemaschine).

Alle thermischen Energiewandler durchlaufen dabei einen Kreisprozess.

Kreisprozess

Aufeinanderfolge verschiedener beliebiger Zustandsänderungen eines thermodynamischen Systems (meist ideales Gas) mit Rückkehr in den Anfangszustand.
Da stets der Anfangszustand in allen seinen Zustandsgrößen wieder erreicht wird, gilt für jeden Kreisprozess:
$\Delta U = 0$; $\Delta T = 0$; $\Delta p = 0$; $\Delta V = 0$.

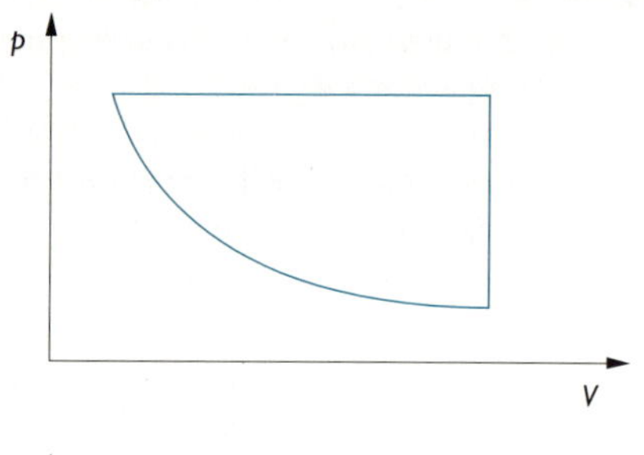

Rechtslaufender Kreisprozess.
Kreisprozess, der im p-V-Diagramm im Uhrzeigersinn durchlaufen wird.
Bei Abgabe von mechanischer Arbeit muss dem System eine entsprechende Wärme zugeführt werden.
↗ Prinzip der Wärmekraftmaschinen, S. 164

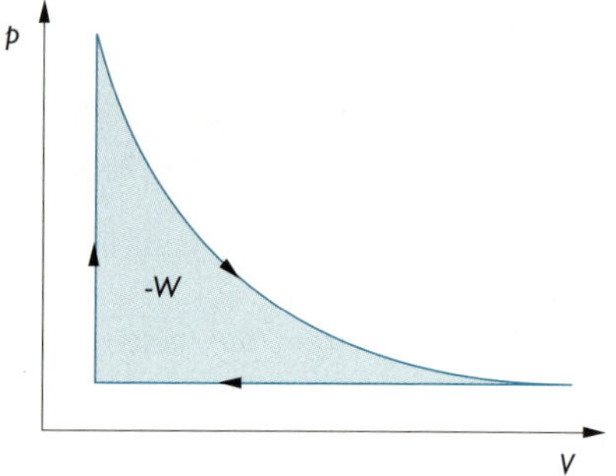

$Q = -W$
(1. Hauptsatz der Thermodynamik)

Linkslaufender Kreisprozess. Kreisprozess, der im p-V-Diagramment gegen dem Uhrzeigersinn durchlaufen wird.
Bei Abgabe von Wärme muss dem System eine entsprechende mechanische Arbeit zugeführt werden.
↗ Prinzip der Kältemaschinen, S. 172

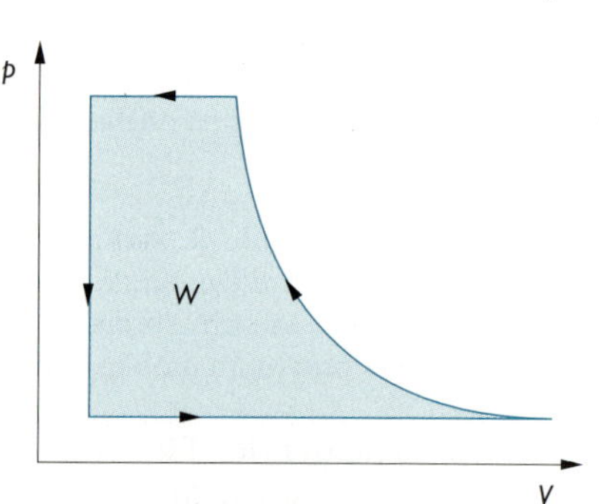

$W = -Q$
(1. Hauptsatz der Thermodynamik)

Wärmekraftmaschinen

Maschinen, in denen das thermodynamische System (Dampf, Gas) periodisch einen rechtslaufenden Kreisprozess durchläuft. Dabei wird dem System aus einem Energiespeicher 1 der hohen Temperatur T_1 die Wärme $Q_1 = Q_{zu}$ zugeführt und die Wärme $Q_2 = -Q_{ab}$ an einen Energiespeicher 2 der niedrigen Temperatur T_2 abgegeben.

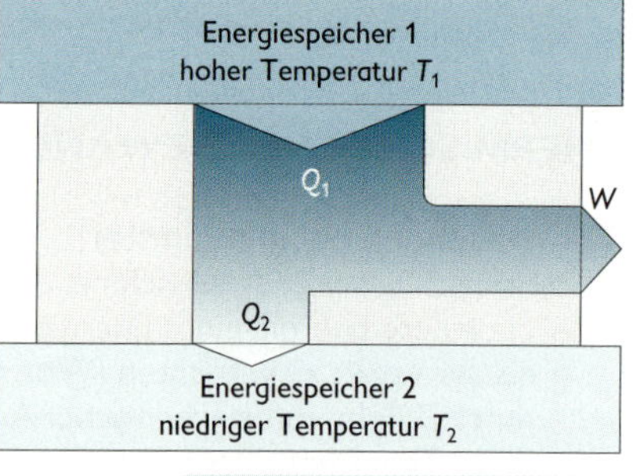

$|Q_2| < Q_1$

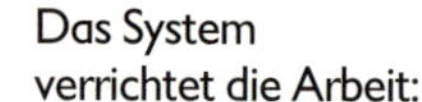
Das System verrichtet die Arbeit:

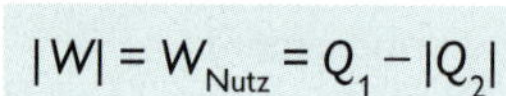
$|W| = W_{Nutz} = Q_1 - |Q_2|$

Nutzarbeit W_{Nutz}
Physikalische Größe, die für einen rechtslaufenden Kreisprozess angibt, wie groß die Differenz zwischen dem Betrag der abgegebenen Arbeit bei der Expansion und der für die Kompression aufzuwendenden Arbeit ist.

$$W_{Nutz} = |W_{ab}| - W_{zu}$$
$$W_{Nutz} = Q_{zu} - |Q_{ab}|$$

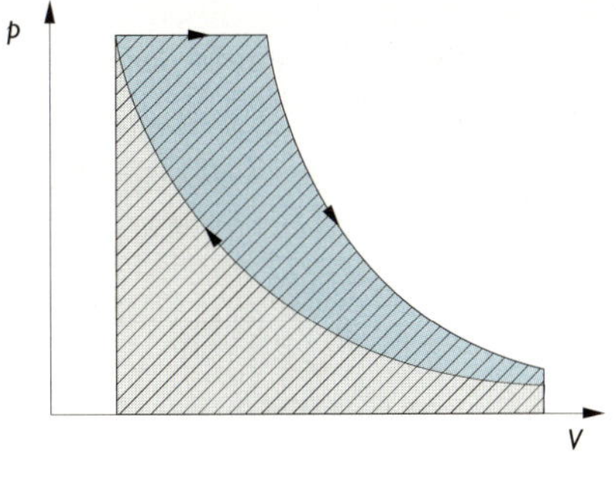

bei der Expansion abgegebene Arbeit
bei der Kompression zuzuführende Arbeit
Nutzarbeit

3

Thermischer Wirkungsgrad η_{th}
Verhältnis aus der nutzbaren mechanischen Arbeit einer Wärmekraftmaschine und der zugeführten Wärme.

$$\eta_{th} = \frac{W_{Nutz}}{Q_{zu}}$$

η_{th} thermischer Wirkungsgrad
W_{Nutz} abgegebene Nutzarbeit
Q_{zu} zugeführte Wärme

Mit dem 1. Hauptsatz der Thermodynamik gilt:

$$\eta_{th} = \frac{Q_{zu} - |Q_{ab}|}{Q_{zu}}$$
$$\eta_{th} = 1 - \frac{|Q_{ab}|}{Q_{zu}}$$

η_{th} thermischer Wirkungsgrad
Q_{ab} abgegebene Wärme
Q_{zu} zugeführte Wärme

Der thermische Wirkungsgrad wird als Dezimalbruch ohne Einheit oder in Prozent angegeben.

- $\eta_{th} = 0{,}36$ oder $\eta_{th} = 36\,\%$

Der thermische Wirkungsgrad η_{th} jeder Wärmekraftmaschine ist kleiner als 1 beziehungsweise kleiner als 100 %.
$\eta_{th} < 1$ bzw. $\eta_{th} < 100\,\%$

Bei den heutigen technischen Möglichkeiten kann der maximale thermische Wirkungsgrad 67 % nicht übersteigen.
Durch Reibungsvorgänge, Abstrahlung und andere Einflüsse liegt der tatsächlich erreichte technische Wirkungsgrad η_{techn} (auch realer Wirkungsgrad η_{real} genannt) immer unter dem thermischen Wirkungsgrad η_{th}.

Energiestreifendiagramm

Darstellung der Anteile der nutzbaren und nicht nutzbaren Energie von Wärmekraftmaschinen

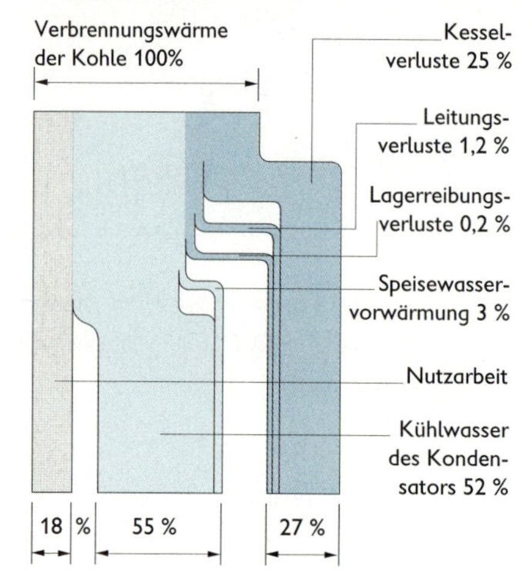

Energiestreifendiagramm einer Dampfturbine

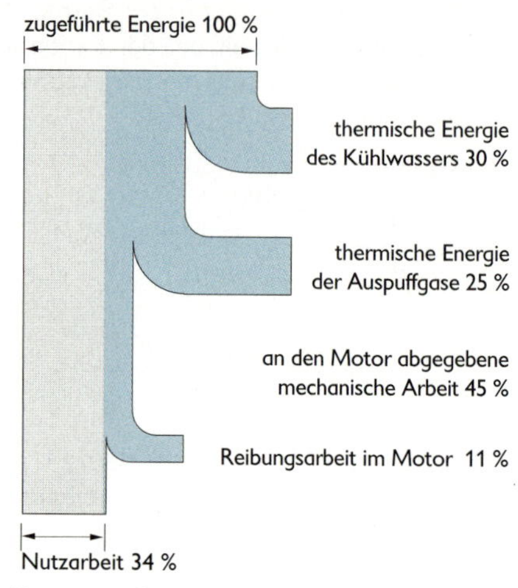

Energiestreifendiagramm eines Ottomotors

Indikatordiagramm

p-*V*-Diagramm des Kreisprozesses von Wärmekraftmaschinen. Es ist ein Arbeitsdiagramm und wird durch entsprechende Zusatzgeräte an der Wärmekraftmaschine automatisch aufgezeichnet.

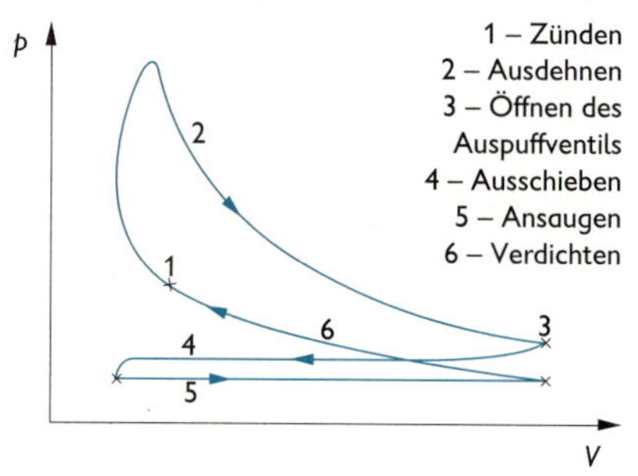

Indikatordiagramm eines Ottomotors

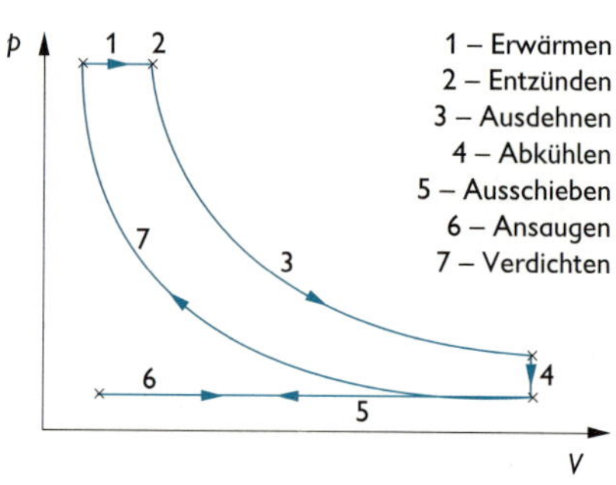

Indikatordiagramm eines Dieselmotors

Carnot'scher Kreisprozess

Rechtslaufender Kreisprozess einer idealen Wärmekraftmaschine mit dem größten theoretisch erreichbaren thermischen Wirkungsgrad

Der Carnot'sche Kreisprozess umfasst vier periodisch wiederkehrende Zustandsänderungen (Takte) des idealen Gases.

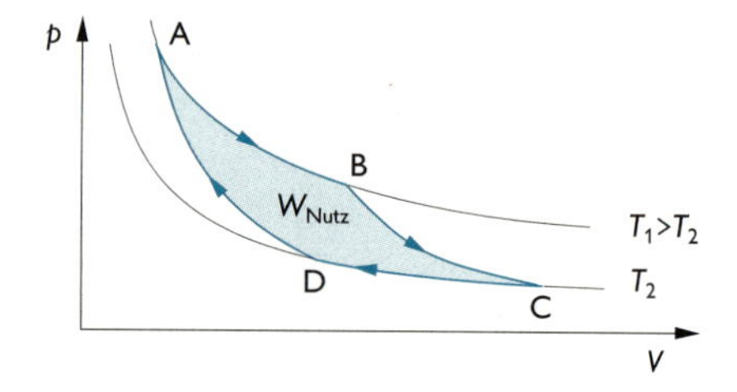

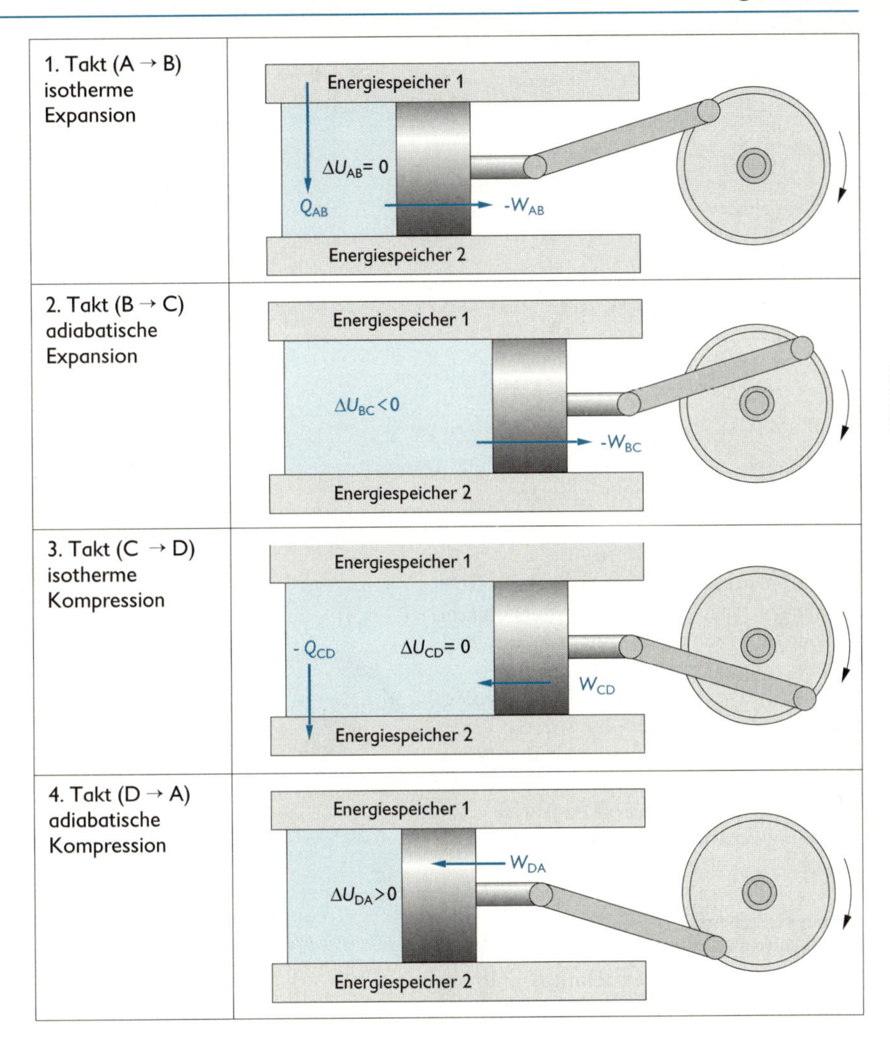

Thermischer Wirkungsgrad η_C des Carnot'schen Kreisprozesses

$$\eta_C = \frac{T_1 - T_2}{T_1}$$

$$\eta_C = 1 - \frac{T_2}{T_1}$$

η_C thermischer Wirkungsgrad des Carnot-Prozesses
T_1 hohe Temperatur des Energiespeichers 1
T_2 niedrige Temperatur des Energiespeichers 2

Um einen großen thermischen Wirkungsgrad bei Wärmekraftmaschinen zu erzielen, muss die Temperatur T_1 des Energiespeichers 1 (Dampf, Gas) möglichst hoch, die Temperatur T_2 des Energiespeichers 2 (Kühler) dagegen möglichst niedrig sein.

Arten von Wärmekraftmaschinen

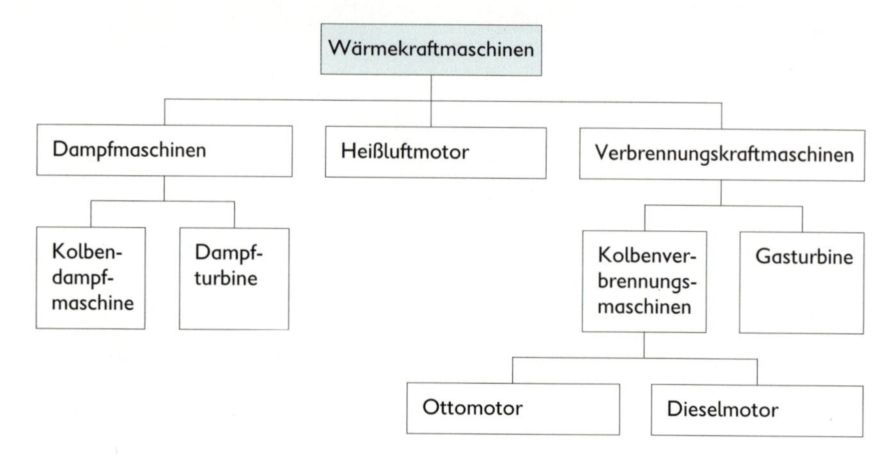

3

Kolbendampfmaschine

Antriebsmaschine, in der thermische Energie des Dampfes in mechanische Energie (Translationsenergie) des Kolbens umgewandelt wird.
Über die Pleuelstange wird ein Schwungrad angetrieben, wodurch sich die Translationsenergie des Kolbens in Rotationsenergie des Schwungrades umwandelt.
Der technische Wirkungsgrad von Dampfmaschinen beträgt maximal 25 %.

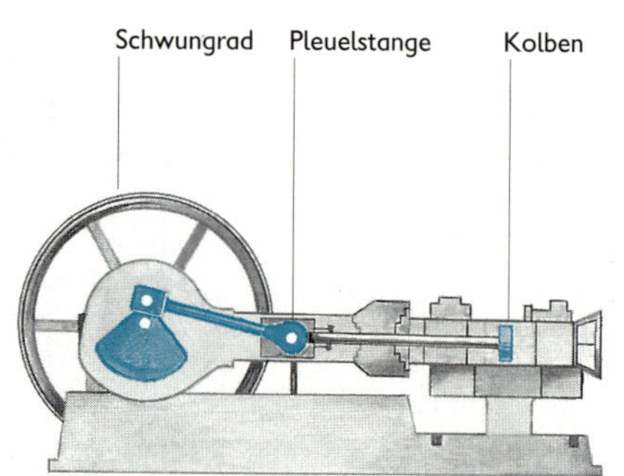

Dampfturbine

Antriebsmaschine, in der die thermische Energie des Dampfes unmittelbar in Rotationsenergie des Turbinenrades umgewandelt wird.
Dampfturbinen werden aufgrund ihrer hohen und gleichmäßigen Drehzahl vorwiegend für den Antrieb von Generatoren (↗ S. 196; 226) in Kraftwerken genutzt.
Der technische Wirkungsgrad beträgt maximal etwa 35 %.

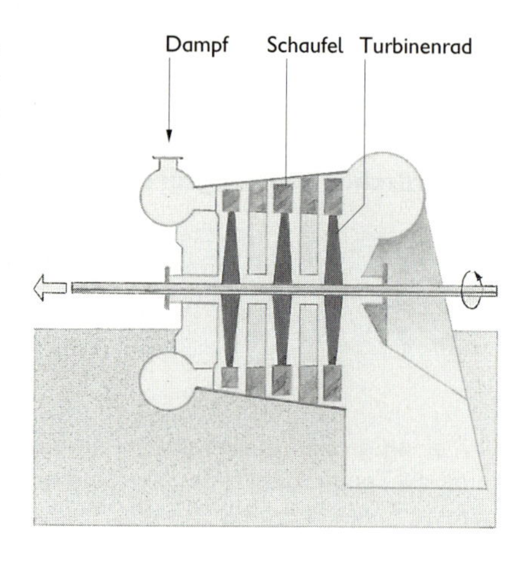

Heißluftmotor (Stirlingmotor)

Antriebsmaschine, in der die thermische Energie von erwärmter Luft zum Verrichten von Arbeit genutzt wird.

Der Heißluftmotor arbeitet mit zwei Kolben, die Wärme wird der Luft im Zylinder von außen zugeführt.

Der Verdrängerkolben V wird vom Schwungrad hin- und hergeschoben, und zwar mit einer Phasenverschiebung von 90° gegenüber dem Arbeitskolben A. Der Verdrängerkolben erfüllt zwei Aufgaben:

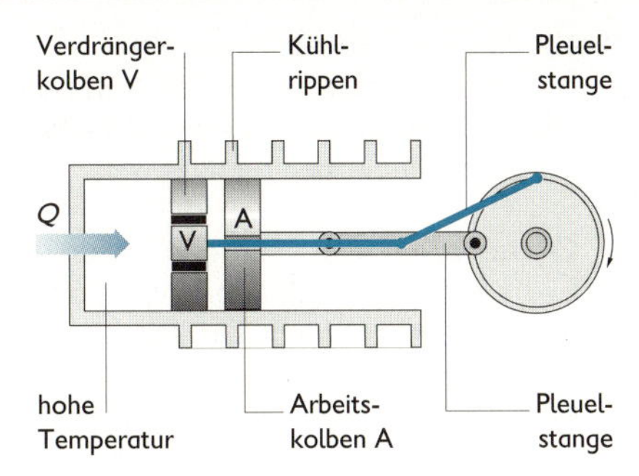

- Transport der Luft von links nach rechts und umgekehrt,
- Speicherung von thermischer Energie (Aufnahme von Wärme) bei Bewegung der Luft nach rechts und Abgabe von Wärme bei Bewegung der Luft nach links.

3

1. Takt	2. Takt	3. Takt	4. Takt
Durch Wärmezufuhr expandiert die Luft im linken heißen Teil des Zylinders. Dadurch wird der Arbeitskolben nach rechts bewegt.	Die Luft strömt durch den sich nach links bewegenden Verdrängerkolben hindurch. Dabei gibt sie Wärme an den Verdrängerkolben und die Umgebung ab. Ihre Temperatur sinkt.	Der sich nach links bewegende Arbeitskolben komprimiert die Luft wieder. Durch Wärmeabgabe bleibt die Temperatur konstant.	Die Luft strömt durch den sich nach rechts bewegenden Verdrängerkolben hindurch. Dabei nimmt sie vom Verdrängerkolben Wärme auf. Die Temperatur steigt.
isotherme Expansion	isochore Abkühlung	isotherme Kompression	isochore Erwärmung

Thermischer Wirkungsgrad des Heißluftmotors

$$\eta_{th} = \frac{T_1 - T_2}{T_1}$$

Bedingung: $|Q_{BC}| = Q_{DA}$

Kolbenverbrennungsmaschine

Antriebsmaschine, bei der die Verbrennung innerhalb der Maschine erfolgt und die chemische Energie von Kraftstoff (Benzin, Dieseltreibstoff, Gas) zum Verrichten von mechanischer Arbeit genutzt wird.

Ottomotor. Der Vergaser (nicht im Bild) erzeugt ein Kraftstoff-Luft-Gemisch, das der Motor ansaugt. Die Zündung des Gemisches erfolgt durch einen elektrischen Funken zwischen den Elektroden der Zündkerze. Ottomotoren gibt es als Viertakt- und als Zweitaktmotoren. Sie werden zum Antrieb von Krafträdern, Pkw, leichten Lkw und Booten sowie zum Antrieb kleiner Maschinen (Wasserpumpen, Motorsägen) verwendet.
Der technische Wirkungsgrad von Ottomotoren beträgt maximal etwa 30 %.

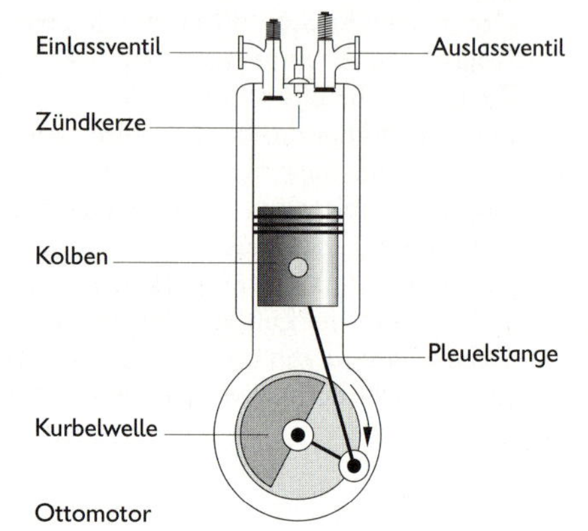

Ottomotor

Arbeitsweise des Viertakt-Ottomotors

1. Takt	2. Takt	3. Takt (Arbeitstakt)	4. Takt
Ansaugen des Kraftstoff-Luft-Gemisches	Verdichten des Kraftstoff-Luft-Gemisches	Zünden des Kraftstoff-Luft-Gemisches und Ausdehnen der Verbrennungsgase	Ausschieben der Verbrennungsgase

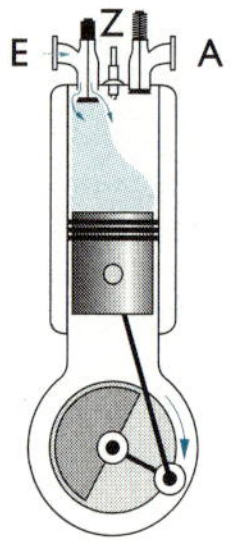

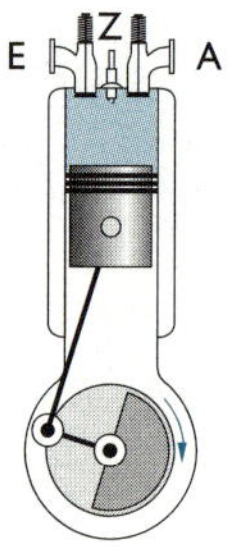

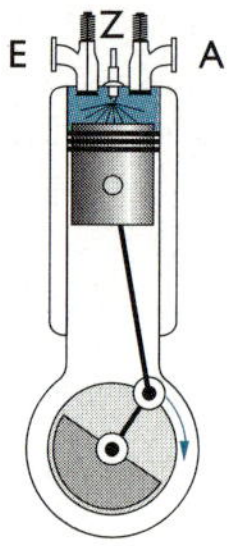

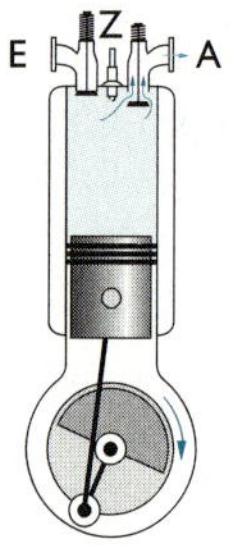

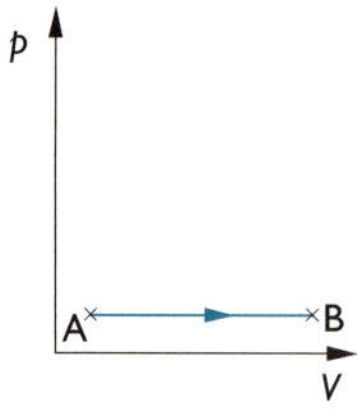

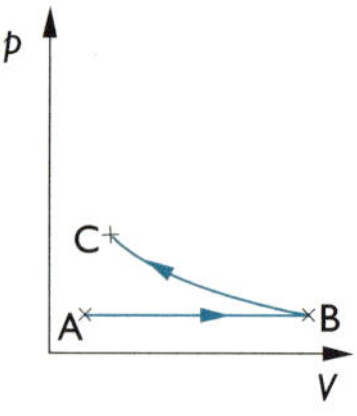

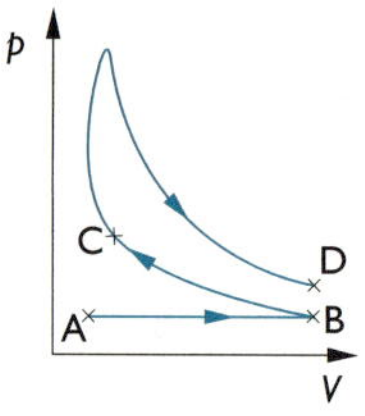

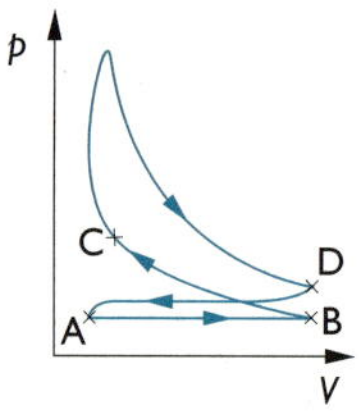

Dieselmotor. Kraftstoff wird mit einer Einspritzpumpe (nicht im Bild) im Zylinder in verdichtete und damit erwärmte Luft (adiabatische Kompression) eingespritzt. Der Kraftstoff verbrennt durch Selbstzündung (keine Zündkerze erforderlich).
Dieselmotoren gibt es als Viertakt- und als Zweitaktmotoren. Sie werden vor allem zum Antrieb von Lkw, Bussen, Lokomotiven und Schiffen verwendet.
Der technische Wirkungsgrad von Dieselmotoren beträgt maximal 40 %.
Der Dieselmotor ist damit die Wärmekraftmaschine mit dem höchsten technisch erreichbaren Wirkungsgrad.

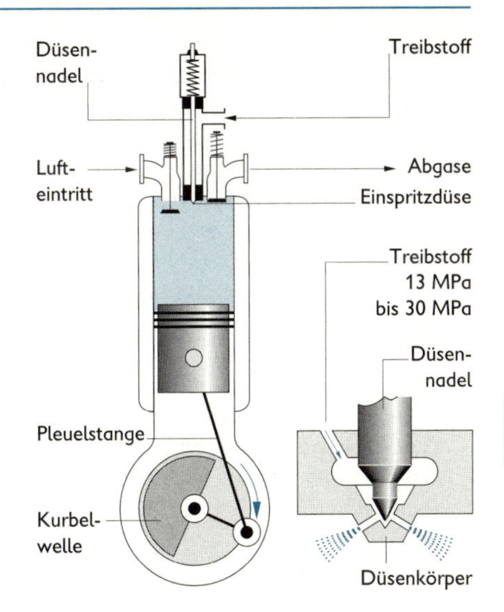

Arbeitsweise des Viertakt-Dieselmotors

1. Takt	2. Takt	3. Takt (Arbeitstakt)	4. Takt
Ansaugen von Luft	Verdichten von Luft; dabei starke Temperaturerhöhung der Luft auf 500 °C bis 700 °C	Einspritzen und Entzünden des Kraftstoffes und Ausdehnen der Verbrennungsgase	Ausschieben der Verbrennungsgase

Gasturbine. Antriebsmaschine, in der die chemische Energie des Kraftstoffes direkt in Rotationsenergie der Laufräder einer Turbine umgewandelt wird.
Durch den Verdichter wird Luft angesaugt und adiabatisch verdichtet. In die erwärmte Luft der Brennkammer wird Kraftstoff eingespritzt. Nach einmaliger Zündung findet eine dauernde Verbrennung statt.
Gasturbinen werden bei der Elektroenergieerzeugung in Spitzenzeiten, aber auch für den Antrieb von Pumpen beim Erdöltransport verwendet.
Gasturbinen haben einen maximalen technischen Wirkungsgrad von 28 %.

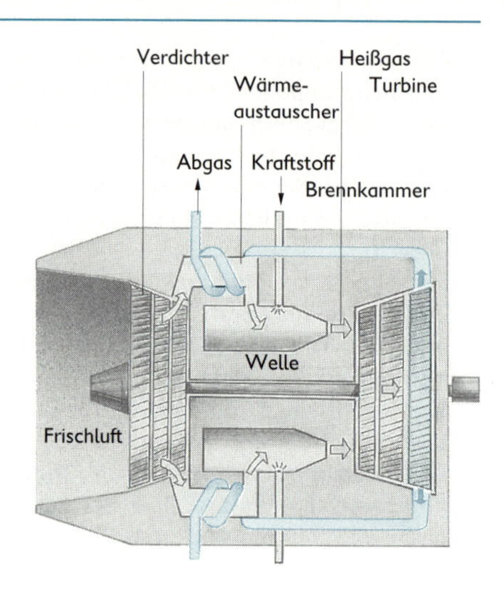

Arbeitsweise der Gasturbine

1. Takt	2. Takt	3. Takt	4. Takt
Im Verdichter erfolgt eine adiabatische Verdichtung. Druck und Temperatur steigen.	In der Brennkammer steigt nochmals die Temperatur, während der Druck annähernd gleich bleibt.	In der Turbine erfolgt eine adiabatische Expansion, Druck und Temperatur sinken.	Im Kühler kühlt sich das Gas auf die Anfangstemperatur ab.
adiabatische Kompression	isobare Wärmezufuhr	adiabatische Expansion	isobare Wärmeabgabe

Kältemaschine
Maschine, in der das thermodynamische System (Kühlflüssigkeit) periodisch einen linkslaufenden Kreisprozess durchläuft.
Dabei wird unter Zufuhr der Arbeit W einem Energiespeicher 2 mit der niedrigen Temperatur T_2 die Wärme Q_2 entzogen und die Wärme $|Q_1| > Q_2$ einem Energiespeicher 1 der höheren Temperatur T_1 zugeführt.

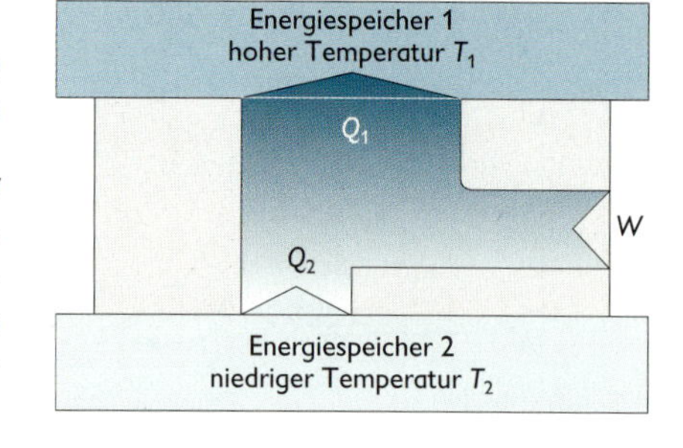

Kühlschrank. Technisches Gerät, um ein thermodynamisches System (z. B. einen Kühlraum) unter Arbeitsaufwand abzukühlen.
Der Energiespeicher 2 ist dabei der Kühlraum, dem die Wärme Q_2 als Verdampfungswärme für die Verdampfung des Kühlmittels im Verdampfer entzogen wird. Durch den Kompressor wird die Arbeit W zugeführt und die Wärme $|Q_1| = Q_2 + W$ als Kondensationswärme vom Verflüssiger an die umgebende Luft (Energiespeicher 1) abgegeben.

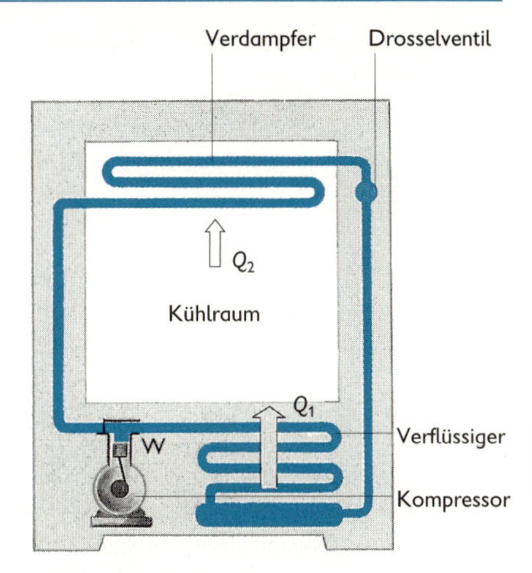

Als **Leistungszahl** ε_K eines Kühlschrankes wird definiert:

$$\varepsilon_K = \frac{Q_2}{W}$$

Q_2 dem Raum niedriger Temperatur T_2 entzogene Wärme
W mit dem Kompressor zugeführte Arbeit

Wird der Kreisprozess als linkslaufender Carnot-Prozess durchgeführt, so ergibt sich daraus:

$$\varepsilon_K = \frac{T_2}{T_1 - T_2}$$

T_1 höhere Temperatur der Umgebung
T_2 niedrigere Temperatur des Kühlraumes

Wärmepumpe. Technisches Gerät, um einem thermodynamischen System (z. B. Wohnhaus) unter Arbeitsaufwand Wärme zuzuführen.
Im Unterschied zum Kühlschrank wird der Umgebung (Energiespeicher 2) mit der niedrigeren Temperatur T_2 die Wärme Q_2 entzogen und unter Arbeitsaufwand die dem Betrage nach größere Wärme $|Q_1| = Q_2 + W$ dem Wohnhaus (Energiespeicher 1 der höheren Temperatur T_1) zugeführt.

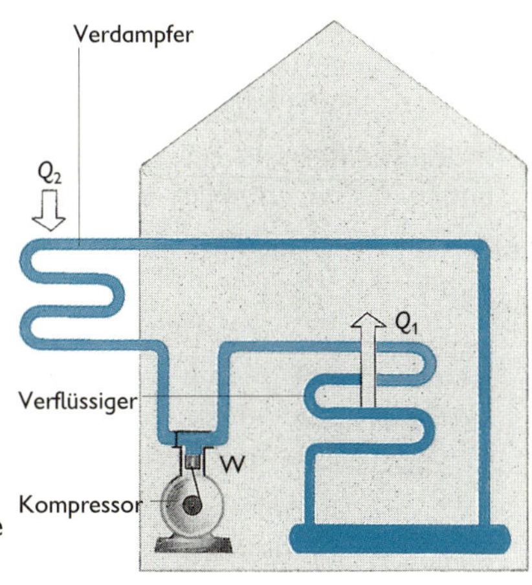

Als **Leistungszahl** ε_W der Wärmepumpe wird definiert:

$$\varepsilon_W = \frac{|Q_1|}{W}$$

Q_1 an den Raum höherer Temperatur T_1 abgegebene Wärme
W mit dem Kompressor zugeführte Arbeit

3

Wird der Kreisprozess als linkslaufender Carnot-Prozess durchgeführt, so ergibt sich daraus:

$$\varepsilon_W = \frac{T_1}{T_1 - T_2}$$

T_1 höhere Temperatur des Wohnhauses
T_2 niedrigere Temperatur der Umgebung

Da $\varepsilon_W > 1$ ist, stellen Wärmepumpen eine effektive Heizungsart dar, denn dem zu erwärmenden Raum wird stets mehr Wärme zugeführt, als an Arbeit aufzubringen ist. Außerdem belasten Wärmepumpen die Umwelt kaum.

KINETISCH-STATISTISCHE WÄRMETHEORIE

Theorie, durch die direkt beobachtbare (makroskopische) Vorgänge und Eigenschaften thermodynamischer Systeme auf Vorgänge und Eigenschaften im molekularen (mikroskopischen) Bereich zurückgeführt werden.
Die Darstellung gewonnener Erkenntnisse erfolgt mithilfe *statistischer Gesetze* (↗ S. 27). Über Einzelobjekte (Teilchen des Systems) können nur *Wahrscheinlichkeitsaussagen* gemacht werden.
↗ kinetisch-statistische Betrachtungsweise, S. 9, 141; Teilchenvorstellung, S. 10

Wahrscheinlichkeitsgrößen der Thermodynamik

Größen, mit deren Hilfe Wahrscheinlichkeitsaussagen über die Teilchen eines thermodynamischen Systems getroffen werden können.

Teilbereich Δx

Teil eines Wertebereiches einer physikalischen Größe *x*, die die Teilchen eines thermodynamischen Systems besitzen können.

■ 4,0 m/s $\leq v \leq$ 6,0 m/s ergibt den Geschwindigkeitsbereich Δv = 2,0 m/s.
65 J $\leq E_{kin} \leq$ 70 J ergibt den Energiebereich ΔE_{kin} = 5 J.

Häufigkeit H_j (absolute Häufigkeit)

Größe, die die Anzahl N_j der Teilchen eines Systems im *j*-ten Teilbereich angibt.

■ 5 Teilchen befinden sich im Geschwindigkeitsbereich 4,0 m/s $\leq v \leq$ 6,0 m/s, $H_j = 5$.

Relative Häufigkeit h_j

Größe, die den Anteil der Teilchen im *j*-ten Teilbereich an der Gesamtanzahl *N* der Teilchen des Systems angibt.

$$h_j = \frac{H_j}{N}$$

h_j relative Häufigkeit der Teilchen im *j*-ten Teilbereich
H_j absolute Häufigkeit der Teilchen im *j*-ten Teilbereich
N Gesamtanzahl der Teilchen des Systems

Die relative Häufigkeit wird als Dezimalbruch ohne Einheit oder in Prozent angegeben.

- 5 Teilchen von 12 Teilchen befinden sich im Geschwindigkeitsbereich $4{,}0\ \text{m/s} \leq v \leq 6{,}0\ \text{m/s}$,
  $h_j = \frac{5}{12}$ bzw. $h_j = 0{,}417$ oder $h_j = 41{,}7\ \%$.

Die Summe aller relativen Häufigkeiten ist 1.

$$\sum_{j=1}^{k} h_j = 1$$

h_j relative Häufigkeit der Teilchen im j-ten Teilbereich
k Anzahl der Teilbereiche

Wahrscheinlichkeit P_j
Größe, die angibt, wie groß die relative Häufigkeit der Teilchen je Teilbereich ist.

$$P_j = \frac{h_j}{\Delta x}$$

P_j Wahrscheinlichkeit des Auftretens der Teilchen im j-ten Teilbereich
h_j relative Häufigkeit der Teilchen im j-ten Teilbereich
Δx Teilbereich

$$P_j = \frac{H_j}{N \cdot \Delta x}$$

P_j Wahrscheinlichkeit des Auftretens der Teilchen im j-ten Teilbereich
H_j absolute Häufigkeit der Teilchen im j-ten Teilbereich
N Gesamtanzahl der Teilchen des Systems
Δx Teilbereich

- 5 Teilchen von insgesamt 12 Teilchen befinden sich im Geschwindigkeitsbereich
  $4{,}0\ \text{m/s} \leq v \leq 6{,}0\ \text{m/s}$ $\quad P_j = \frac{5}{12 \cdot 2\ \text{m/s}}$ oder $P_j = 0{,}209\ \frac{1}{\text{m/s}}$

Zahlenbeispiel zur Erläuterung der Größen

j	Teilbereich v_j in m/s	Häufigkeit H_j	Relative Häufigkeit h_j	Wahrscheinlichkeit P_j in 1/(m/s)
1	Δv_1: 0,0 bis 2,0	$H_1 = 0$	$h_1 = 0{,}000$	$P_1 = 0{,}000$
2	Δv_2: 2,0 bis 4,0	$H_2 = 4$	$h_2 = 0{,}333$	$P_2 = 0{,}167$
3	Δv_3: 4,0 bis 6,0	$H_3 = 5$	$h_3 = 0{,}417$	$P_3 = 0{,}209$
4	Δv_4: 6,0 bis 8,0	$H_4 = 2$	$h_4 = 0{,}167$	$P_4 = 0{,}084$
5	Δv_5: 8,0 bis 10,0	$H_5 = 1$	$h_5 = 0{,}083$	$P_5 = 0{,}042$
6	Δv_6: 10,0 bis 12,0	$H_6 = 0$	$h_6 = 0{,}000$	$P_6 = 0{,}000$
		$\sum_{j=1}^{6} H_j = 12$	$\sum_{j=1}^{6} h_j = 1$	

Energieverteilung der Teilchen des idealen Gases

Wahrscheinlichkeit P der Belegung verschiedener Teilbereiche der kinetischen Energie der Teilchen des idealen Gases.

Für infinitesimal kleine Teilbereiche dE_{kin} der kinetischen Energie mit der relativen Häufigkeit $\frac{dN}{N}$ ergibt die Wahrscheinlichkeit

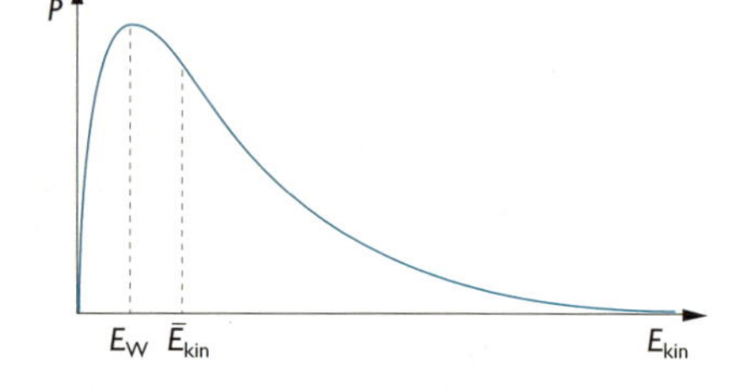

$$P = \frac{dN}{N \cdot dE_{kin}}$$

3

dN Anzahl der Teilchen im Teilbereich dE_{kin}
N Gesamtanzahl der Teilchen
dE_{kin} Teilbereich der kinetischen Energie

Daraus folgt die obige Energieverteilung der Teilchen des idealen Gases.
Die Energieverteilung ist unsymmetrisch, die mittlere kinetische Energie $\bar{E}_{kin}$ (↗ S. 159) ist größer als die Energie E_W (kinetische Energie, die mit größter Wahrscheinlichkeit auftritt).

Geschwindigkeitsverteilung der Teilchen des idealen Gases

Wahrscheinlichkeit P der Belegung verschiedener Teilbereiche der Geschwindigkeit der Teilchen des idealen Gases.

$$P = \frac{dN}{N \cdot dv}$$

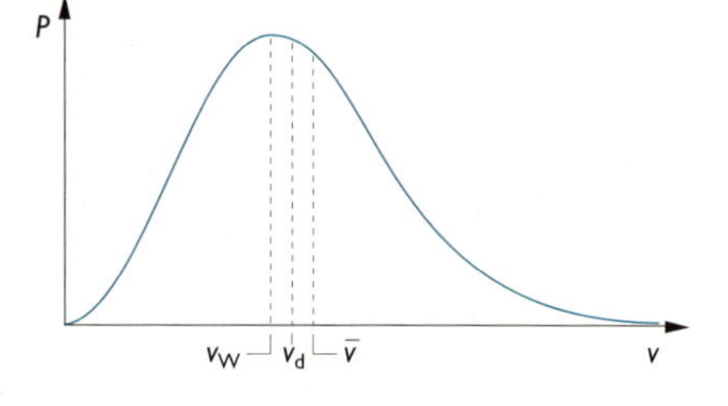

dN Anzahl der Teilchen im Teilbereich dv der Geschwindigkeit
N Gesamtanzahl der Teilchen
dv Teilbereich der Geschwindigkeit

Die Geschwindigkeitsverteilung ist unsymmetrisch.
Es sind drei verschiedene Geschwindigkeiten zu unterscheiden:

Wahrscheinlichste Geschwindigkeit v_W. Sie stellt die Geschwindigkeit dar, die mit größter Wahrscheinlichkeit auftritt.

Durchschnittliche Geschwindigkeit v_d. Sie ergibt sich aus dem arithmetischen Mittel aller Geschwindigkeiten der Teilchen des idealen Gases.

$$v_d = \frac{\sum_{i=1}^{N} v_i}{N}$$

v_d durchschnittliche Geschwindigkeit
v_i Geschwindigkeit des i-ten Teilchens
N Gesamtanzahl aller Teilchen

Mittlere kinetische Geschwindigkeit $\overline{v}$. Sie ergibt sich aus der mittleren kinetischen Energie der Teilchen des idealen Gases.

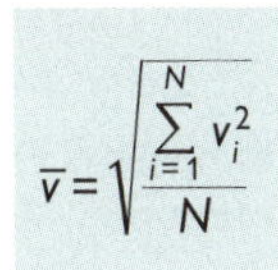

$$\overline{v} = \sqrt{\frac{\sum_{i=1}^{N} v_i^2}{N}}$$

$\overline{v}$ mittlere kinetische Geschwindigkeit
v_i Geschwindigkeit des i-ten Teilchens
N Gesamtanzahl aller Teilchen

Es gilt: $\overline{v} = 1{,}22\, v_W$ und $\overline{v} = 1{,}13\, v_d$.

Zusammenhang zwischen phänomenologischer und kinetisch-statistischer Betrachtungsweise beim idealen Gas

Phänomenologisch		Kinetisch-statistisch	
Druck	p	Teilchengeschwindigkeit	v_i
Volumen	V	mittlere kinetische Geschwindigkeit	$\overline{v}$
Temperatur	T	kinetische Energie eines Teilchens	$E_{kin,i}$
Stoffmenge	n	mittlere kinetische Energie der Teilchen	$\overline{E}_{kin}$
innere Energie	U	Teilchenanzahl	N
		Teilchenanzahldichte	$\frac{N}{V}$
		Masse eines Teilchens	m_T
$p \cdot V = n \cdot R \cdot T$		Zustandsgleichung	$p \cdot V = \frac{2}{3} N \cdot \overline{E}_{kin}$

Die Temperatur des idealen Gases ist der mittleren kinetischen Energie der Teilchen proportional.

$T = \frac{2}{3} \frac{N}{n \cdot R} \cdot \overline{E}_{kin}$ $\quad T \sim \overline{E}_{kin}$

Der Druck des idealen Gases ist der mittleren kinetischen Energie der Teilchen und der Teilchenanzahldichte proportional.

$p = \frac{2}{3} \frac{N}{V} \cdot \overline{E}_{kin}$ $\quad p \sim \overline{E}_{kin}$ $\quad p \sim \frac{N}{V}$

Die innere Energie des idealen Gases ist der mittleren kinetischen Energie der Teilchen proportional.

$U = N \cdot \overline{E}_{kin}$ $\quad U \sim \overline{E}_{kin}$

Die mittlere kinetische Geschwindigkeit der Teilchen des idealen Gases ist der Wurzel aus der Temperatur proportional.

$\overline{v} = \sqrt{\frac{3 \cdot k \cdot T}{m_T}}$ $\quad \overline{v} \sim \sqrt{T}$

Sie hängt damit auch vom Druck und von der Dichte ab.

$\overline{v} = \sqrt{\frac{3 \cdot p \cdot V}{N \cdot m_T}}$ $\quad \overline{v} \sim \sqrt{p}$ $\quad \overline{v} \sim \sqrt{\frac{1}{\rho}}$

Gleichverteilung der Energie für die Teilchen

Freiheitsgrad. Anzahl der räumlichen Dimensionen, nach denen die Bewegung eines Körpers (Translation, Rotation, Schwingung) erfolgen kann.

- Die Teilchen des einatomigen Gases haben 3 Freiheitsgrade der Translation.
  Die Teilchen des zweiatomigen Gases (Modell starre Hantel, S. 178) haben 5 Freiheitsgrade (3 Freiheitsgrade der Translation, 2 Freiheitsgrade der Rotation).

Gleichverteilungssatz. Jeder Freiheitsgrad steuert im Mittel zur inneren Energie je Teilchen den Betrag $\frac{1}{2} k \cdot T$ bei.

3

Spezifische Wärmekapazität von Gasen

	Freiheitsgrade		C_V	C_p	$C_p - C_V$
	Freiheitsgrade der Translation	3	$\frac{3}{2}R$	$\frac{5}{2}R$	R
Modell starre Hantel	Freiheitsgrade der Translation; Freiheitsgrade der Rotation	3 + 2	$\frac{5}{2}R$	$\frac{7}{2}R$	R

C_V molare Wärmekapazität bei konstantem Volumen
C_p molare Wärmekapazität bei konstantem Druck
R molare Gaskonstante

Brown'sche Bewegung, Diffusion

Brown'sche Bewegung	Diffusion
Bewegung von mikroskopisch beobachtbaren Teilchen infolge der Stöße durch die nicht beobachtbaren, in ständiger Bewegung befindlichen Moleküle	gegenseitiges Eindringen von Molekülen eines Körpers infolge ihrer Bewegung in den angrenzenden Körper; Durchmischung der Teilchen verschiedener Stoffe eines Systems

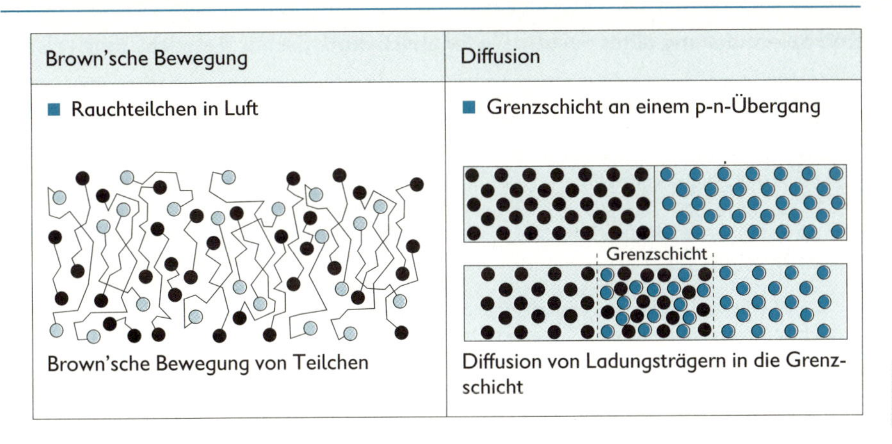

Brown'sche Bewegung	Diffusion
■ Rauchteilchen in Luft	■ Grenzschicht an einem p-n-Übergang
Brown'sche Bewegung von Teilchen	Diffusion von Ladungsträgern in die Grenzschicht

3

Entropie S

Physikalische Größe, die ein Maß für die Ungeordnetheit in einem abgeschlossenen thermodynamischen System darstellt.
Je größer die Ordnung der Teilchen des Systems ist, desto kleiner ist die Entropie.
Die Entropie ist eine Zustandsgröße.

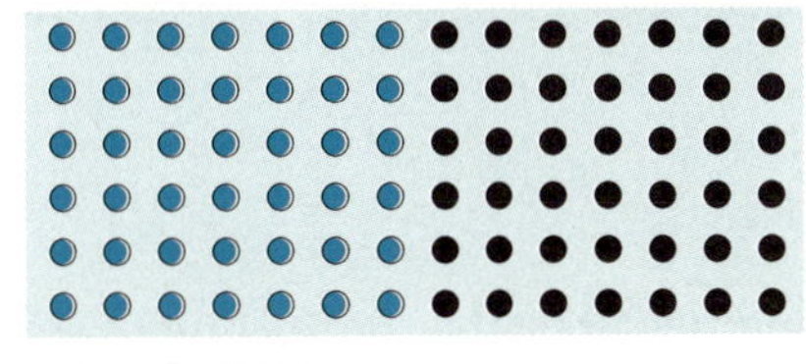

geringe Entropie

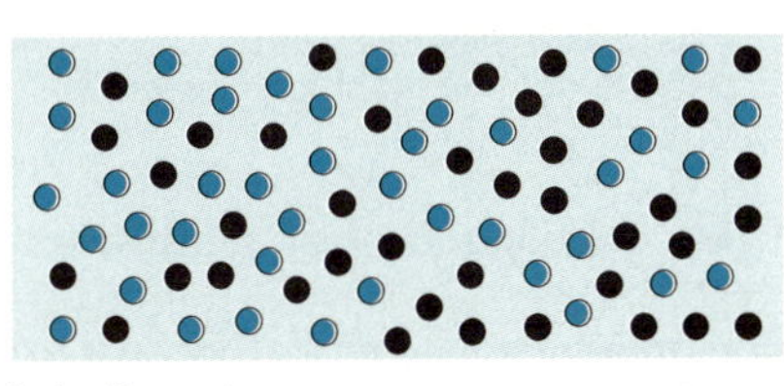

hohe Entropie

■ Diffusion, Temperaturausgleich in einem Körper oder zwischen zwei Körpern unterschiedlicher Temperatur

Je größer die Wahrscheinlichkeit P des Zustandes eines thermodynamischen Systems ist, umso höher ist seine Entropie S.

$$S = k \cdot \ln P$$

S Entropie des Systems
k Boltzmann-Konstante
P Wahrscheinlichkeit des Zustandes

SI-Einheit: J/K (Joule je Kelvin)

Für die Entropieänderung ΔS beim Übergang eines thermodynamischen Systems von einem Zustand 1 mit der Wahrscheinlichkeit P_1 in einen Zustand 2 mit der Wahrscheinlichkeit P_2 gilt:

$$\Delta S = S_2 - S_1 = k \cdot \ln \frac{P_2}{P_1}$$

ΔS Entropieänderung
k Boltzmann-Konstante
P_2 Wahrscheinlichkeit des Zustandes 2
P_1 Wahrscheinlichkeit des Zustandes 1

Entropieänderung eines Systems in kinetisch-statistischer Betrachtungsweise

Abgeschlossenes System	Offenes System
$\Delta S > 0$ für irreversible Vorgänge $\Delta S = 0$ für reversible Vorgänge In einem abgeschlossenen System kann eine Entropieverminderung (Erhöhung des Ordnungszustandes der Teilchen) nicht eintreten (2. Hauptsatz der Thermodynamik). ■ Diffusion ($\Delta S > 0$) Planetenbewegung um die Sonne ($\Delta S = 0$ bei nicht zu großen Zeiträumen)	In einem offenen System kann aufgrund des Stoff- und Energieaustausches mit der Umgebung eine Entropieverminderung eintreten. Das bedeutet, dass der Ordnungszustand des Systems wächst, der Ordnungszustand der Umgebung dagegen sinkt. ■ Aufrechterhaltung und Höherentwicklung biologischer Strukturen ($\Delta S < 0$)

Der 2. Hauptsatz der Thermodynamik kann danach auch so formuliert werden:

Abgeschlossene Systeme streben aus einem unwahrscheinlicheren Zustand von selbst dem wahrscheinlichsten Zustand zu.

Der 2. Hauptsatz ist ein statistisches Gesetz.

Entropieänderung eines Systems in phänomenologischer Betrachtungsweise

Führt man einem System bei konstanter Temperatur in einem reversiblen Vorgang die Wärme Q_{rev} zu, so erhöht sich die Entropie des Systems.

$$\Delta S = \frac{Q_{rev}}{T}$$

ΔS Entropieerhöhung
Q_{rev} zugeführte Wärme in einem reversiblen Vorgang
T konstante Temperatur

SI-Einheit: J/K (Joule je Kelvin)

■ Entropieerhöhung beim Schmelzen oder Verdampfen

Elektrizitätslehre

LADUNG, STROMSTÄRKE, SPANNUNG

Ladung

Eigenschaft von Mikroobjekten (Elementarteilchen, Ionen), auf der die Erscheinungen der Elektrizitätslehre beruhen. Mikroobjekte sind Träger positiver (+) oder negativer (–) elektrischer Ladungen oder sie sind elektrisch neutral.
↗ elektrische Ladung, S. 182; Kräfte zwischen elektrisch geladenen Körpern, S. 183; Atom, S. 295 ff.; ↗ Mikroobjekte, S. 302 ff.; Elementarteilchen, S. 315

4

Verwendung des Ladungsbegriffs und der Symbolik

Art der Ladung	Symbolik
negative Elementarladung des Elektrons positive Elementarladung des Protons und des Positrons	⊖ Elektron ⊕ Proton
elektrische Ladung von Ionen als Differenz aus der positiven Kernladung und der negativen Ladung der Elektronen in der Atomhülle (bei Übereinstimmung liegt ein neutrales Atom vor)	Na^+ Cl^-
elektrische Ladung eines Körpers, die bei Elektronenüberschuss negativ und bei Elektronenmangel positiv ist	
wanderungsfähige Ladungsträger in einem elektrisch neutralen Körper	– + Metallion Elektron

Ladungstrennung

Vorgang, durch den positive und negative Ladungsträger (Ionen, Elektronen) voneinander getrennt werden.
Zur Ladungstrennung muss Arbeit aufgewendet werden, die als Energie des elektrischen Feldes gespeichert wird.
↗ elektrostatisches Feld, S. 203

Möglichkeiten zur Ladungstrennung

Enge Berührung geeigneter Stoffe	Verschiebung von Ladungsträgern durch die Lorentzkraft
■ Bandgenerator Die Ladungstrennung erfolgt an der Berührungsfläche von Gummiband und Kunststoffklötzchen. Die Elektronen fließen zur kleinen Metallkugel, die Haube wird positiv geladen. 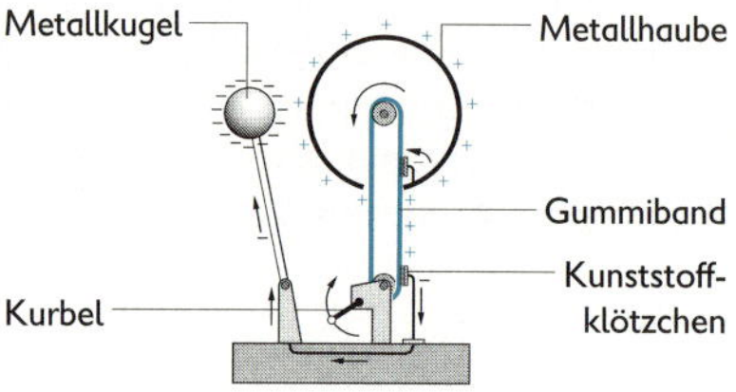 Metallkugel, Metallhaube, Gummiband, Kunststoffklötzchen, Kurbel	■ MHD-Generator In der Brennkammer des magnetohydrodynamischen Generators entstehen ionisierte Gasteilchen. Sie werden durch die Lorentzkraft nach entgegengesetzten Seiten abgelenkt und gelangen auf die Elektroden. 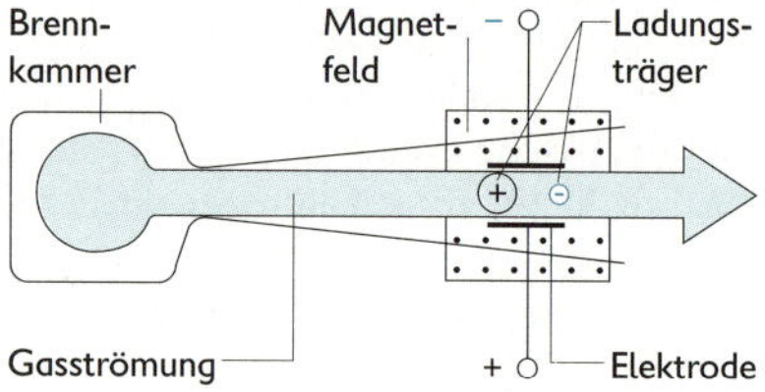 Brennkammer, Magnetfeld, Ladungsträger, Gasströmung, Elektrode
Elektrochemische Vorgänge	**Ionisation von Atomen durch Energiezufuhr**
■ Batterien bzw. Akkumulatoren	■ Stoßionisation

Ladungsausgleich

Vorgang, bei dem elektrische Ladungsträger (Ionen, Elektronen) von unterschiedlich elektrisch geladenen Körpern bis zum Ausgleich der Ladungen abgegeben bzw. aufgenommen werden.

■ Verbinden der Pole einer Spannungsquelle mit einem metallischen Leiter; Entladen von Ionen an Elektroden

Ladungsübertragung

Vorgang, bei dem elektrische Ladungsträger von einem Körper auf andere übergehen. Die Ladungsübertragung führt zu einer Ladungsaufteilung oder einem Ladungsausgleich. Als kleinster Betrag kann eine *Elementarladung* e übertragen werden.
↗ Elementarladung, S. 182

Elektrische Elementarladung e

Kleinste, unteilbare elektrische Ladung. Sie ist beim Elektron negativ (–e), beim Proton und beim Positron positiv (+e).

$e = 1{,}602 \cdot 10^{-19}\ \mathrm{A \cdot s}$

↗ Bestimmung der Elementarladung, S. 209

Elektrische Ladung Q

Physikalische Größe, die die Ladungsmenge eines geladenen Körpers bzw. einer Ladungsverteilung angibt.

Ladungsbestimmung. Theoretisch (rechnerisch) lässt sich die elektrische Ladung Q als Vielfaches von e bestimmen.
Praktisch bestimmt man den Betrag der elektrischen Ladung Q zumeist mithilfe einer Ladungsübertragung und dem damit verbundenen elektrischen Strom.
Die Einheit der Ladung leitet sich aus der Basiseinheit für die Stromstärke, dem Ampere, ab.
↗ elektrischer Strom, S. 184; Einheit der Stromstärke, S. 185

Ist die elektrische Stromstärke konstant, so gilt:

$$Q = I \cdot t$$

Q elektrische Ladung
I elektrische Stromstärke
t Zeit

SI-Einheit: C (Coulomb)
$1\ \mathrm{C} = 1\ \mathrm{A} \cdot \mathrm{s} = 6{,}242 \cdot 10^{18}\ \mathrm{e}$

Ist die elektrische Stromstärke nicht konstant, so gilt:

$$Q = \int_{t_1}^{t_2} i(t) \cdot \mathrm{d}t$$

Kräfte zwischen elektrisch geladenen Körpern

Gleichnamig elektrisch geladene Körper stoßen einander ab.
Ungleichnamig elektrisch geladene Körper ziehen einander an.

elektrisch gleichnamig geladen	elektrisch ungleichnamig geladen
+ + − −	+ −

Coulomb'sches Gesetz

Zusammenhang zwischen der Kraft, die zwischen zwei Punktladungen im Vakuum wirkt, und den Beträgen sowie dem Abstand der Ladungen.

$$F = \frac{1}{4\,\pi\varepsilon_0} \cdot \frac{Q_1 \cdot Q_2}{r^2}$$

F Kraft zwischen den geladenen Körpern
Q_1, Q_2 elektrische Ladungen der Körper
r Abstand der Körpermittelpunkte
ε_0 elektrische Feldkonstante (absolute Dielektrizitätskonstante)
$\varepsilon_0 = 8{,}854 \cdot 10^{-12}\ \mathrm{A} \cdot \mathrm{s}/(\mathrm{V} \cdot \mathrm{m})$

Punktladung. Modell eines elektrisch geladenen Körpers, dessen räumliche Abmessungen vernachlässigbar klein sind und bei dem ein radiales elektrostatisches Feld vorliegt.
↗ elektrisches Feld, S. 203 f.

Elektroskop

Gerät zum Ladungsnachweis.
Der Zeigerausschlag entsteht durch die Wechselwirkung gleichartig geladener Bauteile (Stab und Zeiger).

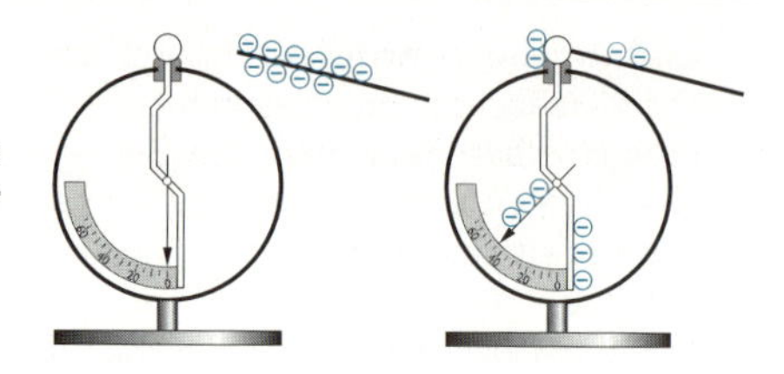

Influenz

Verschiebung von Ladungsträgern auf der Oberfläche leitender Körper unter dem Einfluss der Kräfte eines elektrischen Feldes.
Der Körper bleibt als Ganzes elektrisch neutral, er hat aber auf seiner Oberfläche zwei unterschiedlich geladene Bereiche. Ohne elektrisches Feld gleichen sich die influenzierten Ladungen wieder aus.

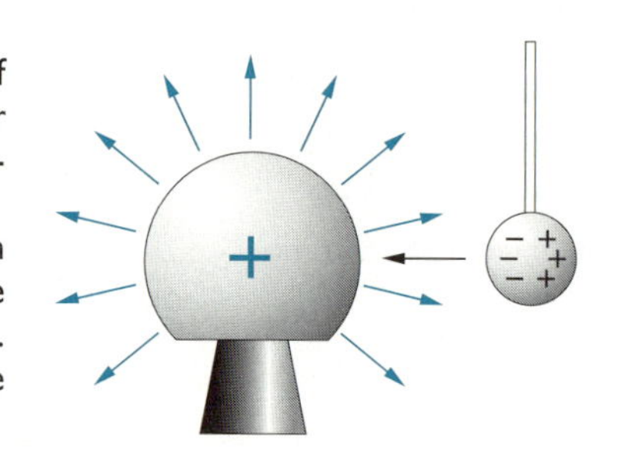

4

■ influenzierte Ladungen auf einer Metallkugel

Dielektrische Polarisation

Verschiebung der Ladungsschwerpunkte in den Molekülen von nichtleitenden Stoffen unter dem Einfluss der Kräfte eines elektrischen Feldes. Die Moleküle werden dadurch zu elektrischen Dipolen.
Elektrische Dipole richten sich unter dem Einfluss eines elektrischen Feldes aus. Benachbarte Stoffteilchen fügen sich deshalb zu Ketten zusammen.

■ Polarisation und Ausrichten von Grießkörnchen im homogenen Feld eines Plattenkondensators

Elektrischer Strom

Gerichtete Bewegung von Ladungsträgern unter dem Einfluss eines elektrischen Feldes. Die Energie des elektrischen Feldes wird in kinetische Energie der sich gerichtet bewegenden Ladungsträger und in damit verbundene magnetische Feldenergie umgewandelt.
↗ magnetisches Feld, S. 210

Voraussetzungen für das Fließen eines elektrischen Stromes:
– ein elektrisches Feld,
– Ladungsträger, die sich gerichtet bewegen können.
↗ elektrische Leitungsvorgänge, S. 237 ff.

Elektrischer Stromkreis. Er besteht mindestens aus zwei Energiewandlern und Verbindungsleitern.

Spannungsquelle „Verbraucher“

Spannungsquelle: Bereitstellung elektrischer Energie durch Umwandlung einer zugeführten mechanischen, chemischen oder anderen Energieart.
„Verbraucher“: Umwandlung der elektrischen Energie in eine abgegebene mechanische, thermische oder andere Energieart.

Wirkungen des elektrischen Stromes. Sie treten an den Energiewandlern infolge des Stromflusses auf. Die Art der Wirkung spiegelt sich in der Energieform wider, in die die elektrische Energie umgewandelt wird.

Art der Wirkung	Energiewandler	Energieart
Wärmewirkung	Tauchsieder, Elektroschweißelektrode	thermische Energie
Lichtemission	Leuchtstofflampe, Leuchtdiode	Lichtenergie
magnetische Wirkung	Gleichstrommotor	mechanische Energie
chemische Wirkung	Akkumulator, Elektrolysezelle	chemische Energie

Elektrische Stromrichtung (konventionelle Stromrichtung). Sie kennzeichnet die Richtung des elektrischen Stromes.

Festlegung: *Die elektrische Stromrichtung verläuft außerhalb der Spannungsquelle vom positiven zum negativen Pol.*

Negative Ladungsträger (Elektronen, Anionen) bewegen sich entgegengesetzt zur festgelegten elektrischen Stromrichtung.

Elektrische Stromstärke *I*

Physikalische Größe (Basisgröße), die angibt, wie viel elektrische Ladung je Zeiteinheit durch einen Leiterquerschnitt transportiert wird.

Ist $Q \sim t$, so gilt:

$$I = \frac{Q}{t}$$

I elektrische Stromstärke
Q transportierte elektrische Ladung
t Zeit

SI-Einheit: A (Ampere)

1 A = 1 C/s

$1\ \text{A} = 6{,}242 \cdot 10^{18}\ \text{e/s}$

↗ Ladungsbestimmung, S. 183

Sind elektrische Ladung und Zeit nicht proportional zueinander, so gilt für die Momentanstromstärke $i(t)$:

$$i(t) = \frac{dQ}{dt}$$

- harmonischer Wechselstrom $i = i_{max} \cdot \sin(\omega \cdot t)$

Stromstärkemessung

Sie erfolgt vorwiegend mit Messgeräten, die Kraftwirkungen des Magnetfeldes registrieren, das den zu messenden Strom I umgibt.
Strommesser werden in Reihe mit dem Energiewandler R geschaltet. Damit der zu messende Strom nicht wesentlich durch den Innenwiderstand R_i des Strommessers beeinflusst wird, muss die Bedingung $R_i \ll R$ erfüllt sein.
↗ elektrische Messgeräte im Stromkreis, S. 193

Messgerät	Drehspulmessgerät	Dreheisenmessgerät
Aufbau		
Wirkungsweise	Auf die stromdurchflossene, drehbare Spule wirkt im Magnetfeld des Dauermagneten eine Kraft. Dadurch wird die Spule mit dem Zeiger ausgelenkt: $F = I_x \cdot l_{ges} \cdot B$. Beim Wechsel der Stromrichtung wechselt die Auslenkrichtung. (I_x zu messende Stromstärke) ↗ Lorentzkraft, S. 217	I_x erzeugt in der feststehenden Spule ein Magnetfeld. Dieses Magnetfeld magnetisiert die Platten P_1 und P_2 gleichartig, wodurch P_2 mit dem Zeiger ausgelenkt wird. Die gleichartige Magnetisierung ist unabhängig von der Stromrichtung. (I_x zu messende Stromstärke)
Stromart	Gleichstrom ↗ S. 189	Gleich- und Wechselstrom ↗ S. 189, 196

Drehspulmessgeräte können auch für Wechselstrom verwendet werden, wenn ein Gleichrichter vorgeschaltet ist.
↗ Wechselstromfrequenz, S. 197; Halbleiterdiode, S. 247; Gleichrichtung von Wechselströmen, S. 248

Elektrische Spannung *U*

Potentialdifferenz zwischen zwei Orten im elektrischen Feld. Die Spannung lässt sich aus der Arbeit berechnen, die bei der Bewegung einer Ladung im Feld verrichtet wird.

$$U = \frac{W}{Q}$$

U elektrische Spannung
W Arbeit beim Transport der Ladung *Q* im elektrischen Feld
Q elektrische Ladung

SI-Einheit: V (Volt) $1\,\text{V} = \frac{1\,\text{J}}{1\,\text{C}} = \frac{1\,\text{W}\cdot\text{s}}{1\,\text{A}\cdot\text{s}} = \frac{1\,\text{W}}{1\,\text{A}}$

In einem Stromkreis kennzeichnet die Spannung die Fähigkeit einer Spannungsquelle, ein elektrisches Feld aufzubauen. Das Feld bewirkt eine gerichtete Bewegung von Ladungsträgern.
Eine Spannung wird stets zwischen zwei Messpunkten ermittelt.

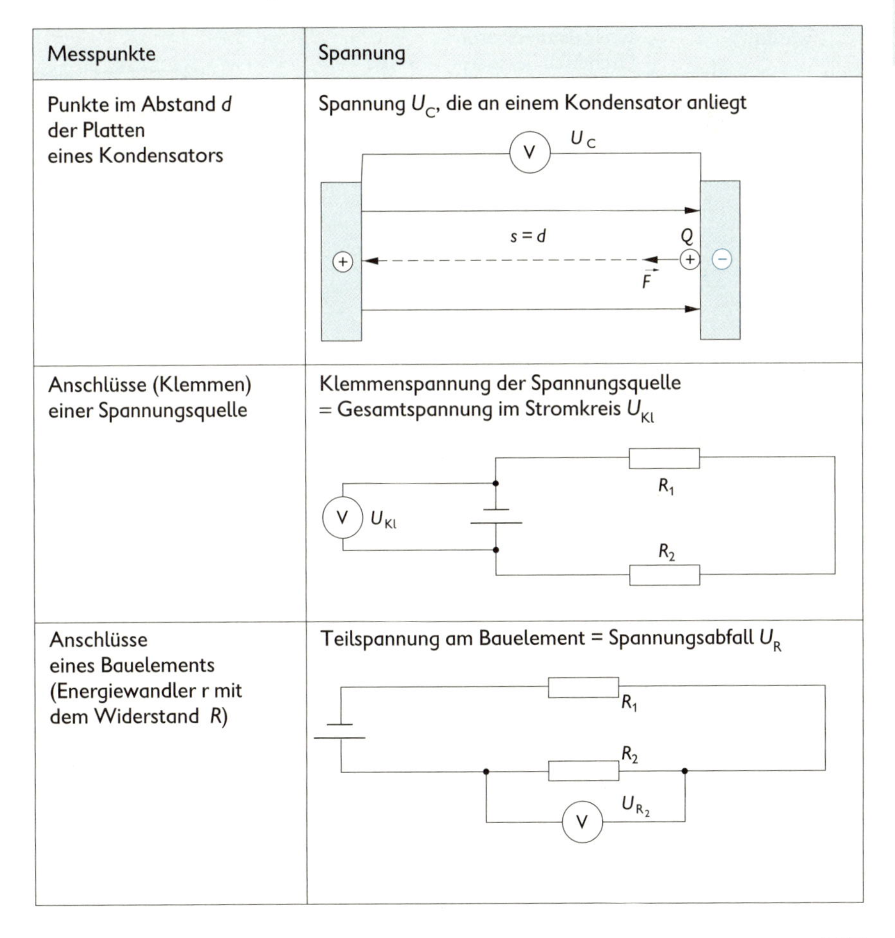

Messpunkte	Spannung
Punkte im Abstand *d* der Platten eines Kondensators	Spannung U_C, die an einem Kondensator anliegt
Anschlüsse (Klemmen) einer Spannungsquelle	Klemmenspannung der Spannungsquelle = Gesamtspannung im Stromkreis U_{Kl}
Anschlüsse eines Bauelements (Energiewandler r mit dem Widerstand *R*)	Teilspannung am Bauelement = Spannungsabfall U_R

Spannungsmessung

	Dynamische Spannungsmessung	Statische Spannungsmessung
Messprinzip	Nutzung der Kraft eines Dauermagneten auf einen stromdurchflossenen Leiter und der Proportionalität zwischen Spannung und Stromstärke	Nutzung der Kräfte zwischen ruhenden elektrischen Ladungen
Merkmal	geringer Stromfluss durch das Messgerät, bedingt durch hohen Innenwiderstand	kein Stromfluss im Messgerät
Gerätetyp	Drehspulmessgerät, Dreheisenmessgerät, ↗ S. 186	Massestück Drehachse Metallplatten Spannungsquelle Spannungswaage statischer Spannungsmesser

Drehspul- bzw. Dreheisenmessgeräte, die für die Spannungsmessung verwendet werden, unterscheiden sich gegenüber solchen, die für die Strommessung verwendet werden, durch

- die Schaltung parallel zum Energiewandler (↗ Messpunkte und Spannung, S. 187),
- die Eichung der Skala auf der Grundlage des Ohm'schen Gesetzes $I \sim U$ (↗ Ohm'sches Gesetz, S. 189),
- die Größe des Innenwiderstandes R_i, für den $R_i \gg R$ erfüllt sein muss, damit der Messstrom den tatsächlichen Strom durch den Energiewandler nur wenig verfälscht.

GLEICHSTROMKREIS

Gleichstromkreis

Stromkreis mit einer Gleichspannungsquelle, Verbindungsleitern und weiteren Energiewandlern. Zwischen den Polen der Gleichspannungsquelle fließt bei geschlossenem Stromkreis ein Gleichstrom.

↗ Gleichstrom, S. 189; elektrische Stromrichtung, S. 185

Gleichspannungsquelle

Gerät, in dem zugeführte oder gespeicherte Energiearten (mechanische, chemische oder andere) in elektrische Energie umgewandelt werden

Jede Gleichspannungsquelle hat einen Minuspol (Elektronenüberschuss) und einen Pluspol (Elektronenmangel).

- Knopfzelle

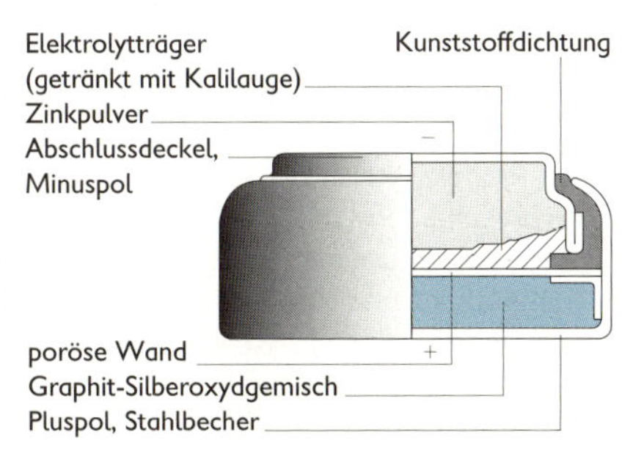

Gleichstrom

Gerichtete Bewegung von Ladungsträgern, deren Bewegungsrichtung aus der Art der Ladung und der Polung der Gleichspannungsquelle folgt.

↗ Kräfte zwischen elektrischen Ladungsträgern; S. 183; Wechselstrom, S. 196; Stromstärke, S. 185

Ohm'sches Gesetz

Zusammenhang zwischen der an einem bestimmten Leiter anliegenden Spannung und der infolge dieser Spannung im Leiter hervorgerufenen Stromstärke.

Sind die Temperatur des Leiters und die Konzentration der im Leiter für die gerichtete Bewegung zur Verfügung stehenden Ladungsträger konstant, so gilt:

$$I \sim U \quad \text{oder} \quad \frac{U}{I} = \text{konstant}$$

I elektrische Stromstärke
U elektrische Spannung

Das Ohm'sche Gesetz gilt auch für Lösungen von Elektrolyten, solange sich die Ionenkonzentration nicht wesentlich ändert.

Elektrischer Widerstand *R*

Physikalische Größe zur Kennzeichnung der Eigenschaft eines elektrischen Bauelements (Leiters), die gerichtete Bewegung der Ladungsträger zu behindern.

$$R = \frac{U}{I}$$

R elektrischer Widerstand
U elektrische Spannung
I elektrische Stromstärke

SI-Einheit: Ω (Ohm) $1\,\Omega = 1\,\text{V/A}$

In metallischen Leitern wird der elektrische Widerstand durch Wechselwirkungen der Elektronen mit den Ionen des Metallgitters verursacht. Die bei zunehmender Temperatur heftigeren Schwingungen der Ionen behindern die gerichtete Bewegung der Elektronen und bewirken einen größeren elektrischen Widerstand. Für elektrische Leiter, die einen konstanten elektrischen Widerstand *R* haben, gilt das Ohm'sche Gesetz ($I \sim U$).

Technischer Widerstand

Bezeichnung für jene Bauelemente, die wegen ihrer physikalischen Eigenschaft, einen elektrischen Widerstand *R* zu haben, in Schaltungen eingesetzt werden. Der Widerstand *R* eines technischen Widerstandes hängt vom verwendeten Stoff und seiner geometrischen Bauform ab.

Technische Widerstände sind Energiewandler, die elektrische Energie in andere Energiearten umwandeln.

↗ Kennlinien und Kenngrößen von Bauelementen, S. 250; Widerstandsgesetz, S. 191; Wirkungen des elektrischen Stromes, S. 185

Elektrischer Leitwert *G*

Physikalische Größe zur Kennzeichnung der Eigenschaft eines elektrischen Bauelements, einen größeren oder geringeren Stromfluss zu ermöglichen.

$$G = \frac{I}{U} = \frac{1}{R}$$

G elektrischer Leitwert
I elektrische Stromstärke
U elektrische Spannung
R elektrischer Widerstand

SI-Einheit: S (Siemens) 1 S = 1 A/V

Spezifischer elektrischer Widerstand ρ

Physikalische Größe, die die Stoffabhängigkeit des elektrischen Widerstandes erfasst.

SI-Einheit: $\Omega \cdot \mathrm{m}$
$1\ \Omega \cdot \mathrm{m} = 10^6\ \Omega \cdot \mathrm{mm}^2/\mathrm{m}$

Der spezifische Widerstand ergibt sich aus den mikrophysikalischen Besonderheiten des jeweiligen Stoffes, die den Stromfluss beeinflussen:

- Konzentration der Ladungsträger im Stoff,
- Wechselwirkungen der sich bewegenden Ladungsträger mit den Gitterbausteinen bzw. Molekülen.

Letzteres bewirkt die Temperaturabhängigkeit von ρ, die bei Fremderwärmung des Stoffes und bei der Eigenerwärmung infolge des Stromflusses feststellbar ist.

↗ Halbleiter, S. 238; Isolator, S. 238

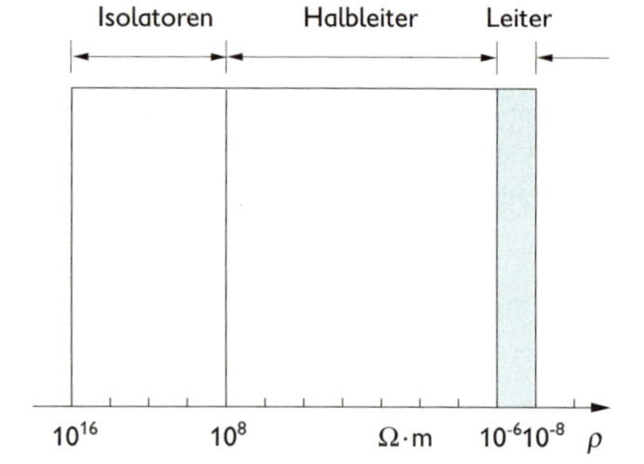

Spezifischer elektrischer Leitwert γ

Physikalische Größe, die die Stoffabhängigkeit des elektrischen Leitwerts erfasst. Sie ist als Reziprokes des spezifischen elektrischen Widerstandes ρ definiert.

$$\gamma = \frac{1}{\rho}$$

Widerstandsgesetz

Zusammenhang zwischen dem elektrischen Widerstand eines metallischen Leiters, seinen geometrischen Abmessungen und seiner stofflichen Beschaffenheit.

$$R = \rho \cdot \frac{l}{A}$$

R elektrischer Widerstand
ρ spezifischer elektrischer Widerstand
l Länge des elektrischen Leiters
A Leiterquerschnittsfläche

Bei der Berechnung von ohmschen Widerständen mit dem Widerstandsgesetz wird die Temperaturabhängigkeit des spezifischen elektrischen Widerstandes ρ meist vernachlässigt.

Widerstandsbestimmung

- Messen von Stromstärke und Spannung, Berechnen mit $R = \frac{U}{I}$
- Ermitteln von spezifischem Widerstand, Leiterlänge und Leiterquerschnitt, Berechnen mit $R = \rho \cdot \frac{l}{A}$
- direktes Messen mit einem Widerstandsmesser
- Verwenden einer Wheatstone'schen Brückenschaltung

Das Messgerät in der Brücke PQ ist stromlos, wenn die Spannung in beiden Zweigen im gleichen Verhältnis geteilt wird.

Es gilt: $\frac{R_x}{R} = \frac{R_1}{R_2}$. R, R_1 und R_2 sind bekannt.

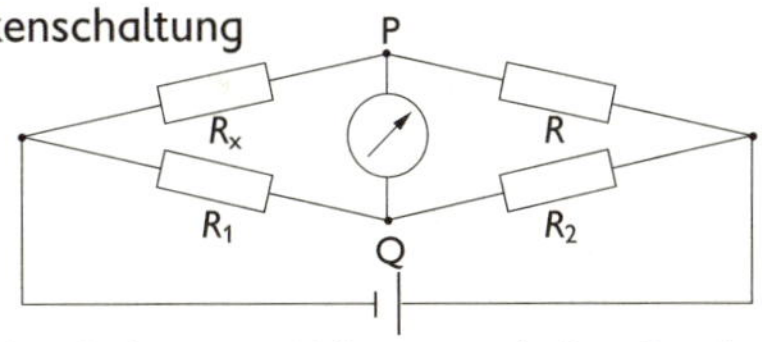

Schaltplan einer Wheatstone'schen Brücke

Unverzweigter und verzweigter Stromkreis

	Unverzweigter Stromkreis (Reihenschaltung)	Verzweigter Stromkreis (Parallelschaltung)
Schaltplan	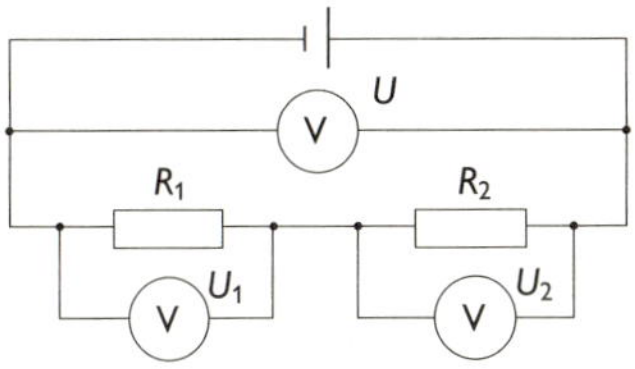	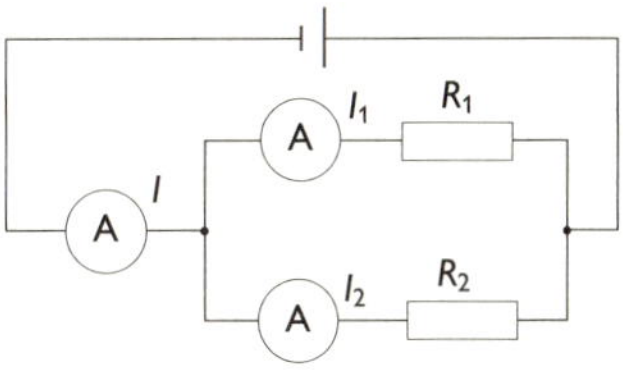

	Unverzweigter Stromkreis (Reihenschaltung)	Verzweigter Stromkreis (Parallelschaltung)
Merkmal	Energiewandler liegen in Reihe	Energiewandler liegen parallel
Spannungen	$U = U_1 + U_2$	$U = U_1 = U_2$
Stromstärken	$I = I_1 = I_2$	$I = I_1 + I_2$
Wider-stände	$R = R_1 + R_2$	$\frac{1}{R} = \frac{1}{R_1} + \frac{1}{R_2}$
Leitwerte	$\frac{1}{G} = \frac{1}{G_1} + \frac{1}{G_2}$	$G = G_1 + G_2$
Proportionen	$U_1 : U_2 = R_1 : R_2$	$I_1 : I_2 = R_2 : R_1$
Verallgemei-nerung	*Maschenregel* In jedem unverzweigten Gesamt- bzw. Teilstromkreis („Masche“) ist die Summe der vorzeichenbehafteten Spannungen der Spannungsquellen (Polung) gleich der Summe der vorzeichenbehafteten Teilspannungen an den Widerständen. $\sum_{i=1}^{n} U_{i\,\text{Quelle}} = \sum_{j=1}^{m} U_{j\,\text{Teil}}$ $U_{j\text{Teil}} = R_j \cdot I_j$	*Knotenregel* An jedem Stromverzweigungspunkt („Knoten“) ist die Summe der Stromstärken der zufließenden Ströme gleich der Summe der Stromstärken der abfließenden Ströme. $\sum_{i=1}^{n} I_{i\,\text{zu}} = \sum_{j=1}^{m} I_{j\,\text{ab}}$
Beispiel	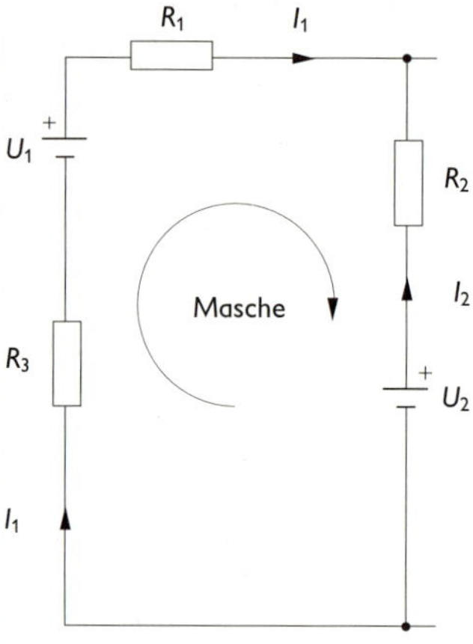 $U_1 - U_2 = R_1 \cdot I_1 - R_2 \cdot I_2 + R_3 \cdot I_1$	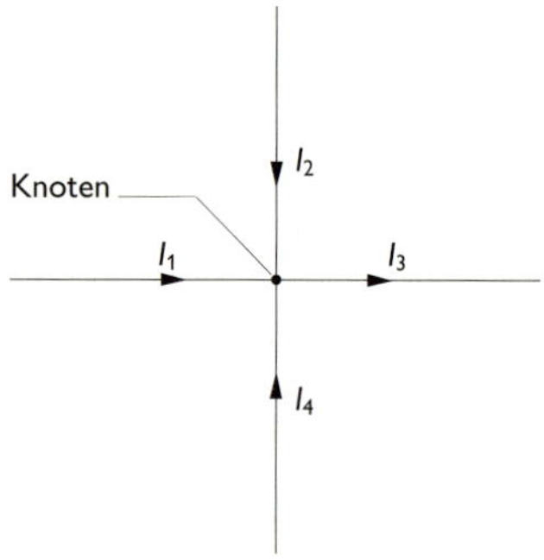 $I_1 + I_2 + I_4 = I_3$

Elektrische Messgeräte im Stromkreis

Die Anzeige eines Messgerätes beruht auf dem Stromfluss durch das Messwerk des Gerätes.
Je nach Eichung der Skala kann die Messgröße eine Spannung U oder eine Stromstärke I sein.
↗ Stromstärkemessung, S. 186; Spannungsmessung, S. 188; Widerstandsbestimmung, S. 191; Drehspulinstrument, S. 186; Dreheiseninstrument, S. 186

Innenwiderstand R_i. Er kennzeichnet den elektrischen Widerstand eines Messgerätes. Bei der Bestimmung der Spannung und der Stromstärke an einem Bauelement muss beachtet werden, dass auch durch das Messgerät ein Strom fließt und bei der Strommessung am Messgerät eine Teilspannung abfällt.
Damit die daraus resultierenden Verfälschungen der Werte vernachlässigbar sind, müssen folgende Bedingungen erfüllt sein:
- bei Stromstärkemessungen: $R_i \ll R$,
- bei Spannungsmessungen: $R_i \gg R$.

4

Schaltung von Messgeräten

Stromrichtige Messschaltung	Spannungsrichtige Messschaltung
Die stromrichtige Messschaltung wird bei großen Widerständen R verwendet, damit die geringe Stromstärke durch R nicht wesentlich durch jene Stromstärke des Stromes verfälscht wird, der durch den Spannungsmesser fließt.	Die spannungsrichtige Messschaltung wird bei kleinen Widerständen R verwendet, damit die Spannung an R nicht wesentlich durch jene Teilspannung verfälscht wird, die am Strommesser auftritt.
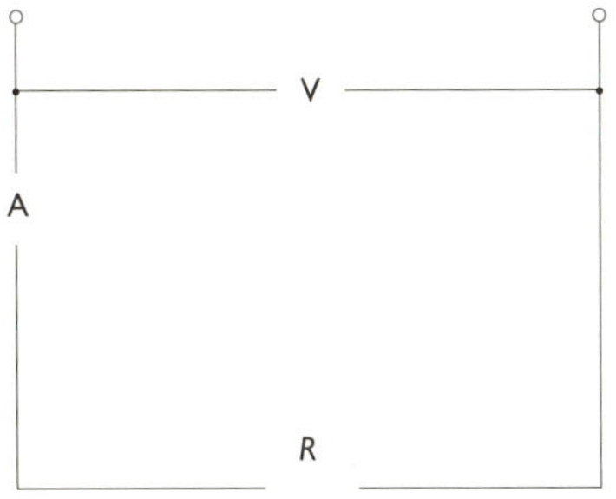 V A R	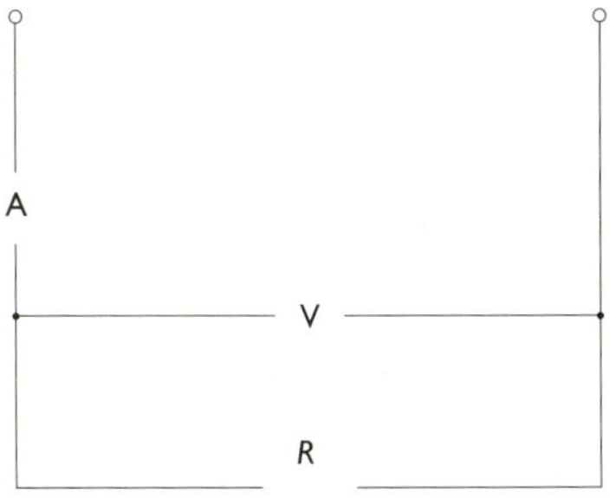 A V R

Messbereichserweiterung

Möglichkeit, ein Messwerk (Drehspul- bzw. Dreheiseninstrument) zum Messen unterschiedlicher Werte von Stromstärken oder Spannungen unter Anwendung der Gesetze des unverzweigten und verzweigten Stromkreises zu nutzen.
↗ unverzweigter und verzweigter Stromkreis, S. 191 f.

■ Vielfachmessgerät

Messgerät	Spannungsmesser	Strommesser
Messbereichserweiterung	In-Reihe-Schalten eines Widerstandes R_v	Parallelschalten eines Widerstandes R_p
Erweiterungsfaktor	$n = \frac{U_{Ges}}{U_{MW}}$ U_{MW}: Spannung, auf die das Messwerk ausgelegt ist	$n = \frac{I_{Ges}}{I_{MW}}$ I_{MW}: Stromstärke, auf die das Messwerk ausgelegt ist
Widerstandsberechnung	$R_v = (n - 1) \cdot R_i$ R_i: Innenwiderstand des Messwerkes	$R_p = \frac{R_i}{n-1}$ R_i: Innenwiderstand des Messwerkes

Spannungsteilerschaltung

Schaltung zur Gewinnung von Teilspannungen aus einer größeren Gesamtspannung. Das wird durch eine Kombination von Widerständen oder durch Potentiometer realisiert. Am Teilwiderstand R_T wird die Teilspannung U_T abgegriffen.

Nach den Gesetzen für den unverzweigten Stromkreis gilt im unbelasteten Zustand:

$$U_T : U_{Ges} = R_T : R_{Ges}$$

R_{Ges} Gesamtwiderstand
R_T Teilwiderstand
U_{Ges} Gesamtspannung
U_T Teilspannung

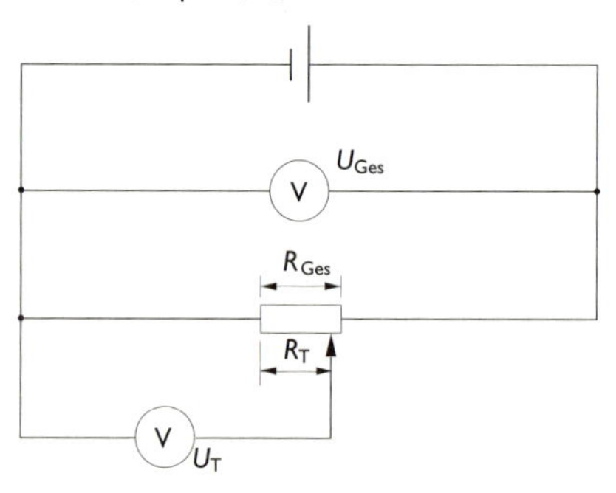

Energieumwandlungen im Stromkreis

Elektrische Energie wird in einer Energiequelle, in der Regel als Spannungsquelle bezeichnet, bereitgestellt.

Im Stromkreis erfolgt dann an anderen Energiewandlern, den Bauelementen, eine Umwandlung der elektrischen Energie in andere Energiearten. Dabei gilt der Energieerhaltungssatz.

↗ Stromkreis, S. 185; Energieerhaltungssatz, S. 95, 160; Wirkungen des elektrischen Stromes, S. 185

Elektrische Arbeit W_{el}

Physikalische Größe zur Kennzeichnung der elektrischen Energie, die in einem Energiewandler infolge des Stromflusses in andere Energiearten umgewandelt wird.

Sind Stromstärke und Spannung am Energiewandler zeitlich konstant, so gilt:

$$W_{el} = U \cdot I \cdot t$$

W_{el} elektrische Arbeit
U elektrische Spannung
I elektrische Stromstärke
t Zeit

SI-Einheit: J (Joule)
$1\,J = 1\,W \cdot s = 1\,V \cdot A \cdot s$

Sind Stromstärke und Spannung zeitabhängige Größen, so gilt:

$$W_{el} = \int_{t_1}^{t_2} u(t) \cdot i(t)\,dt$$

Elektrische Leistung P_{el}

Physikalische Größe, die die pro Zeiteinheit in einem Energiewandler verrichtete elektrische Arbeit kennzeichnet
↗ mechanische Leistung, S. 97

$$P_{el} = \frac{W_{el}}{t}$$

P_{el} elektrische Leistung
W_{el} elektrische Arbeit
t Zeit

SI-Einheit: W (Watt)
$1\,W = 1\,J/s = 1\,V \cdot A$

Sind U und I zeitlich konstante Größen, so gilt:

$$P_{el} = U \cdot I$$

Leistung einiger Geräte

Energiewandler (elektrisches Gerät)	Leistungsaufnahme in W
Quarzuhr	10^{-6}
Taschenrechner	$4 \cdot 10^{-4}$
Taschenlampe	3
Haushaltsglühlampe	15 bis $2 \cdot 10^{2}$
Farbfernsehgerät	70
Waschmaschine	$2 \cdot 10^{3}$
Straßenbahn	$1{,}6 \cdot 10^{5}$
Lichtbogen im Elektrostahlofen	10^{7}
Generator im Kraftwerk	$5 \cdot 10^{8}$
zum Vergleich: mittlerer Blitz	10^{13}

WECHSELSTROMKREIS

Wechselstromkreis

Stromkreis mit einer Wechselspannungsquelle. Im Stromkreis ändert sich periodisch die Richtung der Bewegung der Ladungsträger (Wechselstrom). Der Energietransport ist an diesen periodischen Vorgang gekoppelt. Wechselstromkreise müssen deshalb keine durchgehend leitenden Verbindungen haben.

↗ Kondensator, S. 206

Wechselstromgenerator

Gerät zum Erzeugen von Wechselspannung durch elektromagnetische Induktion. Zugeführte mechanische Energie wird in elektrische Energie umgewandelt. Es fließt ein Wechselstrom.

↗ elektromagnetische Induktion, S. 220 f.

Wechselstrom

Elektrischer Strom, dessen Betrag und Richtung sich zeitlich periodisch in schneller Folge ändern.

↗ Kenngrößen einer Schwingung, S. 118 f.

Wechselspannung *u*

Physikalische Größe zur Beschreibung der elektrischen Spannung im Wechselstromkreis. Die Polarität der Spannung wechselt periodisch.

Für eine harmonische Wechselspannung gilt:

$$u = u_{max} \cdot \sin(\omega \cdot t)$$

u Momentanwert der Wechselspannung
u_{max} Maximalwert (Amplitude) der Wechselspannung
ω Kreisfrequenz
t Zeit

SI-Einheit: V (Volt)

↗ harmonische Schwingung, S. 119; Wechselstromfrequenz, S. 197; Kreisfrequenz, S. 119

Wechselstromstärke *i*

Physikalische Größe zur Beschreibung der elektrischen Stromstärke im Wechselstromkreis.

Für einen harmonischen Wechselstrom gilt:

$$i = i_{max} \cdot \sin(\omega \cdot t)$$

i Momentanwert der Wechselstromstärke
i_{max} Maximalwert (Amplitude) der Wechselstromstärke
ω Kreisfrequenz
t Zeit

SI-Einheit: A (Ampere)

↗ harmonische und nichtharmonische Schwingung, S. 119; Wechselstromfrequenz, S. 197; Kreisfrequenz, S. 119

Messen von Spannung und Stromstärke im Wechselstromkreis

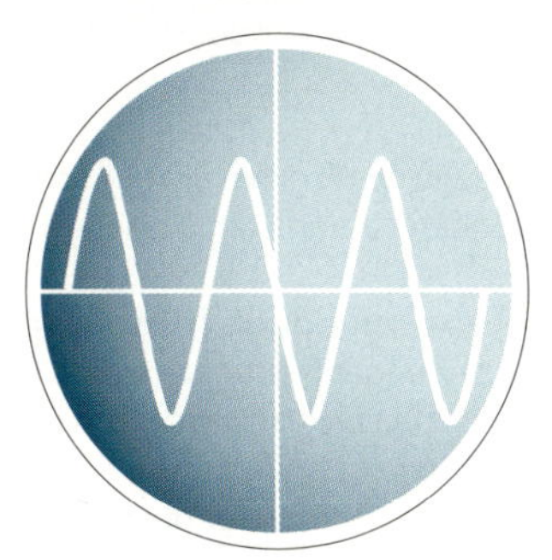

- Die zeitlichen Änderungen der Größen sind mit einem Oszilloskop darstellbar. Bei entsprechender Eichung können aus dem Oszilloskopenbild der Maximalwert u_{max} bzw. i_{max} (Umrechnung mithilfe eines Widerstandes R) und die Periodendauer T abgelesen werden.
- Dreheisen- bzw. Drehspulmessinstrumente mit vorgeschaltetem Gleichrichter zeigen die Effektivwerte von Spannung U bzw. Stromstärke I an.

↗ Stromstärkemessungen, S. 186; Spannungsmessungen, S. 188; Oszilloskop, S. 251

Effektivwerte von Wechselstromstärke und Wechselspannung

Kenngrößen des Wechselstromkreises, die an Messgeräten abgelesen werden, wenn das Messwerk der Frequenz des Wechselstromes nicht folgen kann. Effektivwerte sind zeitliche Mittelwerte.

Werden an einem ohmschen Widerstand R die Effektivwerte I bzw. U gemessen, so wird an diesem Widerstand die gleiche Durchschnittsleistung $P_{el} = U \cdot I$ umgesetzt wie in einem Gleichstromkreis, in dem am Widerstand R die Gleichspannung U bzw. die Gleichstromstärke I gemessen werden.

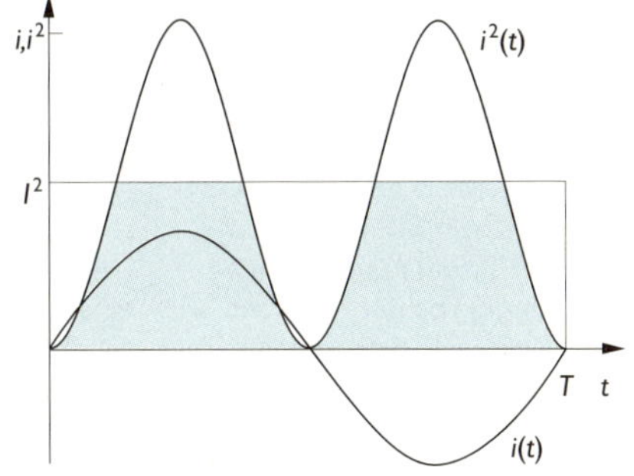

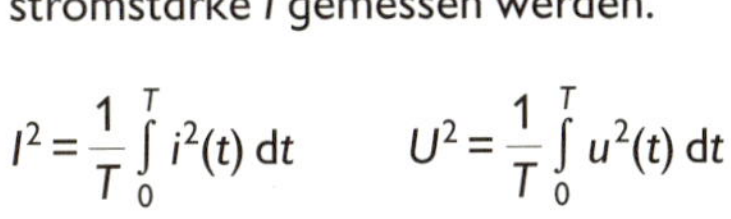

$$I^2 = \frac{1}{T} \int_0^T i^2(t)\,dt \qquad U^2 = \frac{1}{T} \int_0^T u^2(t)\,dt$$

Zusammenhang zwischen Effektivwert und Maximalwert

Für einen sinusförmigen Verlauf von Spannung und Stromstärke gilt:

$$I = \frac{1}{2}\sqrt{2}\,i_{max} = \frac{i_{max}}{\sqrt{2}} \qquad U = \frac{1}{2}\sqrt{2}\,u_{max} = \frac{u_{max}}{\sqrt{2}}$$

Wechselstromfrequenz f

Physikalische Größe, die die pro Zeiteinheit durchlaufene Anzahl von Schwingungen (Perioden) des Wechselstromes angibt.

$$f = \frac{n}{t}$$

f Wechselstromfrequenz
n Anzahl der Schwingungen (Perioden) einer Wechselstromstärke i bzw. Wechselspannung u
t Zeit, in der die n Schwingungen ablaufen

SI-Einheit: Hz (Hertz)
1 Hz = 1/s

$$f = \frac{1}{T}$$

f Wechselstromfrequenz
T Periodendauer; Zeit für eine volle Schwingung von i bzw. u

Im europäischen Energieversorgungsnetz beträgt die Wechselstromfrequenz $f = 50$ Hz.
↗ Kreisfrequenz einer harmonischen Schwingung, S. 119; Umlaufzahl, S. 71

Wechselstromfrequenzmessung. Sie erfolgt
- mit einem Zungenfrequenzmesser, dessen Zungen durch einen vom Wechselstrom durchflossenen Elektromagneten zu erzwungenen Schwingungen angeregt werden, ↗ erzwungene Schwingung, S. 121,
- elektronisch mithilfe digitaler Zähler, die die Frequenz direkt in Hertz anzeigen.

Widerstände im Wechselstromkreis

Bauelemente, die im Wechselstromkreis neben dem Effektivwert I auch den zeitlichen Verlauf der Wechselstromstärke i in Bezug auf den zeitlichen Verlauf der Wechselspannung u beeinflussen.

Ohmscher Widerstand R	Induktiver Widerstand X_L	Kapazitiver Widerstand X_C
Widerstand eines Bauelements, bei dem zu jedem Zeitpunkt $i \sim u$ gilt	Widerstand einer Spule im Wechselstromkreis (ohne ohmschen Widerstand)	Widerstand eines Kondensators im Wechselstromkreis (ohne ohmschen-Widerstand)
Der Widerstand ist unabhängig von der Frequenz des Wechselstromes.	Der induktive Widerstand einer Spule erhöht sich mit zunehmender Induktivität L und Frequenz f des Wechselstromes.	Der kapazitive Widerstand eines Kondensators erhöht sich mit abnehmender Kapazität C und Frequenz f des Wechselstromes.
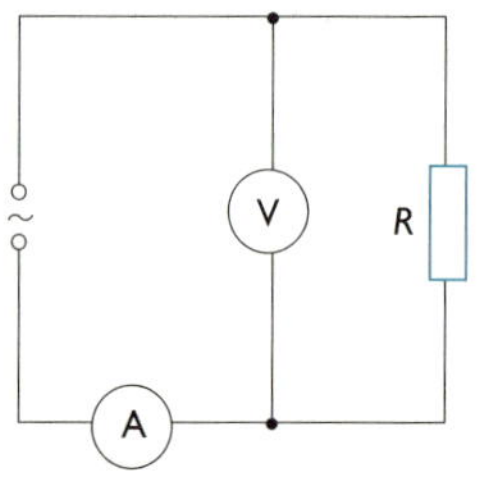 ~ V R A	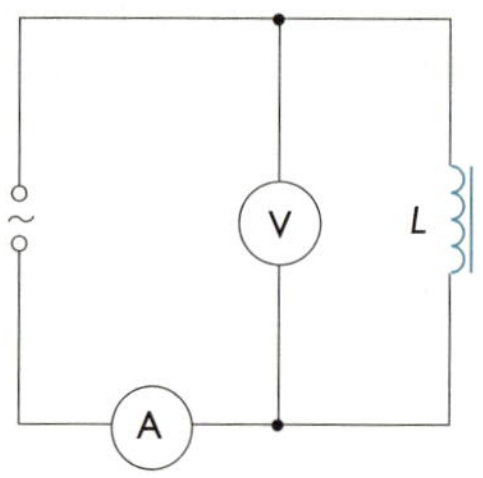 ~ V L A	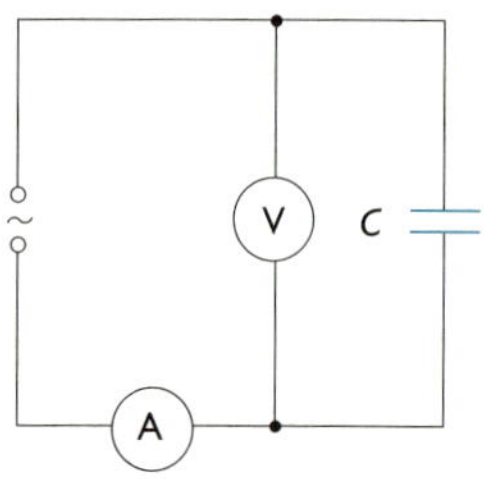 ~ V C A
$R = \frac{U}{I}$	$X_L = \frac{U}{I}$	$X_C = \frac{U}{I}$
metallischer Leiter $R = \rho \cdot \frac{l}{A}$	Spule $X_L = \omega \cdot L = 2\pi f \cdot L$	Kondensator $X_C = \frac{1}{\omega \cdot C} = \frac{1}{2\pi f \cdot C}$

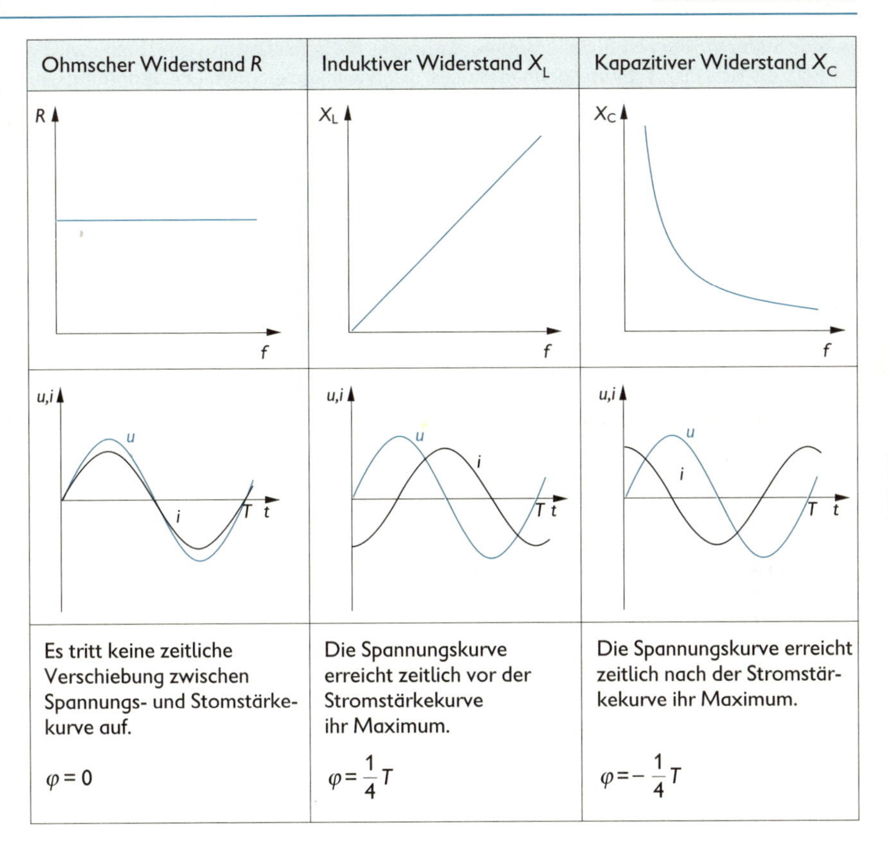

Ohmscher Widerstand R	Induktiver Widerstand X_L	Kapazitiver Widerstand X_C
Es tritt keine zeitliche Verschiebung zwischen Spannungs- und Stomstärkekurve auf.	Die Spannungskurve erreicht zeitlich vor der Stromstärkekurve ihr Maximum.	Die Spannungskurve erreicht zeitlich nach der Stromstärkekurve ihr Maximum.
$\varphi = 0$	$\varphi = \frac{1}{4} T$	$\varphi = -\frac{1}{4} T$

Scheinwiderstand *Z*
Elektrischer Widerstand im Wechselstromkreis bei Reihen- bzw. Parallelschaltung von ohmschem Bauelement, Spule und/oder Kondensator.

Reihenschaltung von R-L-C

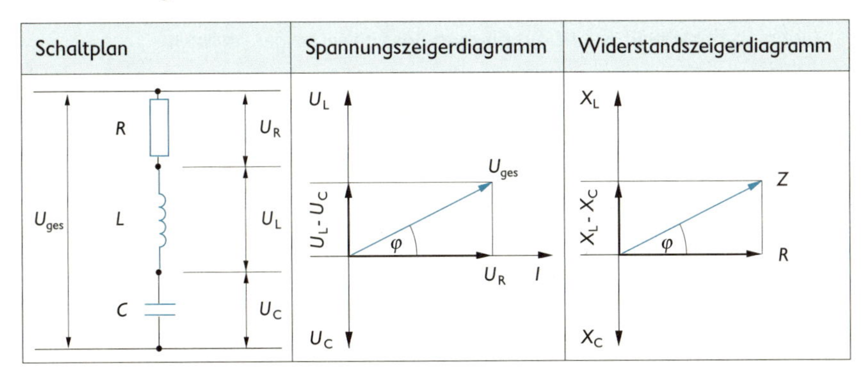

Die Stromstärke I ist für alle Bauelemente der Reihenschaltung gleich. Sie wird deshalb als Bezugszeiger im *Spannungszeigerdiagramm* gezeichnet. Die Spannungszeiger werden unter Beachtung der jeweiligen Phasenverschiebung φ am Stromstärkezeiger angetragen. Über die Beziehung $X(R) = U/I$ erhält man das *Widerstandszeigerdiagramm.* Es gilt:

$$Z = \sqrt{R^2 + (X_L - X_C)^2}$$

$$\tan \varphi = \frac{X_L - X_C}{R}$$

Z Scheinwiderstand
R ohmscher Widerstand
X_L induktiver Widerstand
X_C kapazitiver Widerstand
φ Phasenverschiebung zwischen Spannung und Stromstärke

Parallelschaltung von R-L-C

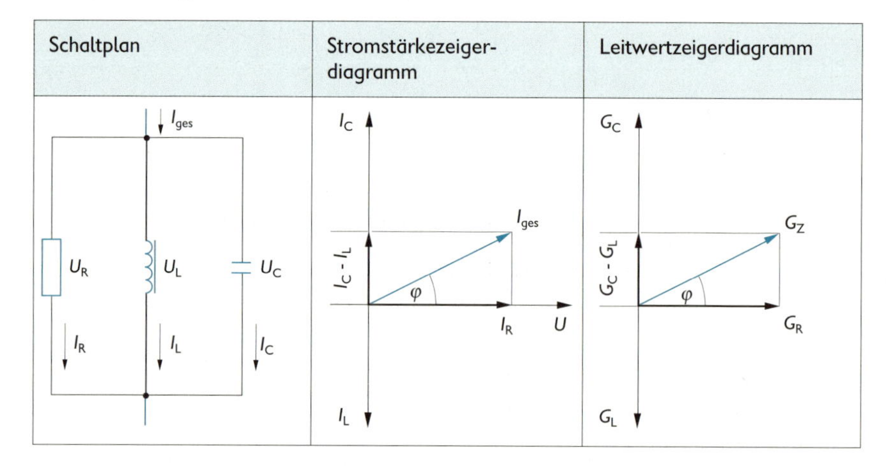

Die Spannung U ist für alle Bauteile in der Parallelschaltung gleich. Sie wird deshalb als Bezugszeiger im *Stromstärkezeigerdiagramm* gezeichnet. Die Stromstärkezeiger werden unter Beachtung der jeweiligen Phasenverschiebung φ am Spannungszeiger angetragen.
Über die Beziehung $G = I/U$ erhält man das *Leitwertzeigerdiagramm.*
Es gilt:

$$\frac{1}{Z} = \sqrt{\frac{1}{R^2} + \left(\frac{1}{X_C} - \frac{1}{X_L}\right)^2}$$

$$\tan \varphi = \frac{\frac{1}{X_C} - \frac{1}{X_L}}{\frac{1}{R}} = \frac{G_C - G_L}{G_R}$$

Z Scheinwiderstand
φ Phasenverschiebung zwischen Spannung und Stromstärke
R ohmscher Widerstand
G_R Leitwert des ohmschen Widerstandes
X_L induktiver Widerstand
G_L Leitwert des induktiven Widerstandes
X_C kapazitiver Widerstand
G_C Leitwert des kapazitiven Widerstandes

Leistung im Wechselstromkreis

Physikalische Größe, die die pro Zeiteinheit im Wechselstromkreis umgewandelte elektrische Energie kennzeichnet.

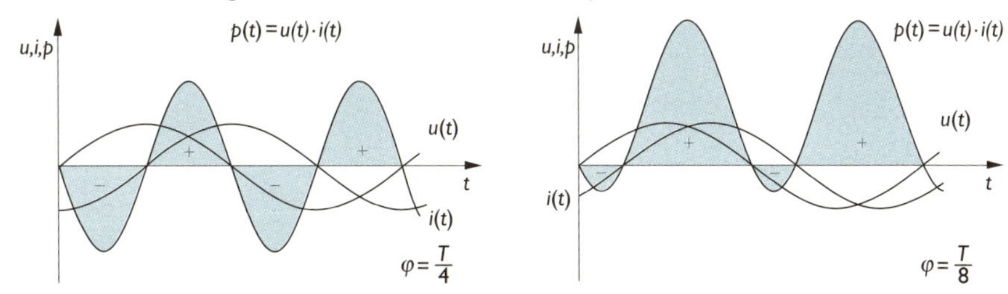

$p(t) = u(t) \cdot i(t)$ ist im Wechselstromkreis eine zeitabhängige Funktion. In Abhängigkeit von φ treten positive und negative Momentanleistungen p auf. Die zugehörigen Flächenstücke im p-t-Diagramm sind Anteile der elektrischen Arbeit (↗ S. 202).
Positive Leistungs- bzw. Arbeitsanteile werden der Wechselspannungsquelle entnommen und in den Bauelementen umgesetzt (thermische Energie am ohmschen Widerstand, elektrische Feldenergie im Kondensator, magnetische Feldenergie an der Spule). Negative Anteile werden beim Abbau der Felder an die Wechselspannungsquelle wieder zurückgegeben.
Messungen der elektrischen Leistung führen in der Regel zu einem zeitlichen Mittelwert, der auch aus den Effektivwerten U und I berechnet werden kann.

Wirkleistung P_W	Blindleistung P_B	Scheinleistung P_S
gibt den Anteil der Wechselstromleistung an, der in eine andere Leistungsform (z. B. thermische oder mechanische) umgewandelt wird	gibt den Anteil der Wechselstromleistung an, der mit dem Auf- und Abbau der Felder verbunden ist und deshalb an Wechselstromwiderständen nicht in mechanische oder thermische Leistung umwandelbar ist	ist der von Wechselstrommessgeräten aus den Effektivwerten U und I ermittelte und angezeigte Wert Die Scheinleistung erhält man aus der geometrischen Addition der Zeiger von Wirk- und Blindleistung.
$P_W = U \cdot I \cdot \cos\varphi$	$P_B = U \cdot I \cdot \sin\varphi$	$P_S = U \cdot I$
Einheit: W (Watt)	Einheit: var (voltampere reaction)	Einheit: V · A (Voltampere)

$$P_S^2 = P_W^2 + P_B^2$$
$$P_W = P_S \cdot \cos\varphi$$
$$P_B = P_S \cdot \sin\varphi$$

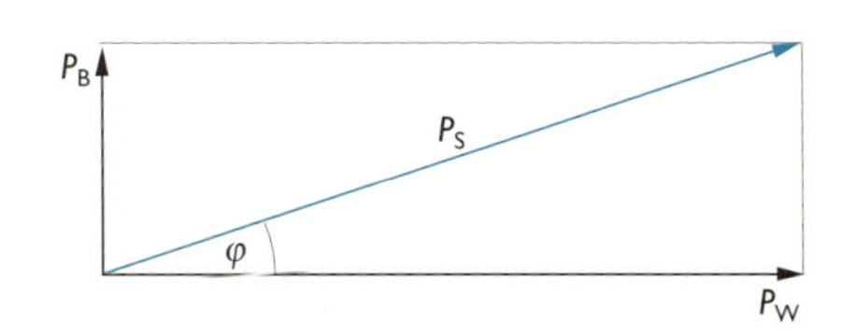

Leistungszeigerdiagramm

Leistungsfaktor cos φ

Physikalische Größe, die sich aus der zeitlichen Verschiebung φ zwischen Spannung u und Stromstärke i im Wechselstromkreis ergibt.

Aus dem Leistungszeigerdiagramm folgt:

$$\cos\varphi = \frac{P_W}{P_S}$$

$\cos\varphi$	Leistungsfaktor
P_W	Wirkleistung
P_S	Scheinleistung

Der Leistungsfaktor $\cos\varphi$ kann direkt mit einem Messgerät ermittelt werden.
Eine hohe Effektivität der Energieübertragung wird erreicht, wenn Wirk- und Scheinleistung etwa gleich groß sind. Der Leistungsfaktor hat dann etwa den Wert 1; die Phasenverschiebung beträgt fast null.

Arbeit im Wechselstromkreis

Physikalische Größe zur Kennzeichnung der auftretenden Energieumwandlungen in einem Wechselstromkreis.

Wirkarbeit W_W	Blindarbeit W_B	Scheinarbeit W_S
Die Wirkarbeit W_W stellt jenen Teil der elektrischen Arbeit dar, der am Bauelement tatsächlich verrichtet und folglich dem Stromkreis entnommen wird. Die Wirkarbeit W_W kann ebenso wie die elektrische Arbeit W_{el} mit dem „Kilowattstundenzähler" gemessen werden.	Die Blindarbeit W_B wird nur kurzzeitig zum Aufbau magnetischer oder elektrischer Felder der Wechselspannungsquelle entnommen und beim Abbau der Felder wieder an die Quelle zurückgeführt. Das führt zu unerwünschten Belastungen des Leitungsnetzes. Um dies zu verhindern, sollte die Phasenverschiebung möglichst nahe null sein.	Die Scheinarbeit W_S ist die aus den Effektivwerten U und I und der Zeit t ermittelte Arbeit. Die Scheinarbeit erhält man aus der geometrischen Addition der Zeiger von Wirk- und Blindarbeit.
$W_W = U \cdot I \cdot t \cdot \cos\varphi$ $W_W = W_S \cdot \cos\varphi = P_W \cdot t$	$W_B = U \cdot I \cdot t \cdot \sin\varphi$ $W_B = W_S \cdot \sin\varphi = P_B \cdot t$	$W_S = U \cdot I \cdot t = P_S \cdot t$

Es gilt: $W_S^2 = W_W^2 + W_B^2$

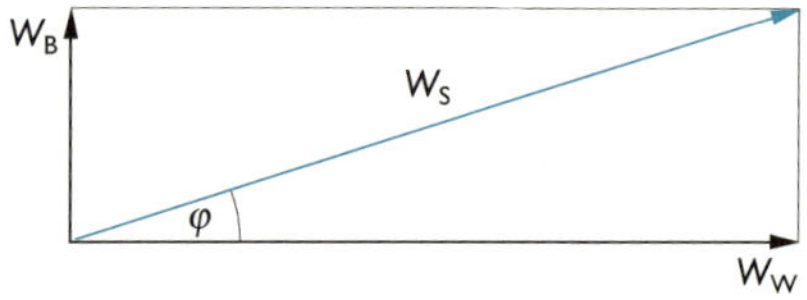

W_B W_S φ W_W

Arbeitszeigerdiagramm

↗ Scheinleistung, S. 201; Wirkleistung, S. 201; Blindleistung, S. 201; Arbeit und Leistung im Gleichstromkreis, S. 194 f.

ELEKTRISCHES FELD

Elektrisches Feld

Zustand des Raumes um elektrisch geladene Körper bzw. um elektrische Ladungsträger.

In diesem Raum sind Kräfte auf andere Ladungsträger nachweisbar. Aus den zeit- und raumbezogenen Gegebenheiten der Ladungsträgerverteilung resultieren die Eigenschaften des jeweiligen elektrischen Feldes: $E = f(r, t)$.

Elektrostatisches Feld. Es ist ein elektrisches Feld, dessen Eigenschaften zeitlich konstant sind. Voraussetzung für ein elektrostatisches Feld ist eine zeitlich unveränderliche Ladungsträgerverteilung.

Eigenschaften elektrischer Felder

Kraftwirkung auf ruhende oder bewegte Ladungsträger

↗ Coulomb'sches Gesetz, S. 183; Beschleunigung elektrischer Ladungsträger, S. 208

- Die Kraft verschiebt Ladungsträger in Körpern.
  ↗ Influenz, S. 184; dielektrische Polarisation, S. 184

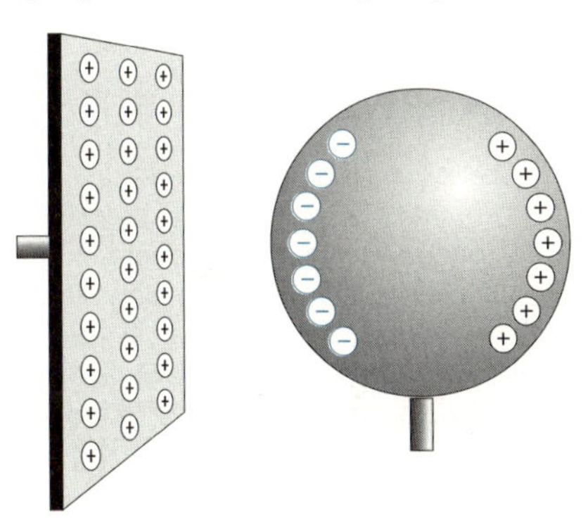

- Die Kraft kann frei bewegliche Ladungsträger beschleunigen. Dies führt zu einer Betrags- und evtl. zu einer Richtungsänderung der Geschwindigkeit der bewegten Ladungsträger und zu einer Änderung ihrer kinetischen Energie.
  ↗ Beschleunigungsarbeit an Ladungsträgern, S. 209; elektrischer Strom, S. 184

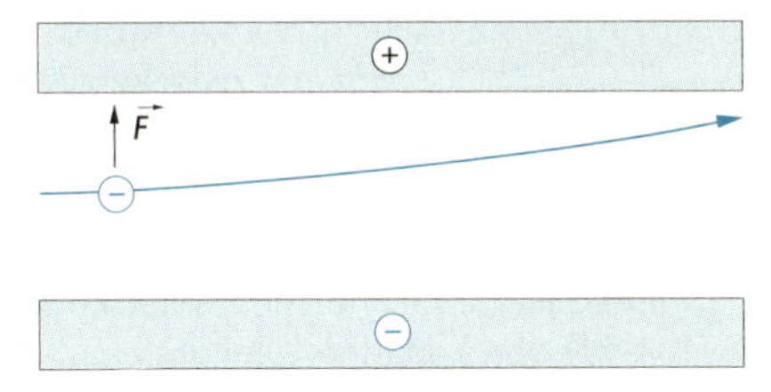

Speicher für elektrische Energie

Die für die Erzeugung der Ladungsträgerverteilung aufzuwendende Arbeit ist als Energie des elektrischen Feldes gespeichert. Diese Energie kann in andere Energiearten umgewandelt werden.

- Umwandlung elektrischer Feldenergie in kinetische Energie der Ladungsträger
  ↗ Beschleunigungsarbeit an Ladungsträgern, S. 209

Elektrische Feldstärke E

Physikalische Größe, die angibt, wie groß die Kraft auf einen elektrisch geladenen Probekörper im elektrischen Feld ist.

$$\vec{E} = \frac{\vec{F}}{Q}$$

E elektrische Feldstärke am Ort der Probeladung
F Kraft auf die Probeladung
Q Ladung des Probekörpers

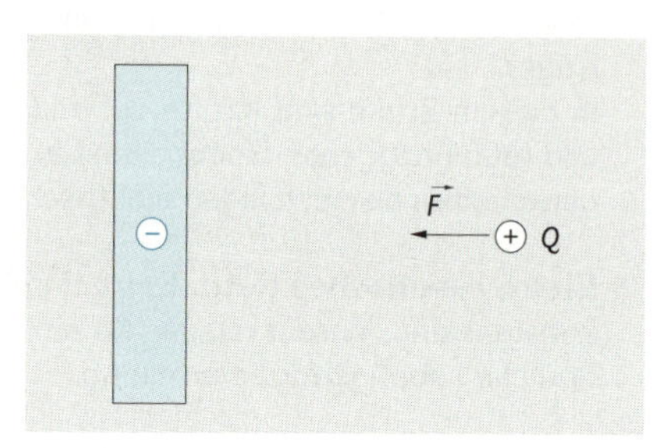

SI-Einheit: V/m (Volt je Meter)

$$1\ \text{V/m} = 1\ \frac{\text{N}}{\text{C}}$$

4

Die elektrische Feldstärke $\vec{E}$ ist eine vektorielle (gerichtete) Größe. Ihre Richtung stimmt mit der Richtung der Kraft $\vec{F}$ überein, die im elektrischen Feld auf einen elektrisch positiv geladenen Probekörper wirkt.

■ Beispiele für elektrische Feldstärken

– Leuchtstofflampe	50 V/m
– unmittelbare Umgebung eines Blitzes bei Gewitter	10^6 V/m
– Spitze eines Feldelektronenmikroskops	10^9 V/m
– Dielektrikum eines Elektrolytkondensators	10^{10} V/m

Elektrische Feldstärke im homogenen elektrostatischen Feld eines Plattenkondensators. Sie hat in jedem Punkt des Innenraumes zwischen den Kondensatorplatten den gleichen Betrag und die gleiche Richtung.
↗ Plattenkondensator, S. 208

$$E = \frac{U}{s}$$

E elektrische Feldstärke im Innenraum des Kondensators
U Spannung zwischen den Kondensatorplatten
s Abstand zwischen den Kondensatorplatten

Elektrische Verschiebungs- oder Flussdichte D

Physikalische Größe zur Feldbeschreibung mithilfe von Ladungsverteilungen.
Der Betrag von $\vec{D}$ wird auch als Flächenladungsdichte σ bezeichnet. Die Richtung von $\vec{D}$ ist identisch mit der Richtung von $\vec{E}$.
Für die homogene (gleichmäßige) Ladungsverteilung auf einer Oberfläche gilt:

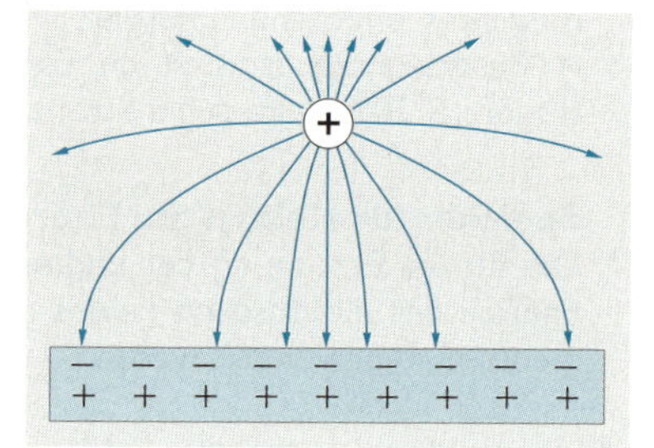

$$D = \frac{Q}{A}$$

Q Ladung, die homogen über die Oberfläche verteilt ist
A Oberfläche eines Körpers, auf der die Ladung Q verteilt ist

Zwischen elektrischer Feldstärke und elektrischer Verschiebungsdichte besteht der Zusammenhang:

$$\vec{D} = \varepsilon_0 \cdot \varepsilon_r \cdot \vec{E}$$

D	elektrische Verschiebungsdichte
ε_0	elektrische Feldkonstante
ε_r	Dielektrizitätszahl
E	elektrische Feldstärke

SI-Einheit: $A \cdot s/m^2$ (Amperesekunde je Quadratmeter)
$\varepsilon_0 = 8{,}854 \cdot 10^{-12}\ A \cdot s/(V \cdot m)$

Elektrisches Feldlinienbild

Modell des elektrischen Feldes.
Feldlinien geben in jedem Punkt des Raumes die Richtung der elektrischen Feldstärke $\vec{E}$ an ($\vec{E}$ ist Tangentialvektor).
Die Richtung der Feldkraft auf einen positiv geladenen Probekörper im Feld stimmt mit der Richtung der elektrischen Feldlinien überein.
Ein elektrisch geladener Körper kann als Probekörper betrachtet werden, wenn sein eigenes Feld das zu untersuchende nicht merklich beeinflusst.
Feldlinien elektrostatischer Felder beginnen am positiv geladenen und enden am negativ geladenen Körper. Sie treten senkrecht aus den Körpern aus und in die Körper ein. Die Dichte der Feldlinien ist ein Maß für den Betrag der elektrischen Feldstärke.

Arten elektrostatischer Felder

Homogenes Feld	Inhomogenes Feld	
$\vec{E}$ hat an verschiedenen Punkten des Raumes, in dem das Feld besteht, den gleichen Betrag und die gleiche Richtung.	$\vec{E}$ hat an allen Punkten des Raumes, in dem das Feld besteht, unterschiedliche Beträge bzw. eine unterschiedliche Richtung.	
■ Feld im Innenraum eines Plattenkondensators 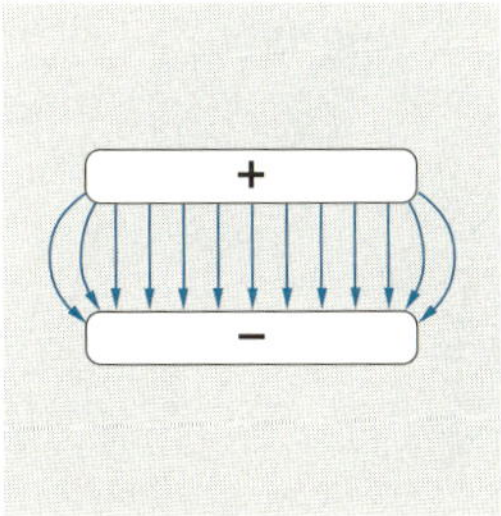 + −	■ radiales Feld einer positiven Ladung 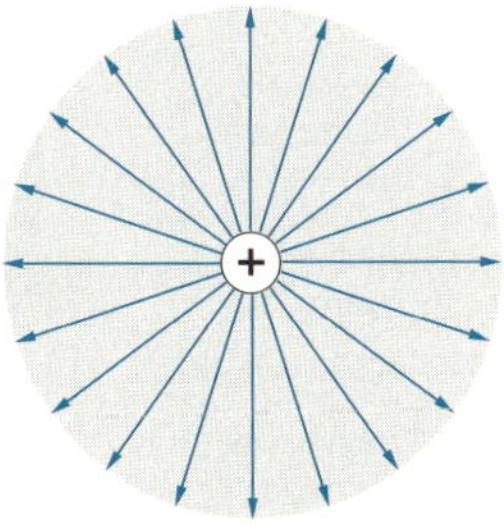 +	■ Feld zwischen einer positiven und einer negativen Punktladung 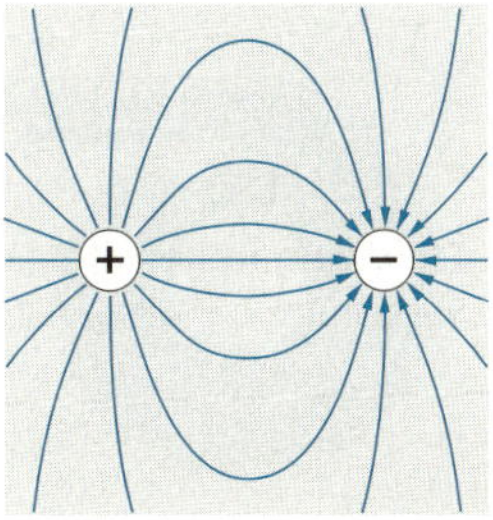 + −

Kondensatoren

Bauelemente zum Speichern von elektrischen Ladungen. Sie bestehen aus zwei gegeneinander isolierten Leitern, die im geladenen Zustand ungleichnamige, aber betragsgleiche elektrische Ladungen tragen. Infolge der Ladungsträgerverteilung besteht zwischen den Leitern ein elektrisches Feld. Die zum Laden der Leiter aufzuwendende Arbeit wird als Energie des elektrischen Feldes im Kondensator gespeichert.

Dielektrikum. Stoff zwischen den Leitern, der diese gegeneinander isoliert. Er beeinflusst das elektrische Feld und die Speicherfähigkeit des Kondensators.
↗ elektrische Verschiebungsdichte D, S. 204; Dielektrizitätszahl ε_r, S. 208

Technische Bauformen von Kondensatoren

4

Blockkondensator
(Wickelkondensator)
Die Ladungen werden auf zwei aufgewickelten Metallfolien gespeichert, die durch ein Dielektrikum gegeneinander isoliert sind.

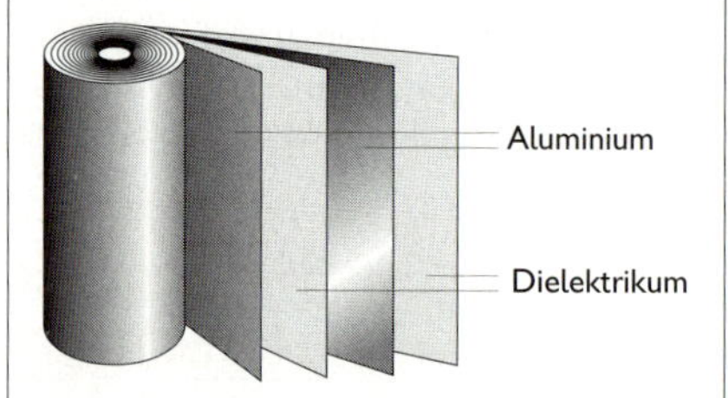

Keramikkondensator

Die Ladungen werden auf Metallbelägen gespeichert, die auf dünnen Keramikplättchen aufgedampft sind.

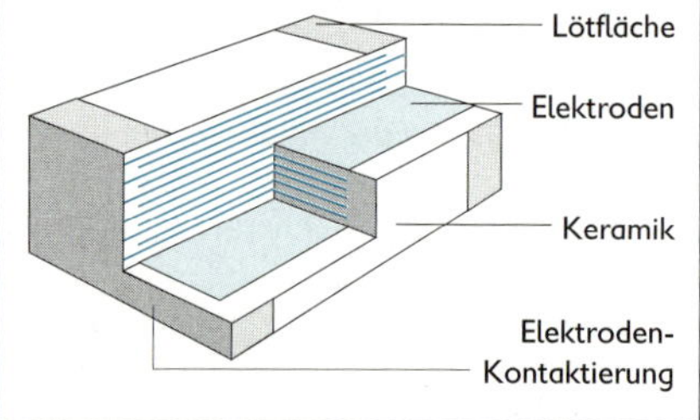

Elektrolytkondensator
Die Ladungen werden auf einer Aluminiumfolie und in einem Elektrolyten gespeichert. Das Dielektrikum wird durch eine dünne Schicht Aluminiumhydroxid gebildet, mit der sich die Aluminiumfolie überzieht. Damit dieser Zustand erhalten bleibt, muss die Folie stets die positive Ladung tragen. Polungsfehler führen zur Zerstörung des Kondensators.

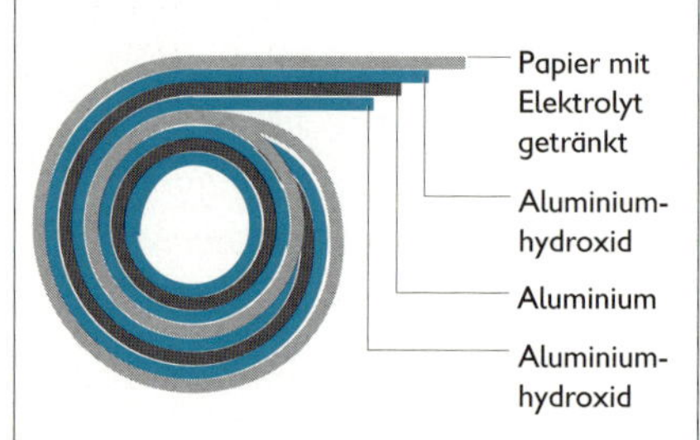

Drehkondensator
Die Ladungen werden auf zwei Metallplattensätzen gespeichert. Das Dielektrikum ist die umgebende Luft. Durch Ineinanderdrehen der Plattensätze wird die wirksame Fläche und damit die Kapazität des Kondensators vergrößert.

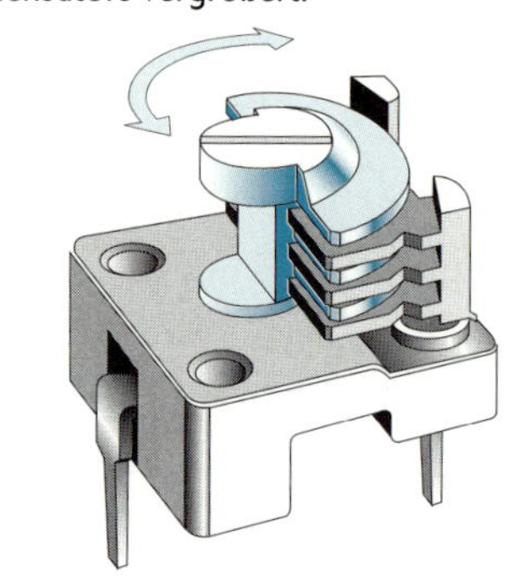

Laden und Entladen eines Kondensators. Diese Vorgänge führen zu elektrischen Strömen, deren Verlauf durch eine Exponentialfunktion beschrieben wird.

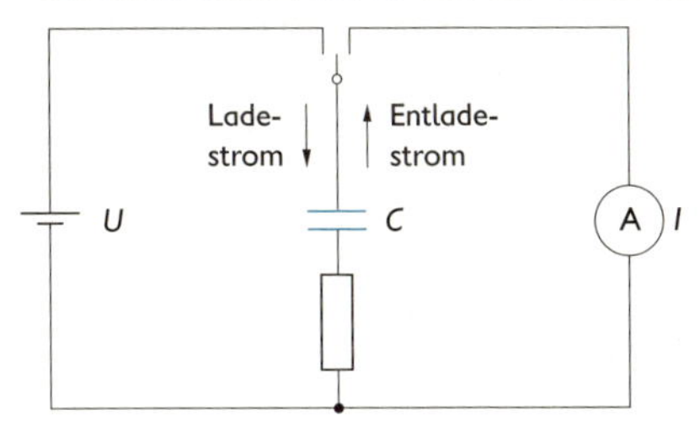

Schaltplan

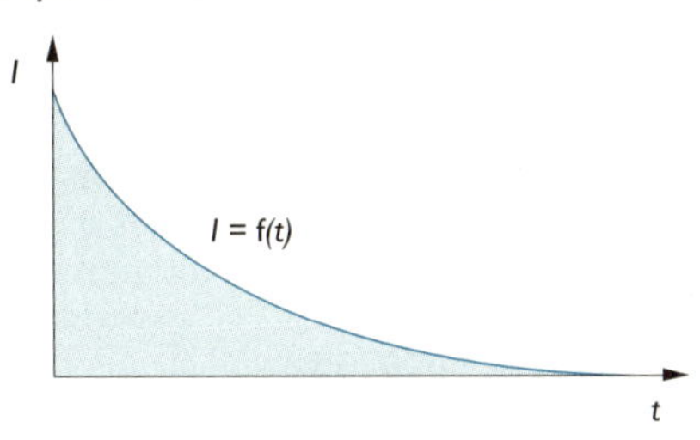

I-*t*-Diagramm für den Entladevorgang
Die Fläche unter der Kurve gibt den Betrag der gespeicherten Ladung an.

Anwendung von Kondensatoren

Physikalische Eigenschaft	Anwendung
Speichern elektrischer Ladungen	Kondensator im Schwingkreis Funkenlöschung bei Schaltvorgängen Glättung pulsierenden Gleichstroms
Phasenverschiebung φ zwischen u und i	Verbesserung des Leistungsfaktors cos φ

Zusammenhang zwischen Ladung und Spannung an einem Kondensator

In einem Kondensator ist die gespeicherte elektrische Ladung Q zur Ladespannung U proportional: $Q \sim U$.

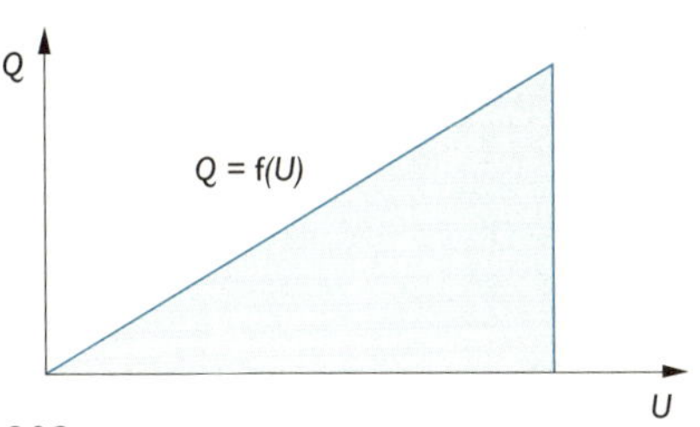

Q-*U*-Diagramm eines Kondensators
Die Fläche unter der Kurve gibt den Betrag der beim Speichern der Ladungen verrichteten Arbeit und damit den der gespeicherten Energie E_{el} des elektrostatischen Feldes an.

↗ Energie des elektrostatischen Feldes, S. 208

Elektrische Kapazität C

Physikalische Größe, die das spezifische Aufnahmevermögen eines Kondensators für elektrische Ladungen angibt. Sie ist die Proportionalitätskonstante zwischen der Ladung des Kondensators und der anliegenden Spannung.

$$C = \frac{Q}{U}$$

C elektrische Kapazität
Q positive, auf einem Leiter gespeicherte elektrische Ladung
U elektrische Spannung zwischen den speichernden Leitern

SI-Einheit: F (Farad)
1 F = 1 C/V

Dielektrizitätszahl ε_r

Physikalische Größe, die den Einfluss eines Dielektrikums auf das Speichervermögen eines Kondensators kennzeichnet. Sie ist jener Faktor, um den sich die Kapazität vergrößert, wenn sich anstelle von Vakuum der entsprechende Stoff zwischen den Leitern befindet.
Die Dielektrizitätszahl ist dimensionslos und vom Stoff abhängig.

- Beispiele für die Dielektrizitätszahl ε_r von Isolatoren

– Vakuum	1	– Glas	5 bis 16
– Luft	1,000 58	– Wasser	81
– Paraffin	2	– spezielle Keramiken	bis 10^4

Kapazität eines Plattenkondensators

Die speichernde Leiteranordnung besteht aus zwei ebenen, parallelen Metallplatten. Der Raum zwischen den Platten wird vollständig durch ein Dielektrikum ausgefüllt.

4

$$C = \varepsilon_0 \cdot \varepsilon_r \cdot \frac{A}{s}$$

C elektrische Kapazität
ε_0 elektrische Feldkonstante
$\varepsilon_0 = 8{,}854 \cdot 10^{-12}\ \mathrm{A \cdot s/(V \cdot m)}$
ε_r Dielektrizitätszahl
A Flächeninhalt einer Kondensatorplatte
s Abstand der Kondensatorplatten

Energie E_{el} des elektrostatischen Feldes

Physikalische Größe, die den Arbeitsaufwand zum Aufbau bzw. das Arbeitsvermögen beim Abbau eines elektrostatischen Feldes kennzeichnet.

Energie des elektrostatischen Feldes eines Kondensators

$$E_{el} = \frac{1}{2} Q \cdot U = \frac{1}{2} C \cdot U^2 = \frac{Q^2}{2C}$$

E_{el} Energie des elektrostatischen Feldes
Q Ladung des Kondensators
U Spannung am Kondensator
C Kapazität des Kondensators

SI-Einheit: J (Joule)

Beschleunigung elektrischer Ladungsträger

Vorgang, bei dem elektrische Ladungsträger in einem elektrischen Feld beschleunigt werden. Sind die Richtung der Geschwindigkeit eines elektrischen Ladungsträgers und die Kraftrichtung im elektrischen Feld parallel/antiparallel, so wird nur der Betrag der Geschwindigkeit vergrößert/verkleinert, anderenfalls wird auch die Richtung der Geschwindigkeit geändert.
↗ Eigenschaften elektrischer Felder, S. 203

Aus der Definition der elektrischen Feldstärke E (↗ S. 204) folgt:

$$\vec{F} = Q_P \cdot \vec{E}$$

F Kraft auf den Ladungsträger
Q_P elektrische Ladung des Probekörpers
E elektrische Feldstärke am Ort des Ladungsträgers

- Ablenkung von Elektronen durch das elektrische Feld von Ablenkplattenpaaren in einer Elektronenstrahlröhre

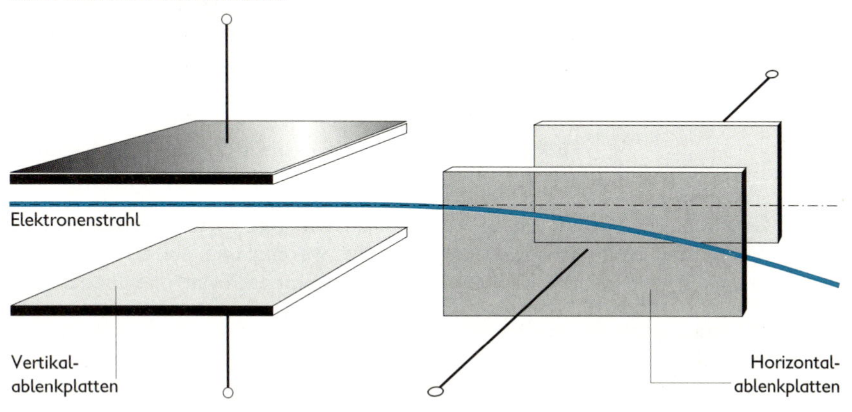

- Millikan-Versuch zur Bestimmung der elektrischen Elementarladung e: In einen Kondensator mit horizontalen Platten werden Öltröpfchen eingesprüht.

$$F = F_G$$

$$Q_P \cdot E = m \cdot g \qquad E = \frac{U}{s}$$

$$Q_P = \frac{m \cdot g \cdot s}{U}$$

+ –

$\vec{F} = Q \cdot \vec{E}$

$\vec{F}_G = m \cdot \vec{g}$

$$Q_P = n \cdot e$$

Q_P Ladung des Probekörpers (Öltröpfchens)
n Anzahl der Elementarladungen auf dem schwebenden Tröpfchen
e Elementarladung (größter gemeinsamer Teiler aus einer Vielzahl ermittelter Ladungen Q_P)

↗ Elementarladung e, S. 182

Beschleunigungsarbeit an Ladungsträgern. Sie wird verrichtet, wenn Ladungsträger in einem elektrischen Feld durch die Feldkraft beschleunigt werden. Die potentielle Energie des Ladungsträgers im Feld wird in kinetische Energie umgewandelt.
Die Beschleunigungsarbeit ist gleich der elektrischen Verschiebungsarbeit, die notwendig ist, um Ladungsträger zwischen zwei Punkten eines elektrischen Feldes gegen die Feldkraft zu verschieben.

↗ Energie E_{el} des elektrostatischen Feldes, S. 208

$$W_{el} = Q_P \cdot U$$

W_{el} elektrische Arbeit
Q_P Ladung des Probekörpers
U Spannung

SI-Einheit: J (Joule) $1\,J = 1\,C \cdot V$

Wird ein Elektron in einem elektrostatischen Feld durch eine Spannung U beschleunigt, so gilt wegen $E_{pot} = E_{kin}$:

$$e \cdot U = \frac{m_e \cdot v^2}{2}$$

e elektrische Elementarladung
U elektrische Spannung zwischen Anfangs- und Endpunkt der Elektronenbahn
m_e Masse des Elektrons (bei $v \ll c$)
v Endgeschwindigkeit des Elektrons (Anfangsgeschwindigkeit $v_0 = 0$)

Die Gleichung gilt auch für ein beliebiges, elektrisch geladenes Teilchen, wenn dessen Masse und elektrische Ladung eingesetzt werden und die erreichte Endgeschwindigkeit v nicht in der Größenordnung der Lichtgeschwindigkeit liegt.

- Beschleunigung von Elektronen zwischen Anode und Katode im elektrostatischen Feld einer Elektronenstrahlröhre

4

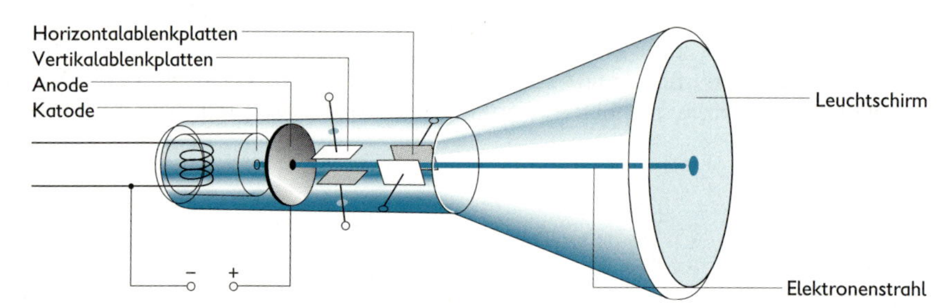

MAGNETISCHES FELD

Magnetisches Feld

Raum um Dauermagnete, bewegte elektrische Ladungsträger, Strom führende Leiter und zeitlich veränderliche elektrische Felder. In diesem Raum wirken Kräfte auf Dauermagnete und Körper aus Eisen, Kobalt bzw. Nickel und andere ferromagnetische Stoffe, bewegte elektrische Ladungsträger und Strom führende Leiter.

Dauermagnete. Sie besitzen zwei Pole (Nord- bzw. Südpol). Die Pole treten stets paarweise auf. Der Dauermagnetismus ist eine Kristalleigenschaft bestimmter Stoffe (Eisen, Kobalt, Nickel und deren Verbindungen). Er resultiert aus dem Eigendrehimpuls der Elektronen.

Magnetostatisches Feld. Magnetisches Feld mit zeitlich konstanten Eigenschaften.

Voraussetzungen für ein magnetostatisches Feld
- sich mit konstanter Geschwindigkeit bewegende elektrische Ladungsträger
- elektrische Ströme mit einer konstanten Stromstärke I
- ortsfeste Dauermagnete

Sind die Voraussetzungen nicht erfüllt, liegt ein zeitlich veränderliches Magnetfeld vor, das zugleich mit einem zeitlich veränderlichen elektrischen Feld verknüpft ist.

Eigenschaften magnetischer Felder

Kraftwirkungen (↗ Lorentzkraft, S. 217; Kraft auf Strom führende Leiter, S. 219)

Beispiel	Anwendung
Kraft auf Probekörper aus Eisen, Kobalt oder Nickel und deren Legierungen	Elektromagnet; elektrische Klingel; Relais
Kraft auf Magnete – gleichnamige Magnetpole stoßen sich ab – ungleichnamige Pole ziehen sich an	Ausrichtung einer Magnetnadel in Nord-Süd-Richtung im Magnetfeld der Erde
Kraft auf Strom führende Leiter	Gleichstrommotor
Kraft auf bewegte elektrische Ladungsträger	Ablenken der Elektronenstrahlung in Elektronenstrahlröhren

Speichern magnetischer Feldenergie

Die zum Aufbau eines magnetischen Feldes notwendige Arbeit wird als Energie des magnetischen Feldes gespeichert. Diese kann in andere Energiearten umgewandelt werden.

■ Umwandlung elektrischer Energie in mechanische Energie im Elektromotor; Umwandlung magnetischer Feldenergie in elektrische Energie durch die Selbstinduktion in einer Spule (↗ S. 224);
Energieübertragung durch elektromagnetische Wellen (↗ S. 232)

Magnetische Flussdichte *B*

Physikalische Größe zur quantitativen Feldbeschreibung, die angibt, wie groß die Kraft auf einen Probeleiter (Stromstärke I; Leiterlänge l) im Magnetfeld ist.

$$\vec{B} = \frac{\vec{F}}{I \cdot L}$$

B magnetische Flussdichte am Ort des Probeleiters
F Kraft auf den Probeleiter
I Stromstärke im Probeleiter
l Länge des Probeleiters

SI-Einheit: T (Tesla)

$1\,\mathrm{T} = 1\,\mathrm{N/(A \cdot m)} = 1\,\mathrm{V \cdot s/m^2}$

Gültigkeitsbedingungen: homogenes Magnetfeld, gerader Leiter, Kraft senkrecht zur magnetischen Flussdichte

$\vec{B}$ ist eine vektorielle Größe, deren Richtung anhand der Magnetpole mithilfe der 3-Finger-Regel (↗ S. 212) bzw. der Umfassungsregel (↗ S. 214) festgelegt wird.

Da der Betrag der Kraft $\vec{F}$ durch die magnetischen Eigenschaften der im Feld befindlichen Stoffe beeinflusst wird, erfasst $\vec{B}$ die Abhängigkeit der Stärke des Magnetfeldes von den anwesenden Stoffen. Von besonderer Bedeutung ist der Einfluss ferromagnetischer (dem Eisen verwandter) Stoffe.

↗ Permeabilitätszahl μ_r, S. 213; Zusammenhang zwischen magnetischer Feldstärke $\vec{H}$ und magnetischer Flussdichte $\vec{B}$, S. 212

Einige magnetische Flussdichten

Magnetfeld der Erde in Deutschland	$2 \cdot 10^{-5}$ T
Magnetfeld der Erde (Maximum)	$7 \cdot 10^{-5}$ T
Magnetfeld von Kompassnadeln	10^{-2} T
Magnetfeld eines Hufeisenmagneten	bis $2 \cdot 10^{-1}$ T
Magnetfeld von Sonnenflecken	$4 \cdot 10^{-1}$ T
Magnetfeld im Eisenkern eines Transformators	bis 1 T
Magnetfeld im Beschleuniger	bis 10 T
Magnetfeld von Neutronensternen	10^{8} T

Stromrichtung, Richtung der magnetischen Flussdichte und Kraftrichtung
Die Stromrichtung (von + nach –), die Richtung der magnetischen Flussdichte $\vec{B}$ und die Richtung der Kraft $\vec{F}$ bilden in dieser Reihenfolge ein orthogonales Rechtssystem.

3-Finger-Regel der rechten Hand
Weist der Daumen in die elektrische Stromrichtung (konventionelle Stromrichtung), der Zeigefinger in Richtung der Feldlinien, so zeigt der Mittelfinger in Kraftrichtung.

U Ursache: Stromrichtung
V „Vermittlung“: Richtung von $\vec{B}$
W Wirkung: Richtung von $\vec{F}$

↗ elektrische Stromrichtung, S. 185

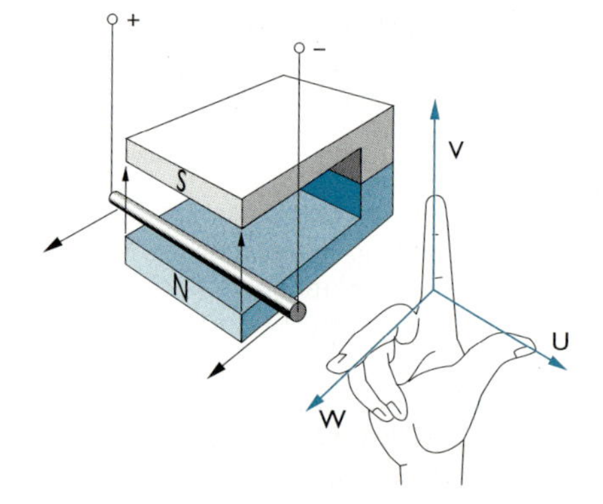

Magnetische Feldstärke *H*

Physikalische Größe zur Beschreibung der Stärke eines Magnetfeldes.
Die magnetische Feldstärke $\vec{H}$ ist eine vektorielle Größe, deren Richtung analog zur Richtung der magnetischen Flussdichte $\vec{B}$ festgelegt wird. Sie wird oft für Felder angegeben, die im Vakuum oder in Luft bzw. in solchen Stoffen bestehen, die das Magnetfeld nicht oder nur unwesentlich beeinflussen.

↗ magnetische Flussdichte B, S. 211

Der Zusammenhang zwischen magnetischer Flussdichte $\vec{B}$ und magnetischer Feldstärke $\vec{H}$ kann vereinfacht mithilfe der Permeabilitätszahl μ_r des Stoffes, der sich im Magnetfeld befindet, dargestellt werden:

$$\vec{B} = \mu_0 \cdot \mu_r \cdot \vec{H}$$

B magnetische Flussdichte
H magnetische Feldstärke
μ_r Permeabilitätszahl des Stoffes
μ_0 magnetische Feld- oder Induktionskonstante (Naturkonstante)
$\mu_0 = 1{,}257 \cdot 10^{-6}\ \mathrm{V \cdot s/(A \cdot m)}$

Permeabilitätszahl μ_r

Physikalische Größe, die die Auswirkungen eines im Magnetfeld befindlichen Stoffes auf die Stärke des Magnetfeldes kennzeichnet. Sie ist als Stoff charakterisierende Größe von der Stärke des Magnetfeldes, der vorangegangenen magnetischen Beeinflussung des Stoffes und der Temperatur abhängig. Vereinfachend wird die Verstärkung des Magnetfeldes durch eine dimensionslose Zahl angegeben.

↗ Stoffe im magnetostatischen Feld, S. 216; Hysterese, S. 216

■ Beispiele für Permeabilitätszahlen μ_r

Vakuum	1	Eisen	$5 \cdot 10^3$	Permalloy (Legierung)	$3 \cdot 10^5$
Luft	1,000 000 4	Nickel	$2,5 \cdot 10^3$	Wasser	0,999 999 1

Analogie von Größen des elektrischen und des magnetischen Feldes

Bedeutung	Elektrisches Feld	Magnetisches Feld
Wirkung auf einen kleinen Probekörper	elektrische Feldstärke $\vec{E}$	magnetische Feldstärke $\vec{H}$
Wirkung in einem Stoff	elektrische Verschiebungsdichte $\vec{D}$	magnetische Flussdichte $\vec{B}$
Stoffcharakterisierung	Dielektrizitätszahl ε_r	Permeabilitätszahl μ_r
Feldkonstante	$\varepsilon_0 = 8{,}854 \cdot 10^{-12}\ \mathrm{A \cdot s/(V \cdot m)}$	$\mu_0 = 1{,}257 \cdot 10^{-6}\ \mathrm{V \cdot s/(A \cdot m)}$
Quantitative Festlegung	$E = F/Q$	$B = F/(I \cdot l)$
Zusammenhang	$\vec{D} = \varepsilon_0 \cdot \varepsilon_r \cdot \vec{E}$	$\vec{B} = \mu_0 \cdot \mu_r \cdot \vec{H}$

Magnetisches Feldlinienbild

Modell zur qualitativen Darstellung magnetischer Felder.

Eine Feldlinie eines magnetischen Feldes erhält man, indem der Richtung der Kraft gefolgt wird, die auf einen Pol eines magnetischen Probekörpers (z. B. Kompassnadel) ausgeübt wird. Eine Anzahl von Feldlinien, die in einem ebenen Schnitt des Raumes, in dem das Magnetfeld besteht, die wesentlichsten Eigenschaften des Feldes modellmäßig widerspiegeln, bezeichnet man als Feldlinienbild. Da es keine magnetischen Monopole gibt, sind magnetische Feldlinien geschlossene Kurven.

Festlegung der Feldlinienrichtung, Feldlinienbilder

– Die Richtung der Feldlinien stimmt mit der Richtung der Kraft überein, die auf den Nordpol eines Probemagneten ausgeübt wird.

■ Feldlinien eines Dauermagneten verlaufen im Außenraum vom Nord- zum Südpol

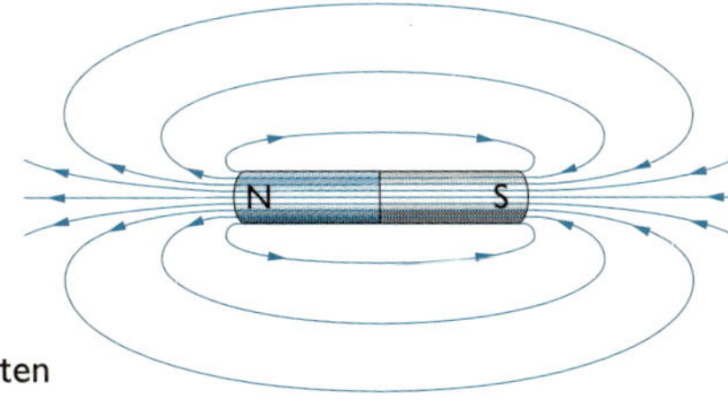

Feldlinienverlauf um einen Stabmagneten

– Die Richtung der Feldlinien folgt aus der Stromrichtung (von + nach –) mithilfe der „Umfassungsregel der rechten Hand“.

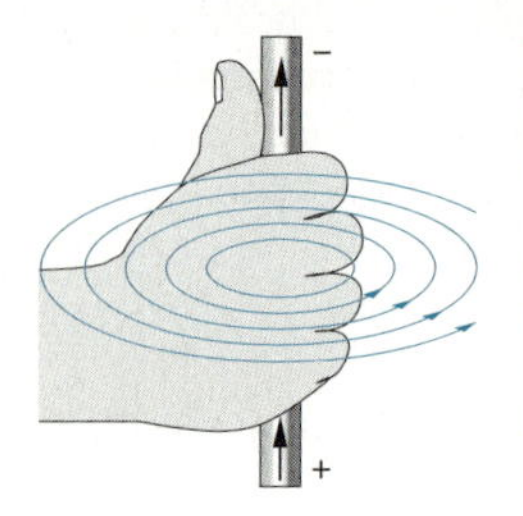

Stromrichtung = Richtung des Daumens

Feldlinienrichtung = Richtung der gekrümmten Finger

- Strom fließt in die Zeichenebene hinein

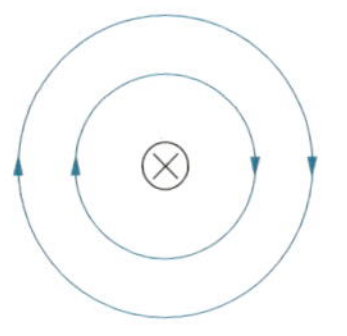

Strom fließt aus der Zeichenebene heraus

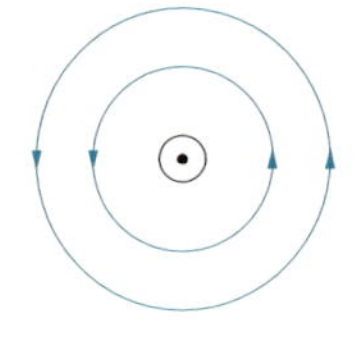

– Die Richtung der Feldlinien wird mithilfe der „3-Finger-Regel“ der rechten Hand festgelegt.

↗ Stromrichtung, Richtung der magnetischen Flussdichte und Kraftrichtung, S. 212

Magnetfeld der Erde

Der magnetische Nordpol der Erde befindet sich in der Nähe des geographischen Südpols, der magnetische Südpol der Erde in der Nähe des geographischen Nordpols.

Die Feldlinien sind gegen die Erdoberfläche geneigt, das Magnetfeld der Erde hat eine Horizontal- und eine Vertikalkomponente.

Die Horizontalkomponente ermöglicht die Bestimmung der Nord-Süd-Richtung, wobei jedoch eine Missweisung (Deklination) zu beachten ist. Der Deklinationswinkel beträgt in Deutschland ungefähr 3° West.

Die Neigung (Inklination) der Feldlinien führt in Deutschland zu einem Inklinationswinkel von 63° im Süden bzw. 69° im Norden.

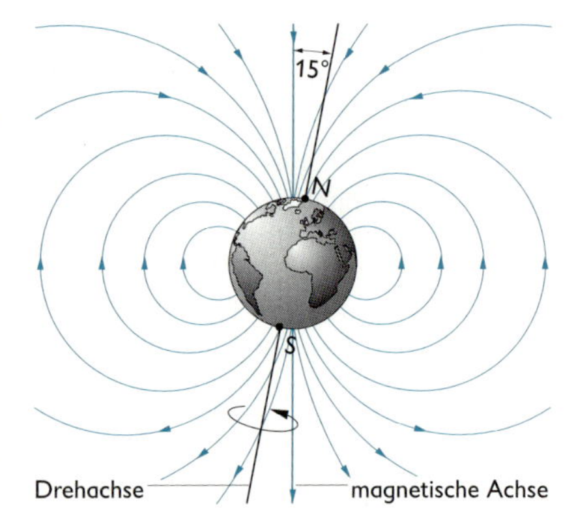

Magnetfeld der Erde im erdnahen Raum

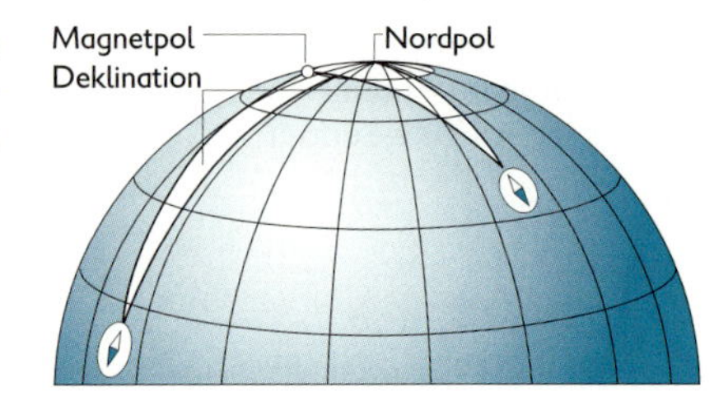

Magnetfeld einer stromdurchflossenen Spule

Entsteht durch die Überlagerung der Magnetfelder der einzelnen Strom führenden Windungen.

Es ist im Innenraum am stärksten (große Dichte der Feldlinien), die Spulenenden verhalten sich wie Magnetpole.

Ein homogenes magnetostatisches Feld besteht im Innenraum von lang gestreckten Zylinderspulen bzw. von Ringspulen, wenn diese von einem Gleichstrom durchflossen werden und je Längeneinheit der Spule stets eine konstante Anzahl von Windungen gewickelt ist.

Die Stärke eines solchen Feldes ist an jedem Ort im Innenraum gleich groß und zeitunabhängig. Ein homogenes Magnetfeld wird durch äquidistante, parallele Feldlinien charakterisiert.

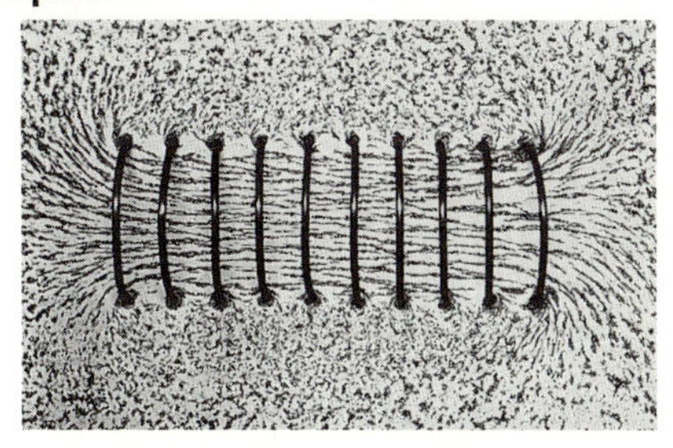

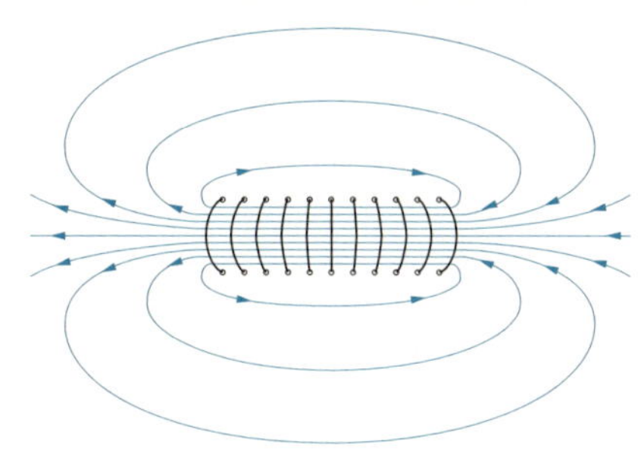

- magnetische Feldstärke im homogenen magnetostatischen Feld einer langen, dünnen Zylinderspule (Spulendurchmesser ≪ Spulenlänge) ohne Eisenkern:

$$H = I \cdot \frac{N}{l}$$

H Betrag der magnetischen Feldstärke
I elektrische Stromstärke in der Spule
N Windungszahl der Spule
l Länge der Spule

- magnetische Flussdichte im homogenen magnetostatischen Feld einer langen, dünnen Zylinderspule, die vollständig von einem Eisenkern ausgefüllt ist:

$$B = \mu_0 \cdot \mu_r \cdot H = \mu_0 \cdot \mu_r \cdot I \cdot \frac{N}{l}$$

B Betrag der magnetischen Flussdichte
μ_r Permeabilitätszahl des Eisenkerns
μ_0 magnetische Feldkonstante

Energie des magnetostatischen Feldes einer Spule

Physikalische Größe, die das Arbeitsvermögen des magnetostatischen Feldes kennzeichnet, das von einer Spule erzeugt wird, in der ein Strom mit einer konstanten Stromstärke fließt.

$$E_{magn} = \frac{1}{2} L \cdot I^2$$

E_{magn} Energie des magnetostatischen Feldes
L Induktivität der Spule
I elektrische Stromstärke in der Spule

SI-Einheit: J (Joule)

↗ Selbstinduktion, S. 224

Stoffe im magnetostatischen Feld

	ferromagnetische Stoffe	paramagnetische Stoffe	diamagnetische Stoffe
Merkmale für Körper aus diesen Stoffen	starkes Hineinziehen der Körper (kein Dauermagnet) in Bereiche mit hoher Feldstärke, große Verstärkung des Feldes	schwaches Hineinziehen der Körper in Bereiche mit hoher Feldstärke, schwaches Verstärken des Feldes	schwaches Abstoßen der Körper hin zu Bereichen mit geringer Feldstärke, geringes Schwächen des Feldes
Permeabilitätszahl	$\mu_r \gg 1$	$\mu_r > 1$	$\mu_r < 1$
Temperaturabhängigkeit von μ_r	μ_r nimmt mit steigender Temperatur ab (oberhalb der Curietemperatur treten keine ferromagnetischen Eigenschaften auf)	μ_r nimmt mit steigender Temperatur ab	μ_r ist unabhängig von der Temperatur
Beispiele	Eisen, Kobalt, Nickel	Aluminium, Platin, Sauerstoff	Wasser, Wismut, Kochsalz

Magnetische Werkstoffe

	hartmagnetisch	weichmagnetisch
Merkmale	starker Dauermagnetismus schwer magnetisierbar	schwacher Dauermagnetismus leicht magnetisierbar
Stoffe	Stahl, entsprechende Legierungen, Ferrite (Maniperm) und keramische Werkstoffe	Weicheisen, entsprechende Legierungen, Ferrite (Manifer) und keramische Werkstoffe
Anwendungsbeispiele	Magnete/Kerne im Lautsprecher, im Fahrraddynamo, in Kleinstmotoren, in elektrischen Messgeräten	Spulenkerne für die Hochfrequenz- und Fernmeldetechnik, Ferrit-Antennenstäbe
Hystereseschleife Darstellung der Abhängigkeit $B = f(H)$	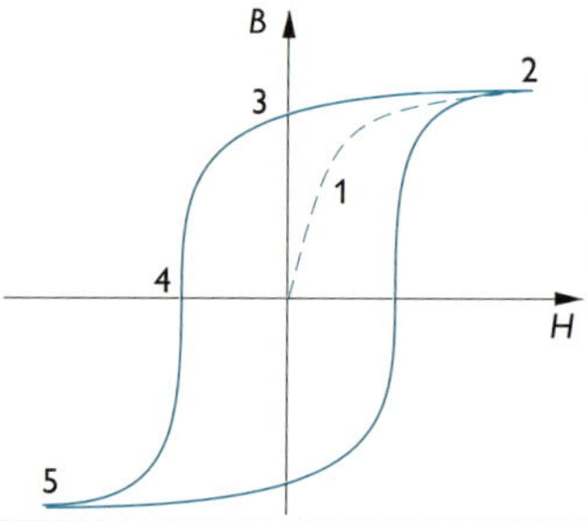 B, H, 1, 2, 3, 4, 5	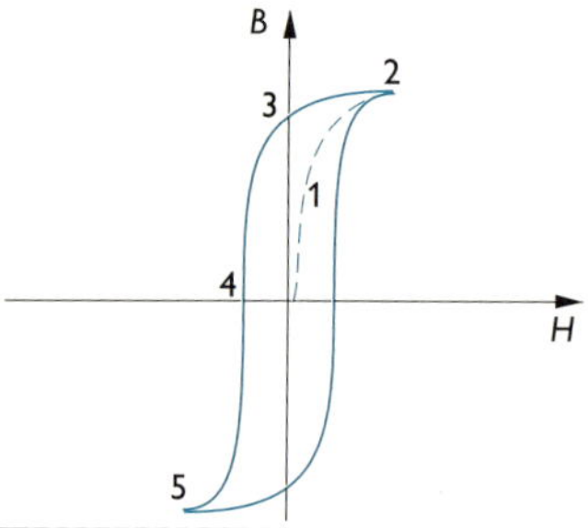 B, H, 1, 2, 3, 4, 5

Zu den Hystereseschleifen von S. 216
1 Neukurve (erstmalige Magnetisierung des Werkstoffes)
2 Sättigung in der Magnetisierung des Werkstoffes (Maximalwert von μ_r ist erreicht)
3 Restmagnetismus im Werkstoff ohne äußeres Feld (der Werkstoff ist zu einem Dauermagneten geworden)
4 Koerzitivfeldstärke zur Entmagnetisierung (der Restmagnetismus des Werkstoffes ist durch ein „Gegenfeld" wieder aufgehoben)
5 Sättigung nach erfolgter „Gegenmagnetisierung" (2 und 5 unterscheiden sich durch die am Werkstoff vertauschten Pole)

Lorentzkraft F_L

Wenn sich die Ladungsträger senkrecht zu den magnetischen Feldlinien bewegen, so wirkt auf sie die Lorentzkraft, und es gilt:

$$F_L = Q \cdot v \cdot B$$

F_L Betrag der Lorentzkraft
Q elektrische Ladung des bewegten Ladungsträgers
v Betrag der Geschwindigkeit des Ladungsträgers
B Betrag der magnetischen Flussdichte

SI-Einheit: N (Newton)

Wenn sich die Ladungsträger unter einem beliebigen Winkel zu den magnetischen Feldlinien bewegen, so gilt:

$$F = Q \cdot v \cdot B \sin\sphericalangle(\vec{v}, \vec{B})$$

$$\vec{F}_L = Q \cdot (\vec{v} \times \vec{B})$$

$\sphericalangle(\vec{v}, \vec{B})$ Winkel zwischen der Richtung der Geschwindigkeit und der Richtung der magnetischen Flussdichte

Sonderfall: $F_L = 0$, wenn $v = 0$ oder $B = 0$ oder $\sphericalangle(\vec{v}, \vec{B}) = 0°$ bzw. 180°

$$\vec{F}_L \perp \vec{v}$$

Die Lorentzkraft wirkt als Radialkraft, sie ändert nur die Richtung, aber nicht den Betrag der Geschwindigkeit.

Elektrische Ladungsträger, die unter einem von 0° bzw. 180° verschiedenen Winkel in Magnetfelder eingeschossen werden, bewegen sich folglich auf kreisförmigen (bei $\sphericalangle(\vec{v}, \vec{B}) = 90°$) oder schraubenförmigen Bahnen.

Anwendung der Lorentzkraft

Ablenken eines Elektronenstrahls im Fadenstrahlrohr. In einem Fadenstrahlrohr befindet sich ein Edelgas unter vermindertem Druck. Die Gasatome werden durch Zusammenstöße mit den Elektronen zum Leuchten angeregt. Bei hinreichender magnetischer Flussdichte werden die Elektronen auf einer Kreisbahn gehalten.	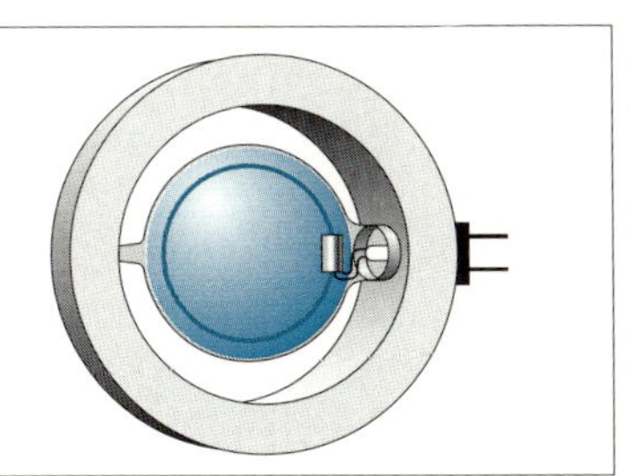

Anwendung der Lorentzkraft

<table>
<tr>
<td>Bestimmen der spezifischen Ladung eines Elektrons

$\frac{e}{m_e} = 1{,}76 \cdot 10^{11} \frac{\text{A} \cdot \text{s}}{\text{kg}}$</td>
<td>$F_L = F_R$

$e \cdot v \cdot B = \frac{m_e v^2}{r}$

$W_{el} = E_{kin}$

$e \cdot U = \frac{m_e \cdot v^2}{2}$

$\frac{e}{m_e} = \frac{2U}{B^2 \cdot r^2}$

Die Lorentzkraft F_L zwingt die Elektronen auf die Kreisbahn.</td>
</tr>
<tr>
<td>Kreisbeschleuniger zum Beschleunigen von Elementarteilchen auf hohe Energien</td>
<td>Zyklotron: Das magnetische Feld zwingt die Teilchen auf eine Kreisbahn. Weil sie durch elektrische Felder mehrfach beschleunigt werden, entsteht schließlich eine Spiralbahn.

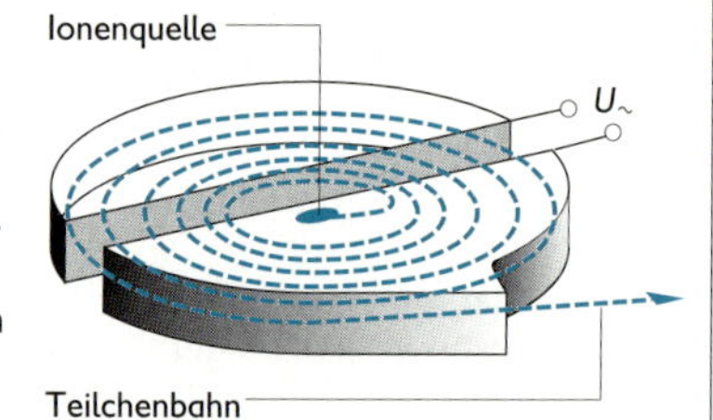
</td>
</tr>
<tr>
<td>Elektronenmikroskop

↗ Welle-Teilchen-Verhalten von Mikroobjekten, S. 302, 304</td>
<td>Magnetische Linsen sind Magnetspulen mit Polschuhen.
Bewegt sich Elektronenstrahlung durch das magnetische Feld zwischen den Polschuhen, so können die Elektronen durch die Lorentzkraft ähnlich abgelenkt werden wie Licht durch Glaslinsen. Wegen der kleineren Wellenlänge der Elektronen gegenüber Licht erreicht man wesentlich höhere Vergrößerungen und ein größeres Auflösevermögen als beim Lichtmikroskop.

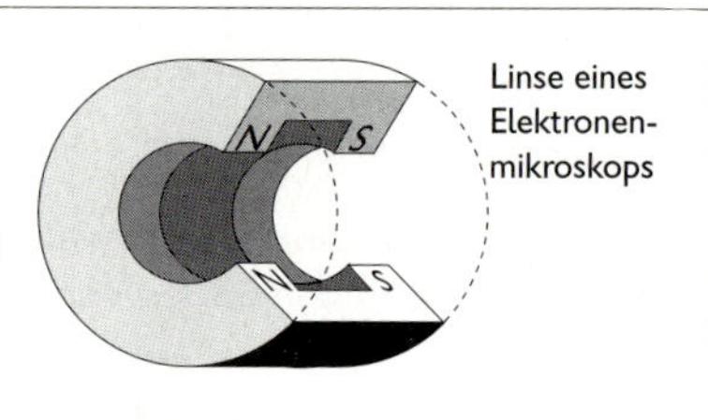

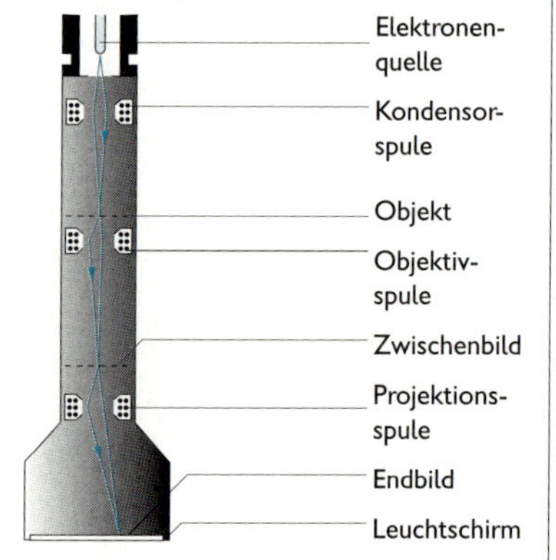
</td>
</tr>
</table>

Hall-Effekt
Die Ablenkung bewegter Ladungsträger durch ein orthogonales Magnetfeld führt in einer stromdurchflossenen Folie zur Hall-Spannung U_H, die senkrecht zur Stromrichtung mit einer bestimmten Polung auftritt.

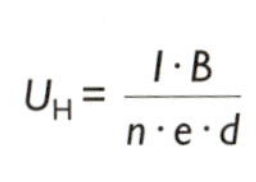

$$U_H = \frac{I \cdot B}{n \cdot e \cdot d}$$

I Stromstärke in der Folie
B magnetische Flussdichte
n Elektronen- (Defektelektronen-) dichte der Folie
d Dicke der Folie
e elektrische Elementarladung

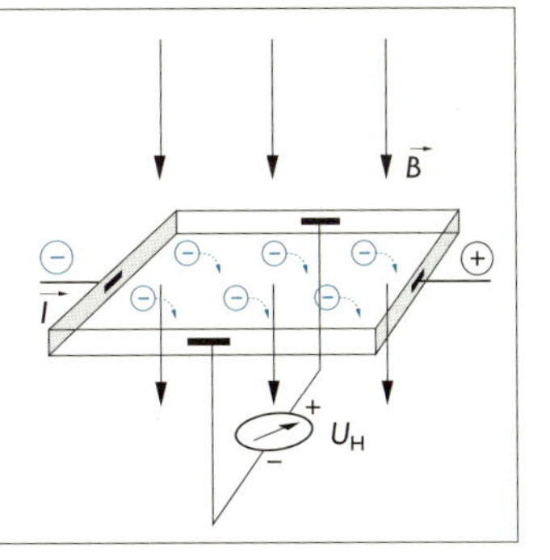

Strom führende Leiter im Magnetfeld

Strom führende Leiter erfahren im Magnetfeld eine Kraft, die als Summe der Lorentzkräfte auf die sich im Leiter geordnet bewegenden Ladungsträger entsteht.

$$F = I \cdot l \cdot B$$

F Betrag der Kraft
I Stromstärke im Leiter
l Länge des Leiters im Magnetfeld
B Betrag der magnetischen Flussdichte

SI-Einheit: N (Newton)
Gültigkeitsbedingung: Der Leiter muss orthogonal zur Richtung der magnetischen Flussdichte bzw. zur Richtung der magnetischen Feldlinien liegen.

Liegt der Leiter unter einem von 90° verschiedenen Winkel zur Richtung der magnetischen Flussdichte, so gilt:

$$F = I \cdot l \cdot B \cdot \sin \sphericalangle(\vec{l}, \vec{B})$$

$$\vec{F} = I \cdot (\vec{l} \times \vec{B})$$

$\sphericalangle(\vec{l}, \vec{B})$ Winkel zwischen dem Leiter und der magnetischen Flussdichte
$\vec{l}$ Vektor, der aus der Leiterlänge l und der Stromrichtung (von + nach −) gebildet wird

- Elektromotor
  Bei der Ablenkung eines Strom führenden Leiters wird Arbeit verrichtet, der Leiter erhält kinetische Energie, die aus der elektrischen Energie des Stromflusses umgewandelt wird (Prinzip des Elektromotors).
  Auf die stromdurchflossenen Windungen wirken im Magnetfeld Kräfte, die den Rotor in eine Drehbewegung versetzen. Jeder Motortyp weist Baugruppen auf, die für eine Beibehaltung der Drehrichtung sorgen (z. B. der Kollektor beim Gleichstrommotor).

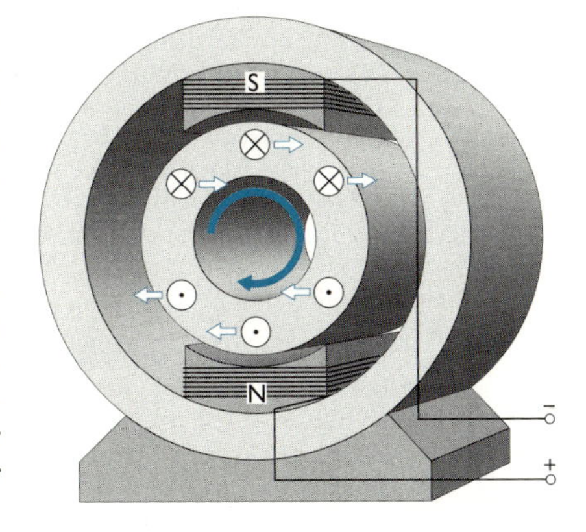

ELEKTROMAGNETISCHES FELD

Elektromagnetisches Feld

Raumgebiet, in dem zeitlich veränderliche elektrische und zeitlich veränderliche magnetische Felder untrennbar miteinander verknüpft sind. Zur quantitativen Beschreibung können die elektrische Feldstärke E (↗ S. 204) und die magnetische Flussdichte B (↗ S. 211) in Abhängigkeit von Ort und Zeit verwendet werden.

↗ elektrisches Feld, S. 203; magnetisches Feld, S. 210

Entstehung des elektromagnetischen Feldes

Voraussetzungen für die Entstehung sind zeitlich veränderliche Ströme elektrischer Ladungsträger oder zeitlich veränderliche elektrische oder magnetische Felder. Ein elektromagnetisches Feld tritt in Wechselwirkung mit ruhenden und bewegten Ladungsträgern.

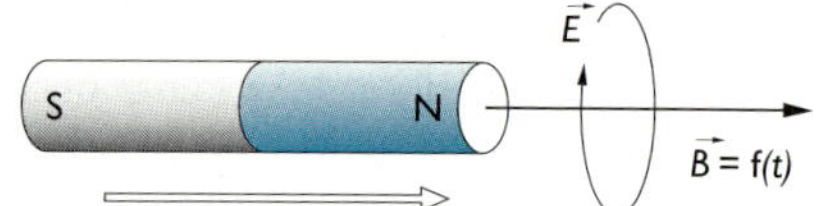

Verknüpfung eines zeitlich veränderlichen Magnetfeldes mit einem elektrischen Feld

Elektromagnetische Induktion

Vorgang, bei dem an den Enden einer Leiterschleife (bzw. Spule) eine Spannung entsteht. Ursache ist eine Veränderung des magnetischen Flusses, der von der Leiterschleife umfasst wird.

↗ Schwingkreis, S. 228; Generator und Motor, S. 225; Transformator, S. 227

Voraussetzungen für das Entstehen einer Induktionsspannung

Voraussetzungen	Magnetfeld zeitlich konstant, Relativbewegung zwischen Leiter und Magnetfeld	Magnetfeld zeitlich veränderlich, ruhender Leiter
Möglichkeit der Realisierung	zeitliches Ändern der vom magnetischen Feld durchsetzten Leiterschleifenfläche	zeitliches Ändern des magnetischen Feldes, das eine Leiterschleife durchsetzt
Zusammenhang	In einer Leiterschleife (Spule) wird eine Spannung induziert, solange sich durch Bewegung zwischen Leiterschleife und Magnet der räumliche Anteil des von der Leiterschleife umfassten Magnetfeldes ändert.	Verändern der Stärke des Magnetfeldes eines Elektromagneten das von der Leiterschleife umfasste Magnetfeld ändert.
Schematische Darstellung	N S V	A V − +

Mathematische Beziehung	$U_{ind} = -N \cdot B \cdot \frac{dA}{dt}$ Gültigkeitsbedingung B = konst.; $B \perp A$ U_{ind} Induktionsspannung N Windungszahl der Induktionsspule $\frac{dA}{dt}$ Änderungsgeschwindigkeit der umschlossenen Fläche	$U_{ind} = -N \cdot A \cdot \frac{dB}{dt}$ Gültigkeitsbedingung A = konst.; $B \perp A$ U_{ind} Induktionsspannung N Windungszahl der Induktionsspule $\frac{dB}{dt}$ Änderungsgeschwindigkeit der magnetischen Flussdichte
Beispiel	↗ Generator, S. 225	↗ Transformator, S. 227

Magnetischer Fluss Φ

Physikalische Größe zur quantitativen Beschreibung des elektromagnetischen Feldes und der elektromagnetischen Induktion. Der magnetische Fluss kennzeichnet den Magnetismus, der eine Fläche durchsetzt.

$$\Phi = B \cdot A$$

Φ magnetischer Fluss
B magnetische Flussdichte
A wirksame Windungsfläche

SI-Einheit: Wb (Weber) $1\ \text{Wb} = 1\ \text{V} \cdot \text{s} = 1\ \text{kg} \cdot \text{m}^2/(\text{A} \cdot \text{s}^2)$

Aus $\Phi = B \cdot A$ erhält man $B = \frac{\Phi}{A}$.

Damit wird die Bezeichnung „magnetische Flussdichte $\vec{B}$" verständlich.
Für die wirksame Windungsfläche A gilt:
$A = A_0 \cdot \cos\alpha$.

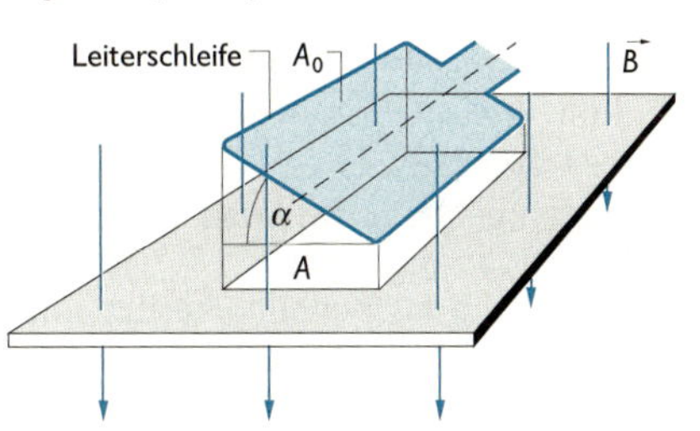

Induktionsgesetz

Gesetzmäßiger Zusammenhang zwischen der Induktionsspannung und dem magnetischen Fluss. An den Enden einer Spule tritt eine Spannung auf, solange sich der von der Spule umfasste magnetische Fluss ändert.

$$U_{ind} = -N \cdot \frac{d\Phi}{dt}$$

U_{ind} Induktionsspannung
N Windungszahl der Induktionsspule
Φ magnetischer Fluss durch die wirksame Windungsfläche einer Leiterschleife bzw. Spule
t Zeit

Mit $\Phi = B \cdot A$ erhält man $U_{ind} = -N \cdot \frac{d(B \cdot A)}{dt}$. Aus dieser Gleichung lassen sich die beiden prinzipiellen Möglichkeiten zum Erzeugen einer Induktionsspannung erkennen.
↗ Voraussetzungen für das Entstehen einer Induktionsspannung, S. 220

Induktion bei Relativbewegung zwischen Spule und Magnetfeld

Gleichförmige Bewegung einer Leiterschleife durch ein magnetisches Feld (Feldlinien senkrecht zur Zeichenebene)

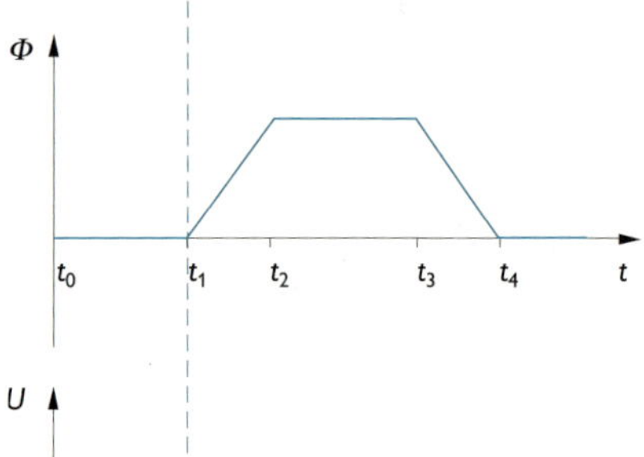

Zeitlicher Verlauf des magnetischen Flusses, der die Leiterschleife durchsetzt

Zeitlicher Verlauf der Induktionsspannung an den Enden der Leiterschleife

Lenz'sches Gesetz

Zusammenhang zwischen der Richtung des Induktionsstromes und der Ursache des Induktionsvorganges.

Die Induktionsspannung besitzt eine solche Polarität, dass der durch sie hervorgerufene Strom der Ursache des Induktionsvorganges entgegenwirkt.

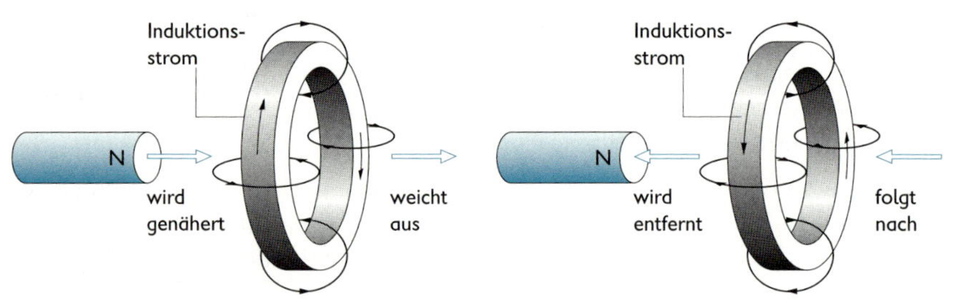

Experiment zum Nachweis des Lenz'schen Gesetzes

Das Magnetfeld des Induktionsstromes wirkt der Zu- oder Abnahme des magnetischen Flusses entgegen.

Das Lenz'sche Gesetz ist ein Sonderfall des Energieerhaltungssatzes.

↗ Energieerhaltungssatz, S. 94; Induktionsgesetz, S. 221

Wirbelströme

Ströme, die in ausgedehnten Metallteilen infolge elektromagnetischer Induktion hervorgerufen werden. Die Ladungsträger bewegen sich nicht auf vorgegebenen Bahnen, sondern im einfachsten Falle auf konzentrischen Kreisbahnen ähnlich der Teilchenbewegung in Wirbeln von Strömungen. Entsprechend den Voraussetzungen für die elektromagnetische Induktion können Wirbelströme unter zwei unterschiedlichen Bedingungen auftreten.

Bedingung	Relativbewegung zwischen massivem Leiter und Magnetfeld	Verändern der Stärke des Magnetfeldes im massiven Leiter
Wirkungen	Behinderung der Bewegung, Erwärmung des massiven Leiters	Erwärmung des massiven Leiters
Technische Anwendung	Wirbelstromdämpfung in Messinstrumenten, Wirbelstrombremse, Drehstrommotor, Wirbelstromtachometer 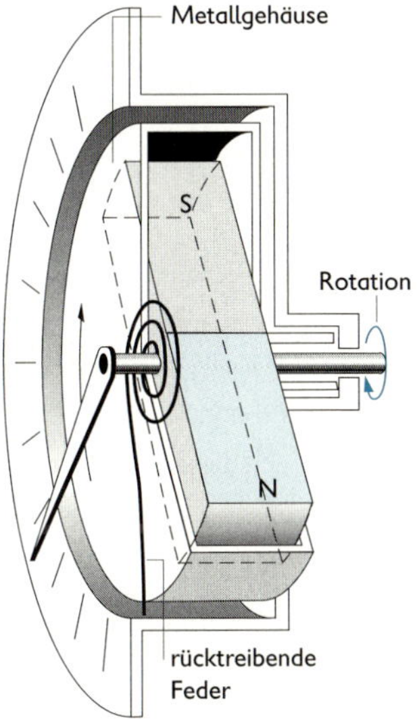 Durch Wirbelströme im Metallgehäuse wird die Rotation gebremst	Wirbelstromerwärmung zum Reinigen von Metallen (Zonenschmelzverfahren), Wirbelstromerwärmung zum Härten von Metallteilen 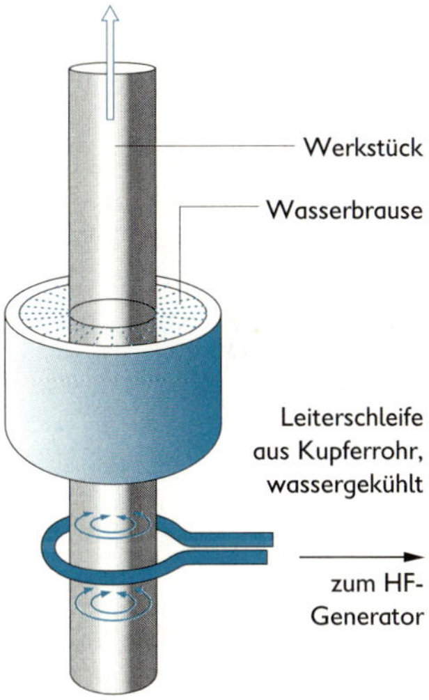 Nach Erwärmung durch Wirbelströme wird das Werkstück durch Abschreckung gehärtet
Maßnahmen zur Verringerung der Wirbelströme	– Vermeiden massiver Metallteile (Schlitzen der Teile) – Herstellen von Eisenkernen aus gegeneinander isolierten Blechlamellen – Verwenden von magnetischen Keramik-Materialien (hoher elektrischer Widerstand) ↗ Wirkungsgrad eines Transformators, S. 227	

4

Selbstinduktion

Vorgang, bei dem durch ein zeitlich veränderliches Magnetfeld in einer felderzeugenden Spule selbst eine Spannung hervorgerufen wird. Dieser Vorgang verläuft nach dem Induktionsgesetz und dem Lenz'schen Gesetz unter Berücksichtigung der Induktivität L der jeweiligen Spule.

$$U_{ind} = -L \cdot \frac{dI}{dt}$$

U_{ind} Selbstinduktionsspannung
L Induktivität einer Spule
I Erregerstromstärke in der Spule
t Zeit

Die Selbstinduktionsspannung wirkt dem Aufbau bzw. dem Abbau eines magnetischen Feldes entgegen.

↗ Induktionsgesetz, S. 221; Lenz'sches Gesetz, S. 222; Induktivität L, S. 224

4

Die Selbstinduktion führt zum verzögerten Anwachsen der Stromstärke beim Schließen eines Stromkreises sowie zum allmählichen Abklingen der Stromstärke beim Abschalten der Spannungsquelle und bei weiterhin geschlossenem Stromkreis.

In entsprechender Weise wird durch die Selbstinduktion das Verstärken oder Abschwächen der Stromstärke in einem Stromkreis verzögert: Die Selbstinduktionsspannung wirkt der Änderung der äußeren Spannung entgegen.

↗ induktiver Widerstand X_L, S. 198

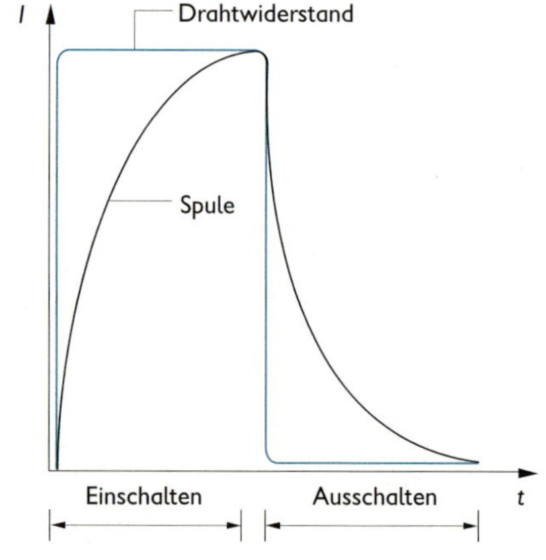

Zeitlicher Verlauf der Stromstärke in einem Drahtwiderstand und in einer Spule

Induktivität *L*

Physikalische Größe, die das elektrische Verhalten einer Spule bei Stromstärkeänderungen charakterisiert.

$$L = \mu_0 \cdot \frac{N^2 \cdot A}{l}$$

L Induktivität
μ_0 magnetische Feldkonstante
N Windungszahl der Spule
A Querschnittsfläche der Spule
l Länge der Spule

SI-Einheit: H (Henry)
$1\ H = 1\ V \cdot s/A$

Gültigkeitsbedingungen: Spule ohne Eisenkern, Spulenlänge groß gegenüber dem Spulendurchmesser

Verknüpfung von elektrischem und magnetischem Feld

Unter bestimmten Bedingungen sind elektrisches und magnetisches Feld untrennbar miteinander verknüpft.

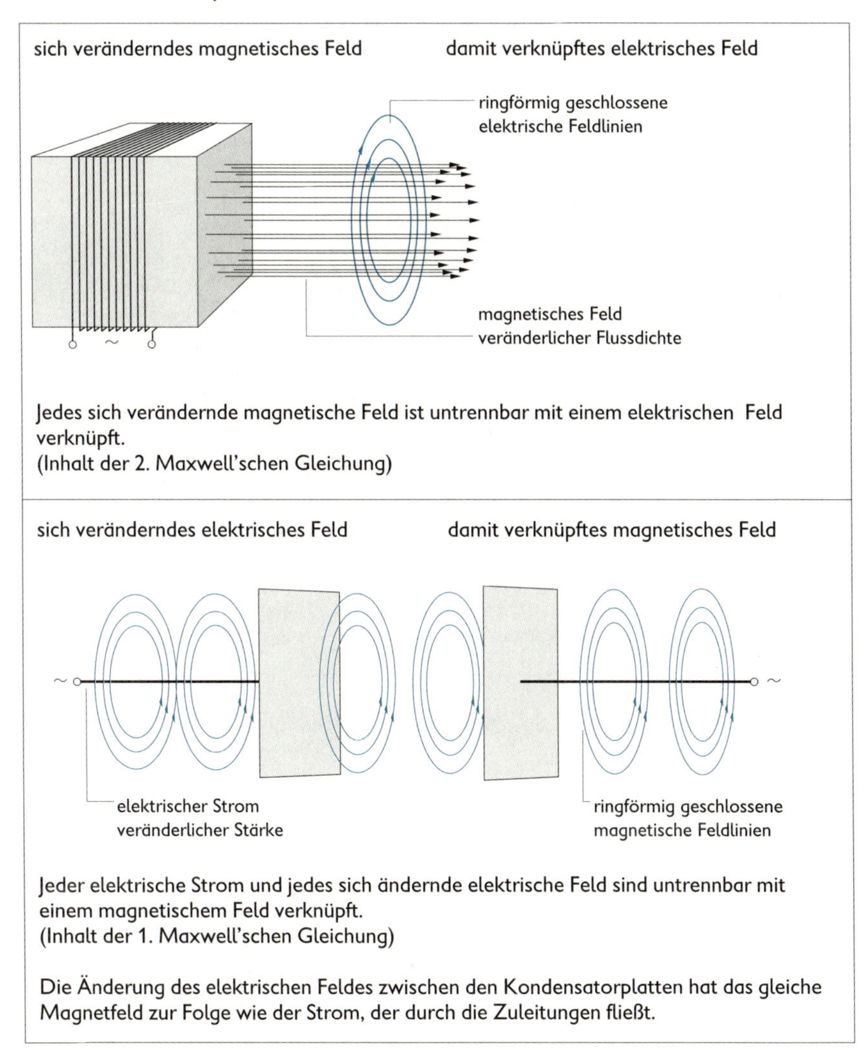

Generator und Motor

Generator. Energiewandler, in dem die Relativbewegung eines Leiters im zeitlich konstanten magnetischen Feld zur Erzeugung einer Induktionsspannung genutzt wird.

Motor. Energiewandler, in dem die Kraft, der ein stromdurchflossener Leiter im magnetischen Feld unterliegt, zur Erzeugung eines Drehmoments genutzt wird.

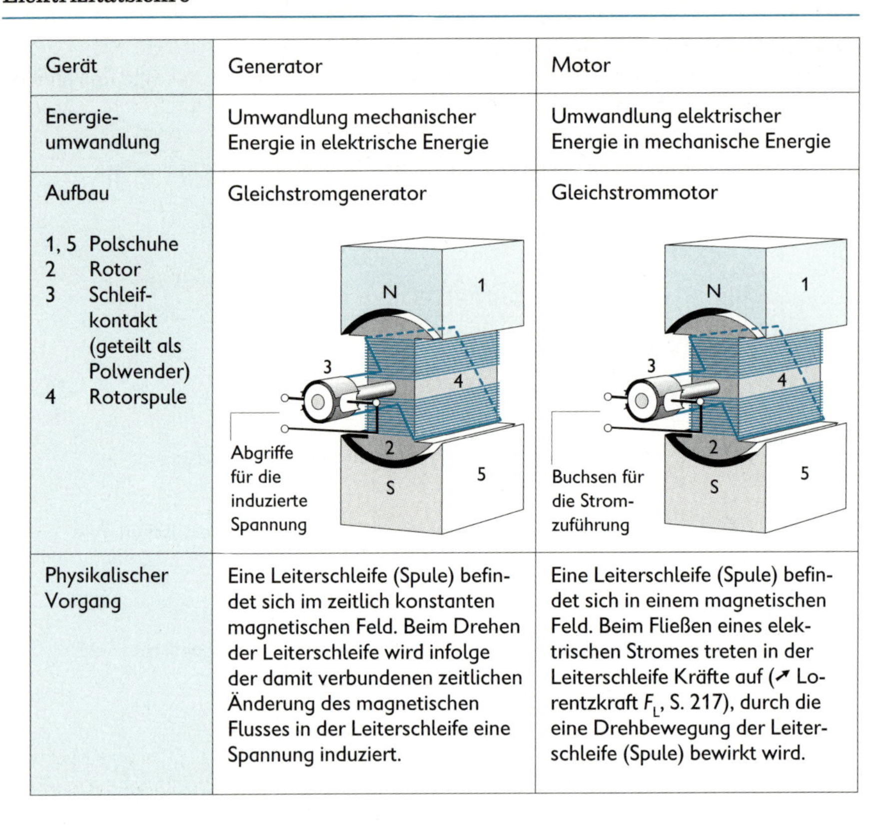

Gerät	Generator	Motor
Energie-umwandlung	Umwandlung mechanischer Energie in elektrische Energie	Umwandlung elektrischer Energie in mechanische Energie
Aufbau 1, 5 Polschuhe 2 Rotor 3 Schleifkontakt (geteilt als Polwender) 4 Rotorspule	Gleichstromgenerator N 1 3 4 2 S 5 Abgriffe für die induzierte Spannung	Gleichstrommotor N 1 3 4 2 S 5 Buchsen für die Stromzuführung
Physikalischer Vorgang	Eine Leiterschleife (Spule) befindet sich im zeitlich konstanten magnetischen Feld. Beim Drehen der Leiterschleife wird infolge der damit verbundenen zeitlichen Änderung des magnetischen Flusses in der Leiterschleife eine Spannung induziert.	Eine Leiterschleife (Spule) befindet sich in einem magnetischen Feld. Beim Fließen eines elektrischen Stromes treten in der Leiterschleife Kräfte auf (↗ Lorentzkraft F_L, S. 217), durch die eine Drehbewegung der Leiterschleife (Spule) bewirkt wird.

↗ Wechselstromgenerator, S. 226; Voraussetzungen für das Entstehen einer Induktionsspannung, S. 220

Wechselstromgenerator

Gerät zur Erzeugung von Wechselspannung durch Rotation einer Leiterschleife (Spule) in einem Magnetfeld (Außenpolmaschine) oder eines Magnetfeldes zwischen den Spulen (Innenpolmaschine) auf der Grundlage der elektromagnetischen Induktion.

Elektromagnet (Rotor)
+
–
~
Gleichstrom zur Erregung des Ankermagneten
Induktionsspule (Stator)
induzierte Spannung

Wechselstromgenerator
Prinzip einer Innenpolmaschine

Transformator

Gerät zur Wandlung von Wechselspannungen und Wechselstromstärken. Seine Funktion beruht auf dem Prinzip der Induktion im zeitlich veränderlichen Magnetfeld (↗ S. 220). An die Primärspule wird eine Wechselspannung mit den sich zeitlich periodisch ändernden Größen $u(t)$ und $i(t)$ angelegt. Damit wird in der Sekundärspule eine Wechselspannung induziert.

↗ Wechselspannung u, S. 196; magnetische Flussdichte B, S. 211

Übersetzungsverhältnisse am idealen („verlustfreien") Transformator ($P_{S1} = P_{S2}$)

Art der Übersetzung	Spannungsübersetzung	Stromstärkeübersetzung
Gleichung	$\frac{U_1}{U_2} = \frac{N_1}{N_2}$	$\frac{I_1}{I_2} = \frac{N_2}{N_1}$
Bedingung	Sekundärstromkreis geöffnet (Leerlauf)	Sekundärstromkreis kurzgeschlossen (Kurzschluss)
Beispiele	Hochspannungstransformatoren Klingeltransformatoren	Schweißtransformatoren

Bei einem belasteten Transformator sinkt die Sekundärspannung U_2 mit wachsender Belastung, d. h., bei wachsender Sekundärstromstärke I_2. ↗ Scheinleistung P_S, S. 201

Rückwirkung des Sekundärstromes auf den Primärstrom

Aufgrund der Selbstinduktionsspannung fließt beim unbelasteten Transformator ein Primärstrom mit nur geringer Stromstärke. Infolge der Phasenverschiebung zwischen Stromstärke und Spannung ist die Wirkleistung gering. Beim belasteten Transformator fließt ein Sekundärstrom.

Das Magnetfeld des Sekundärstromes bewirkt, dass sich die Energieaufnahme des Transformators der sekundärseitigen Belastung anpasst (Rückwirkung). Dabei ändert sich auch die Phasenverschiebung im Primärstromkreis.

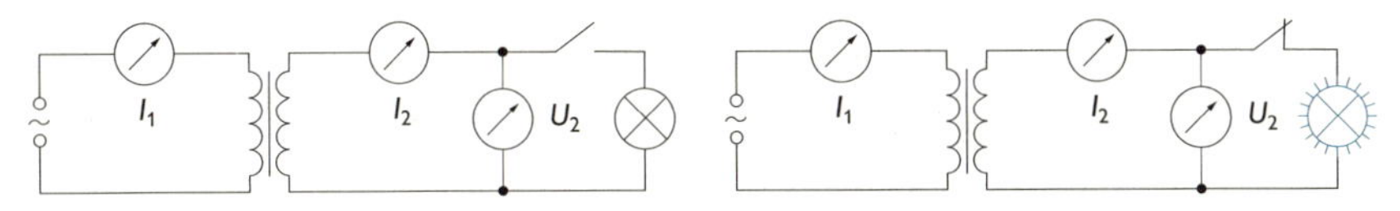

Transformator, unbelastet — Transformator, belastet

Wirkungsgrad eines Transformators. Da ein Teil der elektrischen Energie in thermische Energie umgewandelt wird, ist er stets kleiner als 1.

$$\eta = \frac{P_{W2}}{P_{W1}}$$

η Wirkungsgrad
P_{W1} Wirkleistung im Primärstromkreis
P_{W2} Wirkleistung im Sekundärstromkreis

↗ Wirkungsgrad η, S. 97; Wirkleistung P_W, S. 201; Wirbelströme, S. 223

zugeführte elektrische Energie
$P_{W1} \cdot t = U_1 \cdot I_1 \cdot \cos \varphi_1 \cdot t$

Stromwärme in den Spulenwindungen

Transformator

Magnetisches Streufeld, Wirbelströme im Eisenkern

abgegebene elektrische Energie
$P_{W2} \cdot t = U_2 \cdot I_2 \cdot \cos \varphi_2 \cdot t$

Energieumwandlungen beim Transformator

Leistungstransformatoren im öffentlichen Energieversorgungsnetz haben einen Wirkungsgrad bis 0,98.

4 SCHWINGKREIS

Elektromagnetische Schwingung

Vorgang, bei dem sich das elektromagnetische Feld zeitlich periodisch ändert. Dieser Vorgang kann durch den zeitlichen Verlauf entsprechender Größen beschrieben werden, z. B. für $E(t)$, $B(t)$, $u(t)$, $i(t)$.

↗ elektrische Feldstärke E, S. 204; magnetische Flussdichte B, S. 211; Wechselspannung u, S. 196; Wechselstromstärke i, S. 196

Geschlossener Schwingkreis

Geschlossener Leiterkreis, bestehend aus Spule und Kondensator, in dem elektromagnetische Schwingungen unterschiedlicher Frequenz in Abhängigkeit von L und C erzeugt werden können

↗ Wechselstromfrequenz f, S. 197

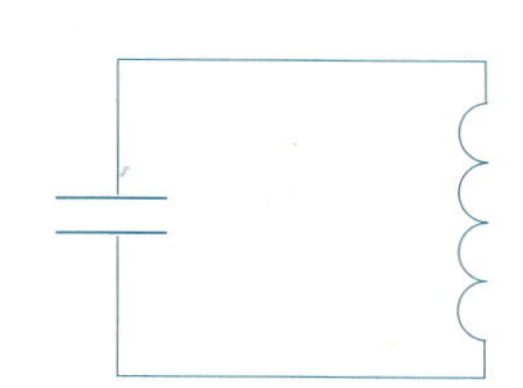

Gedämpfte elektromagnetische Schwingung

Nach einmaliger Energiezufuhr finden im geschlossenen Schwingkreis zeitlich periodische Umwandlungen von elektrischer Feldenergie in magnetische Feldenergie und umgekehrt statt. Ein Teil der zugeführten Energie wird infolge des ohmschen Widerstandes in thermische Energie umgewandelt, sodass die Summe aus elektrischer und magnetischer Feldenergie allmählich abnimmt.

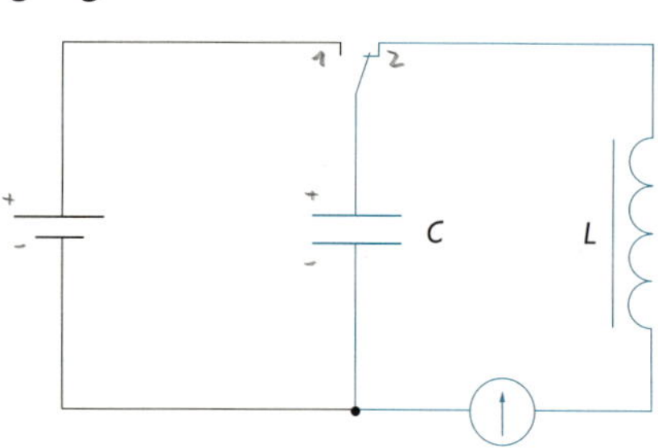

↗ gedämpfte Schwingung, S. 120; Energie E_{el} des elektrostatischen Feldes, S. 208; Energie E_{magn} des magnetostatischen Feldes, S. 215

Vorgänge in einem Schwingkreis

In einem elektrischen Schwingkreis finden ständige Umlade- und Induktionsvorgänge statt. Dadurch ändern sich Spannung und Stromstärke periodisch.

Zeit	Vorgänge im Kondensator	Vorgänge in der Spule
0	Kondensator beginnt sich zu entladen	Strom beginnt zu fließen
$T/8$	Spannung nimmt allmählich ab	Stromstärke nimmt infolge der Selbstinduktion nur langsam zu
$T/4$	Kondensator ist entladen	Stromstärke erreicht höchsten Wert
$(3/8)T$	Kondensator wird mit entgegengesetzter Polarität wieder aufgeladen; Spannung nimmt allmählich zu	Strom fließt durch das Zusammenbrechen des magnetischen Feldes infolge der Selbstinduktion weiter; Stromstärke nimmt allmählich ab
$T/2$	Kondensator ist mit entgegengesetzter Polarität aufgeladen	Stromstärke ist null

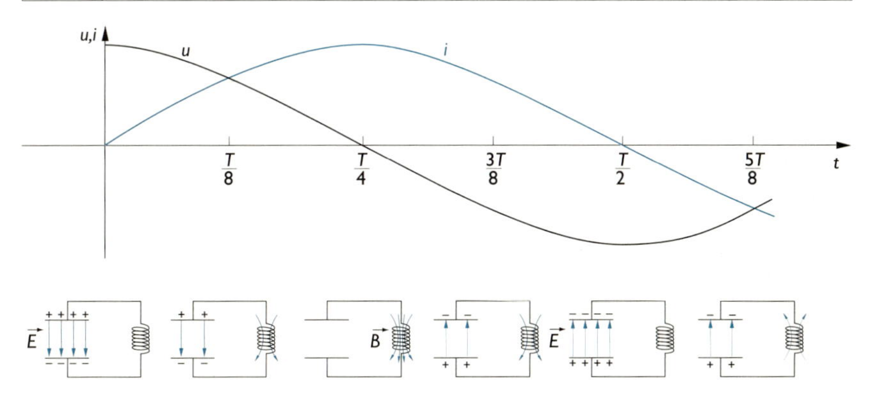

Prinzip der periodischen Energieumwandlungen im geschlossenen Schwingkreis bei einer ungedämpften Schwingung

Erzeugung ungedämpfter elektromagnetischer Schwingungen

Ungedämpfte elektromagnetische Schwingungen können in einem Schwingkreis durch periodische Energiezufuhr erzeugt werden. Energetisch vorteilhaft ist die Energiezufuhr mit der Eigenfrequenz des Schwingkreises. Sie kann technisch zweckmäßig mit der Selbststeuerung durch Rückkopplung in einem Transistor- oder Röhrengenerator realisiert werden.

Dabei steuert z. B. ein Transistor die periodische Energiezufuhr zum Schwingkreis (Meißner'sche Rückkopplungsschaltung). Es entstehen ungedämpfte elektromagnetische Schwingungen mit der Eigenfrequenz f_0 des Schwingkreises.

↗ ungedämpfte und gedämpfte Schwingungen, S. 120

Die Schwingkreisspule ist mit der Spule im Emitter-Basis-Kreis induktiv gekoppelt. Dadurch fließt in diesem Kreis ein Strom mit der Frequenz f_0 des Schwingkreises. Dieser Strom steuert die Stromstärke im Emitter-Kollektor-Stromkreis (Energiezufuhr) so, dass der Schwingkreis zu ungedämpften Schwingungen angeregt wird.

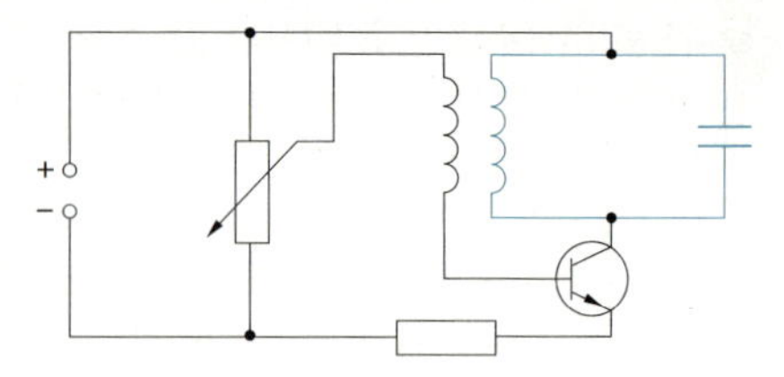

Rückkopplungsschaltung mit einem Transistor

Hochfrequenzerwärmung (bei Frequenzen zwischen 10 kHz und 1 MHz) in Technik und Medizin.

Induktive Hochfrequenzerwärmung: Leiter im hochfrequenten Wechselfeld einer Spule (Oberflächenhärtung, Zonenschmelzen)

Kapazitive Hochfrequenzerwärmung: Nichtleiter im hochfrequenten Wechselfeld eines Kondensators (Kunststoffschweißen, Kurzwellentherapie)

4

Elektrischer Schwingkreis und Federschwinger

Die Vorgänge in einem elektrischen Schwingkreis kann man sehr gut mit den Vorgängen in einem Federschwinger vergleichen.

	Schwingkreis	Federschwinger
sich entsprechende Teile und Größen	Kondensator	Schraubenfeder
	Spule	schwingender Körper
	elektrische Feldenergie des geladenen Kondensators	potentielle Energie der gespannten Federn
	magnetische Feldenergie der stromdurchflossenen Spule	kinetische Energie des bewegten Körpers
	Spannung am Kondensator	Kraft der gespannten Federn
sich entsprechende Prozesse	+ – – + + –	F_{max} $v=0$ $t=0$ v_{max} $F=0$ $t=\frac{T}{4}$ $v=0$ F_{max} $t=\frac{T}{2}$ $F=0$ v_{max} $t=\frac{3T}{4}$ F_{max} $v=0$ $t=T$

Geschlossener Schwingkreis und Dipol

Art	Geschlossener Schwingkreis		Offener Schwingkreis (Dipol)
Darstellung			
Energiespeicher	Kondensator mit der Kapazität C	Spule mit der Induktivität L	Dipol mit der Kapazität C (insbesondere seine Enden wirken wie Kondensatorplatten) und der Induktivität L (insbesondere der mittlere Teil des Dipols)
Energieart	elektrische Feldenergie	magnetische Feldenergie	elektrische und magnetische Feldenergie Energie des elektromagnetischen Feldes
Energieumwandlungen	elektrische Feldenergie in magnetische Feldenergie und umgekehrt ständige teilweise Umwandlung dieser Energiearten in thermische Energie		elektrische Feldenergie in magnetische Feldenergie und umgekehrt ständige teilweise Umwandlung dieser Energiearten in thermische Energie und Energie der ausgestrahlten elektromagnetischen Wellen
Frequenz	Eigenfrequenz: $f_0 = \frac{1}{2\pi\sqrt{L \cdot C}}$		Frequenz der sich ausbreitenden Schwingung: $f = \frac{c}{\lambda}$
Periodendauer	bei Eigenschwingungen $T = 2\pi\sqrt{L \cdot C}$ Thomson'sche Schwingungsgleichung		$T = \frac{1}{f}$
Beispiel	Erzeugen gedämpfter oder ungedämpfter elektromagnetischer Schwingungen durch einmalige oder periodische Energiezufuhr		Erzeugen elektromagnetischer Wellen (Hertz'sche Wellen)

↗ gedämpfte und ungedämpfte Schwingungen, S. 120; elektrische Kapazität C, S. 207; Induktivität L, S. 224; elektromagnetische Welle, S. 232; Dipol, S. 234; elektromagnetisches Feld, S. 220

Resonanz

Erscheinung bei erzwungenen elektromagnetischen Schwingungen, die dadurch eintritt, dass die Eigenfrequenz f_0 eines Schwingkreises (Resonator) mit der Erregerfrequenz f_E des Erregers nahezu übereinstimmt.

- Abstimmkreis in Rundfunk- und Fernsehgeräten; Transistorgenerator

↗ Eigenschwingungen und erzwungene Schwingungen, S. 121; elektromagnetische Schwingung, S. 228

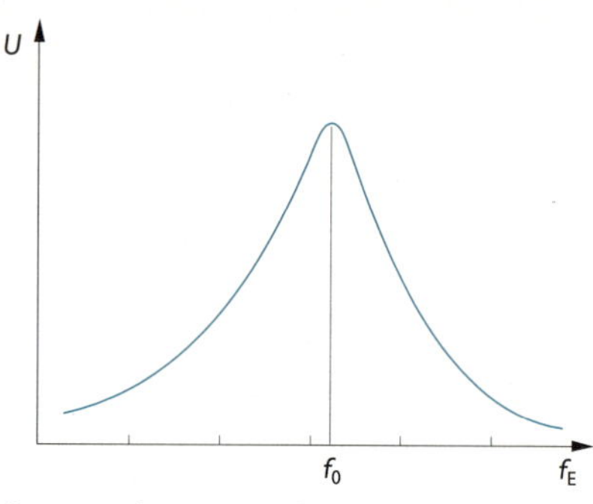

Resonanzkurve eines Schwingkreises

HERTZ'SCHE WELLEN

4

Ausbreitung eines elektromagnetischen Feldes

Vorgang, bei dem sich ein elektromagnetisches Feld in Form einer elektromagnetischen Welle im Raum ausbreitet.

Von einem Sendedipol ausgehend, breitet sich ein elektromagnetisches Feld als Hertz'sche Wellen (↗ S. 233) im Raum mit Lichtgeschwindigkeit aus.

↗ Dipolarten, S. 234; Lichtgeschwindigkeit , S. 270

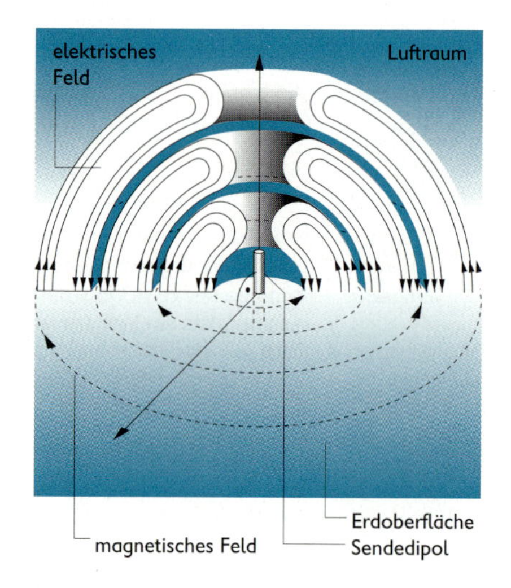

Prinzip der Ausbreitung eines elektromagnetischen Feldes in größerer Entfernung von einem Sendedipol (Fernfeld, Schnitt durch die obere Halbebene)

Elektromagnetische Welle

Vorgang, bei dem sich ein elektromagnetisches Feld zeitlich und räumlich periodisch ändert. Es breitet sich im Raum aus. Eine elektromagnetische Welle kann durch elektrische und magnetische Feldgrößen in Abhängigkeit vom Raumpunkt und von der Zeit beschrieben werden:

$\vec{E} = \vec{E}(\vec{r}, t)$ und $\vec{B} = \vec{B}(\vec{r}, t)$.

Die elektrische Feldstärke $\vec{E}$ ist dabei stets senkrecht zur magnetischen Flussdichte $\vec{B}$ gerichtet, beide verlaufen senkrecht zur Ausbreitungsrichtung.

↗ elektrische Feldstärke E, S. 204; magnetische Flussdichte B, S. 211

Hertz'sche Wellen

Elektromagnetische Wellen (Funkwellen) mit einem Wellenlängenbereich von etwa 1 mm bis 10 km.

↗ elektromagnetisches Spektrum, S. 283; Dipolarten, S. 234

Eigenschaften Hertz'scher Wellen

Eigenschaft	Vorgang	Anwendung
Ausbreitung	Hertz'sche Wellen breiten sich im Raum mit Lichtgeschwindigkeit aus.	Rundfunk, Fernsehen, Radar
Durchdringungsfähigkeit	Hertz'sche Wellen durchdringen Isolatoren, werden bei geringer Leitfähigkeit (Wasser) teilweise absorbiert und von Leitern abgeschirmt.	Ausbreitung der Wellen in Luft und im Vakuum, Abschirmung von Bauelementen
Reflexion	Hertz'sche Wellen werden an elektrisch leitenden Flächen reflektiert. Es gilt das Reflexionsgesetz (↗ S. 255).	Reflektorspiegel beim Richtfunk, Spiegel beim Satellitenfernsehen und bei Radioteleskopen
Brechung	Hertz'sche Wellen werden beim Übergang von einem Isolator in einen anderen gebrochen. Es gilt das Brechungsgesetz (↗ S. 260).	
Beugung	Hertz'sche Wellen werden an Hindernissen gebeugt.	Empfang von UKW- und Fernsehsendungen außerhalb der optischen Sichtweite
Interferenz	Bei der Überlagerung Hertz'scher Wellen können Interferenzerscheinungen auftreten.	Schwunderscheinungen (Fading) bei Kurzwellenempfang

Einteilung Hertz'scher Wellen (Angaben für λ und f gerundet)

Wellenbereich	Wellenlänge λ in Luft in m	Frequenz f in MHz
Längstwellen	15 000 bis 10 000	0,02 bis 0,03
Langwellen	10 000 bis 1 000	0,03 bis 0,3
Mittelwellen	1 000 bis 100	0,3 bis 3
Kurzwellen	100 bis 10	3 bis 30
Ultrakurzwellen	10 bis 1	30 bis 300
Dezimeterwellen	1 bis 0,1	300 bis 3 000
Zentimeterwellen	0,1 bis 0,01	3 000 bis 30 000
Millimeterwellen	0,01 bis 0,001	30 000 bis 300 000

↗ physikalische Größen zur Beschreibung einer Welle, S. 126

Dipol

Offener Schwingkreis, der durch den angekoppelten geschlossenen Schwingkreis eines Generators zu erzwungenen elektromagnetischen Schwingungen der Eigenfrequenz f_0 des geschlossenen Schwingkreises erregt wird. In der Umgebung des Dipols entsteht ein elektromagnetisches Feld (↗ S. 220), das sich im Raum in Form einer elektromagnetischen Welle (↗ S. 232) ausbreitet.

↗ geschlossener Schwingkreis, S. 228; elektromagnetische Schwingung, S. 228; Erzeugung ungedämpfter elektromagnetischer Schwingungen, S. 229

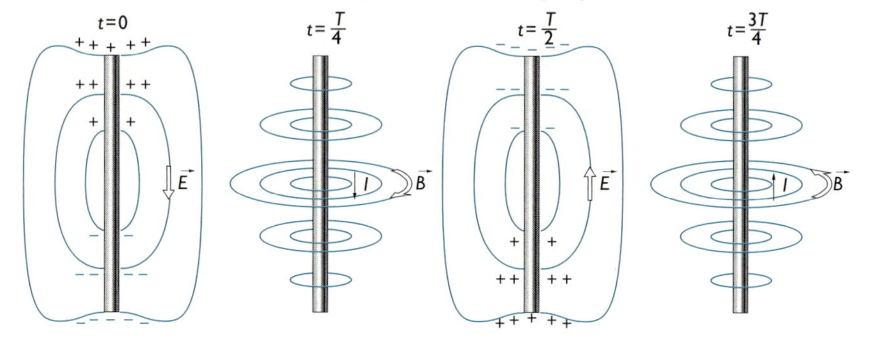

Schematische Darstellung des elektromagnetischen Feldes in unmittelbarer Nähe eines Dipols zu verschiedenen Zeiten. Die Maxima der elektrischen Feldstärke E und der magnetischen Flussdichte B sind jeweils um eine Viertelperiode gegeneinander verschoben.

Dipolarten

Art	Sendedipol	Empfangsdipol
Aufbau	G	
Wirkprinzip	Abstrahlung einer elektromagnetischen Welle, durch die Energie des elektromagnetischen Feldes übertragen wird Die Frequenz dieser Welle ist gleich der Frequenz der im Dipol (Antenne) erzwungenen elektromagnetischen Schwingung.	Anregung des Dipols zu erzwungener elektromagnetischer Schwingung durch elektromagnetische Induktion und Influenz. Ursache dafür sind elektromagnetische Wellen. Die Frequenz der im Dipol erzwungenen Schwingung ist gleich der Frequenz der vom Sendedipol ausgestrahlten Welle. Durch einen mit dem Dipol gekoppelten Abstimmkreis kann Resonanz mit dem jeweiligen Sender erreicht werden.

↗ elektromagnetische Welle, S. 232; elektromagnetisches Feld, S. 220; elektromagnetische Schwingung, S. 228; elektromagnetische Induktion, S. 220

Modulation

Vorgang, bei dem einer hochfrequenten Trägerschwingung der Hertz'schen Welle eine Signalschwingung erheblich kleinerer Frequenz (z. B. 16 Hz bis 15 kHz – Sprache und Musik) aufgeprägt wird. Ein Sendedipol kann die modulierte hochfrequente Hertz'sche Welle abstrahlen.

↗ Hertz'sche Wellen, S. 233

Blockschaltbild für das Erzeugen einer amplitudenmodulierten HF-Schwingung und nachfolgender Verstärkung sowie Abstrahlung als hochfrequente Hertz'sche Welle

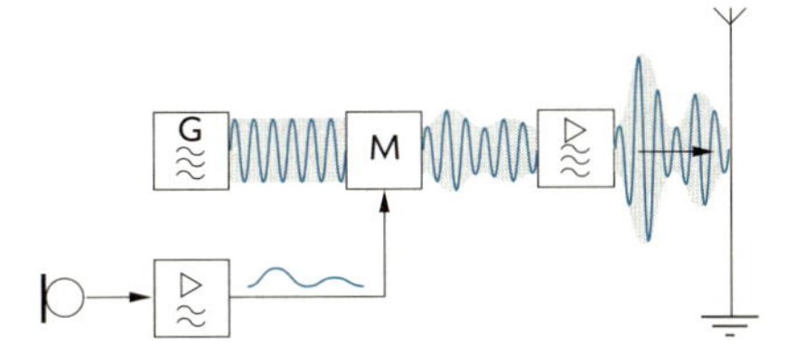

Modulationsarten

Art	Amplitudenmodulation	Frequenzmodulation
Prinzip	Trägerschwingung (a), Signalschwingung (b), modulierte Schwingung (c) – Diagramme u über t a: Hochfrequente Trägerschwingung (150 kHz < f < 30 MHz) b: Niederfrequente Signalschwingung c: Amplitudenmodulierte HF-Schwingung Diese kann nach Verstärkung als Hertz'sche Welle ausgestrahlt werden.	Trägerschwingung (a), Signalschwingung (b), modulierte Schwingung (c) – Diagramme u über t Die Normalfrequenz der hochfrequenten Trägerschwingung (f > 30 MHz) wird durch die Frequenz der Signalschwingung verändert.
Beispiel	Fernseh-Bildsignalübertragung	Fernseh-Tonsignalübertragung

Demodulation

Vorgang der Trennung einer tonfrequenten Signalschwingung von der empfangenen modulierten hochfrequenten Schwingung.

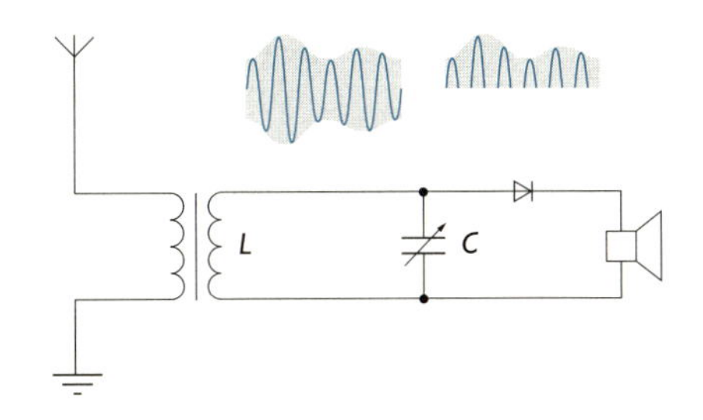

Frequenzbereiche für Rundfunk und Fernsehen

Bereich	Wellenlänge	Frequenz
Langwellen (LW)	2 km bis 860 m	150 kHz bis 350 kHz
Mittelwellen (MW)	580 m bis 184 m	515 kHz bis 1 630 kHz
Kurzwellen (KW)	160 m bis 10 m	1,9 MHz bis 30 MHz
Fernsehen VHF/Band I	6,4 m bis 4,4 m	47 MHz bis 68 MHz
Ultrakurzwellen (UKW)	3,42 m bis 2,88 m	88 MHz bis 104 MHz
Fernsehen UHF	1,72 m bis 1,3 m	172 MHz bis 230 MHz
Fernsehen VHF/Band II	0,64 m bis 0,35 m	470 MHz bis 860 MHz
Satellitenfernsehen	2,7 cm bis 2,3 cm	11 GHz bis 13 GHz

Prinzip des Empfangs modulierter Hertz'scher Wellen

Die Antenne (Empfangsdipol) empfängt gleichzeitig Hertz'sche Wellen unterschiedlicher Frequenz der verschiedenen Sender.
Der angekoppelte geschlossene Schwingkreis (Abstimmkreis) wird durch Verändern der Kapazität (Drehkondensator, S. 206) auf Resonanz mit der Sendefrequenz des gewünschten Senders eingestellt.
Der in der Antenne induzierte hochfrequente Wechselstrom wird durch einen Gleichrichter in pulsierenden Gleichstrom umgewandelt (Demodulation).
Die Membran eines Lautsprechers kann der hochfrequenten Trägerschwingung nicht folgen. Sie strahlt deshalb nur Schallwellen mit der Frequenz der Signalschwingung ab.
↗ Hertz'sche Wellen, S. 233; elektromagnetische Induktion, S. 220; geschlossener Schwingkreis, S. 228

■ **Sprechfunk.** Für Funkverbindungen im Umkreis bis 15 km um die Sendestation werden UKW-Sprechfunkanlagen verwendet. Tragbare und für den Einbau in Fahrzeuge vorgesehene Funksprechgeräte (Leistung etwa 10 Watt; Wellenlänge etwa 2 m) haben besondere Bedeutung beim Einsatz im Gesundheits-, Bau- und Verkehrswesen, für Bergbau, Landwirtschaft, Polizei und Militär.

Richtfunk. Dezimeter- und Zentimeterwellen werden von Parabolspiegeln gebündelt. Mit einer Sendeleistung von wenigen Watt werden Entfernungen bis 50 km überbrückt. Auf Richtfunkstrecken können wegen der sehr hohen Frequenzen durch mehrfache Modulation gleichzeitig mehrere Rundfunk- und Fernsehsendungen und bis 1000 Telefongespräche übertragen werden.
Richtfunkstrecken finden im Nachrichtenwesen Anwendung.

Funkmessung. Ein vom Sender ausgestrahltes kurzes Funksignal wird am Objekt reflektiert und vom Empfänger wieder aufgenommen. Aus der Laufzeit des Signals und der Ausbreitungsgeschwindigkeit ergibt sich die Entfernung des Objekts.
Die Funkmessung findet Einsatz bei Funkmessgeräten (Radaranlagen), zur Ortung von bewegten Objekten und Fahrzeugen und auch bei der Geschwindigkeitsmessung von Fahrzeugen.

ELEKTRISCHE LEITUNGSVORGÄNGE

Leitungsvorgang

Gerichtete Bewegung negativer und positiver Ladungsträger in festen, flüssigen und gasförmigen Stoffen und im Vakuum (↗ elektrischer Strom, S. 184). Art und Konzentration der wanderungsfähigen Ladungsträger hängen wesentlich von der Art der chemischen Bindung (↗ Wissensspeicher Chemie) ab. Es können Elektronen, Defektelektronen (↗ S. 239) oder Ionen sein.

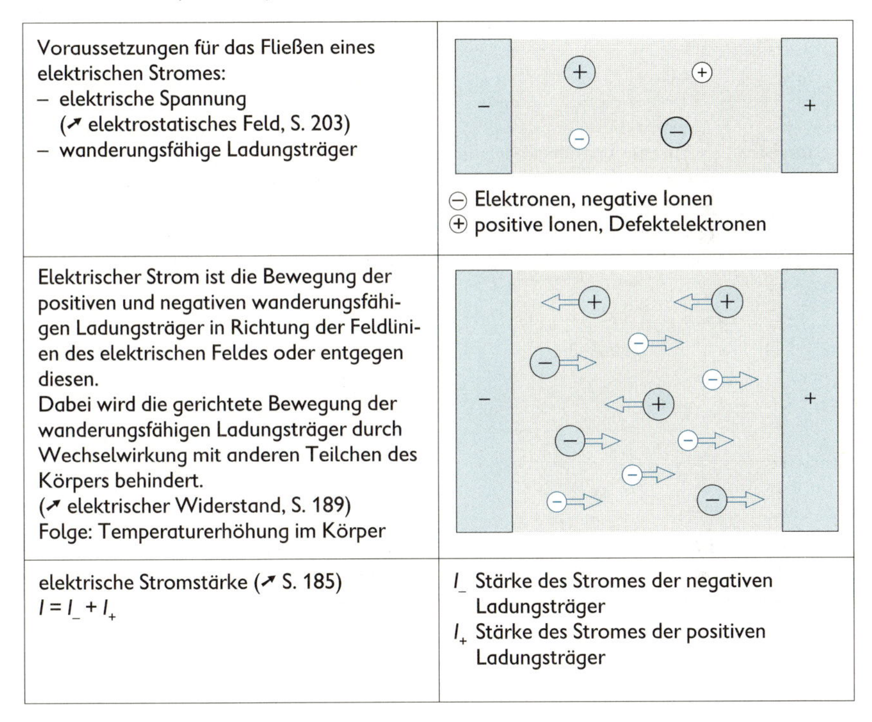

Voraussetzungen für das Fließen eines elektrischen Stromes: – elektrische Spannung (↗ elektrostatisches Feld, S. 203) – wanderungsfähige Ladungsträger	⊖ Elektronen, negative Ionen ⊕ positive Ionen, Defektelektronen
Elektrischer Strom ist die Bewegung der positiven und negativen wanderungsfähigen Ladungsträger in Richtung der Feldlinien des elektrischen Feldes oder entgegen diesen. Dabei wird die gerichtete Bewegung der wanderungsfähigen Ladungsträger durch Wechselwirkung mit anderen Teilchen des Körpers behindert. (↗ elektrischer Widerstand, S. 189) Folge: Temperaturerhöhung im Körper	
elektrische Stromstärke (↗ S. 185) $I = I_- + I_+$	I_- Stärke des Stromes der negativen Ladungsträger I_+ Stärke des Stromes der positiven Ladungsträger

Durch Energiezufuhr können Konzentration und Beweglichkeit der wanderungsfähigen Ladungsträger geändert werden. ↗ Spezifischer elektrischer Widerstand, S. 190

Leitungsvorgänge in Festkörpern

Gerichtete Bewegung von Elektronen und Defektelektronen in festen Körpern.

Bändermodell. Quantenmechanisches Modell zur Beschreibung der Energiezustände in Festkörpern. In jedem Festkörper sind so viele Atome enthalten, dass die Energieniveaus ihrer Elektronen nicht mehr zu trennen sind. Es entstehen Energiebänder. Ein voll mit Elektronen besetztes Band heißt Valenzband. Nur wenn Energiebänder nicht voll mit Elektronen besetzt sind (Leitungsband), ist der Körper elektrisch leitfähig. Die Energiebänder sind voneinander durch Energielücken getrennt, die von den Elektronen nur nach Energiezufuhr überwunden werden können.

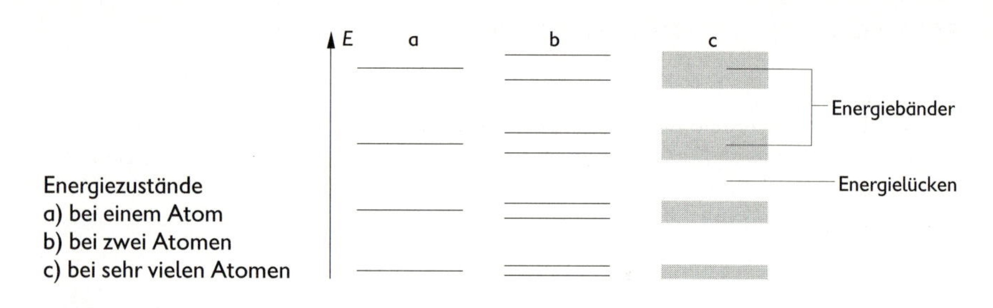

Energiezustände
a) bei einem Atom
b) bei zwei Atomen
c) bei sehr vielen Atomen

4

Art	Leiter	Halbleiter	Isolatoren
Leitfähigkeit	Stoffe mit guter elektrischer Leitfähigkeit wegen der großen Konzentration wanderungsfähiger Ladungsträger	Stoffe mit geringer elektrischer Leitfähigkeit wegen geringer Konzentration wanderungsfähiger Ladungsträger	Stoffe, die praktisch keine elektrische Leitfähigkeit haben, da fast keine wanderungsfähigen Ladungsträger vorhanden
Beispiele	Metalle Leitungsband Valenzband	Silicium, Germanium Leitungsband Valenzband	Keramik Leitungsband Valenzband
Beschreibung im Bändermodell	Leitungsband halb besetzt: gute Leitfähigkeit	Leitungsband fast leer, Abstand zum Valenzband klein: geringe Leitfähigkeit	Leitungsband leer, Abstand zum Valenzband groß: keine Leitfähigkeit

Leitungsvorgang in Metallen

Gerichtete Bewegung von wanderungsfähigen Elektronen in Metallen zwischen den Metallionen und Metallatomen.
Die wanderungsfähigen Elektronen bewegen sich zwischen den Punkten P_1 und P_2 unter dem Einfluss der Spannung U mit der mittleren Geschwindigkeit v entgegen der Richtung des elektrischen Feldes. Die Wechselwirkung der Leitungselektronen mit den Gitterbausteinen führt zur Temperaturerhöhung des Leiters. Die Ladung Q durchwandert je Zeiteinheit die Leiterquerschnittsfläche A.

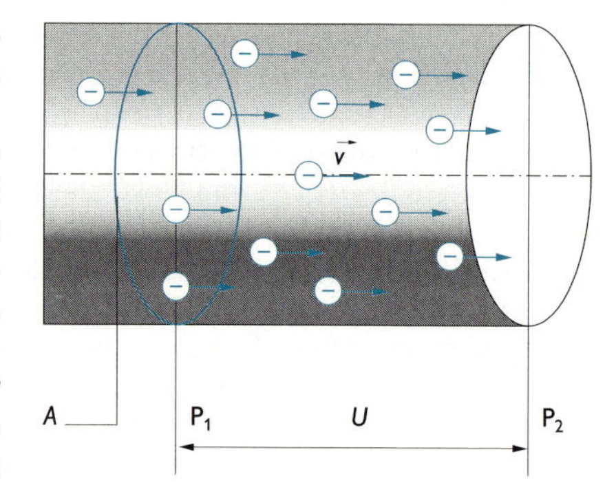

$$Q = n \cdot A \cdot e \cdot v \cdot t$$

Q Ladung
n Konzentration der Leitungselektronen
A Leiterquerschnittsfläche
v mittlere Geschwindigkeit der Elektronen
e elektrische Elementarladung
t Zeit

Für die elektrische Stromstärke gilt $I = Q/t$ und bei konstantem Widerstand $I \sim U$.
↗ Ohm'sches Gesetz, S. 189

Temperaturabhängigkeit des Widerstandes in Metallen

Eigenschaft metallischer Leiter, bei steigender Temperatur einen zunehmend größeren elektrischen Widerstand zu besitzen. Infolge der höheren Temperatur wird die Bewegung der Gitterbausteine heftiger. Dadurch sinkt die Beweglichkeit der Elektronen.

$$R = R_0 (1 + \alpha \cdot \Delta T)$$

R_0 Anfangswiderstand
α Temperaturkoeffizient des Widerstandes
ΔT Temperaturdifferenz

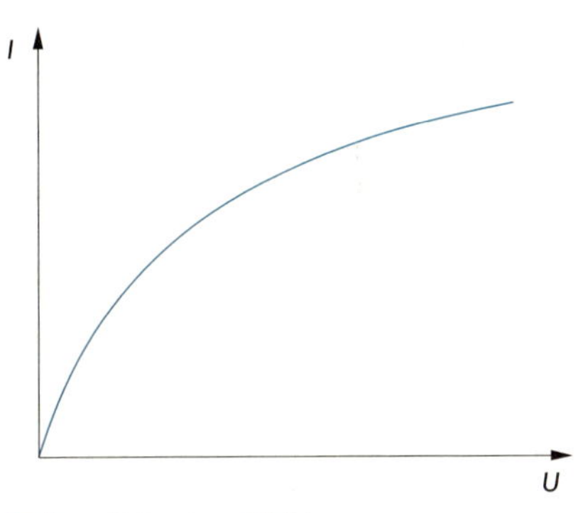

■ Kennlinie einer Glühlampe
Die Zunahme der Stromstärke wird mit höherer Temperatur immer geringer.

Supraleitung. Eigenschaft bestimmter Stoffe, unterhalb einer charakteristischen Temperatur, der sogenannten Sprungtemperatur T_c, dem Stromfluss keinen elektrischen Widerstand entgegen zu setzen. Natürlich vorkommende Stoffe haben sehr niedrige Sprungtemperaturen (z. B. Hg 4,15 K). Substanzen wie $HgBa_2Cu_3O_8$ weisen extrem hohe Sprungtemperaturen (T_c = 133 K) auf.

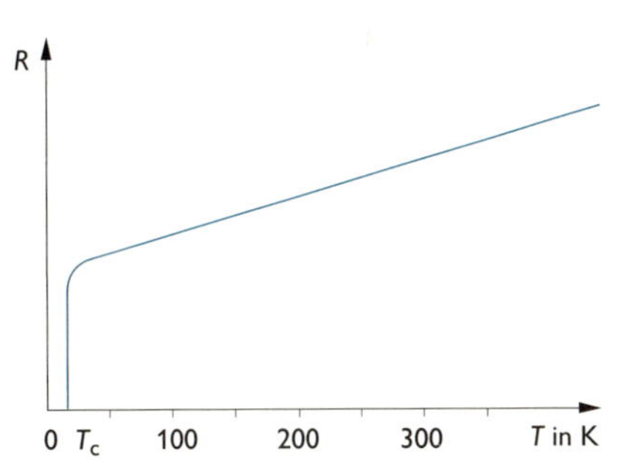

Leitungsvorgang in Halbleitern

Gerichtete Bewegung wanderungsfähiger Elektronen und Defektelektronen in einem Halbleiter.

Defektelektron. Ein Loch, das beim Übergang eines Elektrons aus dem Valenzband (↗ Bändermodell, S. 237) ins Leitungsband entsteht und sich wie ein positiv geladenes Elektron verhält (Elektron, ↗ S. 182). Das Loch ist auch als die verlassene Stelle eines Elektrons im Halbleiterkristall zu verstehen.

Eigenleitung	Störstellenleitung	
Sie ist die gerichtete Bewegung wanderungsfähiger Elektronen und Defektelektronen in Halbleitern aufgrund ihrer Temperatur, die wesentlich größer als 0 K ist. Einzelne Elektronen werden aus ihren Bindungen befreit und sind nun wanderungsfähige Ladungsträger (n-Leitung). Die entstehenden Löcher verhalten sich wie positive wanderungsfähige Ladungsträger (p-Leitung). Der elektrische Strom ist die Summe der n- und der p-Ströme.	Vorgang, bei dem durch Einbau von Fremdatomen in den Kristall (Dotierung) zusätzliche wanderungsfähige Ladungsträger bereitgestellt werden, was zu einer erhöhten elektrischen Leitfähigkeit führt. Je nach Art der Störstellen entsteht n-leitendes oder p-leitendes Material.	
	n-Leitung	p-Leitung
	Leitungsvorgang, bei dem im Halbleitermaterial zusätzliche wanderungsfähige Elektronen den Stromfluss ermöglichen. Durch Störstelleneinbau von Atomen mit 5 Außenelektronen, z. B. Phosphor, in den Siliciumkristall mit jeweils 4 Außenelektronen wird bei jedem Phosphoratom ein Elektron wanderungsfähig.	Leitungsvorgang, bei dem im Halbleitermaterial Defektelektronen den Stromfluss ermöglichen. Durch Störstelleneinbau von Atomen mit 3 Außenelektronen in den Siliciumkristall mit 4 Außenelektronen, z. B. Indium, bleibt eine Elektronenstelle unbesetzt. Dieses Loch (Defektelektron) verhält sich wie ein positiver wanderungsfähiger Ladungsträger.
wanderungsfähiges Defektelektron Si Si Si Si Si Si Si Si Si wanderungsfähiges Elektron	P Si Si Si Si P Si Si Si wanderungsfähiges Elektron	Si Si Si Si In Si Si Si In wanderungsfähiges Defektelektron
$I = I_- + I_+$	$I = I_-$	$I = I_+$

Temperaturabhängigkeit des Widerstandes in Halbleitern

Halbleiter haben bei steigender Temperatur einen zunehmend geringeren elektrischen Widerstand. Bei höherer Temperatur nimmt die Beweglichkeit der Ladungsträger ab. Die Konzentration der Ladungsträger steigt aber sehr stark an, so- dass der Widerstand insgesamt bei Temperaturerhöhung abnimmt, also die Stromstärke steigt.
Bei einigen Halbleitern steigt die Konzentration der Ladungsträger auch mit zunehmender Bestrahlung mit Licht.

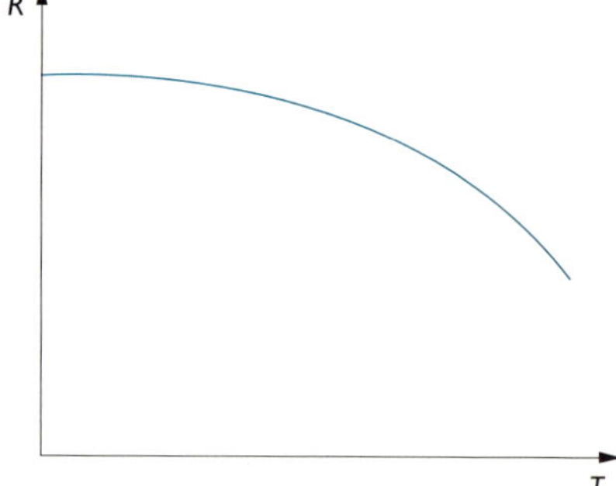

Grenzschicht. Sie entsteht an der Grenzfläche zwischen n- und p-dotiertem Halbleiter und heißt auch p-n-Schicht. Durch Diffusion (↗ S. 179) der Ladungsträger (Elektronen ins p-Gebiet, Defektelektronen ins n-Gebiet) und der dadurch möglich werdenden Rekombination (Vereinigung positiver und negativer Ladungsträger) wird die Konzentration der wanderungsfähigen Ladungsträger geringer und der elektrische Widerstand größer. In dieser dünnen Schicht entsteht ein elektrisches Feld (Diffusionsfeld), da im n-Gebiet positive und im p-Gebiet negative Ionen als Raumladung zurückbleiben.

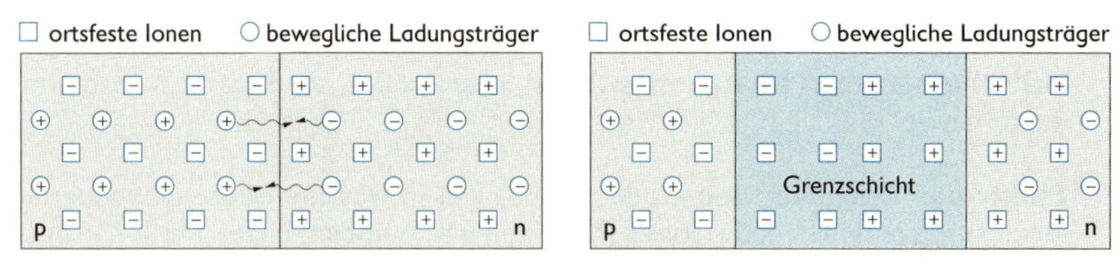

Vergleich der Leitungsvorgänge in Metallen und Halbleitern

	Temperatur konstant		Temperaturerhöhung	
Stoff	Metall	Halbleiter	Metall	Halbleiter
Art der Ladungsträger	Elektronen	Elektronen oder Defektelektronen	Elektronen	Elektronen oder Defektelektronen
Konzentration der Ladungsträger	konstant	konstant	nahezu konstant	steigt stark
Beweglichkeit der Ladungsträger	konstant	konstant	sinkt	sinkt
Elektrischer Widerstand	konstant	konstant	steigt	sinkt
Stromstärke-Spannungs-Kennlinie	I, U; Metall, Halbleiter		I, U; Metall, Halbleiter	
Widerstands-Kennlinie	R, U; Halbleiter, Metall		R, T; Metall, Halbleiter	

Leitungsvorgang in Flüssigkeiten

Gerichtete Bewegung wanderungsfähiger Ionen in wässrigen Lösungen von Salzen, Säuren und Laugen (Elektrolyte) in Abhängigkeit von der Konzentration. Wanderungsfähige Ladungsträger sind die positiven und die negativen Ionen. Der elektrische Strom ist mit Stofftransport verbunden.

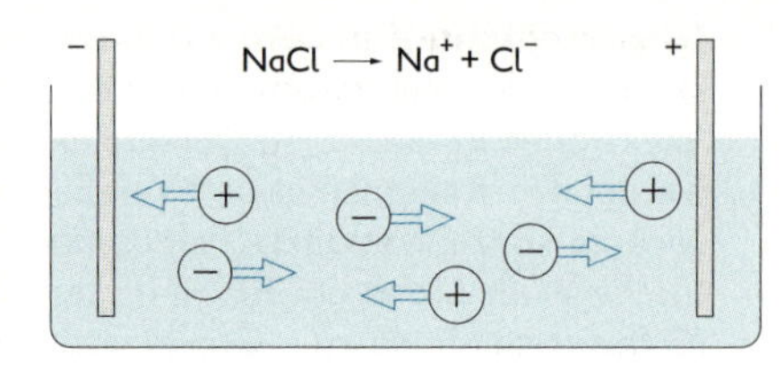

An der Katode scheidet sich Natrium ab, an der Anode Chlor.

Leitfähigkeit von Flüssigkeiten. Sie ist umso größer, je größer die Konzentration der Ionen ist.

Elektrolyt. Stoff (Salz, Säure oder Lauge), der in wässriger Lösung wanderungsfähige positive und negative Ionen (Kationen und Anionen) bildet. Die Ionen entstehen durch Dissoziation.

- $NaCl \rightarrow Na^+ + Cl^-$.

Der elektrische Strom ist die Summe der Ströme der Kationen (Richtung Katode) und der Anionen (Richtung Anode).

$$I = I_+ + I_-$$

Elektrolyse. Zerlegung von Elektrolyten in zwei Bestandteile durch elektrischen Strom und Anreicherung dieser Teile an jeweils einer Elektrode

- Gewinnung von Chlor aus Kupferchlorid: $CuCl_2 \rightarrow Cu^{2+} + 2\,Cl^-$.

Galvanik. Gezielte Abscheidung von Stoffen zur Oberflächenbeschichtung durch elektrischen Strom

- Verkupfern: $CuSO_4 \rightarrow Cu^{2+} + SO_4^{2-}$. Das zu verkupfernde Teil wird als elektrisch negative Elektrode in die $CuSO_4$-Lösung gebracht.

Leitungsvorgang in Gasen

Gerichtete Bewegung wanderungsfähiger Ladungsträger in einem Gas. Das können Elektronen oder Ionen sein. Sie werden durch Energiezufuhr, z. B. durch Wärme (↗ S. 145), durch Röntgen- und Kernstrahlung (↗ S. 326) und durch Stoßionisation (↗ S. 241), aus neutralen Teilchen gebildet. Gase leiten elektrischen Strom nur, wenn in ihnen wanderungsfähige Ladungsträger erzeugt werden.

Energiezufuhr

$$I = I_+ + I_-$$

Unselbstständige Leitung in Gasen
Vorgang der elektrischen Leitung in Gasen, bei dem nur ein Strom fließt, solange durch äußere Einflüsse wanderungsfähige Ladungsträger erzeugt werden

■ Zählrohr (↗ S. 328)

Stoßionisation
Vorgang in einem Gas mit niedrigem Druck, bei dem Ladungsträger – einige sind immer vorhanden – durch ein elektrisches Feld so stark beschleunigt werden, dass sie beim Zusammenstoß mit neutralen Gasteilchen diese ionisieren können und dabei weitere Ladungsträger erzeugen, die ihrerseits neutrale Teilchen ionisieren usw.

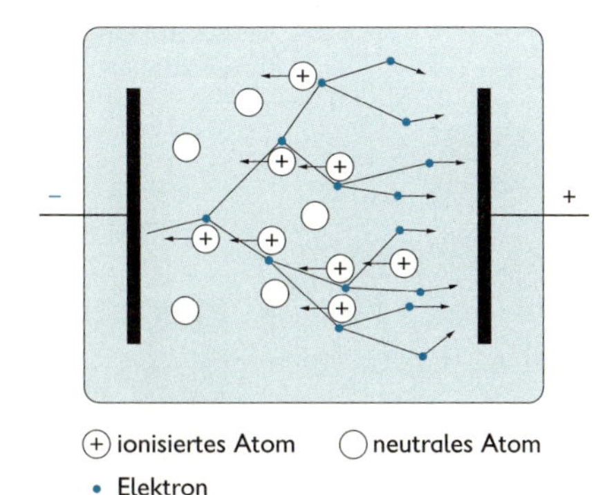

Selbstständige Leitung in Gasen
Vorgang der elektrischen Leitung in Gasen, bei dem die wanderungsfähigen Ladungsträger beim Leitungsvorgang selbst erzeugt werden. Elektronen mit hoher Geschwindigkeit bewirken Stoßionisation. Die entstehenden Ionen werden beschleunigt und schlagen Elektronen aus der Katode. Vor der Katode wächst die Anzahl der zunächst nur wenigen Elektronen stark an. Der dadurch bedingte Stromfluss kann zu einem Leuchten des Gases führen.

■ *Glimmlampe:* Neongefüllte Glasröhre, in der sich zwei Elektroden unter einem Druck von 10 hPa gegenüberstehen. Bei ca. 90 V setzt die selbstständige Leitung ein: das Gas leuchtet orangefarben.
Leuchtstoffröhre: Glasröhre, in der Quecksilberdampf mit einem Druck von 0,1 Pa bei angelegter Netzspannung selbstständig leitend wird und UV-Licht erzeugt. Eine Leuchtschicht gibt dann durch Fluoreszenz sichtbares Licht ab.

Leitungsvorgang im Vakuum
Gerichtete Bewegung wanderungsfähiger Ladungsträger im Vakuum. Im Vakuum kann nur dann elektrischer Strom fließen, wenn Ladungsträger hineingebracht werden.
Durch Energiezufuhr, z. B. Wärme oder Licht, an ein im Vakuum befindliches Metall oder Metalloxid können Elektronen als wanderungsfähige Ladungsträger bereitgestellt werden.
Glühemission und Fotoemission sind Möglichkeiten der Ladungsträgererzeugung im Vakuum.

$I = I_-$

Art der Ladungsträgererzeugung	Glühemission	Fotoemission
Mechanismus der Erzeugung von Ladungsträgern	Ein Teil der Elektronen eines Metalls oder Metalloxids besitzt bei hohen Temperaturen eine so große kinetische Energie, dass sie aus der Oberfläche heraustreten können.	Ein Teil der Elektronen eines Metalls oder Metalloxids erhält bei Bestrahlung des Körpers mit Licht eine so hohe kinetische Energie, dass sie aus der Oberfläche austreten können.
Schematische Darstellung	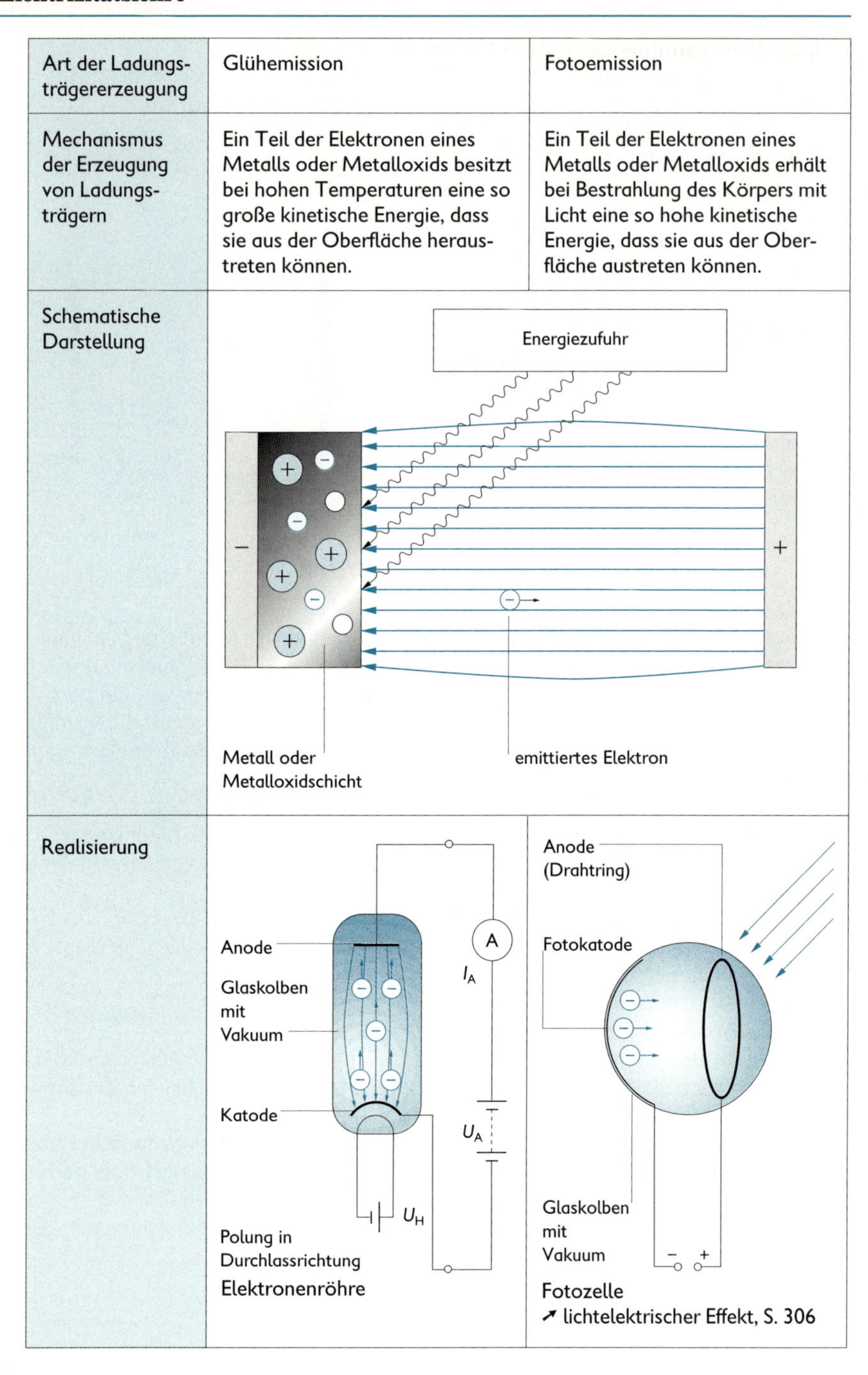	
Realisierung	Elektronenröhre	Fotozelle ↗ lichtelektrischer Effekt, S. 306

↗ lichtelektrischer Effekt, S. 306

4

Leitungsvorgänge in verschiedenen Medien

Medium	Leitfähigkeit	Ladungsträger	Bereitstellung der Ladungsträger	Bauelement/ Apparatur	Anwendungsbeispiele
Metall	sehr gut	Elektronen	entfällt, da schon vorhanden	elektrischer Leiter	elektrisch leitende Verbindungen
Flüssigkeit	gut nur in wässrigen Lösungen von Elektrolyten	positive und negative Ionen	durch Dissoziation des Elektrolyten	galvanisches Bad	Oberflächenveredelung
Halbleiter	gering	Elektronen, Defektelektronen	durch Energiezufuhr und/oder Dotierung	Thermistor Diode Transistor	Temperaturmessung Gleichrichter Verstärker
Gas	sehr gering ohne äußere Einwirkung (Isolator)	Ionen und Elektronen	durch Ionisation	Leuchtstoffröhre	Lichterzeugung
Vakuum	nicht vorhanden ohne äußere Einwirkung (Isolator)	Elektronen	durch Glühemission oder Fotoemission	Elektronenstrahlröhre Fotozelle	Bildröhre im Fernsehgerät Lichtmessung

4

Thermistor

Halbleiterwiderstand, dessen elektrischer Widerstand bei Temperaturerhöhung abnimmt. Bei konstanter Spannung besteht über einen großen Temperaturbereich ein linearer Zusammenhang zwischen Temperatur und Stromstärke.

- Thermistoren als Temperaturmesser im Bereich von –50 °C bis 450 °C

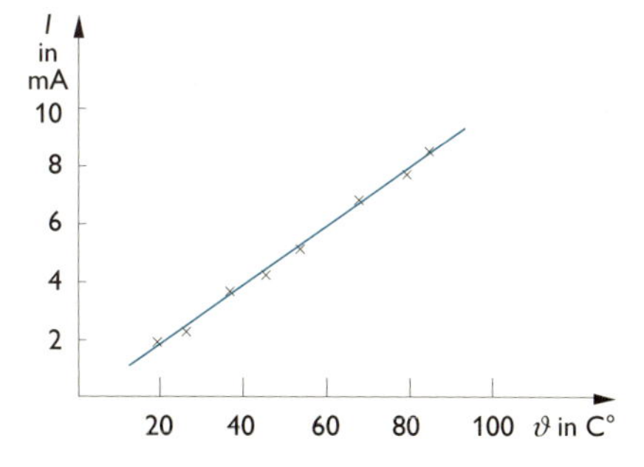

↗ Temperaturmessung S. 143; spezifischer elektrischer Widerstand, S. 190

Optische Halbleiterbauelemente

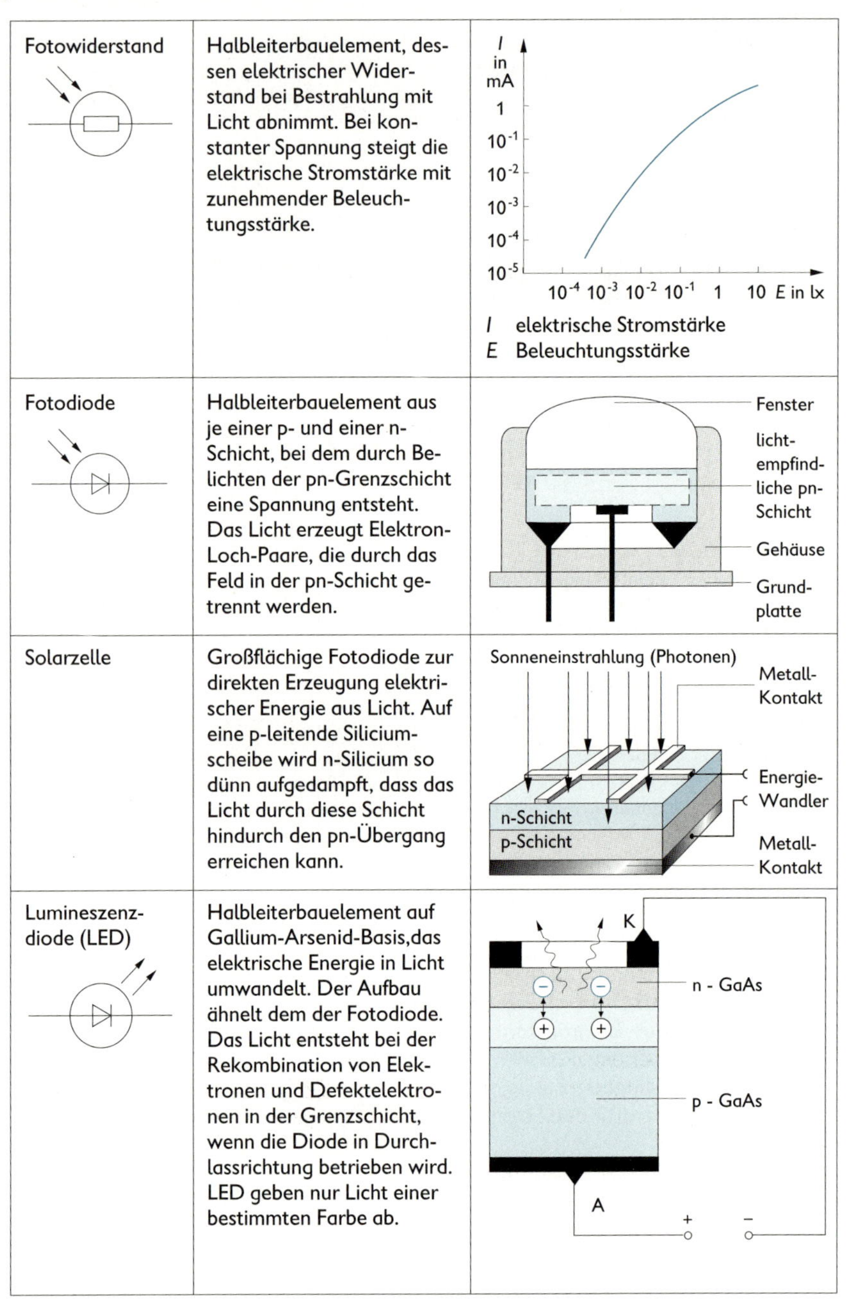

Fotowiderstand	Halbleiterbauelement, dessen elektrischer Widerstand bei Bestrahlung mit Licht abnimmt. Bei konstanter Spannung steigt die elektrische Stromstärke mit zunehmender Beleuchtungsstärke.	I in mA; 1; 10^{-1}; 10^{-2}; 10^{-3}; 10^{-4}; 10^{-5}; 10^{-4} 10^{-3} 10^{-2} 10^{-1} 1 10 E in lx I elektrische Stromstärke E Beleuchtungsstärke
Fotodiode	Halbleiterbauelement aus je einer p- und einer n-Schicht, bei dem durch Belichten der pn-Grenzschicht eine Spannung entsteht. Das Licht erzeugt Elektron-Loch-Paare, die durch das Feld in der pn-Schicht getrennt werden.	Fenster; lichtempfindliche pn-Schicht; Gehäuse; Grundplatte
Solarzelle	Großflächige Fotodiode zur direkten Erzeugung elektrischer Energie aus Licht. Auf eine p-leitende Silicium-scheibe wird n-Silicium so dünn aufgedampft, dass das Licht durch diese Schicht hindurch den pn-Übergang erreichen kann.	Sonneneinstrahlung (Photonen); Metall-Kontakt; Energie-Wandler; n-Schicht; p-Schicht; Metall-Kontakt
Lumineszenz-diode (LED)	Halbleiterbauelement auf Gallium-Arsenid-Basis,das elektrische Energie in Licht umwandelt. Der Aufbau ähnelt dem der Fotodiode. Das Licht entsteht bei der Rekombination von Elektronen und Defektelektronen in der Grenzschicht, wenn die Diode in Durchlassrichtung betrieben wird. LED geben nur Licht einer bestimmten Farbe ab.	K; n - GaAs; p - GaAs; A; +; –

Halbleiterdiode

Halbleiterbauelement, das aus einem Kristall mit einer p- und einer n- Schicht besteht. Zwischen beiden entsteht die Grenzschicht, die bestimmend für das elektrische Verhalten ist. Strom kann im Wesentlichen nur in einer Richtung fließen. Diese heißt Durchlassrichtung.

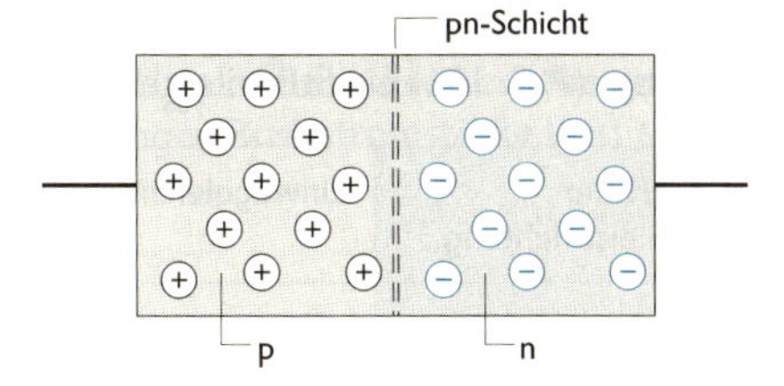

Sperrrichtung. Pluspol am n-Gebiet. Die ladungsträgerarme pn-Schicht wird verbreitert, es kann kein Strom fließen.

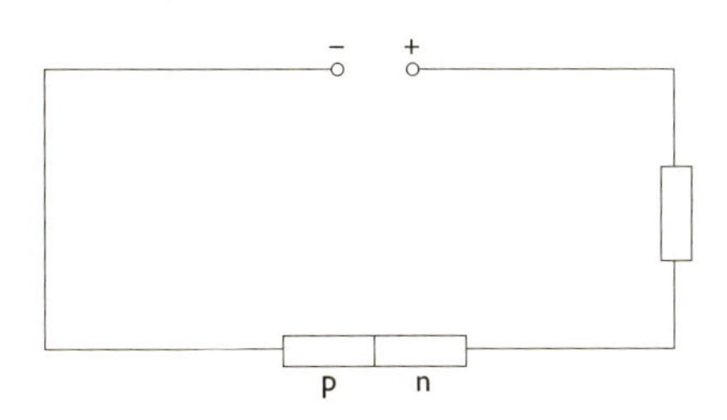

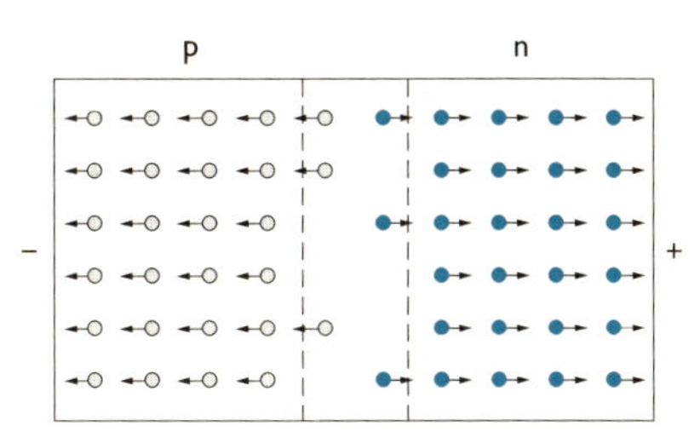

Durchlassrichtung. Pluspol am p-Gebiet. Die pn-Schicht wird mit Ladungsträgern überflutet, oberhalb einer bestimmten Spannung, der Schwellenspannung (z. B. 0,6 V), fließt ein Strom.

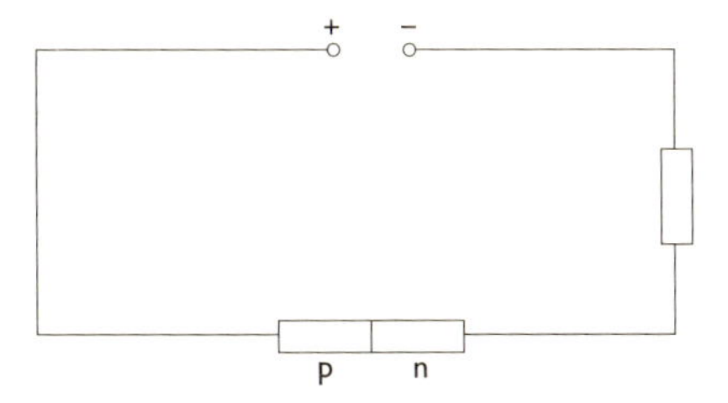

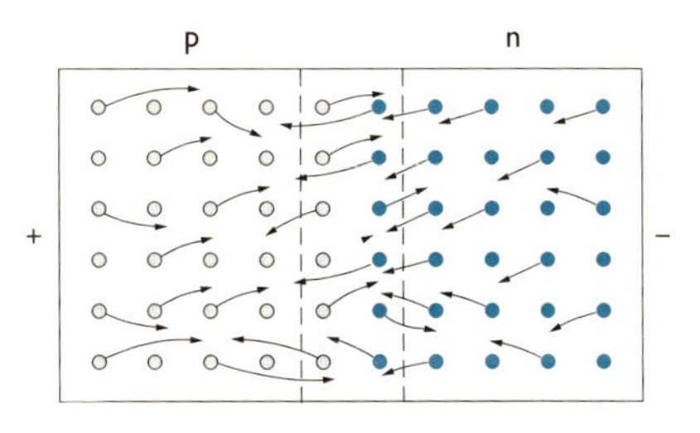

Kennlinie einer Halbleiterdiode. Wichtige Kenngrößen sind die maximale Sperrspannung und die maximale Durchlassstromstärke.

Man beachte die unterschiedliche Wahl der Einheiten im positiven und negativen Bereich der Ordinatenachse.

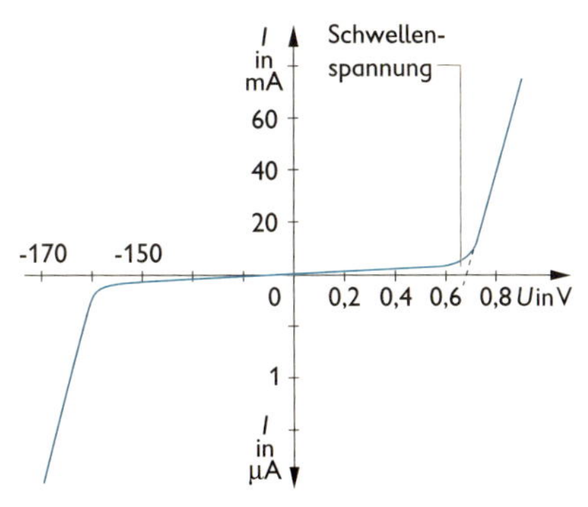

Bildröhre

Elektronenstrahlröhre. Die Ablenkung des Elektronenstrahls erfolgt in dieser Röhre in durch Spulen erzeugten Magnetfeldern.

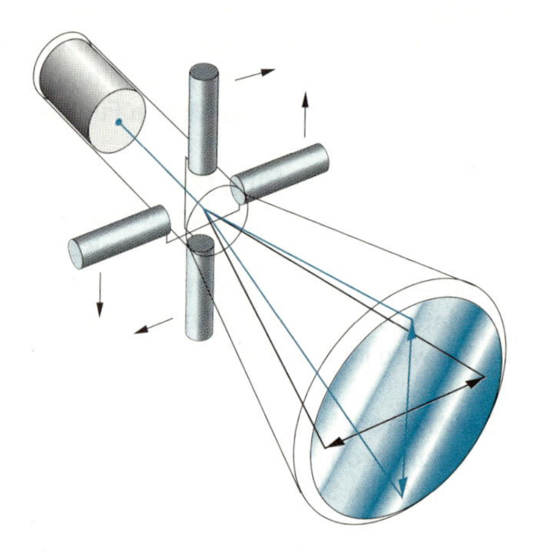

- Fernsehgerät, Computermonitor

Röntgenröhre

Elektronenstrahlröhre, in der der Elektronenstrahl hoher Energie auf ein Schwermetall (z. B. Wolfram) gerichtet wird. Ein geringer Teil der Elektronen (ca. 1 %) wandelt beim Aufprall seine kinetische Energie in Strahlungsenergie der Röntgenstrahlung um.

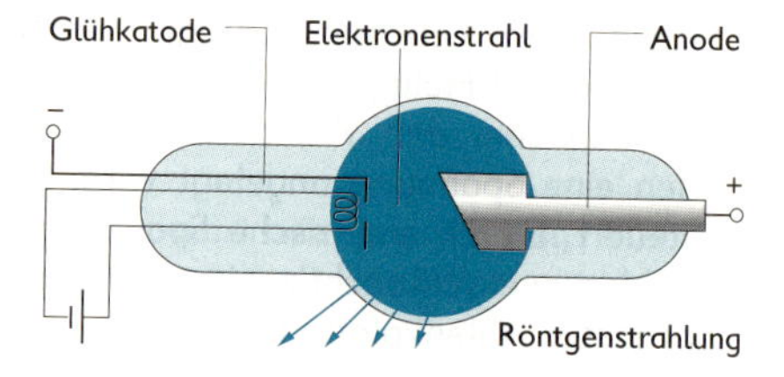

Elektronische Steuerung und Verstärkung

Elektronische Prozesse, bei denen mittels elektronischer Bauelemente elektrische Größen durch Steuergrößen wie Temperatur, Basisstromstärke, Beleuchtungsstärke u. a. in beabsichtigten Grenzen beeinflusst werden können.
Die Steuerung kann durch Steuerkennlinien beschrieben werden. Aus diesen lassen sich die Kenngrößen der steuerungsfähigen Bauelemente ableiten. Steuerungsfähige Bauelemente werden im Allgemeinen mit konstanter Spannung betrieben.

- Steuerung einer Lichtschrankenanlage,
  Tonwidergabe mittels Fotozelle (↗ S. 244),
  Verstärkung, die bewirkt wird durch Steuerungsprozesse, bei denen die Leistung des gesteuerten Prozesses größer ist als die Steuerleistung,
  Verstärkung akustischer Signale
  ↗ elektrische Leistung, S. 195

Optik

GRUNDBEGRIFFE DER STRAHLENOPTIK

Strahlenoptik

Teilgebiet der Physik, in dem physikalische Erscheinungen und Vorgänge mithilfe des Modells Lichtstrahl beschrieben werden. Teilchen- und Welleneigenschaften des Lichtes werden dabei nicht berücksichtigt.
↗ Welleneigenschaften des Lichtes, S. 269; Photon, S. 307

Modelle der Optik

Strahlenmodell	Wellenmodell	Teilchenmodell
Modell Lichtstrahl ↗ Strahlenoptik, S. 253	**Modell Lichtwelle** ↗ Welleneigenschaften des Lichtes, S. 269	**Modell Lichtteilchen** ↗ Quanteneigenschaften des Lichtes, S. 307

Lichtquellen

Körper, die Licht aussenden (selbstleuchtende Körper).

Sichtbare Körper

Körper, die Licht aussenden (selbstleuchtende Körper) oder auftreffendes Licht reflektieren (beleuchtete Körper).

- selbstleuchtende Körper: Glühlampe, Leuchtstofflampe, Kerze, Glühwürmchen, Sonne
  beleuchtete Körper: Rückstrahler, Möbel, Mond, Pflanzen

Lichtausbreitung

Licht breitet sich in einem gleichmäßig aufgebauten Medium geradlinig und mit großer, aber endlicher Geschwindigkeit aus (↗ Lichtgeschwindigkeit, S. 270).
Auf der geradlinigen Ausbreitung des Lichtes beruhen:

Abbildung von Körpern mittels kleiner Öffnungen	**Schatten** bei Verwendung einer punktförmigen Lichtquelle

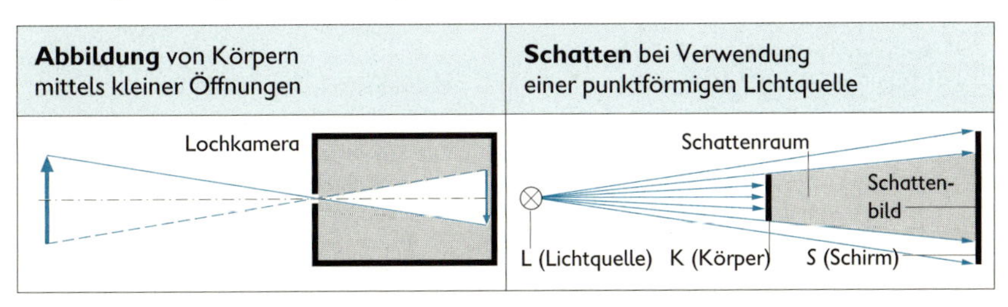

Kern- und **Halbschatten** bei Verwendung zweier punktförmiger Lichtquellen	**Schatten** bei Verwendung einer flächenhaften Lichtquelle
Kernschatten, S, L_1, L_2, K, Halbschatten	L, K

Lichtbündel

Licht, das von einer Einhüllenden begrenzt ist.

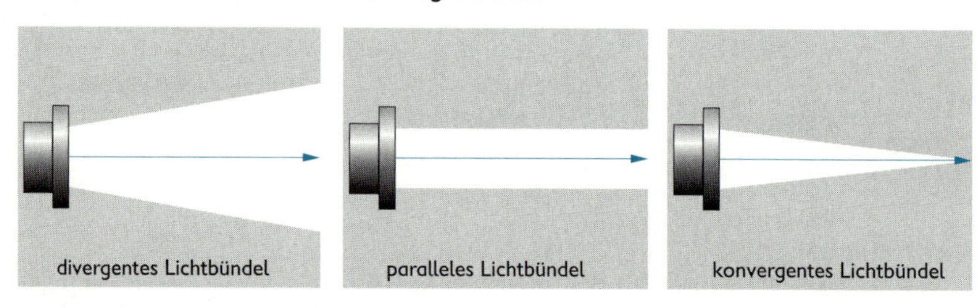

Lichtstrahl

Modell zur vereinfachten Darstellung eines Lichtbündels. Der Lichtstrahl kennzeichnet den Weg des Lichtes. ↗ Modell, S. 50

Umkehrbarkeit des Lichtweges

Eigenschaft des Lichtes, seinen Weg auch in umgekehrter Richtung durchlaufen zu können. So kann man z. B. den Lichtverlauf bei der Reflexion und Brechung umkehren, ohne dass sich der Lichtweg und die Erscheinungen ändern.

Optische Bilder

Abbildungen von Gegenständen durch Spiegel oder Linsen.
↗ Spiegel, S. 255; Linse, S. 261

Reelle (wirkliche) Bilder	Virtuelle (scheinbare) Bilder
Die einzelnen *Bildpunkte* eines rellen Bildes entstehen am Schnittpunkt der Strahlen, die von den entsprechenden *Gegenstandspunkten* ausgehen.	Die Strahlen, die von den einzelnen *Gegenstandspunkten* ausgehen, verlaufen divergent und schneiden sich deshalb nicht.

Reelle (wirkliche) Bilder	Virtuelle (scheinbare) Bilder
Reelle Bilder sind auf einem Schirm auffangbar (↗ S. 258 f.).	Die einzelnen *Bildpunkte* des virtuellen Bildes erscheinen an den Stellen, an denen sich die rückwärtig verlängerten Strahlen treffen. Virtuelle Bilder sind nicht auf einem Schirm auffangbar (↗ S. 258, 264).

REFLEXION DES LICHTES

Reflexion

Physikalischer Vorgang, bei dem Licht, aus einem Medium kommend, an einer Grenzfläche in das gleiche Medium zurückgeworfen (reflektiert) wird.
Man unterscheidet:

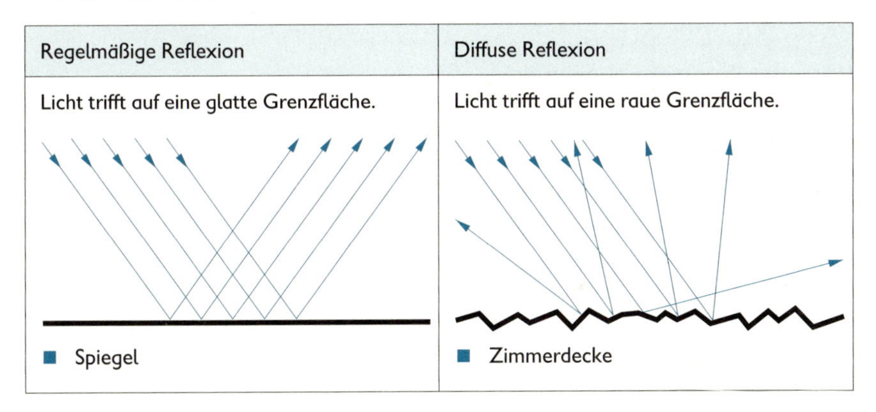

Regelmäßige Reflexion	Diffuse Reflexion
Licht trifft auf eine glatte Grenzfläche.	Licht trifft auf eine raue Grenzfläche.
■ Spiegel	■ Zimmerdecke

Reflexionsgesetz

Bei der Reflexion des Lichtes an einer Grenzfläche sind Einfallswinkel und Reflexionswinkel gleich groß.
Einfallender Strahl, reflektierter Strahl und Einfallslot liegen in derselben Ebene.

$\alpha = \alpha'$

α Einfallswinkel

a Reflexionswinkel

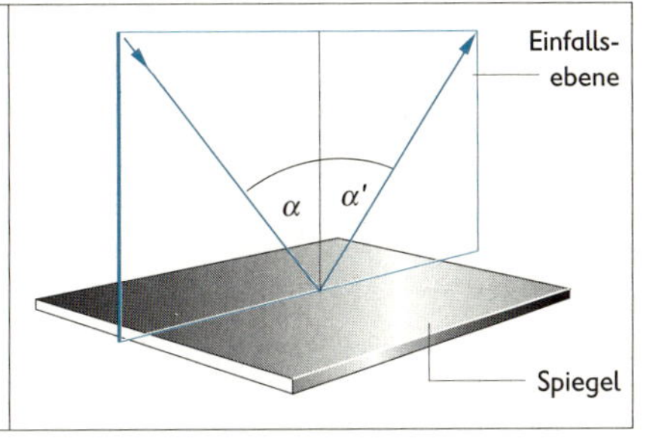

Spiegel

Körper mit glatter Fläche, der den größten Teil des auftreffenden Lichtes regelmäßig reflektiert. Spiegelkörper bestehen meist aus Glas, Quarz oder Metall und haben eine polierte Oberfläche. Glatte Flüssigkeitsoberflächen wirken ebenfalls als Spiegel.

Reflexion an glatten Flächen

Zur Beschreibung des Lichtverlaufs an Spiegeln werden folgende Begriffe verwendet:

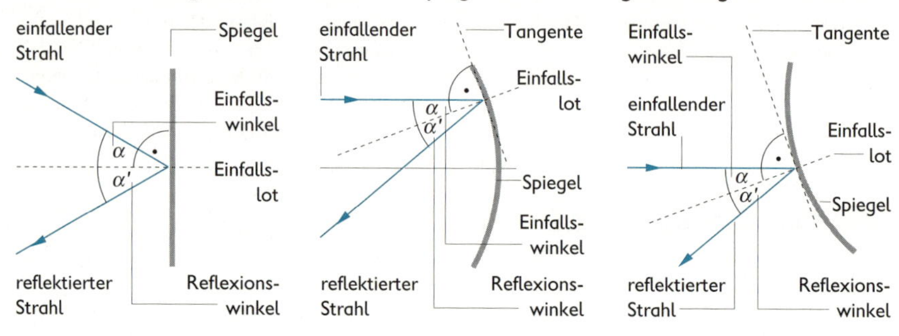

Das Reflexionsgesetz gilt unabhängig davon, ob das Licht an einer ebenen oder an einer gekrümmten Fläche reflektiert wird.

Bildentstehung am ebenen Spiegel

Infolge der Reflexion entsteht vom Gegenstand (G) ein virtuelles Bild (B). Die Gegenstandsweite s ist genauso groß wie die Bildweite s'. Gegenstandsgröße y und Bildgröße y' sind ebenfalls gleich.
↗ Reflexionsgesetz, S. 255
Vorder- und Rückseite des Gegenstandes sind bezüglich der Spiegelfläche vertauscht. Das Bild ist seitenrichtig.

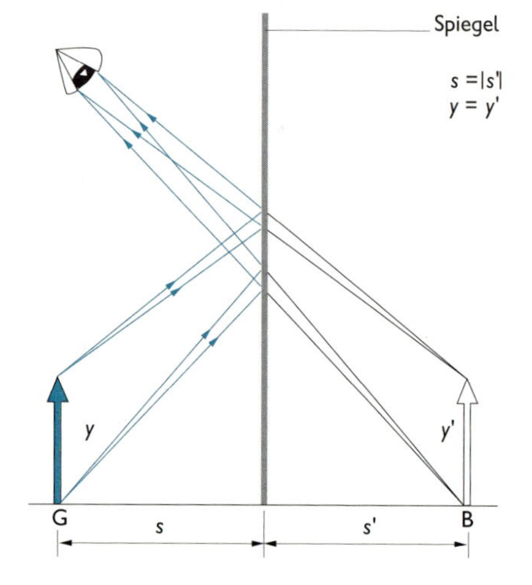

Gekrümmte Spiegel

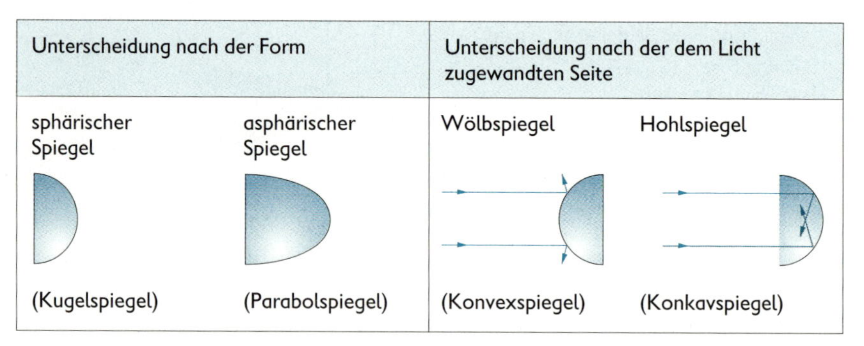

Unterscheidung nach der Form		Unterscheidung nach der dem Licht zugewandten Seite	
sphärischer Spiegel	asphärischer Spiegel	Wölbspiegel	Hohlspiegel
(Kugelspiegel)	(Parabolspiegel)	(Konvexspiegel)	(Konkavspiegel)

Begriffe am sphärischen Hohlspiegel

Begriff	Zeichen	Erläuterung	Darstellung
Krümmungs-mittelpunkt	M	Mittelpunkt einer Kugel, aus der man sich einen Hohlspiegel herausgeschnitten denken kann	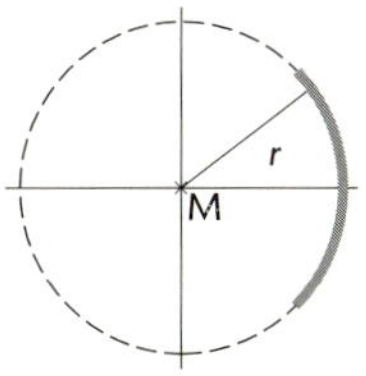 r, M
Krümmungs-radius	r	Radius der gekrümmten Spiegelfläche	
Scheitelpunkt	S	fest gewählter Punkt auf der spiegelnden Fläche	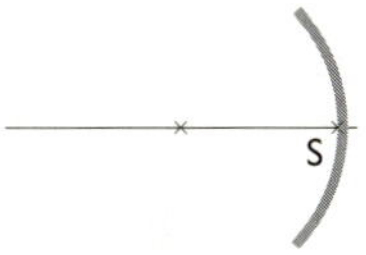 S
optische Achse		Gerade durch den Krümmungsmittelpunkt M und den Scheitelpunkt S	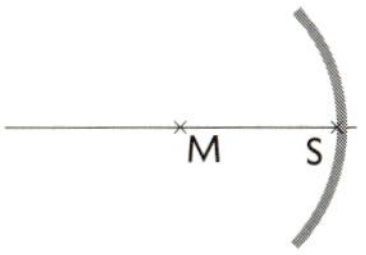 M, S
Brennpunkt	F	Schnittpunkt der durch den Spiegel reflektierten achsennahen Parallelstrahlen	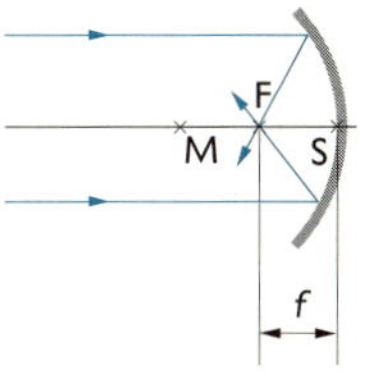 F, M, S
Brennweite	f	Abstand zwischen S und F ($f = \frac{r}{2}$ für achsennahe Strahlen)	f

5

Strahlenverlauf am sphärischen Hohlspiegel

Zur zeichnerischen Darstellung der Bildentstehung am sphärischen Hohlspiegel wählt man aus der Vielzahl der durch den Spiegel reflektierten Strahlen mindestens zwei der im Folgenden beschriebenen drei Strahlen aus.

Name des Strahles	Verlauf vor der Reflexion	Verlauf nach der Reflexion	Zeichnerische Darstellung
Parallel-strahl	parallel zur optischen Achse	durch den Brennpunkt F	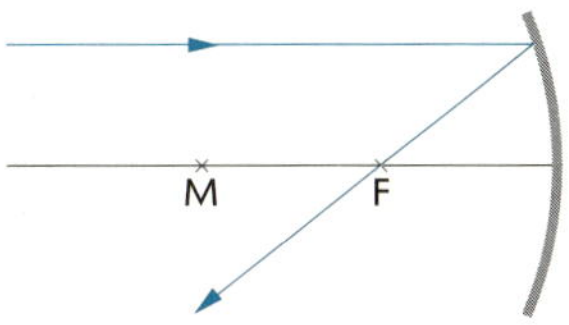 M, F

Name des Strahles	Verlauf vor der Reflexion	Verlauf nach der Reflexion	Zeichnerische Darstellung
Brenn-punkt-strahl	durch den Brenn-punkt F	parallel zur opti-schen Achse	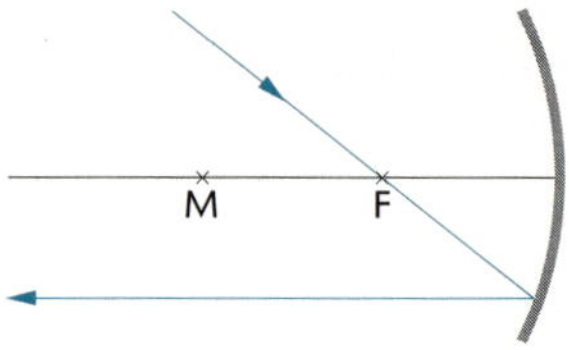 M F
Mittel-punkt-strahl	durch den Krümmungs-mittelpunkt M	wird in sich selbst reflektiert	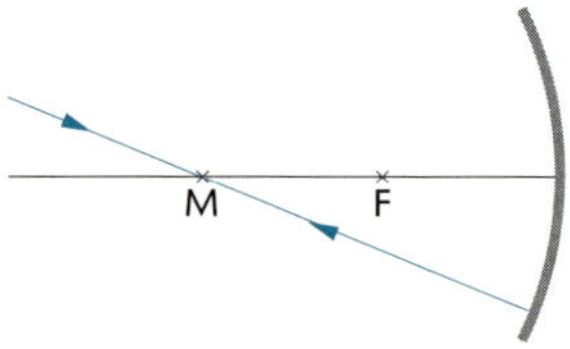 M F

5

Bildentstehung an gekrümmten Spiegeln

Die Abbildung entsteht unter folgenden Voraussetzungen:
- Es werden achsennahe Lichtbündel verwendet.
- Die Lichtbündel bilden mit der optischen Achse kleine Winkel.

Spiegel-art	Ort des Gegenstandes	Ort des Bildes	Art, Lage, Größe des Bildes	Geometrische Darstellung
ebener Spiegel	vor dem Spiegel $\infty > s > 0$	genauso weit hinter dem Spiegel, wie sich der Gegenstand vor dem Spiegel befindet $s = \lvert s' \rvert$	virtuell, aufrecht $y' = y$	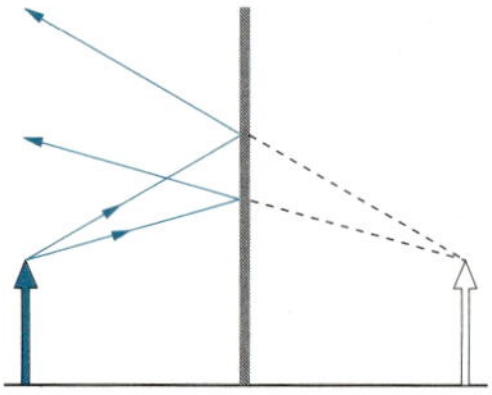 ■ Wandspiegel, Taschenspiegel
Hohl-spiegel	außerhalb der doppelten Brennweite $s > 2f$	zwischen einfa-cher und dop-pelter Brenn-weite auf der gleichen Seite des Spiegels $2f > s' > f$	reell, um-gekehrt, kleiner als der Gegen-stand $y' < y$	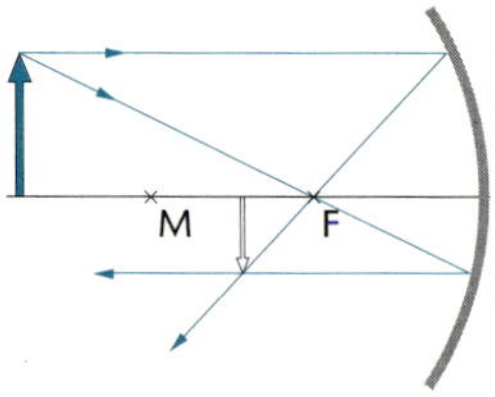 M F ■ Spiegelfernrohr

Spiegelart	Ort des Gegenstandes	Ort des Bildes	Art, Lage, Größe des Bildes	Geometrische Darstellung
	im Krümmungsmittelpunkt	im Krümmungsmittelpunkt auf der gleichen Seite des Spiegels	reell, umgekehrt, gleich groß wie der Gegenstand	
	$s = 2f$	$s' = 2f$	$y' = y$	■ Projektoren (Abbildung der Lichtquelle)
	zwischen einfacher und doppelter Brennweite	außerhalb der doppelten Brennweite auf der gleichen Seite des Spiegels	reell, umgekehrt, größer als der Gegenstand	
	$2f > s > f$	$s' > 2f$	$y' > y$	
	innerhalb der einfachen Brennweite	auf der anderen Seite des Spiegels	virtuell, aufrecht, größer als der Gegenstand	
	$s < f$	$0 < \lvert s' \rvert < \infty$	$y' > y$	■ Rasierspiegel
Wölbpiegel	vor dem Spiegel	auf der anderen Seite des Spiegels	virtuell, aufrecht, kleiner als der Gegenstand	
	$\infty > s > 0$	$\lvert s' \rvert < f$	$y' < y$	■ Rückspiegel

Abbildungsgleichung für Spiegel

$$\frac{1}{f} = \frac{1}{s} + \frac{1}{s'}$$

f Brennweite des Spiegels
s Gegenstandsweite
s' Bildweite

Für virtuelle Bilder, die stets hinter dem Spiegel entstehen, ist die Bildweite s' negativ. Die Brennweite eines Hohlspiegels ist positiv, die eines Wölbspiegels negativ.
↗ Abbildungsgleichung für Linsen S. 264

Abbildungsmaßstab *A*

Für reelle Bilder kennzeichnet der Abbildungsmaßstab *A* das Verhältnis von Bildgröße zu Gegenstandsgröße.

$$A = \frac{y'}{y} = \frac{s'}{s}$$

y'	Bildgröße
y	Gegenstandsgröße
s'	Bildweite
s	Gegenstandsweite

BRECHUNG DES LICHTES

Brechung

Physikalischer Vorgang beim Übergang von Licht aus einem optischen Medium in ein anderes. An der Grenzfläche ändert das Licht seine Geschwindigkeit und damit (für einen Einfallswinkel $\alpha \neq 0$) seine Richtung.

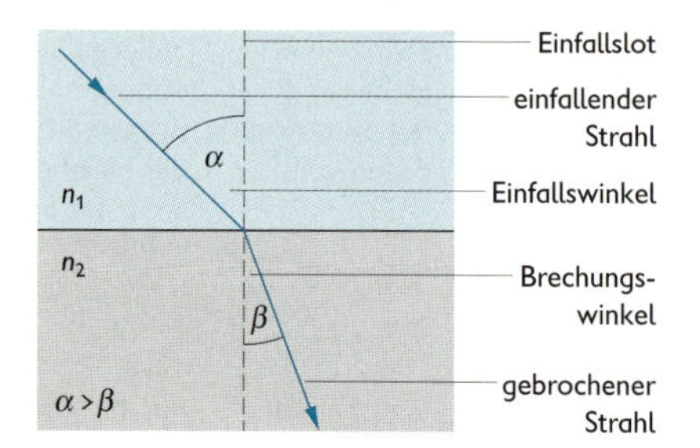

5

Brechungsgesetz

Geht Licht von einem optischen Medium in ein optisch dichteres oder optisch dünneres über, so ändert sich an der Grenzfläche seine Geschwindigkeit und damit (bei $\alpha \neq 0$) seine Richtung. Einfallender Strahl, Einfallslot und gebrochener Strahl liegen in der gleichen Ebene.

$$\frac{\sin\alpha}{\sin\beta} = \frac{c_1}{c_2}$$

$$\frac{\sin\alpha}{\sin\beta} = \frac{n_2}{n_1}$$

$$\frac{\sin\alpha}{\sin\beta} = n_{1,2}$$

α	Einfallswinkel
β	Brechungswinkel
c	Lichtgeschwindigkeit im betreffenden Medium
n	Brechzahl des betreffenden Mediums
$n_{1,2}$	Brechungsverhältnis beim Übergang vom Medium 1 zum Medium 2

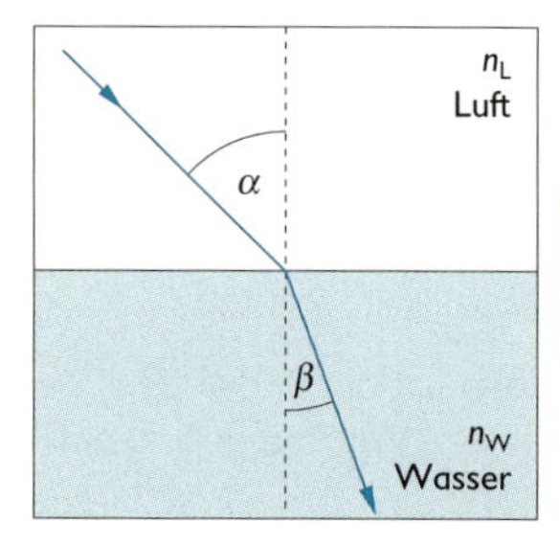

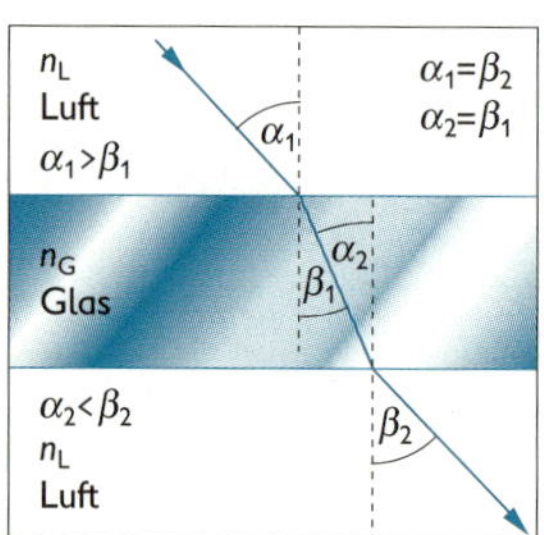

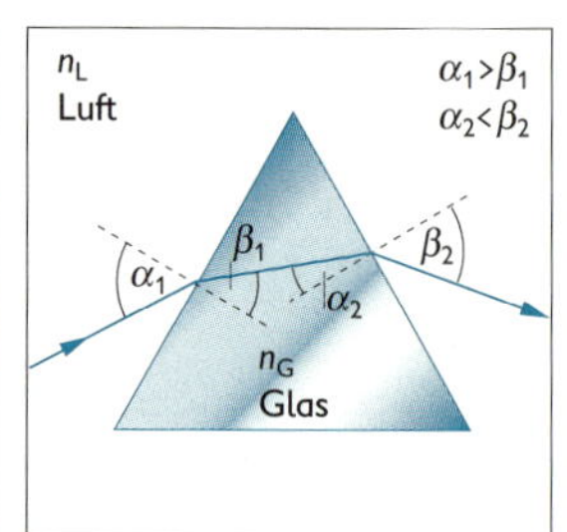

Brechzahl *n*

Physikalische Größe zur Beschreibung der Richtungsänderung des Lichtes bei der Brechung. Sie ist eine Stoffkonstante. Die Brechzahl n eines Stoffes gibt an, wie stark ein Lichtbündel beim Übergang vom Vakuum in diesen Stoff gebrochen wird.
Für das Vakuum ist $n_V = 1$. Für die Brechzahl n eines beliebigen Stoffes gilt:

$$\frac{\sin \alpha_V}{\sin \beta} = n$$

α_V Einfallswinkel im Vakuum
β Brechungswinkel
n Brechzahl

Von zwei lichtdurchlässigen Medien bezeichnet man dasjenige als optisch dichter, das die größere Brechzahl besitzt.
↗ Brechungsgesetz, S. 260

Brechungsverhältnis $n_{1,2}$

Physikalische Größe zur Beschreibung der Richtungsänderung des Lichtes bei der Brechung. Das Brechungsverhältnis $n_{1,2}$ ist der Quotient aus den Brechzahlen n_2 und n_1 beim Übergang des Lichtes vom Medium 1 zum Medium 2.

$$\frac{n_2}{n_1} = n_{1,2}$$

↗ Brechungsgesetz, S. 260

Optische Linsen

Durchsichtige Körper, die von zwei gewölbten Flächen oder einer ebenen und einer gewölbten Fläche begrenzt werden.
↗ Bedingungen für Linsen, S. 263

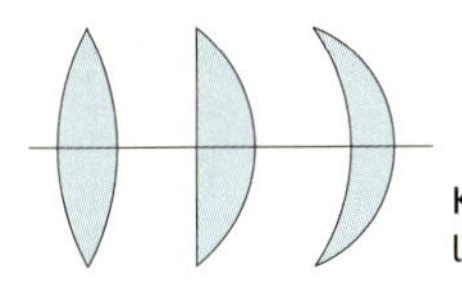
Konvex-linsen

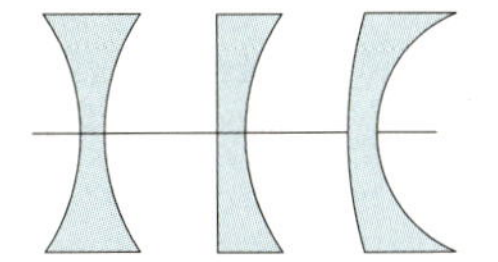
Konkav-linsen

Sammel- und Zerstreuungslinsen

Je nach dem Verlauf von Parallelstrahlen, die durch Linsen gebrochen werden, spricht man von Sammellinsen oder Zerstreuungslinsen.
Zur Vereinfachung der Darstellung des Strahlenverlaufs zeichnet man anstelle der zweifachen Brechung an den beiden Linsenflächen die Lichtstrahlen so, als ob sie nur einmal in der Linsenebene gebrochen würden.

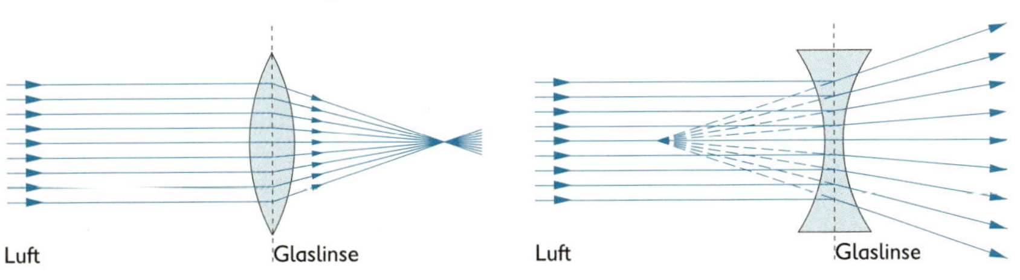

Begriffe an sphärischen Konvexlinsen

Begriff	Zeichen	Erläuterung	Darstellung
Krümmungsmittelpunkt	M_1, M_2	Mittelpunkte der die Linse begrenzenden Kugelflächen	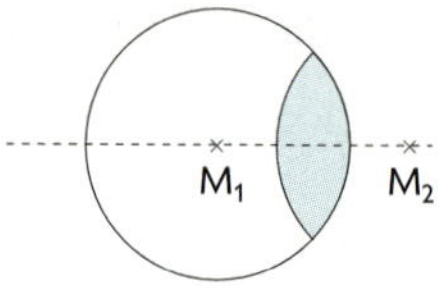 M_1 M_2
optische Achse		Gerade durch die Krümmungsmittelpunkte M_1 und M_2	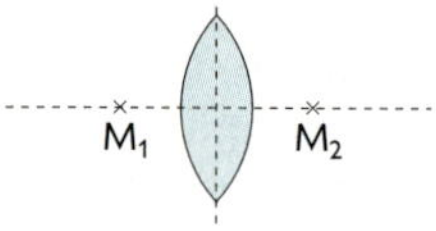 M_1 M_2
optischer Mittelpunkt	O	Schnittpunkt der optischen Achse mit der Linsenebene	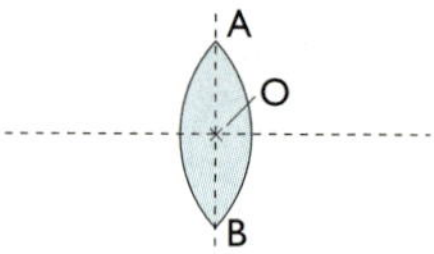 A O B
Linsenebene		Ebene durch den optischen Mittelpunkt O senkrecht zur optischen Achse	
Brennpunkt	F	Schnittpunkt der achsennah in die Linse einfallenden gebrochenen Parallelstrahlen	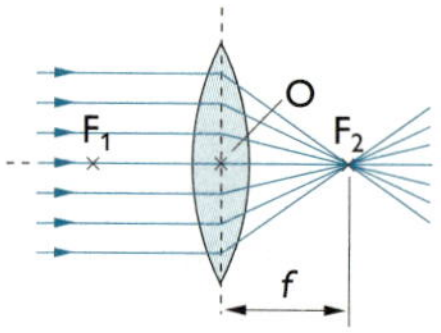 O F_1 F_2 f
Brennweite	f	Strecke zwischen O und F	
Krümmungsradius	r	Radius der gekrümmten Linsenoberfläche (für dünne bikonvexe Linsen gilt in grober Näherung: $f = r$)	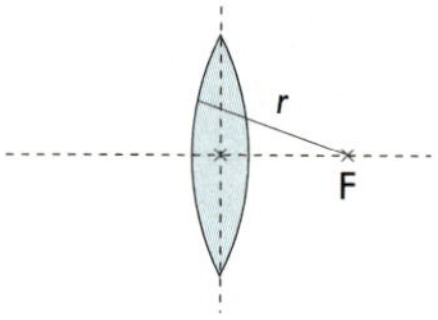 r F

Strahlenverlauf an Linsen

Zur zeichnerischen Darstellung der Bildentstehung an dünnen Linsen wählt man aus dem Lichtbündel mindestens zwei der im Folgenden beschriebenen drei Strahlen aus.

Name des Strahles	Verlauf an der Sammellinse	Verlauf an der Zerstreuungslinse	Verlauf nach der Brechung
Parallelstrahl	parallel zur optischen Achse 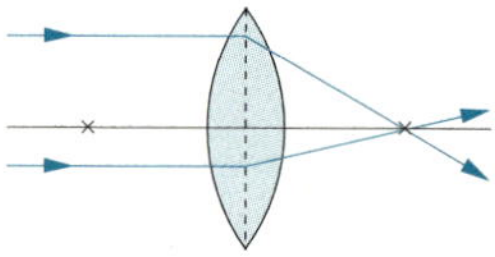	parallel zur optischen Achse 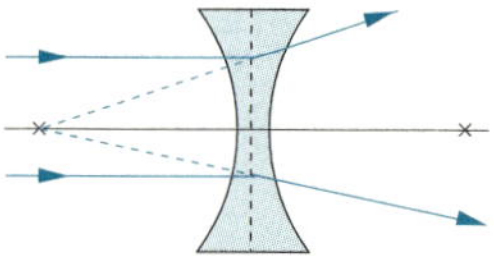	durch den Brennpunkt bzw. scheinbar vom Brennpunkt kommend

Name des Strahles	Verlauf an der Sammellinse	Verlauf an der Zerstreuungslinse	Verlauf nach der Brechung
Brennpunktstrahl	durch einen Brennpunkt der Linse 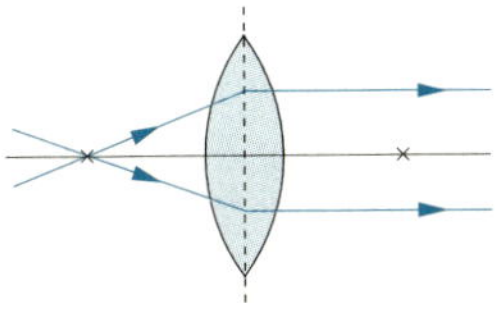	in Richtung auf den Brennpunkt, der auf der anderen Seite der Linse liegt 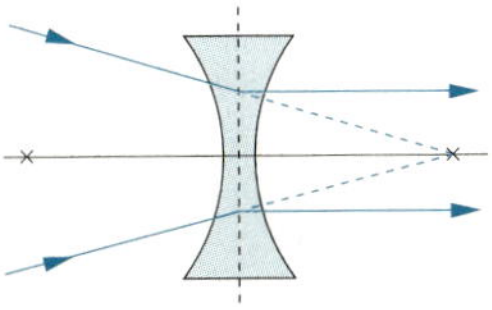	parallel zur optischen Achse
Mittelpunktstrahl	durch den Mittelpunkt der Linse 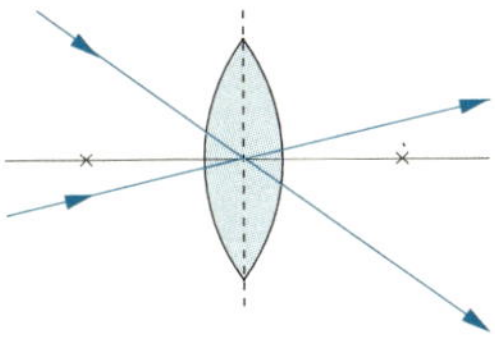	durch den Mittelpunkt der Linse 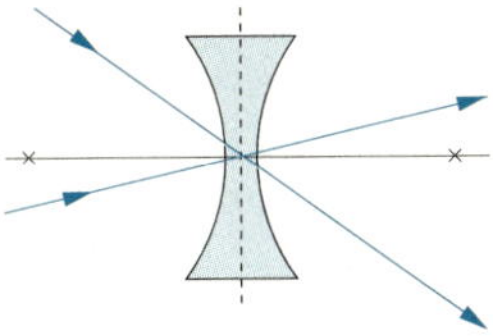	wird nicht gebrochen

5

Bildentstehung an Linsen

Infolge der Brechung des Lichtes werden durch Linsen bzw. Linsensysteme Gegenstände abgebildet.

Abbildungsbedingungen:

- Es wird nur die Abbildung durch dünne Linsen betrachtet.
- Die einfallenden Lichtbündel sind achsennah.

Für die hier dargestellten Fälle gilt zusätzlich:

- Der Stoff, aus dem die Linse besteht, ist optisch dichter als der Stoff der Umgebung.

Linsenart	Ort des Gegenstandes	Ort des Bildes	Art, Lage, Größe des Bildes	Geometrische Darstellung
Sammellinse	außerhalb der doppelten Brennweite $s > 2f$	zwischen einfacher und doppelter Brennweite auf der anderen Seite der Linse $f < s' < 2f$	reell, umgekehrt, kleiner als der Gegenstand $y' < y$	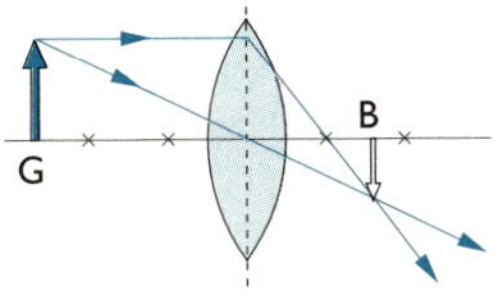 G B ■ Objektiv des Kepler'schen Fernrohres

Linsenart	Ort des Gegenstandes	Ort des Bildes	Art, Lage, Größe des Bildes	Geometrische Darstellung
	in der doppelten Brennweite $s = 2f$	in der doppelten Brennweite auf der anderen Seite der Linse $s' = 2f$	reell, umgekehrt, gleich groß wie der Gegenstand $y' = y$	■ Umkehrlinse im Kepler'schen Fernrohr
	zwischen einfacher und doppelter Brennweite $2f > s > f$	außerhalb der doppelten Brennweite auf der anderen Seite der Linse $s' > 2f$	reell, umgekehrt, größer als der Gegenstand $y' > y$	■ Objektiv von Projektoren
	innerhalb der einfachen Brennweite $s < f$	auf derselben Seite der Linse $f < \|s'\| < \infty$	virtuell, aufrecht, größer als der Gegenstand $y' > y$	■ Lupe, Okular vom Kepler'schen Fernrohr und vom Mikroskop
Zerstreuungslinse	$\infty > s > 0$	Bildweite kleiner als Gegenstandsweite; auf derselben Seite der Linse $\|s'\| < f$	virtuell, aufrecht, kleiner als der Gegenstand $y' < y$	■ Okular des Galilei'schen Fernrohres

Ort, Lage und Größe des Bildes hängen von der Gegenstandsweite und der Brennweite ab. Bewegt sich der Gegenstand G in Richtung der optischen Achse auf die Linse zu oder von ihr weg, so bewegt sich das Bild B jeweils gleichsinnig. Dabei ändert sich seine Größe.

Abbildungsgleichung für Linsen

$$\frac{1}{f} = \frac{1}{s} + \frac{1}{s'}$$

f Brennweite der Linse
s Gegenstandsweite
s' Bildweite

↗ Abbildungsgleichung für Spiegel, S. 259

Für virtuelle Bilder, die stets auf der gleichen Seite der Linse wie der Gegenstand entstehen, ist die Bildweite s' negativ. Die Brennweite einer Sammellinse ist positiv, die einer Zerstreuungslinse negativ.

Totalreflexion

Vorgang, der auftritt, wenn Licht von einem optisch dichteren Medium auf die Grenzfläche zu einem optisch dünneren Medium trifft und der Einfallswinkel α größer als der Grenzwinkel der Totalreflexion α_G ist. Das Licht wird dann nicht mehr gebrochen, sondern zurück in das optisch dichtere Medium reflektiert.

Grenzwinkel der Totalreflexion α_G

Der Grenzwinkel α_G ist der Einfallswinkel, der überschritten werden muss, damit das einfallende Licht vom optisch dichteren Medium gerade nicht mehr durch Brechung in das optisch dünnere Medium gelangt. Das ist dann der Fall, wenn der Brechungswinkel β_G gleich 90° ist.

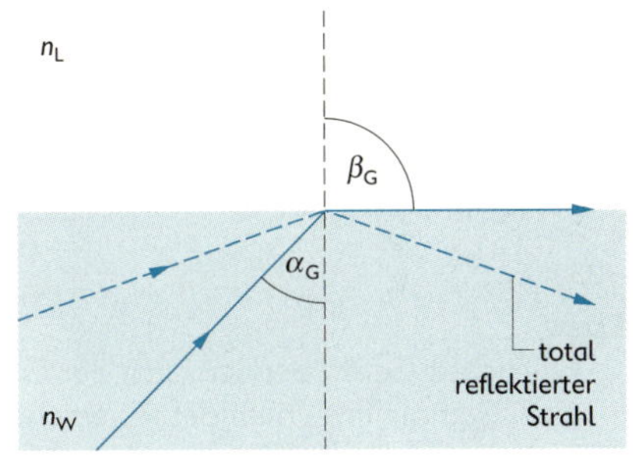

Aus dem Brechungsgesetz (↗ S. 260) folgt für $\sin \beta_G = 1$, dass $\sin \alpha_G = n_2/n_1$.

Totalreflektierende Prismen

Meist rechtwinklige Prismen, in denen die Richtung des Lichtes durch Totalreflexion z. B. um 90° oder 180° geändert wird.

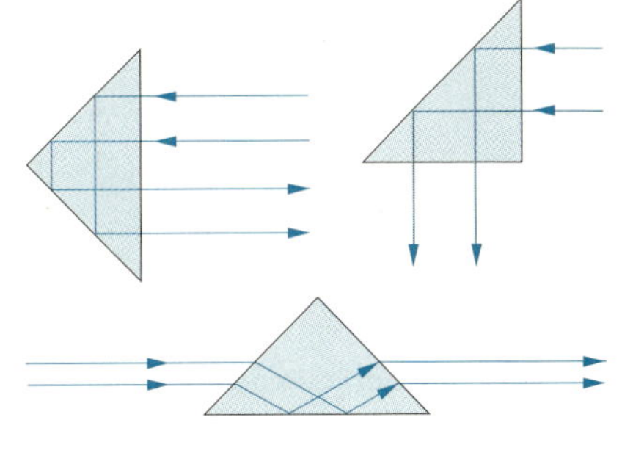

■ Prismenfeldstecher

Lichtleitkabel

Kabel aus einem durchsichtigen festen Stoff. Tritt Licht etwa axial in die Stirnfronten der einzelnen Adern ein, so wird es in jeder Ader wiederholt totalreflektiert und verlässt schließlich – auch bei gebogenem Kabel – die Stirnfronten am anderen Ende des Kabels.

■ Übertragung von Telefongesprächen; Beleuchten und Betrachten des Inneren von menschlichen Organen

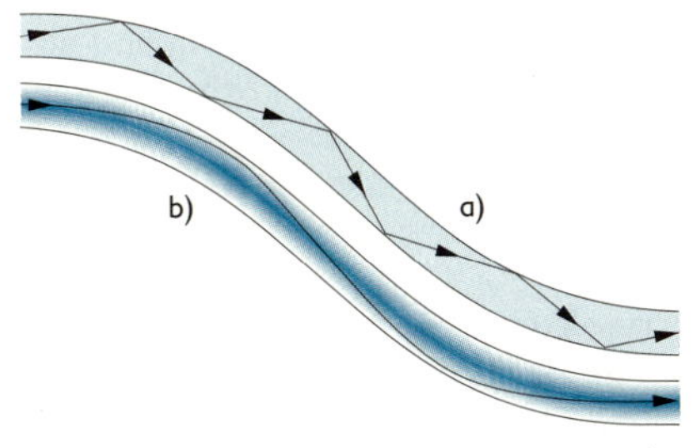

Lichtverlauf in der Faser eines Lichtleitkabels
a) bei konstanter optischer Dichte
b) bei nach außen allmählich abnehmender optischer Dichte

OPTISCHE GERÄTE

Auge

Lichtsinnesorgan höher entwickelter tierischer Lebewesen (Wirbeltiere). Bei Wirbeltieren erzeugt eine Sammellinse auf der Netzhaut ein umgekehrtes, reelles Bild. Je kleiner die Gegenstandsweite ist, desto größer ist das auf der Netzhaut entstehende Bild. Die Anpassung an verschiedene Gegenstandsweiten kann durch Verändern der Krümmung der Augenlinse erfolgen. Dadurch ändert sich die Brennweite.
↗ Bildentstehung an Linsen, S. 263

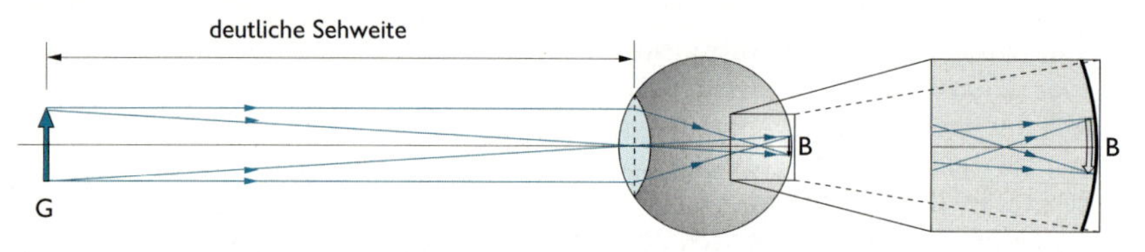

Lupe

Optisches Gerät, bei dem sich der Gegenstand innerhalb der einfachen Brennweite einer Sammellinse befindet. Es erscheint ein vergrößertes, virtuelles Bild. Durch Benutzung der Lupe entsteht auf der Netzhaut des Auges ein vergrößertes Bild. Kleine Brennweiten bedingen starke Vergrößerungen.

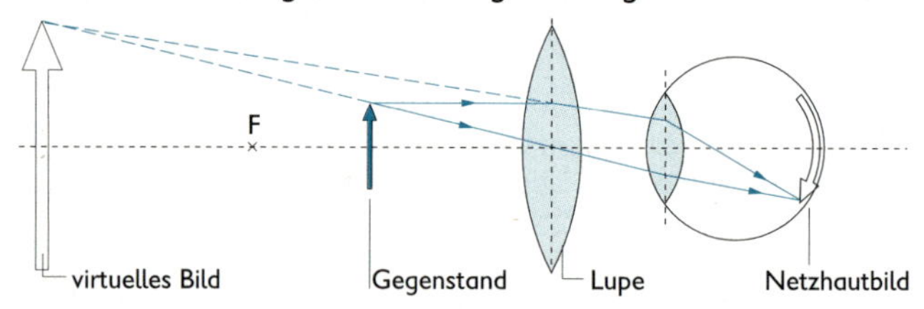

Kamera

Optisches Gerät, in dem mit einem Objektiv ein reelles Bild erzeugt wird. Das Objektiv besteht aus einer Sammellinse oder einem Linsensystem. Die Entfernungseinstellung erfolgt durch Verändern der Bildweite (Abstand Objektiv-Film). Der zum Film gelangende Lichtstrom und die Schärfentiefe werden durch die Blende verändert. Das Normalobjektiv mancher Fotoapparate kann gegen andere Objektive (Weitwinkelobjektiv – kleine Brennweite, Teleobjektiv – große Brennweite, Zoom – veränderliche Brennweite) ausgewechselt werden. Auf dem Film wird dann ein größerer oder kleinerer Teil des Gegenstandes abgebildet.

Projektor

Optisches Gerät, das Bilder vergrößert auf einer Bildfläche sichtbar macht.

Diaskop (Bildwerfer)	Episkop
Es werden lichtdurchlässige Vorlagen (Diapositive) projiziert. Das Diapositiv wird	Es werden lichtundurchlässige Vorlagen projiziert. Die abzubildende Vorlage wird

Diaskop (Bildwerfer)	Episkop
von einer Lichtquelle durchleuchtet. Das Objektiv erzeugt ein reelles Bild auf einem Schirm. Aufgabe von Hohlspiegel und Kondensor ist es, einen möglichst großen Anteil des von der Lichtquelle kommenden Lichtes gleichmäßig durch das Diapositiv fallen zu lassen. Dieses Prinzip liegt auch dem Tageslichtschreibprojektor zugrunde. 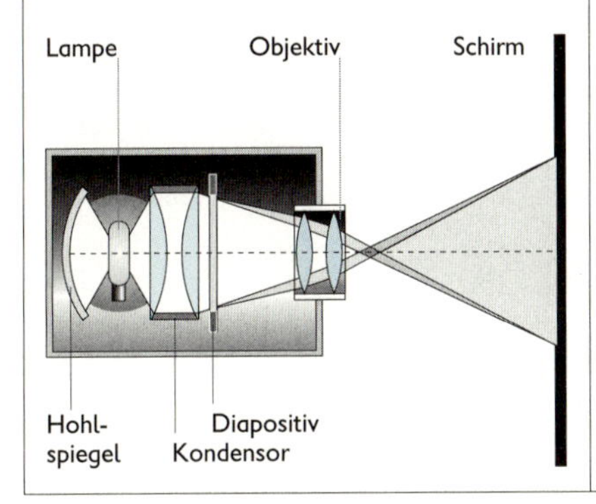	beleuchtet. Das Objektiv erzeugt ein reelles Bild auf einem Schirm. Aufgabe der Hohlspiegel ist es, möglichst viel Licht der Lichtquelle auf die Vorlage zu reflektieren. 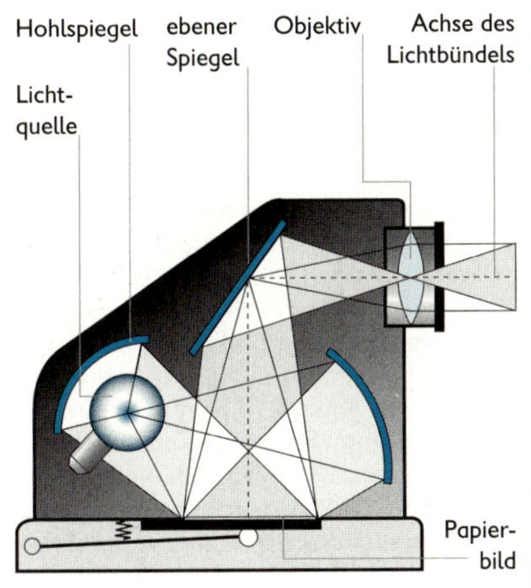

Mikroskop

Optisches Gerät mit Objektiv und Okular zur vergrößerten Abbildung sehr kleiner Objekte. Das Objektiv erzeugt ein reelles, vergrößertes Zwischenbild innerhalb der Brennweite des Okulars. Das Okular wirkt wie eine Lupe.
Die Gesamtvergrößerung V_G ist gleich dem Produkt aus den Vergrößerungen V_{Ob} des Objektivs und V_{Ok} des Okulars. $V_G = V_{Ob} \cdot V_{Ok}$
1500fache Vergrößerungen sind möglich.
↗ Elektronenmikroskop, S. 218

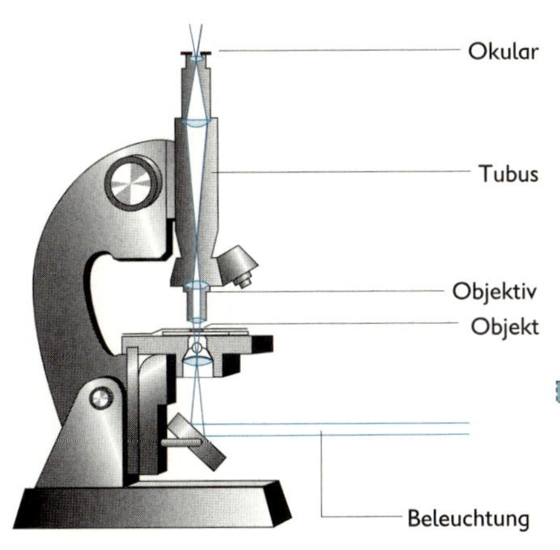

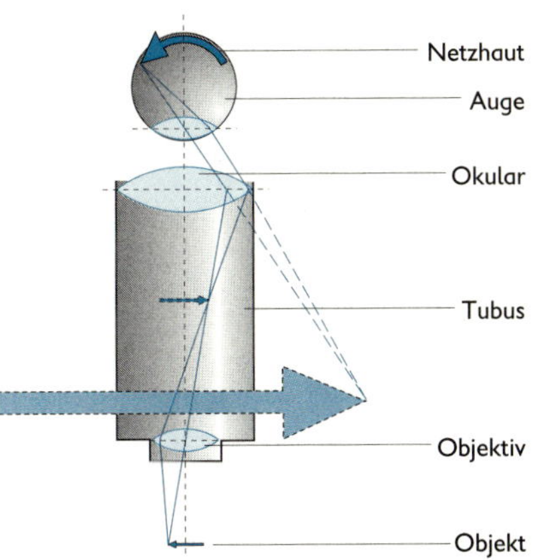

Fernrohr

Optisches Gerät mit Objektiv und Okular zur Abbildung von weit entfernten Objekten.

Objektiv. Linse bzw. Linsenkombination, die dem Gegenstand (Objekt) zugewandt ist.

Okular. Linse bzw. Linsenkombination, die dem Auge (lat. oculus) zugewandt ist.

- Spiegelfernrohr (Reflektor): Objektiv ist ein Hohlspiegel
  Linsenfernrohr (Refraktor): Bild wird durch Linsen erzeugt

Kepler'sches (astronomisches) **Fernrohr**
Mithilfe des Objektivs entsteht ein umgekehrtes, reelles Zwischenbild ZB innerhalb der Brennweite des Okulars. Das Okular wirkt wie eine Lupe. Dadurch erscheint ein umgekehrtes, virtuelles Hauptbild HB. Prismenferngläser vergrößern typischerweise 10fach (Kennzeichnung der Vergrößerung durch die Angabe <u>10</u> × 50). Bei astronomischen Fernrohren werden dreitausend- bis fünftausendfache Vergrößerungen erreicht. Größere Objektivdurchmesser ergeben ein helleres Bild. Die Umkehrung des Zwischenbildes kann durch eine zusätzliche Sammellinse zwischen Objektiv und Okular bewirkt werden.

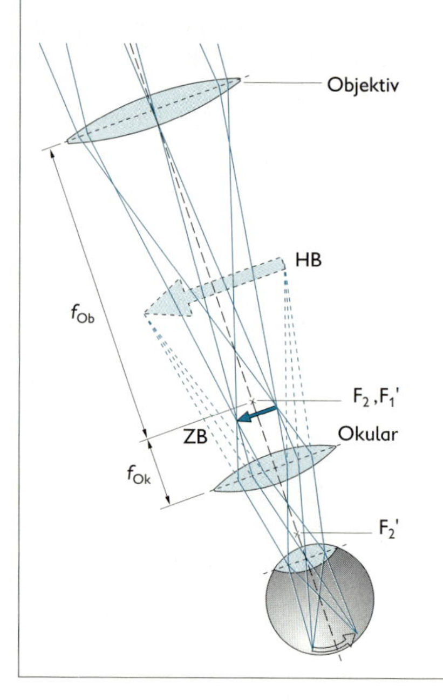

Galilei'sches (holländisches) **Fernrohr**
Mithilfe des Objektivs und des Okulars entsteht ein aufrechtes, virtuelles Bild. Das Galileische Fernrohr ist sehr kurz und führt zu einer drei- bis fünffachen Vergrößerung. Das Okular ist eine Zerstreuungslinse.

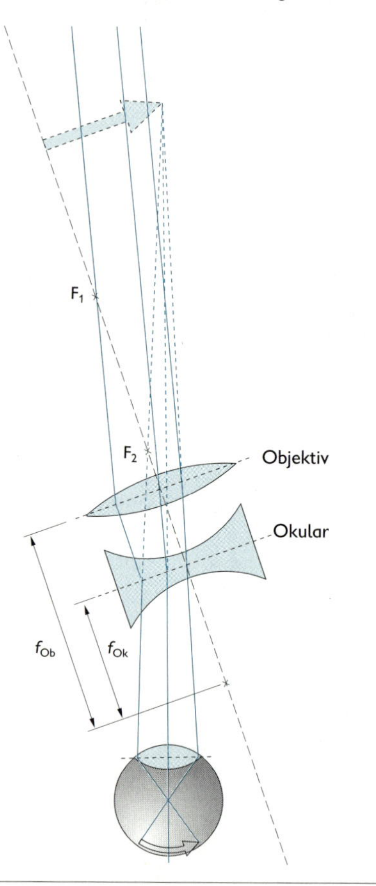

WELLENEIGENSCHAFTEN DES LICHTES

Wellenoptik
Teilgebiet der Physik, in dem optische Erscheinungen und Vorgänge mithilfe des Wellenmodells des Lichtes beschrieben werden.
↗ Photonenmodell, S. 307

Wellenmodell des Lichtes
Vereinfachte Vorstellung, nach der sich Licht wie eine mechanische Transversalwelle ausbreitet. Damit ist es möglich, verschiedene Eigenschaften des Lichtes zu erklären, z. B. Beugung, Interferenz und Polarisation, aber auch die geradlinige Ausbreitung, Reflexion und Brechung.

Erscheinungsform des Lichtes	Lichtquellen	Anwendungsbeispiele
infrarotes Licht	Sonne, Infrarotstrahler	Infrarot-Fotografie, Wärmestrahler, Medizin
sichtbares Licht	Sonne, künstliche Lichtquellen	Beleuchtung, Signaltechnik
ultraviolettes Licht	Sonne, Bogenlampe, Quecksilberdampflampe	Medizin, Kriminaltechnik
Röntgenstrahlung	Röntgenröhre	Medizin, Werkstoffprüfung

Wellenzug
Eine mechanische Welle ist in der Regel räumlich stark ausgedehnt. Demgegenüber besteht ein Lichtbündel aus sehr vielen unterschiedlichen, sehr kleinen Bestandteilen (↗ Lichtquanten, S. 307).
Um die Welleneigenschaften des Lichtes modellhaft darzustellen, kennzeichnet man es durch einzelne Wellenzüge.

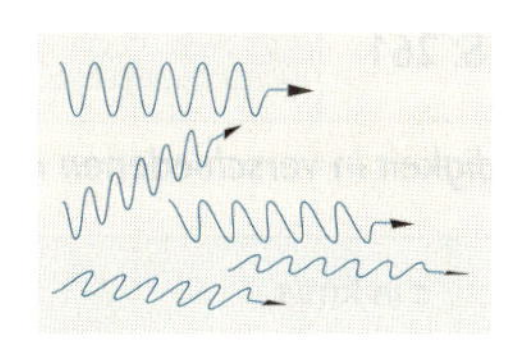

Einzelne Wellenzüge des Lichtes

Wellenlänge λ und Frequenz f des Lichtes
Die Wellenlänge des Lichtes ist von dem Medium abhängig, in dem sich das Licht ausbreitet. Die Frequenz des Lichtes ist vom Medium unabhängig.
↗ Spektralfarben, S. 279

	Wellenlänge λ im Vakuum in nm	Frequenz f in Hz
infrarotes Licht	400 000 bis 770	$7{,}5 \cdot 10^{11}$ bis $3{,}9 \cdot 10^{14}$
sichtbares Licht	770 bis 390	$3{,}9 \cdot 10^{14}$ bis $7{,}7 \cdot 10^{14}$

Erzeugen von Interferenzbildern

Interferenz durch Reflexion	Interferenz durch Brechung	Interferenz durch Beugung
L_1', L_2', Spiegel 1, Spiegel 2, L; h d h d h	L_1', L, L_2', Prisma; h d h d h	$\frac{\lambda}{2}$, λ; h d h d h
■ Oberflächenvergütung	■ Dickenmessung an Linsen	■ Gitterspektrometer

Interferenz durch Beugung am Spalt

Überlagerung von Licht, das an den beiden Kanten eines Spaltes gebeugt wird.

Interferenzminima

$$\frac{n \cdot \lambda}{d} = \frac{s_n}{e_n}$$

$$\sin \alpha_n = \frac{n \cdot \lambda}{d}$$

für $n = 1, 2, \ldots$

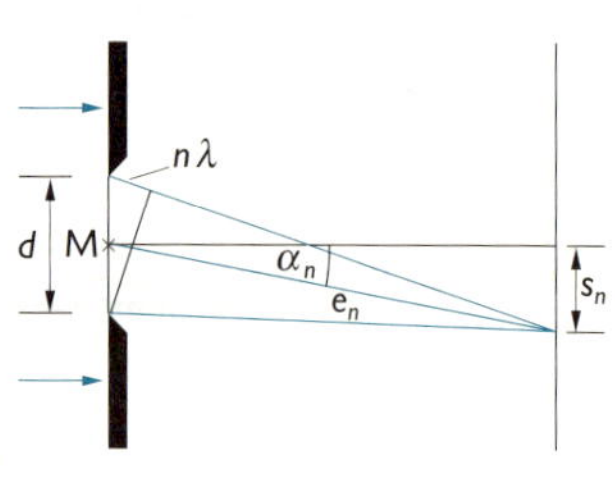

- λ Wellenlänge des Lichtes
- d Spaltbreite
- s_n Abstand des n-ten Minimums vom Maximum 0. Ordnung
- e_n Abstand Spaltmitte–Minimum
- n Anzahl der Ordnung des Minimums

Interferenz durch Beugung am Doppelspalt

Überlagerung von Licht, das durch die beiden Spalte des Doppelspaltes gebeugt wird. Interferenzstreifen treten an einem Doppelspalt auf, wenn dessen Spaltabstand b größer als die Wellenlänge λ des Lichtes, aber klein gegen den Abstand e zum Schirm ist.

Interferenzmaxima

$$\frac{n \cdot \lambda}{b} = \frac{s_n}{e_n}$$

für $n = 0, 1, 2, \ldots$

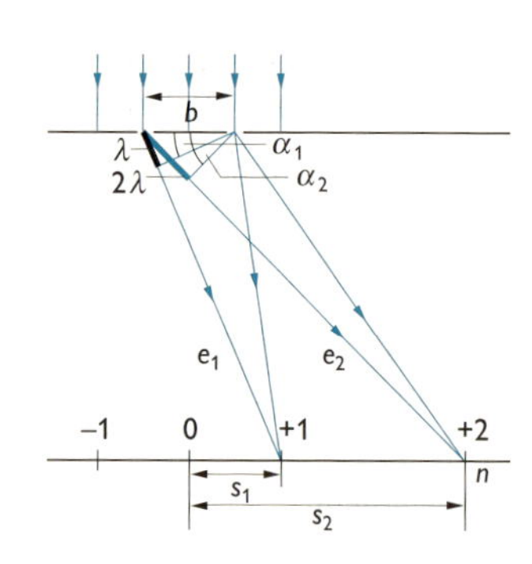

- λ Wellenlänge des Lichtes
- b Spaltabstand
- s_n Abstand des n-ten Interferenzstreifen vom Maximum 0. Ordnung
- e_n Abstand Doppelspalt–Minimum
- n Anzahl der Ordnung des Maximums

Wellenlänge des Lichtes bei Interferenz am Doppelspalt

$$\lambda = \frac{s_n \cdot b}{e_n \cdot n} \qquad \lambda = \frac{b \cdot \sin \alpha_n}{n}$$

für $n = 1, 2, \ldots$
α_n Beugungswinkel des n-ten Maximums

Bei Licht kleinerer Wellenlänge (blaues Licht) sind die Abstände zwischen den Interferenzstreifen kleiner als bei Licht größerer Wellenlänge (rotes Licht).

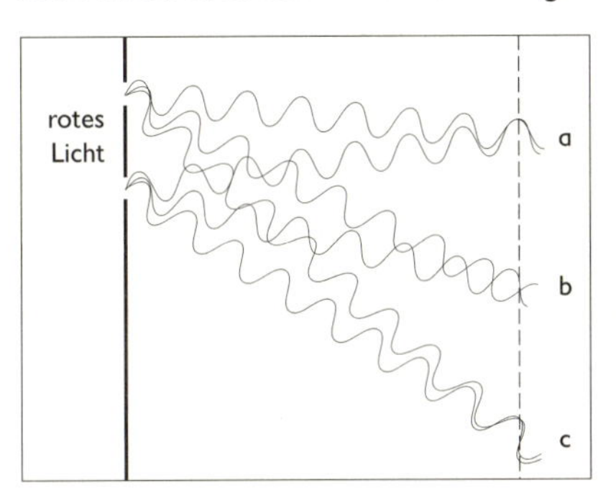

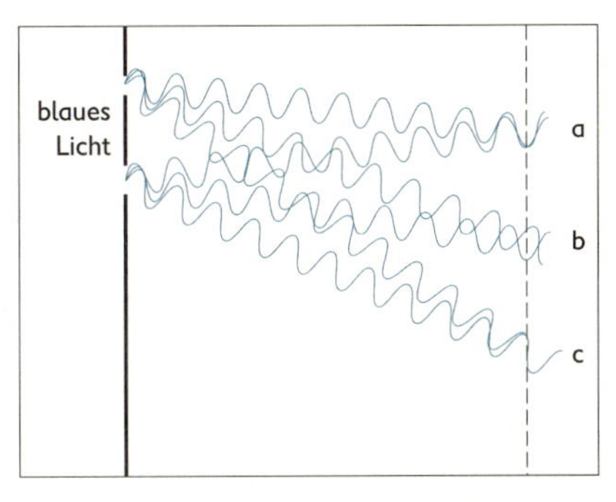

Interferenz durch Beugung am Gitter

Überlagerung von Licht, das durch die Spalte eines Gitters gebeugt wird. Gitter enthalten viele Spalte (bis zu 2000 auf 1 mm). Der Abstand b zweier Spalte wird **Gitterkonstante *b*** genannt. Je kleiner die Gitterkonstante ist, desto größer ist der Winkelabstand der Interferenzmaxima. Je größer die Anzahl der beleuchteten Spalte ist, desto heller und schärfer sind die Hauptmaxima und desto weniger sind die Nebenmaxima ausgeprägt.

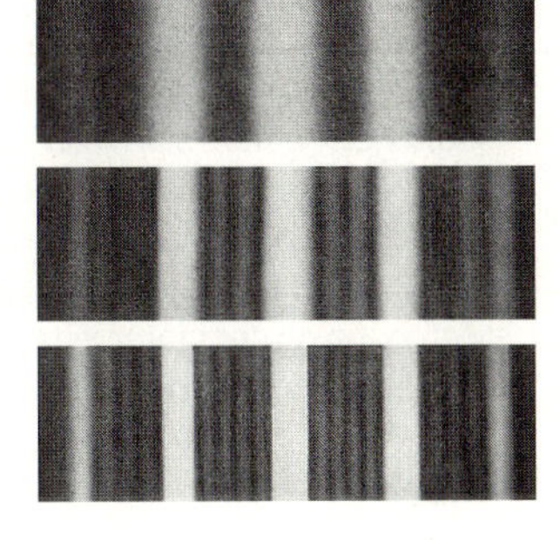

Interferenzbilder bei 2, 4 und mehr Spalten

Interferenzmaxima (Hauptmaxima)

$$\frac{n \cdot \lambda}{b} = \frac{s_n}{e_n}$$

für $n = 0, 1, 2, \ldots$

- λ Wellenlänge des Lichtes
- b Gitterkonstante
- s_n Abstand der Interferenzstreifen vom Maximum 0. Ordnung
- e_n Abstand des Schirmes vom Gitter
- n Anzahl der Ordnung des Hauptmaximums

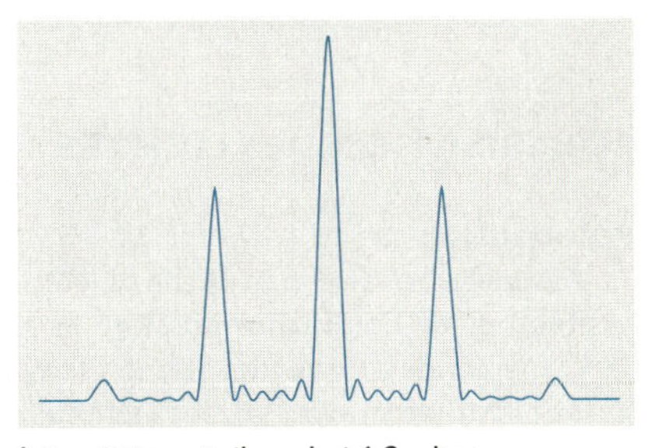

Intensitätsverteilung bei 6 Spalten

Wellenlänge des Lichtes bei Interferenz am Gitter

$$\lambda = \frac{s_n \cdot b}{e_n \cdot n} \qquad \lambda = \frac{b \cdot \sin \alpha_n}{n}$$

für $n = 1, 2, \ldots$
b Gitterkonstante
α_n Beugungswinkel des n-ten Maximums

- Spektrometer

Interferenz durch Reflexion und Brechung

Überlagerung von Licht nach Reflexion an zwei verschiedenen Grenzflächen. Der Gangunterschied entsteht durch den geometrischen Wegunterschied der beiden Wellenzüge, durch die Veränderung der Wellenlänge im vom Licht durchdrungenen Medium und durch den Phasensprung bei der Reflexion.

Das Entstehen von Interferenzmaxima bzw. -minima hängt von der Dicke d der Platte, dem Einfallswinkel α des Lichtes und von der Brechzahl n des Stoffes ab, aus dem die Platte besteht.

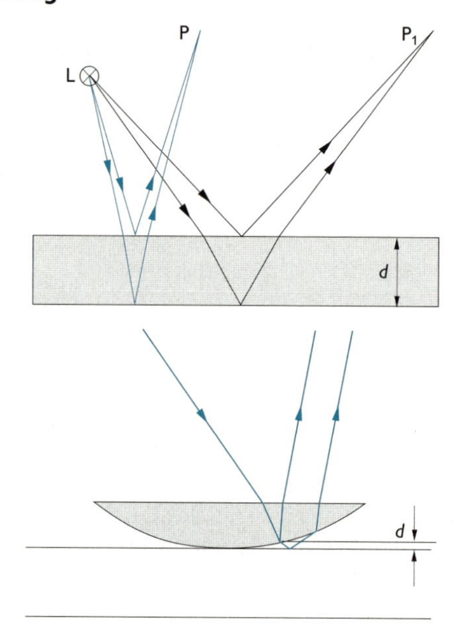

Newton'sche Ringe. Ringförmige Interferenzmaxima und -minima, die beim Auflegen einer schwach gekrümmten Konvexlinse auf eine planparallele Platte auftreten. Ursache der Interferenzen sind die unterschiedlich langen Lichtwege bei Reflexion an der Unterseite der Linse und an der Oberseite der Glasplatte.

Wellenlänge des Lichtes.

$$\lambda = \frac{a^2}{n \cdot r}$$

a Abstand des dunklen Ringes vom Auflagepunkt der Linse
r Krümmungsradius der konvexen Seite der Linse
n Nummer des Ringes, gezählt vom Auflagepunkt aus

POLARISATION DES LICHTES

Polarisation

Vorgang, bei dem natürliches Licht, das aus vielen transversalen Wellenzügen besteht, einen Polarisator passiert. Es sind dann nur noch Wellenzüge vorhanden, die in zueinander parallelen Ebenen schwingen, wenn das auftreffende Licht ein paralleles Lichtbündel war. Dieses Licht heißt linear polarisiert.

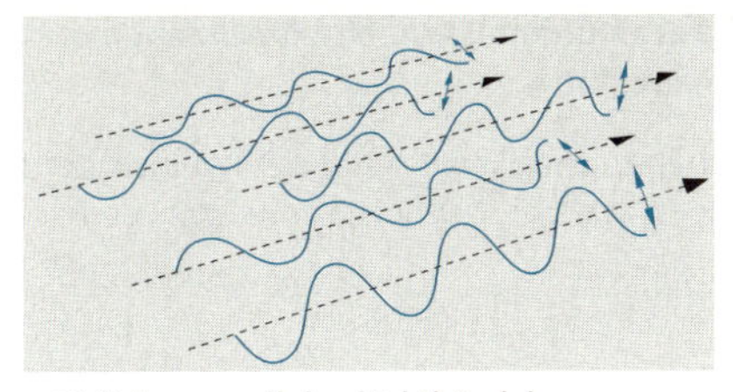

natürliches paralleles Lichtbündel

polarisiertes Lichtbündel

Polarisation durch Reflexion und Brechung

Vorgang, der auftritt, wenn Licht unter dem Brewster'schen Winkel α_P (Polarisationswinkel) z.B. auf eine Glasplatte fällt. Die Wellennormalen des reflektierten und des gebrochenen Lichtes bilden einen rechten Winkel.

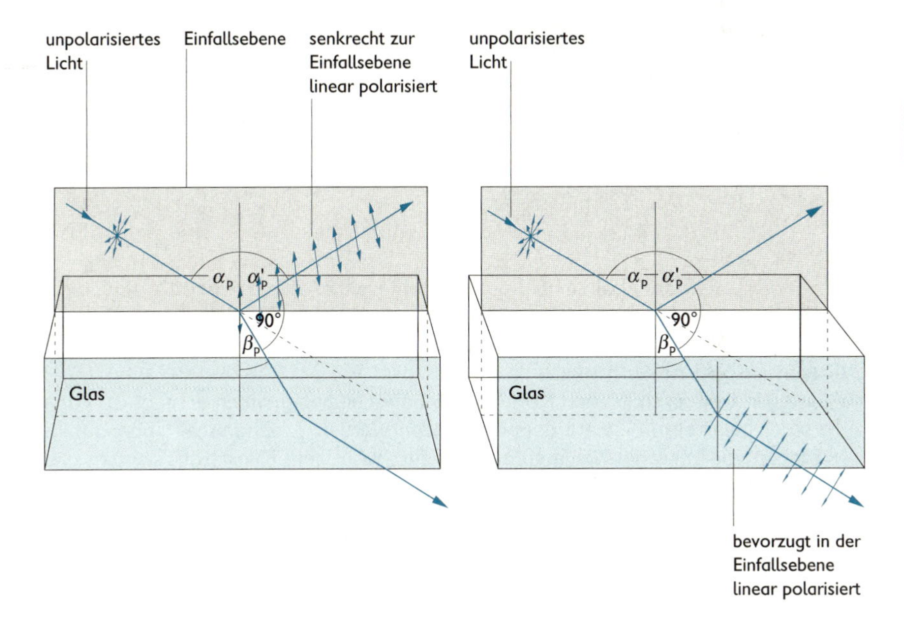

Polarisation durch Reflexion

Im reflektierten Lichtbündel treten dann nur noch Schwingungen senkrecht zur Einfallsebene auf.

Polarisation durch Brechung

Im gebrochenen Lichtbündel treten dann bevorzugt Schwingungen in der Einfallsebene auf.

Brewster'sches Gesetz

$$\alpha_P + \beta_P = 90°$$

Das reflektierte Lichtbündel ist vollständig polarisiert, wenn die Summe aus Reflexionswinkel α_P und Brechungswinkel β_P gleich 90° ist.

Da diese Bedingung von der Art des Stoffes und damit von der Brechzahl n abhängig ist, gilt für Licht, das aus dem Vakuum einfällt:

$\tan \alpha_P = n$

Reflektierter und gebrochener Strahl sind senkrecht zueinander polarisiert, wenn der Tangens des Polarisationswinkels α_P gleich der Brechzahl n ist.

Doppelbrechung

In vielen Kristallen hängt die Lichtgeschwindigkeit von der Ausbreitungsrichtung und von der Schwingungsebene des Lichtes ab. In solchen Kristallen (z. B. Kalkspat) wird ein einfallendes Lichtbündel in zwei Lichtbündel aufgespalten, die senkrecht zueinander polarisiert sind.

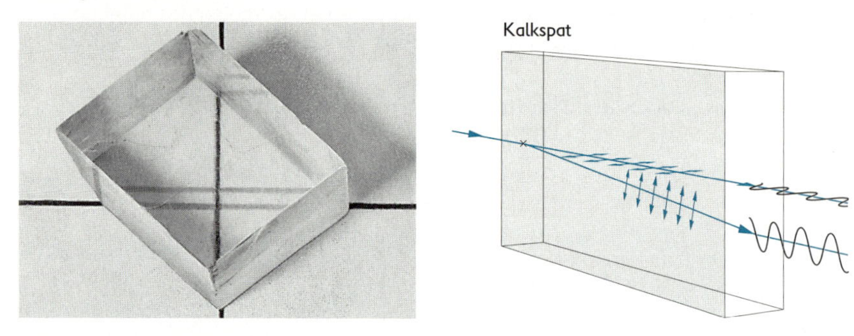

Polarisationsfilter. Folien, in die ausgerichtete Kristalle eingebettet sind, die das Licht linear polarisieren.

Spannungsdoppelbrechung

Werden in lichtdurchlässigen Körpern mechanische Spannungen erzeugt, so können die stark belasteten Gebiete doppelbrechend werden. Mechanische Spannungen in Modellen von Maschinenelementen (aus durchsichtigem Kunststoff) werden untersucht, indem man sie mit polarisiertem Licht durchstrahlt. Je nach Belastung der einzelnen Gebiete der Körper erscheinen diese hell oder dunkel bzw. farbig, wenn weißes polarisiertes Licht benutzt wird.

- Sichtbarmachen der Kräfteverteilung in mechanisch belasteten Konstruktionen

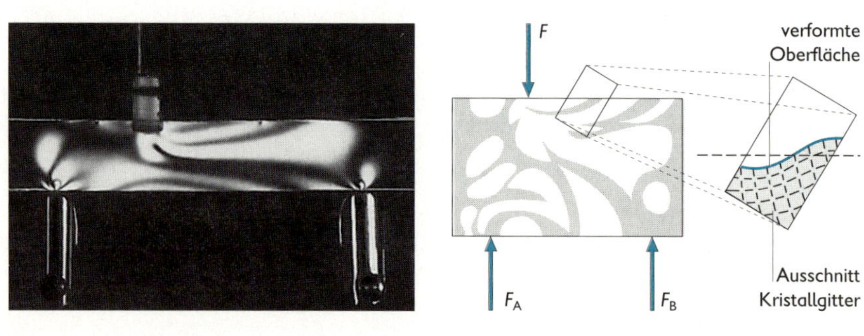

Drehung der Polarisationsebene

Eigenschaft mancher Stoffe, z. B. Quarz oder Zuckerlösung, die Schwingungsebene polarisierten Lichtes zu drehen. Solche Stoffe nennt man optisch aktiv. Der Drehwinkel hängt von der Art des Stoffes, von der vom Licht zu durchlaufenden Schichtdicke, bei Lösungen von der Konzentration und von der Wellenlänge des Lichtes ab.

- Konzentrationsbestimmung mit einem Polarimeter (Zuckergehalt von Rüben)

LICHTFARBEN

Spektrale Zerlegung des Lichtes

Weißes Licht (Sonnenlicht) besteht aus einer lückenlosen Folge verschiedener elektromagnetischer Wellen unterschiedlicher Frequenz.

↗ Teilchenmodell des Lichtes, S. 253

Das weiße Licht kann durch Brechung oder Beugung zerlegt werden.

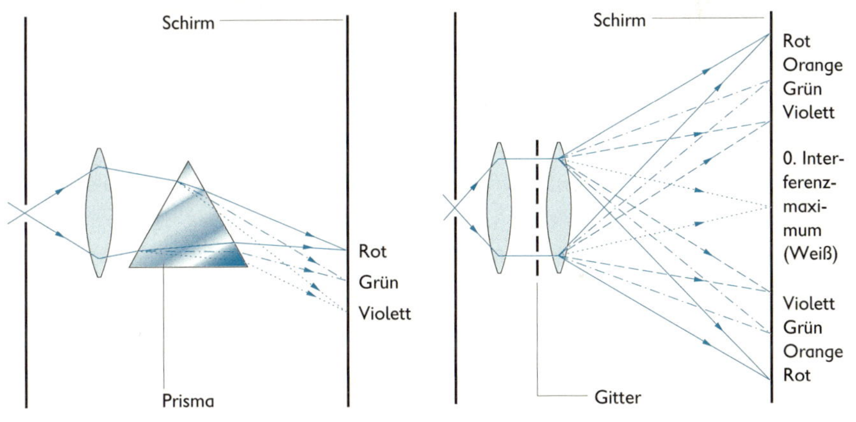

Spektrale Zerlegung durch Brechung (Dispersion)

Spektrale Zerlegung durch Beugung

Spektrum

Lichtfarbband, das nach Zerlegung weißen Lichtes auf einem Schirm abgebildet wird.

Dispersionsspektrum (Prismenspektrum)	**Beugungsspektrum** (Gitterspektrum)
Farbband, das durch ein Prisma infolge Brechung entsteht. Infolge unterschiedlicher Brechzahlen für die einzelnen Anteile des weißen Lichtes in Stoffen werden sie verschieden stark gebrochen. ■ Blaues Licht wird stärker gebrochen als rotes. ↗ Spektren, S. 278	Farbband, das durch ein Gitter infolge Beugung entsteht. Infolge unterschiedlicher Wellenlängen der einzelnen Anteile des weißen Lichtes entstehen die Interferenzmaxima bei verschiedenen Beugungswinkeln. ■ Rotes Licht wird stärker gebeugt als blaues.

Arten von Spektren

Einteilung	Bezeichnung des Spektrums	Merkmale
nach der Art der Zerlegung	**Dispersionsspektrum** (Prismenspektrum) 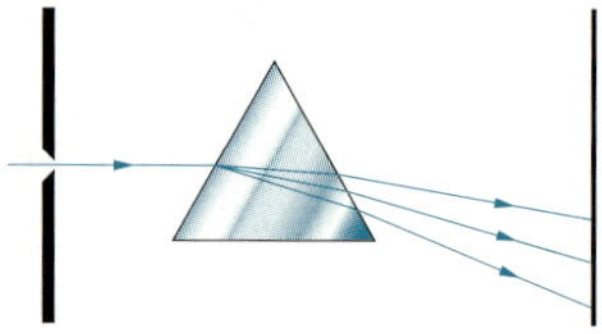	Tritt nur einfach auf; rotes Licht wird weniger stark als violettes gebrochen; die Richtungsänderung erfolgt nicht linear zu den Wellenlängen.
	Beugungsspektrum (Gitterspektrum) 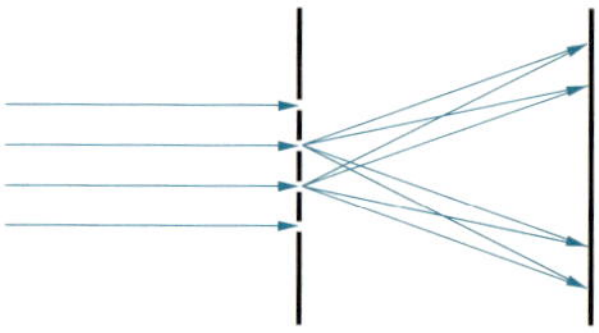	Tritt paarweise in mehreren Ordnungen auf; rotes Licht wird stärker als violettes gebeugt; die Richtungsänderung (Sinus des Brechungswinkels) ist der Wellenlänge proportional.
nach dem Erscheinungsbild des Spektrums	**kontinuierliches Spektrum** 	Es ist ein lückenloses Farbband.
	diskontinuierliches Spektrum Linienspektrum 	Es besteht aus einzelnen, scheinbar unregelmäßig angeordneten Linien.
	Bandenspektrum 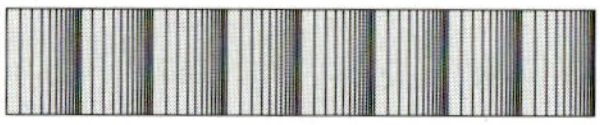	Es besteht aus einer Vielzahl von Linien, die in Gruppen angeordnet sind.
nach der Art, wie der Stoff wirkt, der das Spektrum erzeugt	**Emissionsspektrum** 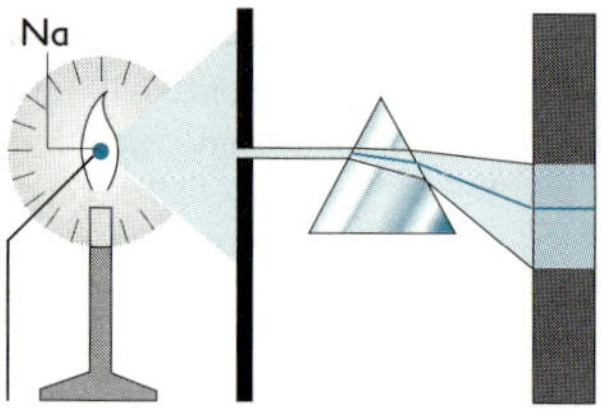 Na	Es entsteht, wenn der betreffende Stoff Licht aussendet.

Einteilung	Bezeichnung des Spektrums	Merkmale
nach der Art, wie der Stoff wirkt, den das Licht durchdringt	**Absorptionsspektrum**	Es entsteht, wenn der betreffende Stoff aus weißem Licht einzelne Anteile absorbiert (dunkle Linien im kontinuierlichen Spektrum).

Spektralfarben

Farben, die durch Zerlegung weißen Lichtes mittels Prisma oder Gitter entstehen und sich nicht weiter zerlegen lassen.

Spektralbereich	Infrarot	Rot	Orange	Gelb	Grün	Blau	Violett	Ultraviolett
Wellenlänge im Vakuum in nm	$3 \cdot 10^5$ bis 770	770 bis 640	640 bis 600	600 bis 570	570 bis 490	490 bis 430	430 bis 390	390 bis 5
Frequenz in 10^{14} Hz	0,01 bis 3,9	3,9 bis 4,7	4,7 bis 5,0	5,0 bis 5,3	5,3 bis 6,1	6,1 bis 7,0	7,0 bis 7,7	7,7 bis 600

Spektralanalyse

Verfahren, mit dem aus dem Spektrum die Zusammensetzung fester, flüssiger und gasförmiger Stoffe ermittelt wird. Dabei kann außer der Art der Bestandteile auch die prozentuale Zusammensetzung (Massen von minimal 10^{-7} g) ermittelt werden. Die Spektralanalyse beruht auf der Tatsache, dass jeder Stoff im gasförmigen Aggregatzustand ein für ihn charakteristisches Spektrum besitzt. Es können Emissions- und Absorptionsspektren untersucht werden. Im einfachsten Falle wird der Stoff durch Einbringen in eine Flamme dazu angeregt, Licht auszusenden. Die Erzeugung des Spektrums erfolgt in einem Spektrometer.

Anwendung der Spektralanalyse

Besonderheiten im Spektrum	Schlussfolgerungen	Anwendungsbereiche
Lage der Linien	Bestimmung der Art bzw. der Zusammensetzung der Stoffe	chemische Forschung chemische Industrie Medizin

Besonderheiten im Spektrum	Schlussfolgerungen	Anwendungsbereiche
Intensität der Linien	Bestimmung der prozentualen Zusammensetzung der Stoffe	Landwirtschaft Astronomie
Verschiebung der Linien	Relativbewegung zwischen Lichtquelle und Spektrometer	Astronomie
Verbreiterung der Linien	hoher Gasdruck bzw. hohe Gastemperatur	Astronomie Natriumdampflampen bei der Straßenbeleuchtung

Spektrometer. Gerät zur spektralen Zerlegung einer Strahlung durch ein Prisma oder ein Gitter.

Farbmischungen

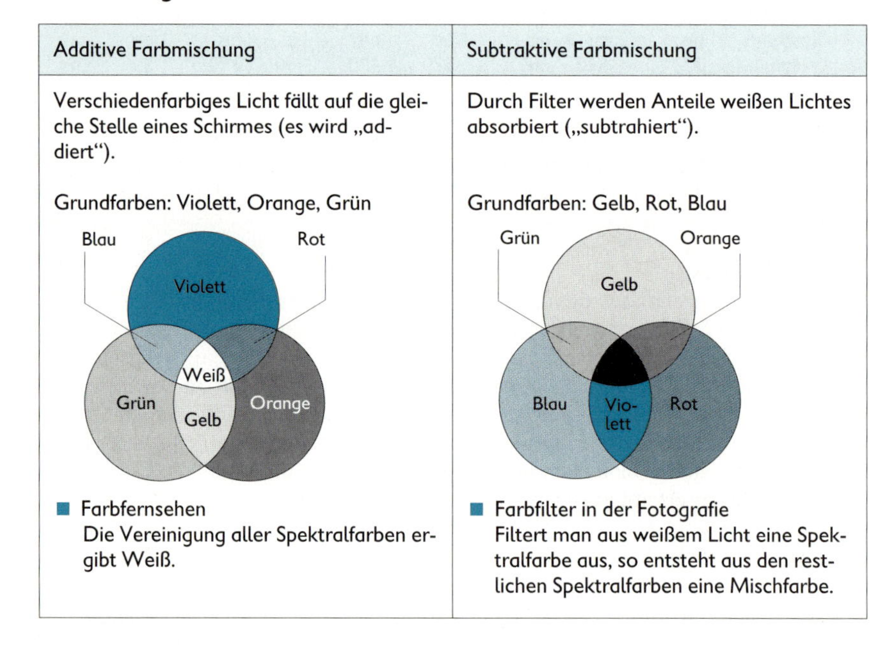

Additive Farbmischung	Subtraktive Farbmischung
Verschiedenfarbiges Licht fällt auf die gleiche Stelle eines Schirmes (es wird „addiert“). Grundfarben: Violett, Orange, Grün	Durch Filter werden Anteile weißen Lichtes absorbiert („subtrahiert“). Grundfarben: Gelb, Rot, Blau
■ Farbfernsehen Die Vereinigung aller Spektralfarben ergibt Weiß.	■ Farbfilter in der Fotografie Filtert man aus weißem Licht eine Spektralfarbe aus, so entsteht aus den restlichen Spektralfarben eine Mischfarbe.

Körperfarben

Farben, die entstehen, wenn ein Körper, der mit weißem Licht beleuchtet wird, Teile des Lichtes absorbiert und den restlichen Teil reflektiert.
Ein Körper erscheint
– weiß, wenn er alles Licht reflektiert;

– schwarz, wenn er alles Licht absorbiert;
– z. B. grün, wenn er grünes Licht reflektiert und alles andersfarbige Licht absorbiert. Der Körper kann aber auch dann grün erscheinen, wenn die reflektierten farbigen Anteile durch additive Farbmischung Grün ergeben.

Komplementärfarben
Farbpaare, die durch additive Farbmischung Weiß ergeben:
Rot und Grün; Orange und Blau; Gelb und Violett

RÖNTGENSTRAHLUNG ALS WELLE

Röntgenstrahlung
Strahlung mit großem Durchdringungsvermögen, die beim Auftreffen energiereicher Elektronen auf Metallflächen entsteht. Aufgrund ihrer Welleneigenschaften kann sie in den kurzwelligen Teil des elektromagnetischen Spektrums eingeordnet werden.
↗ elektromagnetisches Spektrum, S. 283

Erzeugung von Röntgenstrahlung
Röntgenstrahlung wird in einer Röntgenröhre erzeugt, in der Elektronen mit einer Spannung von ca. 30 000 V stark beschleunigt werden, sodass sie mit etwa einem Drittel der Vakuumlichtgeschwindigkeit auf die Anode prallen.

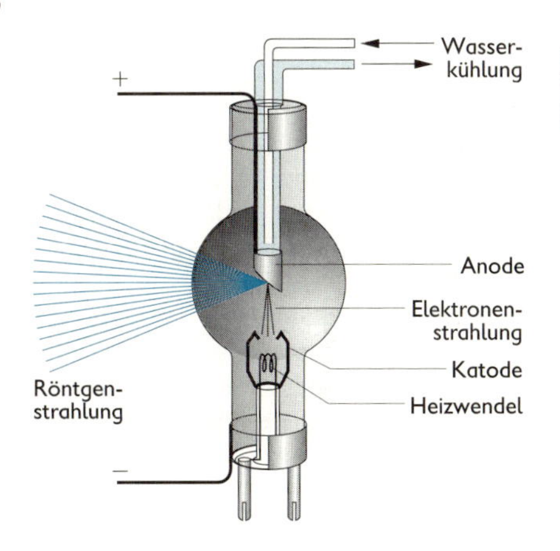

Röntgenröhre

Röntgenbremsstrahlung
Strahlung, die auftritt, wenn die schnellen Elektronen im Metall der Anode stark abgebremst werden. Sie geben ihre Energie teilweise oder vollständig in Form dieser sehr kurzwelligen elektromagnetischen Strahlung ab.
Röntgenbremsstrahlung tritt vor allem bei niedrigen Beschleunigungsspannungen der Elektronen (ca. 20 000 V) auf. Sie hat ein kontinuierliches Spektrum.
↗ kontinuierliches Spektrum, S. 278; elektromagnetisches Spektrum, S. 283

Eigenschaften der Röntgenstrahlung
Röntgenstrahlung ist nicht sichtbar, ionisiert Stoffe, wird gebeugt. Je größer die Röhrenspannung ist, umso größer ist die Durchdringungsfähigkeit (Härte) der Röntgenstrahlung. Stoffe, in denen chemische Elemente mit hoher Ordnungszahl enthalten sind, absorbieren die Röntgenstrahlung besser als andere Stoffe.

■ Bleiglasfenster, Schwerbeton

Charakteristische Röntgenstrahlung

Strahlung, die auftritt, wenn die Elektronen im Inneren der Atome des Anodenmaterials in einen energetisch höheren Zustand versetzt werden. Schnelle Elektronen in der Röntgenröhre übertragen ihre Energie an die Elektronen im Inneren der Atomhüllen. Die Elektronen in den Atomhüllen gehen dann unter Aussendung der charakteristischen Röntgenstrahlung in einen energetisch niedrigeren Zustand über. Charakteristische Röntgenstrahlung tritt bei hohen Beschleunigungsspannungen auf (ca. 40 000 V). Sie hat ein Linienspektrum, das für das jeweilige Anodenmaterial charakteristisch ist.

↗ Linienspektrum, S. 278; elektromagnetisches Spektrum, S. 283

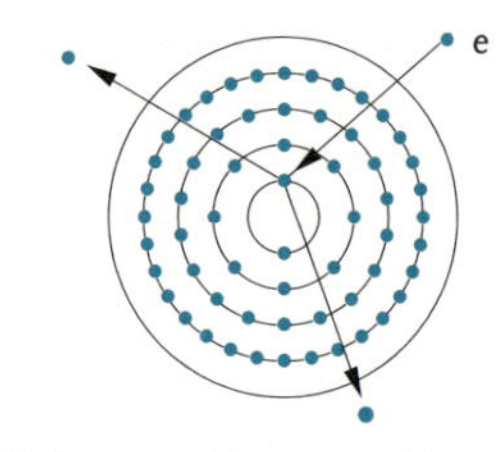

Elektron wird herausgeschlagen

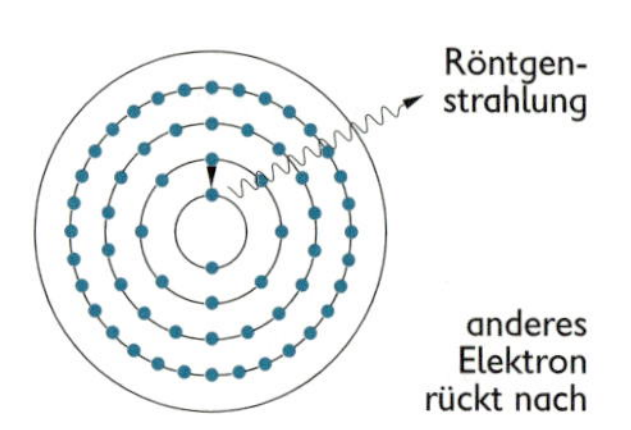

Entstehung von Röntgenstrahlung im Atom

Beugung von Röntgenstrahlung

Erscheinung hinter durchstrahlten Kristallen, die den Wellencharakter bestätigt. Die Beugung der Röntgenstrahlung erfolgt an den Atomen oder Ionen, die weitgehend regelmäßig im Kristall angeordnet sind.

Röntgenbeugung dient der Untersuchung des atomaren Aufbaus von Stoffen. Auf einem fotografischen Film hinter einem durchstrahlten Kristall werden regelmäßige Interferenzmaxima sichtbar (Laue-Diagramm).

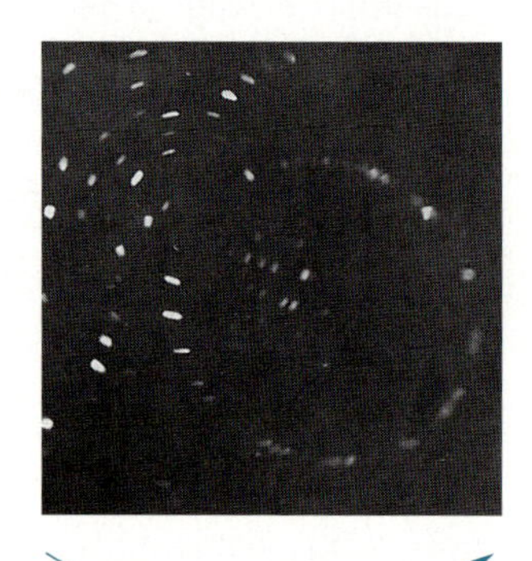

Laue-Diagramm

Bragg'sche Reflexionsbedingung

Man kann annehmen, dass die Röntgenstrahlung an den einzelnen Netzebenen des Kristalls reflektiert wird. Wenn der Gangunterschied gleich einem Vielfachen der Wellenlänge ist, tritt bei der Interferenz Verstärkung auf.

$$2b \cdot \sin\alpha = n \cdot \lambda \qquad n = 1, 2, 3, \ldots$$

- b Abstand zweier benachbarter Netzebenen
- α Winkel zwischen dem Röntgenbündel und der Netzebene (Glanzwinkel)
- λ Wellenlänge der Röntgenstrahlung

$\overline{AB} = b \cdot \sin\alpha$ Netzebenen

Beugung der Röntgenstrahlung an den Bausteinen eines Kristalls

Besteht die Röntgenstrahlung aus vielen Wellenlängen, so wird jeweils nur der Teil der Strahlung reflektiert, für den die Bragg'sche Reflexionsbedingung gilt.

Elektromagnetisches Spektrum

Übersicht, in der die verschiedenen elektromagnetischen Wellen nach ihrem Frequenz- bzw. Wellenlängenbereich geordnet sind. Trotz gleichen Wesens der elektromagnetischen Wellen unterscheiden sich ihre Eigenschaften wie Abweichung von der geradlinigen Ausbreitung, Durchdringungsfähigkeit und Reflexion in den einzelnen Bereichen beträchtlich.

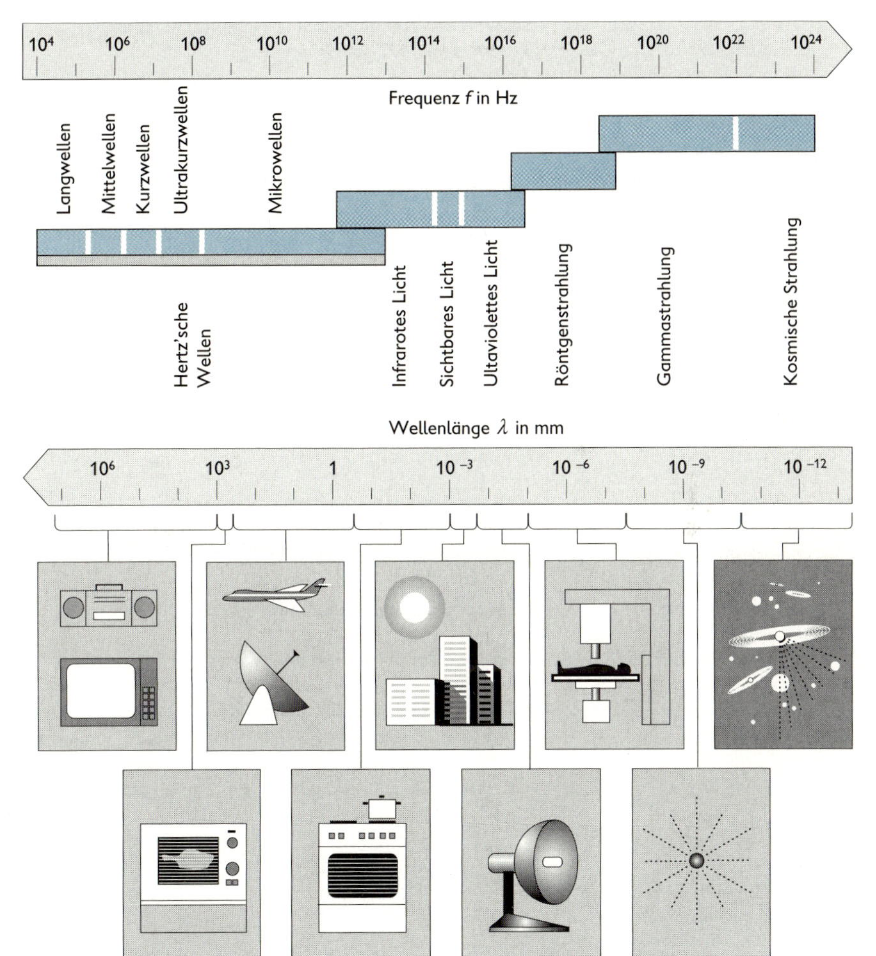

Anwendung der Röntgenstrahlung

Röntgenstrahlung dient der medizinischen Diagnostik und Therapie sowie der Analyse von Struktur und chemischer Zusammensetzung von Stoffen.

Energieumwandlung durch Röntgenstrahlung

Energieart vor der Umwandlung	Erscheinung bei der Umwandlung	Energieart nach der Umwandlung
elektromagnetische Energie (Energie der Röntgenstrahlung)	Leuchten eines Fluoreszenzschirms	Lichtenergie
	Ionisation in Gasen	kinetische Energie
	Schwärzen von Fotopapier Verändern von organischen Zellen	chemische Energie

Lumineszenz

Lichtemission, auch Emission ultravioletter bzw. infraroter Strahlung, von gasförmigen, flüssigen und festen Stoffen, die durch vorangegangene Energieabsorption und Anregung durch die Atome oder Moleküle verursacht wird.

Lumineszenzart	Entstehung
Photolumineszenz	Bestrahlung mit Röntgen- oder Ultraviolettstrahlung
Katodenlumineszenz	Anregung mit Elektronen
Ionolumineszenz	Anregung mit Ionen
Sonolumineszenz	Anregung durch Schallwellen
Radiolumineszenz	Anregung mit radioaktiven Stoffen
Chemolumineszenz	Anregung durch chemische Reaktionen
Tribolumineszenz	Anregung durch mechanische Vorgänge
Biolumineszenz	Anregung durch chemische Reaktionen, bei Lebewesen auftretend

Relativitätstheorie

SPEZIELLE RELATIVITÄTSTHEORIE

Gegenstand

Die von EINSTEIN entwickelte Relativitätstheorie befasst sich mit der Unmöglichkeit einer absoluten Raum- und Zeitmessung. Jede Raum- und Zeitmessung ist relativ, da sie vom physikalischen Vorgang und vom gewählten Bezugssystem abhängt.
Die spezielle Relativitätstheorie ist für alle Bezugssysteme gültig, die sich geradlinig gleichförmig zueinander bewegen. Sie stellt eine Erweiterung der klassischen Physik dar.

Bezugssystem

Starre Anordnung von Körpern zur Ortsmessung zusammen mit einer Uhr zur Zeitmessung. In dieses materielle Bezugssystem wird in geeigneter Weise ein Koordinatensystem gelegt.

■ fahrender Zug auf dem Bahndamm

S Bezugssystem ruhender Bahndamm mit den Ortskoordinaten x, y, z
S′ Bezugssystem fahrender Zug mit den Ortskoordinaten x', y', z'

6

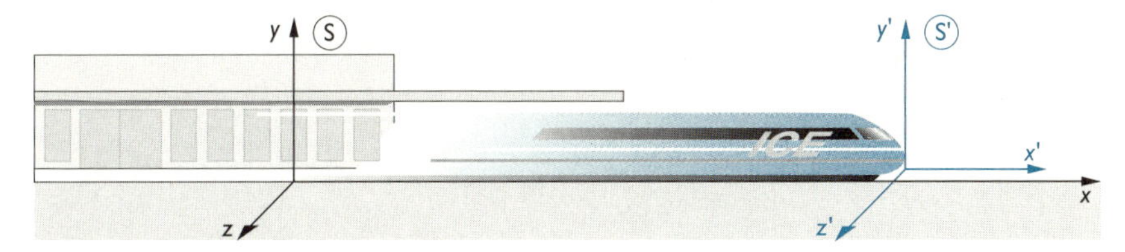

Ereignis

Gesamtheit der Messwerte einer Orts- und Zeitmessung (x, y, z, t) bzw.(x', y', z', t').

Inertialsystem

Bezugssystem, in dem das Trägheitsgesetz (↗ S. 85) gilt. In ihm ruht oder bewegt sich ein Körper, an dem die Summe aller angreifenden Kräfte null ist, geradlinig gleichförmig. Jedes zu einem Inertialsystem in Ruhe befindliche oder sich geradlinig gleichförmig bewegende Bezugssystem ist ebenfalls ein Inertialsystem.

Klassisches Relativitätsprinzip

Allgemeines, von NEWTON erkanntes, physikalisches Prinzip, das eine Aussage darüber trifft, dass Beobachter, die sich in verschiedenen Inertialsystemen befinden, dieselben physikalischen Grundgesetze feststellen. Kein Inertialsystem zeichnet sich gegenüber einem anderen aus.

Galilei-Transformation

Gleichungen der klassischen Physik zur Überführung der Koordinaten der Orts- und Zeitmessungen für einen Körper, die von zwei verschiedenen Inertialsystemen aus durchgeführt wurden.
Bewegt sich das System S′ gegenüber dem System S mit der konstanten Geschwindigkeit v längs der x-Achse, so gilt mit dem absoluten Zeitbegriff der klassischen Physik:

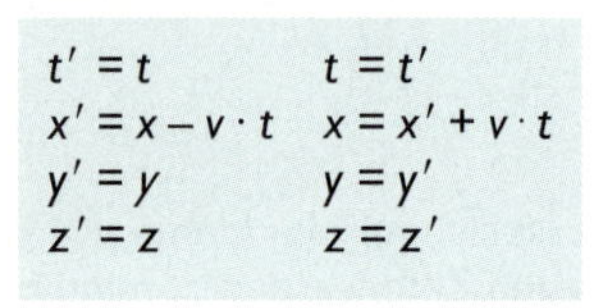

$$t' = t \qquad t = t'$$
$$x' = x - v \cdot t \qquad x = x' + v \cdot t$$
$$y' = y \qquad y = y'$$
$$z' = z \qquad z = z'$$

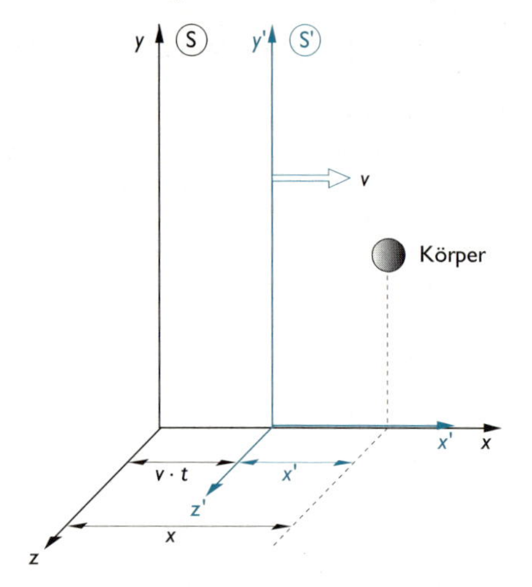

t'	Zeitkoordinate im bewegten System S′
t	Zeitkoordinate im ruhenden System S
x', y', z'	Ortskoordinaten im bewegten System S′
x, y, z	Ortskoordinaten im ruhenden System S
v	konstante Geschwindigkeit des Systems S′ im System S

Klassische Addition der Geschwindigkeiten

Gleichung der klassischen Physik zur Überführung der Messwerte einer Geschwindigkeitsmessung für einen Körper, die von zwei verschiedenen Inertialsystemen aus durchgeführt wird.

- Beobachter im ruhenden System S

$$u' = u - v \qquad u = u' + v$$

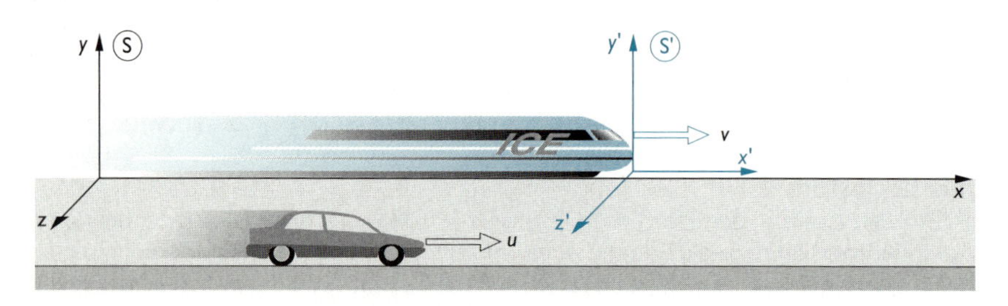

u'	Geschwindigkeit des Körpers (Auto) vom System S′ (Zug) aus gemessen
u	Geschwindigkeit des Körpers (Auto) vom System S (Bahndamm) aus gemessen
v	Geschwindigkeit des Systems S′ (Zug) im System S (Bahndamm)

Jede Geschwindigkeitsmessung ist relativ.

Michelson-Versuch

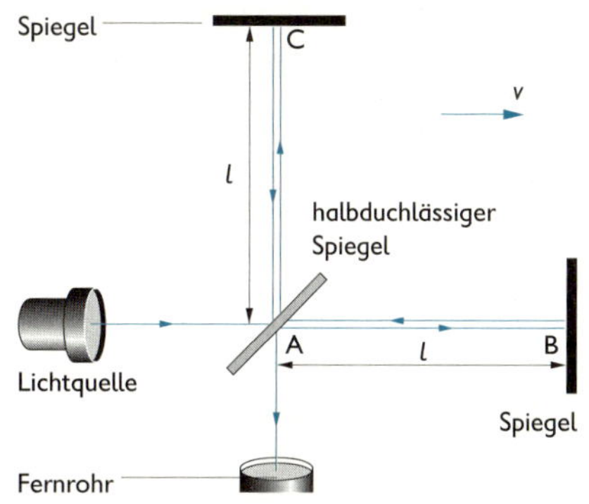

Von Michelson 1881 erstmalig durchgeführter Versuch, um die Existenz eines ruhenden Mediums („Äther") nachzuweisen, das als Träger der Lichtwellen angesehen wurde, ähnlich der ruhenden Luft als Träger der Schallwellen. Mit diesem „Äther" hätte man auch das Bezugssystem zur Bestimmung des Absolutwertes aller Geschwindigkeiten gefunden. Wenn die abgebildete Versuchsanordnung (Michelson-Interferometer) dem „Äther" gegenüber ruht, ist die Laufzeit des Lichtes auf den gleich langen Wegen AB bzw. AC gleich. Die Lichtbündel treten ohne Gangunterschied in das Beobachtungsfernrohr F und verstärken einander. Die Anordnung samt Beobachter bewegt sich jedoch mit der Erde ($v \approx 30$ km/s). Wenn sich die Erde gegenüber dem „Äther" bewegt, müssten dadurch unterschiedliche Laufzeiten entstehen und damit ein Gangunterschied zu beobachten sein (↗ Interferenz, S.131).

Bei Drehung der Anordnung um 90° müsste eine Verschiebung der Interferenzstreifen eintreten. Das wurde jedoch, trotz mehrfacher Wiederholung des Versuches in den folgenden Jahren, nicht beobachtet. Der Versuch zeigt, dass ein ruhender „Äther" nicht nachweisbar ist. Für die Ausbreitung des Lichtes gelten also weder die Galilei-Transformation noch das klassische Additionsgesetz der Geschwindigkeiten.

Prinzip von der Konstanz der Vakuumlichtgeschwindigkeit

Allgemeine physikalische Erkenntnis, die besagt, dass die Lichtgeschwindigkeit c im Vakuum von jedem Inertialsystem aus gemessen stets den gleichen Wert hat.

Lorentz-Transformation

Gleichungen, die sich aus der Berücksichtigung des Prinzips der Konstanz der Vakuumlichtgeschwindigkeit ergeben, zur Überführung der Koordinaten der Orts- und Zeitmessung für einen Körper, die von zwei verschiedenen Inertialsystemen aus durchgeführt werden. Kennzeichnend für die Lorentz-Transformation ist im Gegensatz zur klassischen Physik (Galilei-Transformation) die Transformation der Zeit.

Für Bewegungen in x-Richtung (also für $y' = y$ und $z' = z$) gelten folgende Gleichungen:

$$t' = \frac{t - \frac{v}{c^2} \cdot x}{\sqrt{1 - \frac{v^2}{c^2}}} \qquad t = \frac{t' + \frac{v}{c^2} \cdot x'}{\sqrt{1 - \frac{v^2}{c^2}}}$$

$$x' = \frac{x - v \cdot t}{\sqrt{1 - \frac{v^2}{c^2}}} \qquad x = \frac{x' + v \cdot t'}{\sqrt{1 - \frac{v^2}{c^2}}}$$

- t' Zeit im bewegten System S′, zu der sich der Körper am Ort x' befindet
- x' Ort im System S′, an dem sich der Körper zur Zeit t' befindet
- t Zeit im ruhenden System S, zu der sich der Körper am Ort x befindet
- x Ort im System S, an dem sich der Körper zur Zeit t befindet
- v konstante Geschwindigkeit des Systems S′ im System S

Hinweis:
Beim Übergang vom System S zum System S′ und umgekehrt gelten als Folge der Gleichwertigkeit aller Inertialsysteme spezielle relativistische Vertauschungsregeln:
1. v wird durch $-v$ ersetzt und umgekehrt
2. Vertauschung von gestrichenen und ungestrichenen Größen
(siehe linke und rechte Seite der Lorentz-Transformation)

Zusammenhang von klassischer Physik und spezieller Relativitätstheorie

Die Gleichungen der Lorentz-Transformation gehen durch den Faktor $\frac{1}{\sqrt{1-\frac{v^2}{c^2}}}$ für $v \ll c$ in die Gleichungen der Galilei-Transformation über.

Die klassische Physik stellt für kleine Geschwindigkeiten einen Sonderfall der umfassenderen Theorie, der speziellen Relativitätstheorie, dar.

Da der Radikand im Nenner des Terms nicht negativ werden darf, gilt auch:

Die Vakuumlichtgeschwindigkeit c stellt die obere Grenze für die Geschwindigkeit von Körpern (und damit auch Bezugssystemen) dar.

6

Relativität der Zeitmessung (Zeitdilatation)

Physikalische Erkenntnis, dass ein Beobachter für einen Vorgang, der an einem relativ zu ihm bewegten Ort stattfindet, eine größere Zeitdauer misst als ein Beobachter, der relativ am Ort des Vorganges ruht.

$$\Delta t' = \frac{\Delta t}{\sqrt{1-\frac{v^2}{c^2}}}$$

- $\Delta t'$ Zeitdauer eines physikalischen Vorganges, der im ruhenden System S stattfindet, vom bewegten System S′ aus gemessen
- Δt Zeitdauer des gleichen Vorganges im ruhenden System S
- v konstante Geschwindigkeit des Systems S′ im ruhenden System S
- c Lichtgeschwindigkeit im Vakuum

Mit der relativistischen Vertauschungsregel ergibt sich:

$$\Delta t = \frac{\Delta t'}{\sqrt{1-\frac{v^2}{c^2}}}$$

- Δt Zeitdauer eines physikalischen Vorganges, der im bewegten System S′ stattfindet, vom ruhenden System S aus gemessen
- $\Delta t'$ Zeitdauer des gleichen Vorganges im bewegten System S′
- v konstante Geschwindigkeit des Systems S′ im ruhenden System S
- c Lichtgeschwindigkeit im Vakuum

Bei Messungen vom jeweils anderen System aus ermittelt man stets eine größere Zeitdauer für einen physikalischen Vorgang als der Beobachter in dem System, in dem der Vorgang stattfindet.

- Müonenzerfall in der Erdatmosphäre
  Müonen sind instabile Elementarteilchen, die durch den Einfluss der kosmischen Strahlung in 18 km Höhe über der Erdoberfläche entstehen. Im ruhenden Laborsystem haben die Müonen eine mittlere Lebensdauer $\Delta t = 2{,}16 \cdot 10^{-3}$ s. Sie könnten bei dieser Zerfallsdauer aus ihrer Höhe niemals die Erdoberfläche erreichen. Bei einer Müonengeschwindigkeit von $v = 0{,}9995\,c$ gegenüber der Erde misst ein Beobachter auf der Erde eine Zerfallsdauer von $\Delta t' = 30 \cdot \Delta t$. Dadurch wird erklärbar, warum Müonen an der Oberfläche der Erde beobachtet werden.

Relativität der Längenmessung (Längenkontraktion)

Physikalische Erkenntnis, dass für einen Beobachter die Länge eines relativ zu ihm bewegten Körpers in der Bewegungsrichtung kleiner ist als für einen Beobachter, in dessen System der Körper ruht.

$$\Delta x' = \Delta x \cdot \sqrt{1 - \frac{v^2}{c^2}}$$

bzw.

$$l' = l \cdot \sqrt{1 - \frac{v^2}{c^2}}$$

$\Delta x' = l'$	Länge eines Körpers, der sich im ruhenden System S befindet, vom bewegten System S′ aus gemessen
$\Delta x = l$	Länge des gleichen Körpers im ruhenden System S
v	konstante Geschwindigkeit des Systems S′ im ruhenden System S
c	Lichtgeschwindigkeit im Vakuum

Mit der relativistischen Vertauschungsregel ergibt sich:

$$\Delta x = \Delta x' \cdot \sqrt{1 - \frac{v^2}{c^2}}$$

bzw.

$$l = l' \cdot \sqrt{1 - \frac{v^2}{c^2}}$$

$\Delta x = l$	Längenausdehnung eines Körpers, der sich im bewegten System S′ befindet, vom ruhenden System S aus gemessen
$\Delta x' = l'$	Längenausdehnung des gleichen Körpers im bewegten System S′
v	konstante Geschwindigkeit des Systems S′ im ruhenden System S
c	Lichtgeschwindigkeit im Vakuum

Bei Messungen vom jeweils anderen System aus ermittelt man stets eine kleinere Längenausdehnung für einen Körper als der Beobachter in dem System, in dem der Vorgang stattfindet.

- Der Müonenzerfall kann auch mit der Längenkontraktion erklärt werden. Im Bezugssystem des Müons beträgt die mittlere Lebensdauer $\Delta t = 2{,}16 \cdot 10^{-3}$ s. Von diesem Bezugssystem aus gemessen tritt jedoch eine Längenkontraktion ein, wodurch nur eine Wegstrecke von $l = 600$ m gemessen wird, gegenüber 18 km für den Erdbeobachter.

Optischer Dopplereffekt

Physikalische Erscheinung bei elektromagnetischen Wellen bei hoher Relativgeschwindigkeit zwischen Sender und Empfänger. Der Empfänger misst dabei eine andere Frequenz, als der Sender ausstrahlt.

Da kein ausgezeichnetes (ruhendes) Bezugssytem wie bei klassischen Schallwellen existiert, gilt beim relativistischen optischen Dopplereffekt auch eine andere Gleichung als beim akustischen Dopplereffekt (↗ S. 133).

Für einen bewegten Sender und einen ruhenden Empfänger gilt:

$$f_E = f_S \cdot \sqrt{\frac{1 - \frac{v}{c}}{1 + \frac{v}{c}}}$$

f_E gemessene Frequenz beim Empfänger
f_S vom Sender abgestrahlte Frequenz
v konstante Geschwindigkeit des Senders gegenüber dem ruhenden Empfänger
c Lichtgeschwindigkeit im Vakuum

Für die vom ruhenden Empfänger gemessene Wellenlänge gilt:

$$\lambda_E = \lambda_S \cdot \sqrt{\frac{1 + \frac{v}{c}}{1 - \frac{v}{c}}}$$

λ_E gemessene Wellenlänge beim Empfänger
λ_S vom Sender abgestrahlte Wellenlänge
v konstante Geschwindigkeit des Senders gegenüber dem ruhenden Empfänger
c Lichtgeschwindigkeit im Vakuum

6

Bei einer Fluchtbewegung ($v > 0$) erhöht sich stets die Wellenlänge.

- Rotverschiebung der Spektrallinien im Licht weit entfernter Sterne (Galaxien) dient zur Bestimmung von deren Fluchtgeschwindigkeit.

Relativistische Addition der Geschwindigkeiten

Physikalisches Gesetz, das sich aus der Lorentz-Transformation ergibt und Geschwindigkeiten von Körpern größer als die Vakuumlichtgeschwindigkeit ausschließt.

- Beobachter im ruhenden System

u' im bewegten System S′ gemessene Geschwindigkeit des Körpers
u im ruhenden System S gemessene Geschwindigkeit des Körpers
v konstante Geschwindigkeit des Systems S′ im ruhenden System S
c Lichtgeschwindigkeit im Vakuum

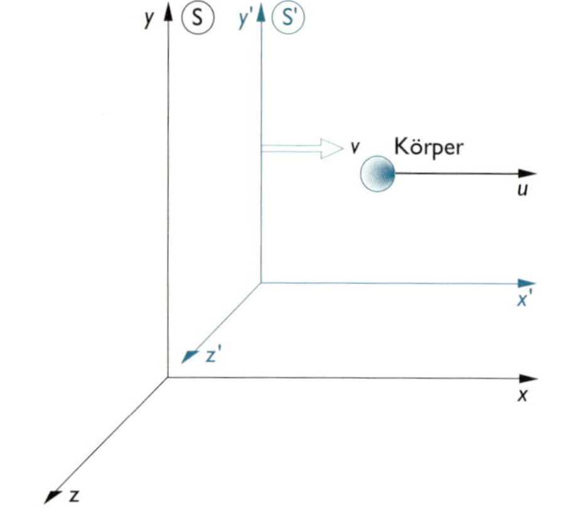

$$u' = \frac{u - v}{1 - \frac{u \cdot v}{c^2}}$$

Mit der relativistischen Vertauschungsregel ergibt sich:

$$u = \frac{u' + v}{1 + \frac{u' \cdot v}{c^2}}$$

- Werden von der Erde aus zwei Raketen beobachtet, die sich mit 0,6 c nach links bzw. mit 0,8 c nach rechts bewegen, so misst ein Beobachter in einer Rakete nicht etwa eine gegenseitige Relativgeschwindigkeit von 1,4 c, sondern nur 0,946 c.
  Bestimmung der Lichtgeschwindigkeit in strömenden Flüssigkeiten

Relativität der Masse

Physikalische Erscheinung der ständigen Vergrößerung der trägen Masse eines Körpers bei größer werdender Geschwindigkeit.
Diese Erscheinung ist der Grund für die Tatsache, dass ein Körper nie die Vakuumlichtgeschwindigkeit erreichen kann.

$$m(v) = \frac{m_0}{\sqrt{1 - \frac{v^2}{c^2}}}$$

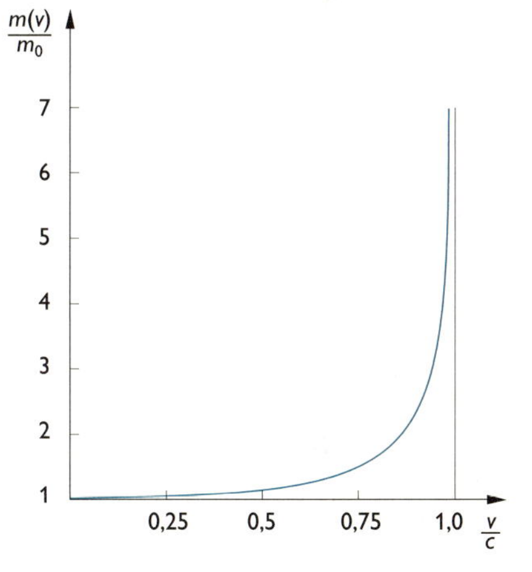

$m(v)$ träge Masse eines bewegten Körpers vom ruhenden System S aus gemessen (Impulsmasse)
m_0 träge Masse eines Körpers im Ruhezustand (Ruhmasse)
v konstante Geschwindigkeit des Körpers im ruhenden System S
c Lichtgeschwindigkeit im Vakuum

- Durch die Erhöhung der trägen Masse geraten Elektronen in einem Zyklotron (↗ S. 318) bei zu hohen Umlaufgeschwindigkeiten „außer Takt". Das wird im Synchrotron durch eine Änderung der Frequenz der angelegten Wechselspannung verhindert.

Relativistische kinetische Energie

Physikalische Größe, die eine Erweiterung der klassischen kinetischen Energie (↗ S. 94) darstellt, indem die Relativität der Masse mit berücksichtigt wird.

$$E_{\text{kin, rel}} = \frac{m_0 \cdot c^2}{\sqrt{1 - \frac{v^2}{c^2}}} - m_0 \cdot c^2$$

$E_{\text{kin,rel}}$ relativistische kinetische Energie eines bewegten Körpers vom ruhenden System S aus gemessen
m_0 Ruhmasse des Körpers
v konstante Geschwindigkeit des Körpers im ruhenden System S
c Lichtgeschwindigkeit im Vakuum

Diese Gleichung für die relativistische kinetische Energie berücksichtigt die auch experimentell gesicherte Erkenntnis, dass trotz dauernden Wirkens einer konstanten Kraft ein Körper keine beliebig große kinetische Energie erhalten kann.

- Jede Beschleunigungsanlage hat für ein bestimmtes Elementarteilchen eine Höchstenergie. So erreichen Elektronen in einem Zyklotron höchstens eine kinetische Energie von 50 MeV.

Für $v \ll c$ geht die obige Gleichung in die aus der klassischen Physik bekannte Gleichung $E_{kin} = \frac{1}{2} m \cdot v^2$ über.

Relativistischer Impuls

Physikalische Größe, die eine Erweiterung des klassischen Impulses (↗ S. 98) darstellt, indem die Relativität der Masse berücksichtigt wird.

$$p_{rel} = m(v) \cdot v = \frac{m_0}{\sqrt{1 - \frac{v^2}{c^2}}} \cdot v$$

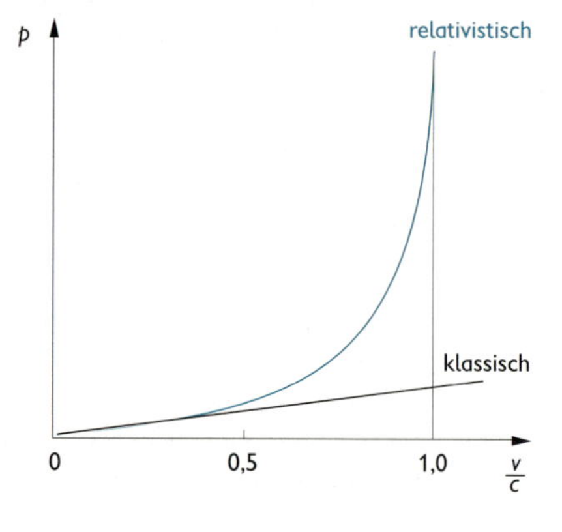

p_{rel} relativistischer Impuls eines Körpers vom ruhenden System S aus gemessen
$m(v)$ Impulsmasse des Körpers
v konstante Geschwindigkeit des Körpers im ruhenden System S
m_0 Ruhmasse des Körpers
c Lichtgeschwindigkeit im Vakuum

- Anwendung der Gleichung bei der Berechnung von Stoßvorgängen hoch beschleunigter Elementarteilchen

Äquivalenz von Masse und Energie

Physikalische Erkenntnis, dass jeder Form von Energie eine Masse zuzuordnen ist (und umgekehrt).

$$E = m \cdot c^2$$

E Gesamtenergie
m Impulsmasse
c Lichtgeschwindigkeit im Vakuum

EINSTEIN gewann diese Erkenntnis durch Umformung der Gleichung für die relativistische kinetische Energie.

$$\frac{m_0 \cdot c^2}{\sqrt{1 - \frac{v^2}{c^2}}} = E_{kin,rel} + m_0 \cdot c^2$$

Gesamtenergie $m \cdot c^2$ = relativistische kinetische Energie + Ruhenergie $m_0 \cdot c^2$

Der Ruhmasse m_0 eines Körpers muss die Ruhenergie $m_0 \cdot c^2$ zugeordnet werden. Physikalische Objekte, die sich mit der Vakuumlichtgeschwindigkeit c ausbreiten (z. B. Photonen), können keine Ruhmasse m_0 haben.

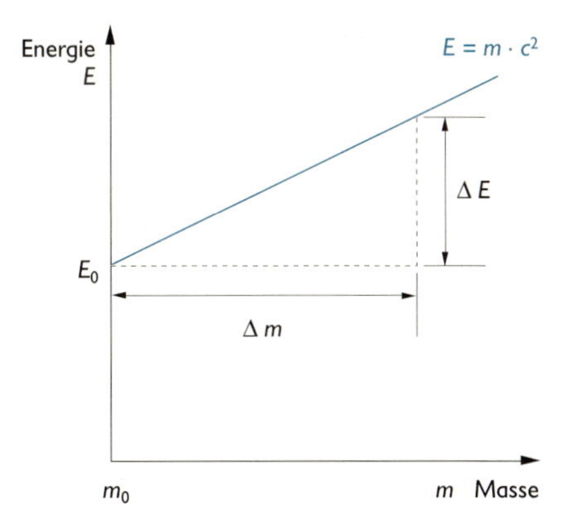

- Massendefekt und Bindungsenergie
  Energiefreisetzung bei Kernspaltung und Kernfusion (↗ S. 330, 332)
  Zerstrahlung und Paarvernichtung (↗ S. 315)

Aus der Äquivalenz von Masse und Energie ergibt sich die Notwendigkeit, das klassische Gesetz von der Erhaltung der Masse (↗ S. 295) und das ebenfalls klassische Gesetz von der Erhaltung der Energie (↗ S. 95) zu einem einzigen Gesetz unter Beachtung der Gleichung $E = m \cdot c^2$ zu verbinden.

ALLGEMEINE RELATIVITÄTSTHEORIE

Physikalische Theorie, die eine Erweiterung der speziellen Relativitätstheorie darstellt, indem auch Bezugssysteme betrachtet werden, die zueinander beschleunigt sind, zwischen denen also Kräfte auftreten.

Grundlage der allgemeinen Relativitätstheorie

Mit einem physikalischen Experiment kann kein Unterschied zwischen Gravitationskräften und Trägheitskräften demonstriert werden.
Die Kräfte sind experimentell nicht zu unterscheiden.

Äquivalenzprinzip

Physikalische Erkenntnis von der Gleichheit von schwerer und träger Masse.

$$m_{\text{schwer}} = m_{\text{träge}}$$

m_{schwer} schwere Masse, die z. B. Gravitationsfelder hervorruft
$m_{\text{träge}}$ träge Masse, die einen Widerstand gegenüber der Änderung der Geschwindigkeit hervorruft

Äquivalenz von Gravitationsfeldern und Raumgeometrie

Wichtigste Erkenntnis der allgemeinen Relativitätstheorie, wonach in Gravitationsfeldern eine Raumkrümmung eintritt. Die Gravitationskraft wird so zu einer Eigenschaft des Raumes.

Schlussfolgerungen

– Ablenkung eines Lichtstrahls in einem Gravitationsfeld

- Ablenkung von Lichtbündeln unmittelbar am Sonnenrand

$$\delta = \frac{4\,\gamma \cdot m_S}{c^2 \cdot r_S}$$

$$\delta = 1{,}74''$$

γ Gravitationskonstante
m_S Masse der Sonne
c Lichtgeschwindigkeit im Vakuum
r_s Radius der Sonne

Lichtquelle (Stern)
δ
Sonne

Die seit 1919 durchgeführten Messungen ergaben für den Ablenkwinkel Werte, die zwischen 1,61″ und 2,01″ liegen.

– Verkürzung von Maßstäben im Gravitationsfeld
– Verlangsamung des Ganges von Uhren im Gravitationsfeld

- Mithilfe der modernen Satellitentechnik konnte nachgewiesen werden, dass eine Uhr an der Erdoberfläche (stärkeres Gravitationsfeld) langsamer geht als eine Vergleichsuhr im Satelliten (geringeres Gravitationsfeld).

– keine Konstanz der Vakuumlichtgeschwindigkeit im Gravitationsfeld
– Gravitations-Rotverschiebung (Vergrößerung der Wellenlänge einer elektromagnetischen Welle, die beim Austritt gegen die Gravitationskraft eines Sterns Arbeit verrichten muss und dabei Energie verliert)

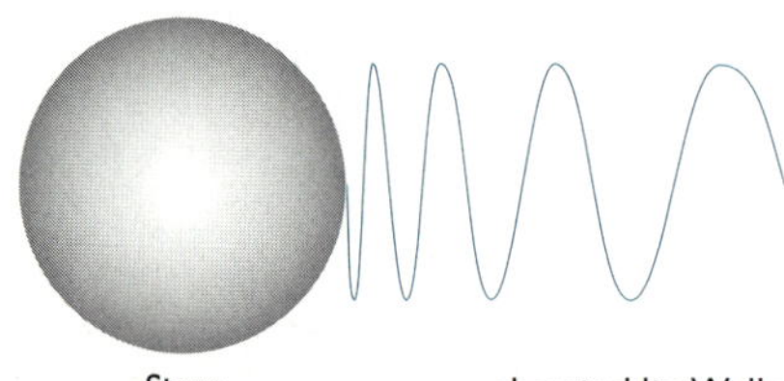

- Für die Erde ergibt sich bei 10 m Höhenunterschied eine relative Frequenzänderung $\Delta f/f \approx 10^{-15}$. Bei einem Versuch im Turm der Harvard-University wurde mit Gammastrahlen des Eisennuklids $^{57}_{26}Fe$ diese Frequenzänderung bestätigt.

– Periheldrehung bei Planeten (Drehung der großen Halbachse der Bahnellipse eines Planeten)
Dadurch beschreibt der sonnennächste Punkt, das Perihel, einen Kreis um die Sonne und der Planet durchläuft im Laufe der Zeit eine Rosettenbahn.

- Besonders stark ist die Periheldrehung beim Merkur als dem sonnennächsten Planeten. Erst unter Beachtung der Raumkrümmung durch die Sonne stimmten die Messwerte mit der Theorie überein.

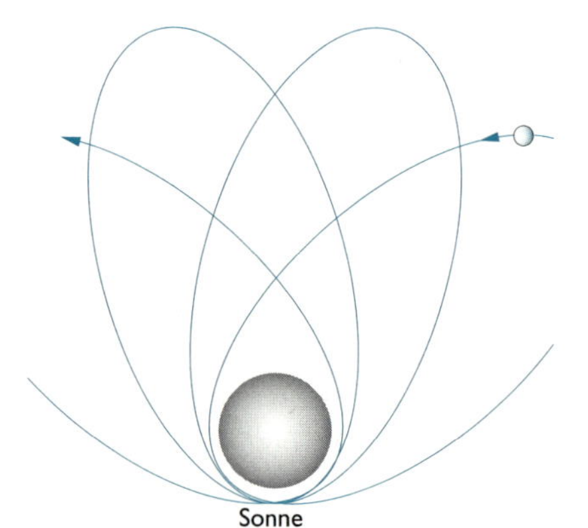

Atom- und Quantenphysik

ENTWICKLUNG DER ATOMVORSTELLUNG

Atome

Teilchen, aus denen die chemischen Elemente aufgebaut sind. Sie können durch chemische Reaktionen nicht zerlegt werden. Atome bestehen aus Atomkern und Atomhülle. Im Atom ist die Anzahl der Elektronen in der Atomhülle gleich der Anzahl der Protonen im Atomkern. Das Atom ist nach außen hin elektrisch neutral.

Atomdurchmesser $d_{Atom} \approx 10^{-10}$ m ↗ Atomkern, S. 318

Atomhülle

Raum, der durch alle zu einem Atom gehörenden Elektronen gebildet wird. Die Elektronen sind in der Atomhülle nach ihrer Energie geordnet. Elektronen mit annähernd gleicher Energie werden gleichen Energieniveaus zugeordnet. Räume des wahrscheinlichen Aufenthalts von Elektronen mit gleichem Energieniveau werden als Elektronenschalen bezeichnet.

↗ Elektronenschalen, S. 299

Belege für die Existenz der Atome

Gesetz von der Erhaltung der Masse

Bei jeder chemischen Reaktion ist die Gesamtmasse der Ausgangsstoffe gleich der Gesamtmasse der Reaktionsprodukte (LOMONOSSOW 1744, LAVOISIER 1785).

Gesetz von den konstanten Proportionen

Die Elemente verbinden sich miteinander in einem bestimmten, konstanten Massenverhältnis (PROUST 1799).

Gesetz der multiplen Proportionen (Dalton'sches Gesetz)

Bilden zwei oder mehrere Elemente verschiedene Verbindungen, so stehen die Massen des einen Elements, bezogen auf eine konstante Masse des anderen Elements, im Verhältnis kleiner, ganzer Zahlen (DALTON 1808).

Verbindung	N_2O	NO	N_2O_3	NO_2	N_2O_5
Masse Stickstoff verbunden mit Masse Sauerstoff	14 g 8 g	14 g 16 g	14 g 24 g	14 g 32 g	14 g 40 g
Verhältnis der Massen Sauerstoff zueinander	1 :	2 :	3 :	4 :	5

Volumengesetz von GAY-LUSSAC
Die Volumen miteinander reagierender oder bei einer Reaktion entstehender Gase stehen im Verhältnis kleiner ganzer Zahlen (GAY-LUSSAC 1809).

H_2 + Cl_2 ⟶ HCl HCl
1 Vol. 1 Vol. 2 Vol.

Gesetz von AVOGADRO
Gleiche Volumen aller Gase enthalten bei gleicher Temperatur und gleichem Druck die gleiche Anzahl von Teilchen (AVOGADRO 1811).

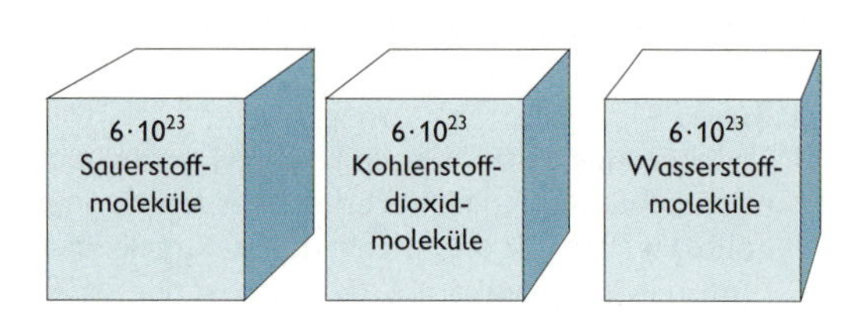

Atomismus der Antike

Propagiert die Vorstellung vom Aufbau der Materie aus kleinsten Teilchen, den Atomen (atomos: unteilbar). Dieser Atombegriff war ein spekulativer Denkansatz zur Beantwortung philosophischer Fragen. Die Chemie des 19. Jahrhunderts lieferte erste wissenschaftliche Belege für die Existenz der Atome.
↗ experimentelle Belege für die Existenz der Atome, S. 295

Atommodell nach DALTON von 1808

- Die Materie ist aus kleinsten, mit chemischen Methoden nicht weiter zerlegbaren Teilchen, den Atomen, aufgebaut. Die Atome kann man sich zum Beispiel kugelförmig vorstellen.
- Alle Atome eines Elements haben untereinander gleiche Masse und gleiche Größe, während Masse und Größe der Atome zweier verschiedener Elemente sich charakteristisch voneinander unterscheiden.
- Die kleinsten Teilchen einer chemischen Verbindung von Elementen (Moleküle) bestehen aus einer bestimmten Anzahl von Atomen jeden Elements.
- Bei chemischen Reaktionen werden Atome nicht geschaffen und auch nicht zerstört, sie werden nur zu anderen Molekülen umgeordnet.

Leistungsfähigkeit und Grenzen des Dalton'schen Atommodells

Übereinstimmung mit der Erfahrung	Grenzen des Modells
Interpretation folgender Gesetze und Vorstellungen: – Gasgesetze – Gesetze und Vorstellungen der kinetischen Wärmetheorie – Gesetz von der Erhaltung der Masse – Gesetz von den konstanten und multiplen Proportionen bei chemischen Reaktionen	Nichtdeutbarkeit folgender Erscheinungen: – elektrische und magnetische Erscheinungen – Ursache für chemische Bindungen, Ionisierung – Ordnung der Elemente im Periodensystem – Elektrolyse

Atommodell nach THOMSON von 1904

- Atome sind nicht unteilbar, da negativ geladene Partikel (Elektronen) von ihnen durch elektrische Kräfte entfernt werden können.
- Die Elektronen haben bei allen Atomen die gleiche Ladung und die gleiche Masse.
- Die Masse der Elektronen ist geringer als der tausendste Teil der Masse des Wasserstoffatoms.
- Elektronen sind in Atome so eingebettet, dass die Atome insgesamt nach außen elektrisch neutral sind.

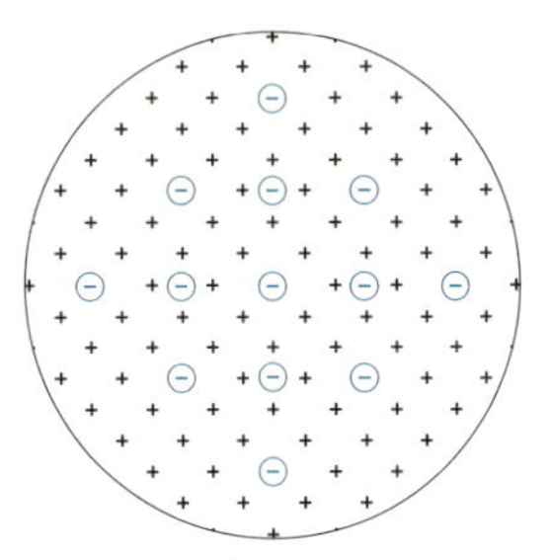

Thomson'sches Atommodell

Leistungsfähigkeit und Grenzen des Thomson'schen Atommodells

Übereinstimmung mit der Erfahrung	Grenzen des Modells
Deutbarkeit folgender Erscheinungen: – Ionisierung von Atomen – Elektrolyse – Periodensystem der Elemente	Nichtdeutbarkeit folgender Erscheinungen: – elektromagnetische und optische Erscheinungen – Radioaktivität – elektrische Neutralität der Atome

Rutherford'sche Streuexperimente von 1911

Von einem radioaktiven Präparat wird ein schmales α-Teilchenbündel ausgeblendet und auf eine extrem dünne (etwa 100 Atomschichten starke) Goldfolie gerichtet. Die Richtungsverteilung der α-Teilchen nach dem Durchgang durch die Folie wird mithilfe eines Mikroskops und eines Leuchtschirms beobachtet. Auf ihm rufen die auftreffenden α-Teilchen Lichtblitze hervor. Es kann folgende Winkelverteilung festgestellt werden:

- Die meisten α-Teilchen durchdringen die Folie nahezu geradlinig, obwohl die Atome dicht nebeneinander liegen (dichteste Kugelpackung).
- Einige wenige α-Teilchen werden aus ihrer Richtung stark abgelenkt (gestreut), d. h. praktisch reflektiert.
- Verwendet man Folien unterschiedlichen Materials, so zeigt der Vergleich, dass die Ablenkung der α-Teilchen von der Ordnungszahl der Atome des Streumaterials abhängig ist.

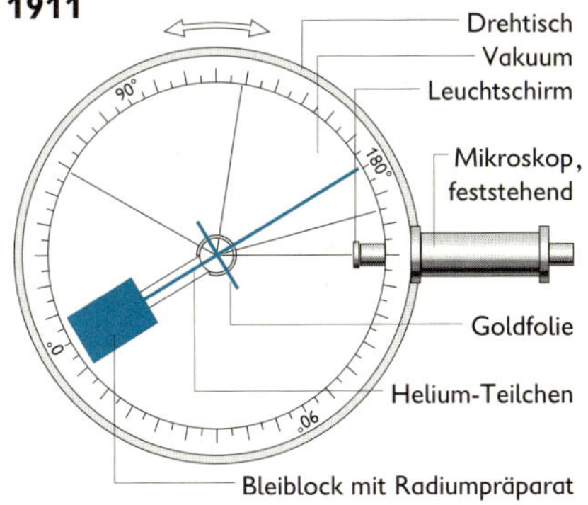

Rutherford'sche Versuchsanordnung

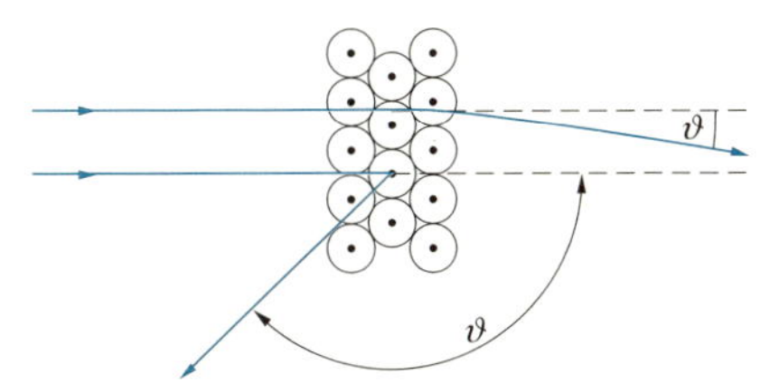

Schematische Darstellung der Streuung von α-Teilchen an Atomkernen

7

Atommodell nach RUTHERFORD von 1911

- Das Atom besteht aus Atomkern und Atomhülle.
- Der Atomkern von etwa 10^{-15} m Durchmesser ist positiv geladen und vereinigt in sich fast die gesamte Masse.
- Der Atomkern wird von Elektronen in etwa 10^{-10} m Abstand umkreist. Die notwendige Radialkraft stellt die elektrische Anziehungskraft dar (Coulombkraft F_C).
- Die Gesamtheit der Elektronen bildet die Atomhülle, die mit ihrer negativen Ladung die Kernladung kompensiert.
- Zwischen Atomkern und Atomhülle befindet sich leerer Raum.

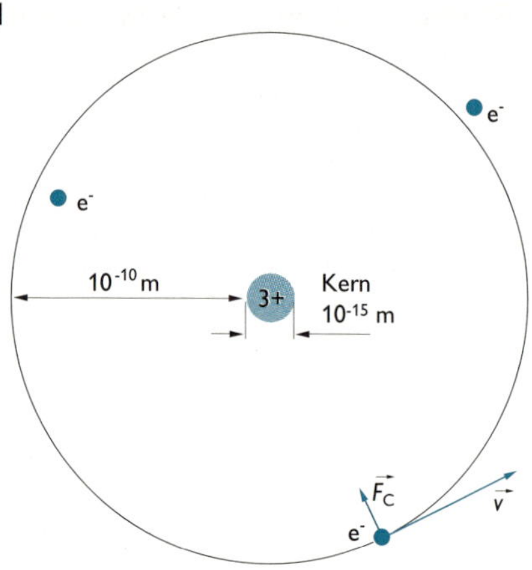

Leistungsfähigkeit und Grenzen des Rutherford'schen Atommodells

Übereinstimmung mit der Erfahrung	Grenzen des Modells
– Atome sind keine einfachen Kügelchen, sondern kompliziert zusammengesetzte Gebilde, die aus Atomkern und Atomhülle bestehen. – Das Modell erklärt alle experimentellen Befunde beim Durchgang von β- und α-Teilchen durch Metallfolien. – Übereinstimmung der Kernladungszahl mit der Ordnungszahl des Elements im Periodensystem.	– Das Modell ist mit der Existenz stabiler Atome nicht vereinbar. Nach der klassischen Elektrodynamik müsste ein Elektron innerhalb kürzester Zeit in den Atomkern stürzen, da es während seiner Bewegung elektromagnetische Energie abstrahlt und dadurch langsamer wird. – Erklärt nicht die Ergebnisse der Spektroskopie (Emission von Licht). – Erklärt nicht die Ursache für chemische Bindungen.

Atommodell nach BOHR von 1913

1. Postulat (Stabilitätsbedingung): Die Elektronen können nur auf bestimmten Bahnen um den Atomkern laufen. Jede Bahn entspricht einer Energiestufe (diskrete Energiezustände) des Atoms. In diesen Zuständen emittiert bzw. absorbiert das Atom keine Energie.

2. Postulat (Frequenzbedingung): Vollzieht ein Elektron einen Wechsel vom Energiezustand E_n zum niedrigeren Energiezustand E_m, so wird die Energiedifferenz als Lichtquant der Frequenz f abgestrahlt. Es gilt: $h \cdot f = E_n - E_m$. Bei Absorption von Energie springt das Elektron auf eine energetisch höhere Außenbahn.

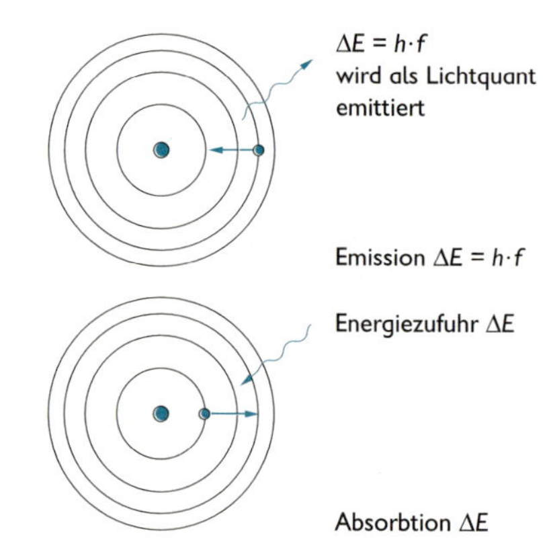

Leistungsfähigkeit und Grenzen des Bohr'schen Atommodells

Übereinstimmung mit der Erfahrung	Grenzen des Modells
– Das Modell lieferte erstmals eine Erklärung für die Stabilität eines Atoms. – Alle Emissions- und Absorptionsquanten können als Energieänderungen des betreffenden Elektrons erklärt werden. – Nachweis der postulierten, diskreten Energieniveaus durch den Franck-Hertz-Versuch (↗ S. 310) – Spektren des Wasserstoffs und der wasserstoffähnlichen Ionen (z. B. He^{+}, Li^{2+}) sowie Ionisierungsenergien lassen sich berechnen. – Bahnradius ($n = 1$) des Wasserstoffatoms wird größenordnungsmäßig richtig bestimmt (Vergleich mit gaskinetischen Messungen).	– Postulate erscheinen als willkürliche Zusatzforderungen an ein aus der Mechanik unverändert übernommenes Teilchenbild. – Das strahlungslose Umlaufen der Elektronen auf bestimmten Bahnen widerspricht den Gesetzen der Elektrodynamik. – Modell versagt bei Mehrelektronensystemen (z. B. Helium). – Zur Erklärung des vom Wasserstoffatom emittierten Linienspektrums ist in diesem Modell der Bahnbegriff notwendig. Dieser erweist sich infolge der Heisenberg'schen Unbestimmtheitsrelation (↗ S. 305) als unbrauchbar. – Für die Aufspaltung der Spektrallinien in mehrere Linien (Feinstruktur) kann keine Erklärung gegeben werden.

Elektronenschalen

Räume des wahrscheinlichen Aufenthaltes von Elektronen, die ein gleiches Energieniveau haben. Jede Elektronenschale kann eine bestimmte maximale Anzahl von Elektronen aufnehmen. Allgemein gilt, dass die n-te Schale $2 \cdot n^2$ Elektronen aufnehmen kann.

7

Energieniveaus der Atomhülle

Energiezustände, in denen sich ein Atom befinden kann. Zu jedem Energieniveau gehört eine bestimmte Anzahl von Elektronen.

Energieniveaus lassen sich aufgrund feiner Unterschiede in die Unterniveaus s (*sharp*), p (*principal*), d (*diffuse*) und f (*fundamental*) aufteilen. Die Elektronen, die zu diesen Unterniveaus gehören, heißen s-, p-, d- beziehungsweise f-Elektronen.

Energieniveauschema (Termschema)

Grafische Darstellung der Energiezustände der Atomhülle. Auf der Ordinatenachse sind die einzelnen diskreten Energiezustände E_1 (Grundzustand), E_2, E_3, E_4 usw. (angeregte Zustände) aufgetragen und durch waagerechte Linien markiert. Die Abstände zwischen den Linien entsprechen der Energie, die zugeführt oder abgegeben wird, wenn das Atom von dem einen Energiezustand in den anderen übergeht.

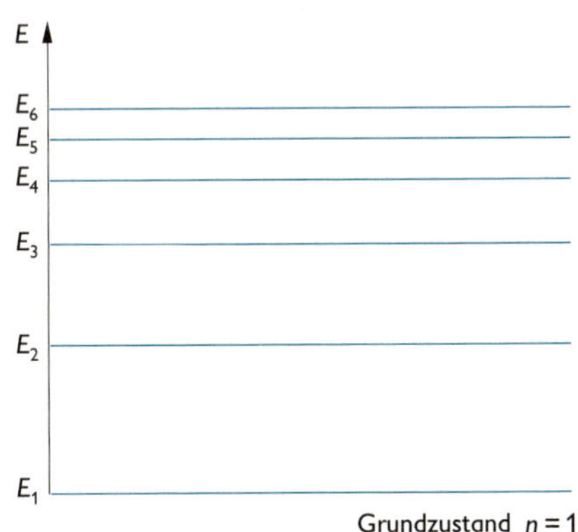

Energieniveau		Unterniveau	
Bezeichnung	Maximale Elektronenzahl	Bezeichnung	Maximale Elektronenzahl
1	2	1s	2
2	8	2s 2p	2 6
3	18	3s 3p 3d	2 6 10
4	32	4s 4p 4d 4f	2 6 10 14

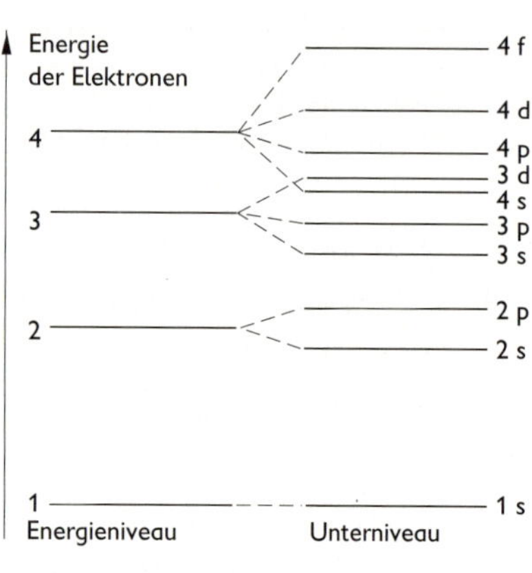

Veranschaulichung der Energieniveaus und deren Unterniveaus

Grundzustand. Energetisch stabiler Zustand, wenn das Atom keinen starken äußeren Einflüssen (z. B. hohe Temperatur) unterliegt. In diesem Zustand kann das Atom beliebig lange verharren.

Angeregter Zustand. Energetisch instabiler Zustand, in den das Atom z. B. durch Aufnahme von Stoßenergie anderer Atome gerät, ohne dass sich die kinetische Energie des Atoms wesentlich ändert. In diesem Zustand kann das Atom nur kurzzeitig verbleiben. Das angeregte Atom geht unter Energieabgabe sofort in den Grundzustand zurück.

↗ Energieniveauschema des Lasers, S. 314

Energieniveauschema des Wasserstoffs

Grafische Darstellung der Energiezustände des Wasserstoffatoms. Das Schema ermöglicht es, die Anordnung der Linien im Wasserstoffspektrum zu erklären. Die Aufnahme von Energie wird durch Pfeile in Richtung größerer Ordinatenwerte dargestellt, die Abgabe durch Pfeile in Richtung kleinerer Ordinatenwerte. Jedem Pfeil entspricht eine Spektrallinie.
Für die Frequenz der Spektrallinien gilt jeweils: $f = \frac{E}{h}$.

↗ Photonenmodell, S. 307

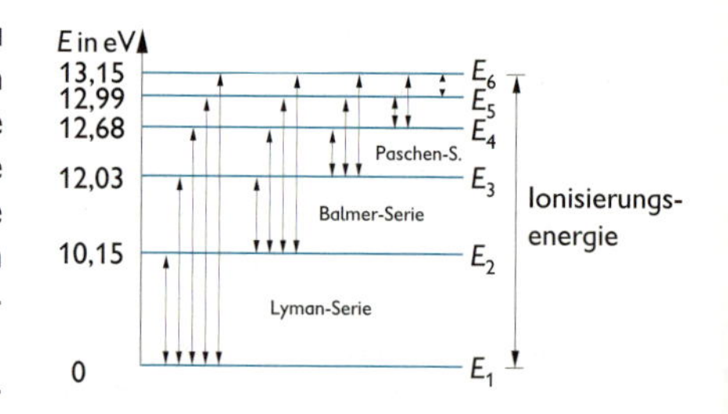

Mögliche Änderungen der Energiezustände des Wasserstoffatoms

Ordnungsprinzipien des Periodensystems

- Ordnungszahl gleich Kernladungszahl gleich Anzahl der Elektronen in der Atomhülle im nicht ionisierten Zustand
- In einer Atomhülle können nicht zwei Elektronen in allen vier Quantenzahlen übereinstimmen (Pauli-Prinzip).
- Im Grundzustand besetzen die Elektronen diejenigen Zustände, deren zugeordnete Energie am niedrigsten ist.

Perioden im Periodensystem. Elemente, deren Atome dieselbe Anzahl besetzter Elektronenschalen haben, stehen in derselben Periode.

besetzte Elektronenschalen ≙ äußere Elektronenschalennummer ≙ Periode

Gruppen im Periodensystem. Senkrecht angeordnete Reihen im Periodensystem, deren Elemente ähnliches chemisches Verhalten zeigen. Elemente, deren Atome die gleiche Anzahl Außenelektronen besitzen, stehen in derselben Hauptgruppe.

Anzahl der Außenelektronen ≙ Hauptgruppennummer

Quantenzahlen des Bohr'schen Atommodells

Beschreiben die Zustände eines jeden Elektrons in der Atomhülle. Es gibt vier Quantenzahlen, die untereinander durch eindeutige Beziehungen verknüpft sind.

7

Hauptquantenzahl *n*. Sie beschreibt die Energie und den mittleren Abstand des Elektrons vom Atomkern. Mit steigender Hauptquantenzahl nehmen der Radius und die Energie des Elektrons zu. Jeder Hauptquantenzahl entspricht ein Energieniveau.

Hauptquantenzahl	1	2	3	4	5	6	7
Energieniveau	1	2	3	4	5	6	7

Nebenquantenzahl *l* (Bahnquantenzahl). Sie kann für jede Hauptquantenzahl n die Werte 0 bis $(n - 1)$ annehmen. Den Nebenquantenzahlen entsprechen die Unterniveaus s, p, d und f.

Magnetquantenzahl *m*. Sie beschreibt die Lage des Drehimpulses eines Elektrons im Magnetfeld. Diese Quantenzahl kann ganzzahlige negative und positive Werte in den Grenzen von $-l$ bis $+l$ annehmen.

Spinquantenzahl *s*. Sie beschreibt die Eigenrotation eines Elektrons (Elektronenspin) und hat die Werte +1/2 oder –1/2.

Pauli-Prinzip (Ausschließungsprinzip)

In einem Atom stimmen niemals zwei Elektronen in allen vier Quantenzahlen überein. Daraus ergibt sich für die Höchstanzahl Z der Elektronen, die einem Energieniveau zugeordnet werden können: $Z = 2\,n^2$.

Energie-niveau	Hauptquan-tenzahl n	Nebenquan-tenzahl l	Magnetquan-tenzahl m	Spinquan-tenzahl s	Höchstanzahl Elekronen Z
1	1	0	0	±1/2	2
2	2	0 1	0 –1 0 1	±1/2 ±1/2 ±1/2 ±1/2	8
3	3	0 1 2	0 – 1 0 1 –2 –1 0 1 2	±1/2 ±1/2 ±1/2 ±1/2 ±1/2 ±1/2 ±1/2 ±1/2 ±1/2	18

MIKROOBJEKTE

7

Mikroobjekte

Objekte von atomarer oder subatomarer Größe, die weder durch das Teilchen- noch durch das Wellenmodell vollständig beschrieben werden können. Ihnen ist keine definierte Bahn zuzuschreiben. Sichere Vorhersagen über Ort und Geschwindigkeit eines einzelnen Mikroobjektes sind nicht möglich. Es sind aber Vorhersagen mit hoher Wahrscheinlichkeit über eine Gesamtheit von Mikroobjekten (Mikroobjekt-Ensemble) möglich.

■ Photonen, Elektronen, Protonen, Neutronen

Verhalten von Mikroobjekten

Mikroobjekte	Experimentelle Grundlagen	Deutung der Beobachtungen
Photonen (Licht)	Beugung, Interferenz am Hindernis, Doppelspalt und Gitter, äußerer lichtelektrischer Effekt	mit dem Wellenmodell mit dem Photonenmodell
Elektronen	Millikanversuch, *e*/*m*-Bestimmung, Doppelspaltexperiment, Durchstrahlung von Metall- und Graphitfolie mit Elektronen	mit dem Teilchenmodell mithilfe der Ensembleinterpretation

↗ Photonenmodell, S. 307; Doppelspaltexperiment mit Elektronen, S. 304

Taylor-Experiment (1909)

Es zeigt, dass sich das Interferenzmuster von Licht aus einzelnen Mikroobjekten (Photonen) zusammensetzt und die Entstehung dieses Interferenzbildes unabhängig von der Anzahl der Mikroobjekte ist.

In einem geschlossenen Kasten trifft Licht auf eine Anordnung aus einem Spalt und einer Nadel. Das dabei entstehende Interferenzbild wird mit einer Fotoplatte aufgenommen. Die Lichtintensität ist mit Rauchglasfiltern so weit herabgesetzt, dass sich im Mittel höchstens ein Photon zwischen Quelle und Film befindet. Bei genügend langer Belichtungszeit (3 Monate) entsteht die gleiche Intensitätsverteilung auf der Fotoplatte wie bei hoher Lichtintensität und kurzer Belichtungszeit.

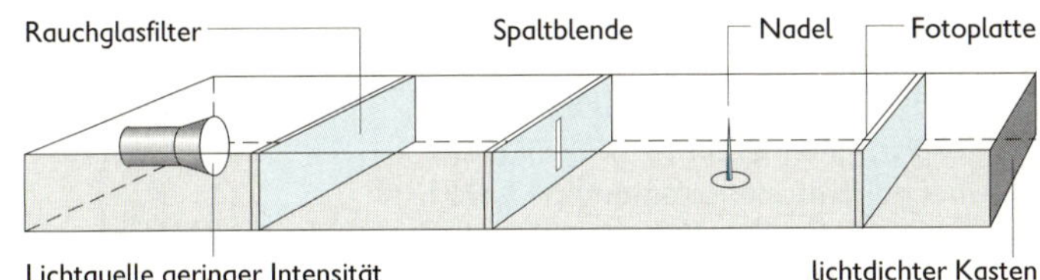

Versuchsaufbau nach TAYLOR

Folgende Ergebnisse veränderten die Vorstellung vom Licht:
- Interferenzmuster hängen nicht vom gleichzeitigen Vorhandensein vieler Photonen ab.
- Aus den Auftrefforten vieler Photonen ergibt sich eine Verteilung, die der Intensitätsverteilung einer Welle entspricht.
- Der Auftreffort eines einzelnen Photons kann nicht vorhergesagt werden. Es sind nur Wahrscheinlichkeitsaussagen möglich.

7

De-Broglie-Wellenlänge

Teilchen, die sich mit einem Impuls $p = m \cdot v$ bewegen, wird eine Welle der Wellenlänge λ zugeordnet.

$$\lambda = \frac{h}{m \cdot v}$$

↗ Planck'sches Wirkungsquantum, S. 308

Welle-Teilchen-Verhalten von Röntgenstrahlung

Charakteristisches Verhalten von Röntgenstrahlung, das teilweise mit dem Teilchenmodell (↗ S. 11) und teilweise mit dem Wellenmodell (↗ S. 11) beschrieben werden kann. Welleneigenschaften zeigen sich u. a. bei der Beugung von Röntgenstrahlung an den Gitterbausteinen einer Metallfolie. Teilcheneigenschaften treten beim Nachweis von Röntgenstrahlung mit einem Zählrohr auf.

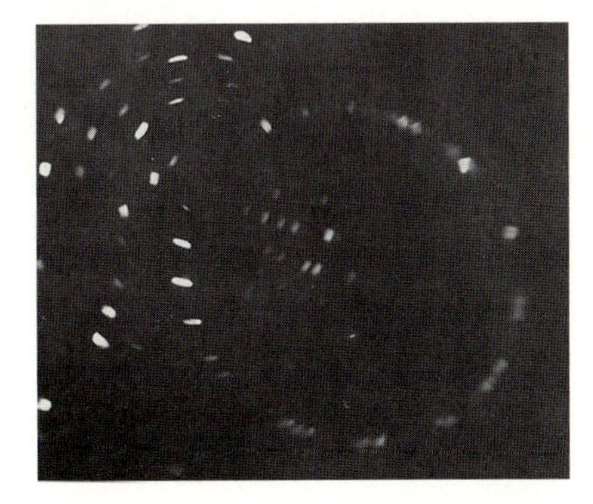

Interferenzbild bei der Beugung von Röntgenstrahlung an Alumiumfolie

Welle-Teilchen-Verhalten von Elektronen

Charakteristisches Verhalten von Elektronen, das teilweise mit dem Teilchenmodell (↗ S. 11) und teilweise mit dem Wellenmodell (↗ S. 11) beschrieben werden kann. Teilcheneigenschaften zeigen sich z. B.
- bei der Ladungstrennung durch Reibung (↗ S. 182),
- bei elektrischen Leitungsvorgängen in Festkörpern, in Gasen und im Vakuum (↗ S. 237 ff.),
- beim glühelektrischen und beim lichtelektrischen Effekt (↗ S. 244, 306),
- bei der Katodenstrahlung (↗ S. 251),
- bei der β-Strahlung (↗ S. 327),

Welleneigenschaften der Elektronen treten bei der Beugung von Elektronen beim Durchgang durch Metallfolie auf.

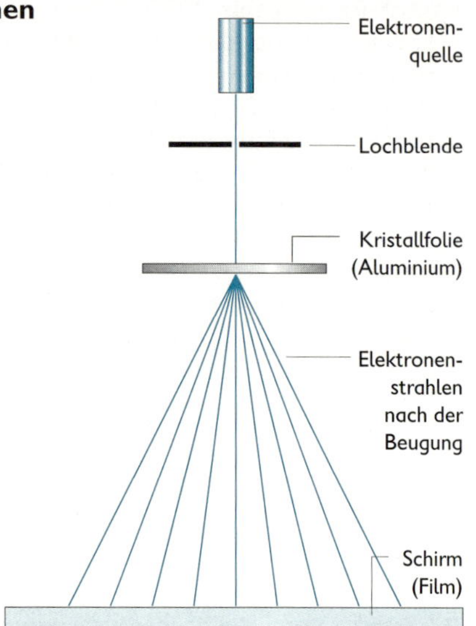

↗ Elektronenbeugung nach DAVISSON und GERMER, S. 305

Jönsson-Experiment (Doppelspaltexperiment mit Elektronen)

Ein dünnes Bündel Elektronen durchdringt einen künstlich hergestellten Doppelspalt (Spaltbreite 10^{-6} m). Von einer fotografischen Schicht werden die Auftreffstellen als Punkte registriert. Nach längerer Zeit bildet sich deutlich eine Intensitätsverteilung, die dem Interferenzmuster von Wellen gleicht. Damit weist das Experiment nach, dass Elektronen (Mikroobjekte) ein anderes stochastisches Verhalten zeigen als klassische Teilchen.

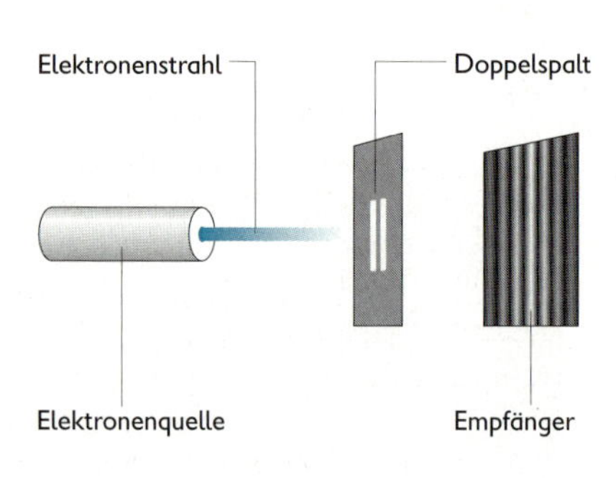

Doppelspaltexperiment mit Elektronen

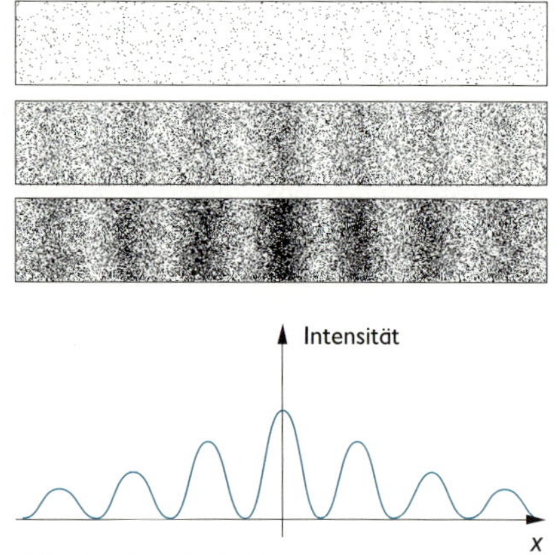

Allmähliches Ausbilden des Interferenzmusters auf der Fotoplatte

Elektronenbeugung nach DAVISSON und GERMER (1923)

Elektronen gleicher kinetischer Energie ($E_{kin} = e \cdot U$) treffen auf die Oberfläche eines Nickelkristalls. Die nach rückwärts gestreuten Elektronen werden als Strom I in Abhängigkeit vom Streuwinkel gemessen. Für kleine Winkel ist gemäß dem klassischen Reflexionsgesetz die Elektronenanzahl groß. Das dann folgende Maximum ist ein Beleg für die de-Broglie-Wellenlänge der Elektronen. Die Atome der Gitterebene des Nickelkristalls wirken als Gitter. Die den Elektronen zugeordneten de-Broglie-Wellen überlagern sich in bestimmten Richtungen zu Interferenzmaxima.

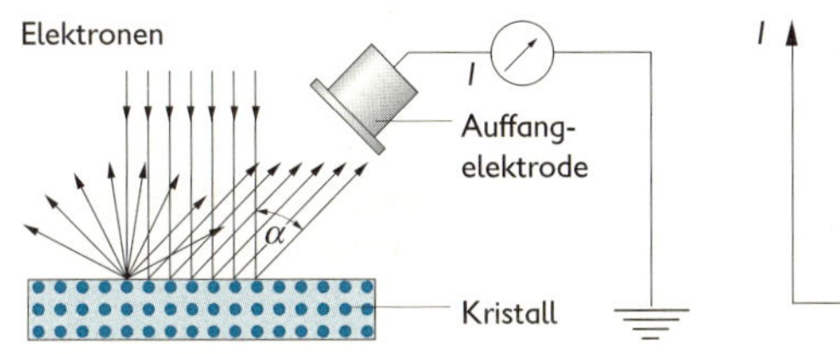

Elektronenstreuung am Gitter

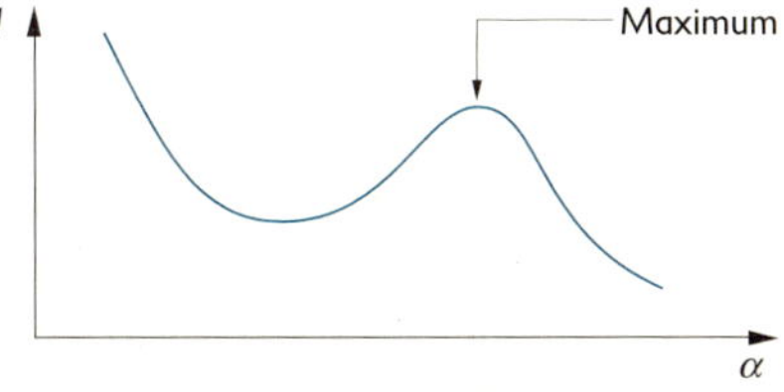

Stromstärke in Abhängigkeit vom Streuwinkel

Heisenberg'sche Unbestimmtheitsrelation

Grundaussage über Aufenthaltsbereich und Impulsstreuung von Mikroobjekten. Sie besagt, dass es prinzipiell unmöglich ist, Ort und Impuls eines Mikroobjektes gleichzeitig mit beliebiger Genauigkeit zu ermitteln. Das Produkt aus der mittleren Unbestimmtheit des Ortes Δx und der mittleren Unbestimmtheit des Impulses Δp_x ist mindestens in der Größenordnung des Planck'schen Wirkungsquantums. Mikroobjekten ist keine definierte Bahnkurve zuzuschreiben.

$$\Delta x \cdot \Delta p_x \geq \frac{h}{4\pi}$$

h Planck'sches Wirkungsquantum

Ort und Impuls von Elektronen

Nimmt man an, dass die Geschwindigkeit v der Elektronen eines Elektronenstrahls genau bekannt sei ($v = \sqrt{2U \cdot e/m}$), so gilt für ihre Impulse $p = m \cdot v$. Um den Ort der Elektronen genau zu ermitteln, lässt man sie durch einen Spalt (Breite d) treten. Es ist bei klassischer Betrachtungsweise zu erwarten, dass die Elektronen auf einem Auffangschirm ihre Spur in der Breite d aufzeichnen, d. h., es gilt $\Delta x = d$.
Da aber die Elektronen als Mikroobjekte auch Welleneigenschaften besitzen, treten am Spalt Beugungserscheinungen auf. Die Spur der Elektronen ist verwischt und zwar mindestens um den Betrag des Hauptmaximums der Beugung. Die Beugung des Elektronenstrahls ist umso stärker, je schmaler die Spaltbreite d ist. Beim Passieren des Spaltes erfahren die Elektronen eine Impulsänderung von $\Delta p_x \geq p \cdot \sin\alpha$.

Für den mittleren Streuwinkel gilt: $\sin\alpha = \frac{\lambda}{d}$ (α Beugungswinkel).

Aus den Gleichungen für die Impulsänderung, den mittleren Streuwinkel und der de-Broglie-Beziehung folgt die Unbestimmtheitsrelation in der Form:

$$\Delta x \cdot \Delta p_x \approx h$$

QUANTENEFFEKTE DER ELEKTROMAGNETISCHEN STRAHLUNG

Äußerer lichtelektrischer Effekt

Kurzwelliges Licht, das auf eine Metalloberfläche auftrifft, löst aus ihr Elektronen heraus. Für den äußeren lichtelektrischen Effekt gilt die Einstein'sche Gleichung:

$$h \cdot f = \frac{1}{2} m_e \cdot v^2 + W_A$$

h Planck'sches Wirkungsquantum
f Frequenz des eingestrahlten Lichtes
m_e Masse des Elektrons
v Geschwindigkeit des Elektrons
W_A Austrittsarbeit

Experimentelle Untersuchung des äußeren lichtelektrischen Effektes

Für das Erkennen des Wesens des Lichtes sind von Bedeutung:
- die Abhängigkeit des Fotostroms von der Beleuchtungsstärke und der Frequenz des eingestrahlten Lichtes,
- die Abhängigkeit der Energie der Fotoelektronen von der Frequenz des eingestrahlten Lichtes.

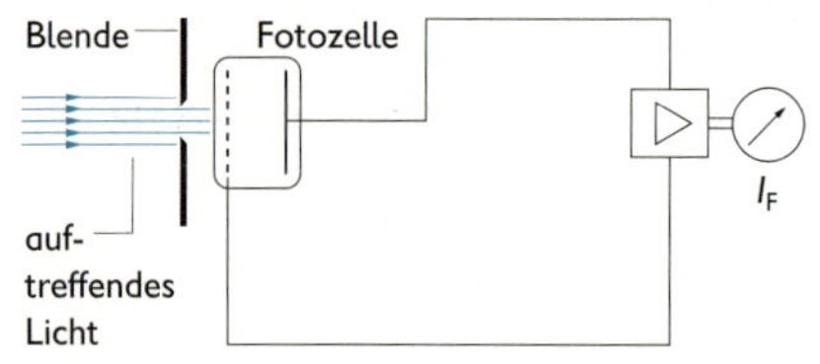

Schaltplan zur Untersuchung der Abhängigkeit des Fotostroms von der Beleuchtungsstärke und der Frequenz des eingestrahlten Lichtes

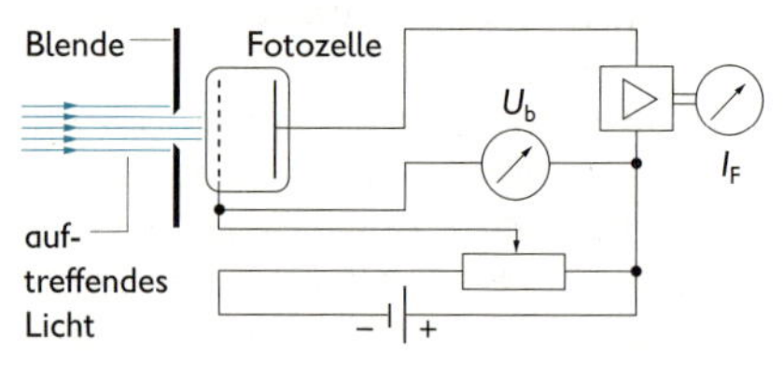

Schaltplan zur Untersuchung der Abhängigkeit der Energie der Fotoelektronen von der Frequenz des eingestrahlten Lichtes

Experimentelle Ergebnisse	Deutung mit dem Wellenmodell	Deutung mit dem Teilchenmodell
1. Der Fotostrom (die Anzahl der herausgelösten Elektronen) nimmt mit der Beleuchtungsstärke des eingestrahlten Lichtes zu.	*möglich* Der größeren Intensität (Wellenamplitude) entspricht eine größere Energie. Also sind mehr Elektronen herauslösbar.	*möglich* Der größeren Intensität entspricht eine größere Anzahl von Teilchen. Diese können mehr Elektronen herauslösen.
2. Der Fotostrom tritt nur bei Bestrahlung mit kurzwelligem Licht auf. Langwelliges Licht bewirkt selbst bei großer Beleuchtungsstärke keinen Strom.	*nicht möglich* Eine Vergrößerung der Intensität (Wellenamplitude) bedeutet eine Vergrößerung der Energie. Sie müsste in jedem Falle einen Fotostrom hervorrufen.	*möglich* Nur bestimmte Teilchen (entsprechend der Lichtfarbe) vermögen Elektronen herauszulösen. Eine Vergrößerung der Anzahl ungeeigneter Teilchen führt zu keinem Erfolg.

Experimentelle Ergebnisse	Deutung mit dem Wellenmodell	Deutung mit dem Teilchenmodell
3. Die kinetische Energie der Fotoelektronen ist von der Beleuchtungsstärke unabhängig.	*nicht möglich* Die Energie einer Welle ist dem Quadrat der Amplitude und dem Quadrat der Frequenz proportional.	*möglich* siehe unter 2.
4. Die vom Licht übertragene Energie ist der Frequenz proportional: $E \sim f$.	*nicht möglich* siehe unter 3.	*nicht möglich* Die Größe Frequenz ist dem Teilchenmodell fremd.

Die bei der Untersuchung des äußeren lichtelektrischen Effekts gewonnenen experimentellen Ergebnisse sind weder mit dem Wellenmodell (↗ S. 11) noch mit dem Teilchenmodell (↗ S.11) allein vollständig deutbar (↗ Mikroobjekte, S. 302).

Photonenmodell (Lichtquantenmodell)

- Licht (jede elektromagnetische Strahlung) besteht aus einzelnen Energieportionen, die man Photonen oder Lichtquanten nennt.
- Die Energie des Photons ist proportional der Lichtfrequenz. Es gilt der Erfahrungssatz der Quantenphysik: $E = h \cdot f$.
- Photonen verhalten sich bei der Wechselwirkung mit Elementarteilchen wie Teilchen, sie werden immer einzeln und als Ganzes wirksam.

7

Austrittsarbeit W_A

Arbeit, die zum Herauslösen eines Elektrons aus dem Metall erforderlich ist.

Mögliche Fälle:

$W_A > h \cdot f$ Die Austrittsarbeit ist größer als die Energie des Lichtquants. Das Elektron kann nicht herausgelöst werden.

$W_A = h \cdot f_G$ Die Austrittsarbeit ist gleich der Energie des Lichtquants. Das Elektron wird aus dem Metall herausgelöst, aber nicht beschleunigt. Die Frequenz des eingestrahlten Lichtes wird in diesem Falle als Grenzfrequenz bezeichnet (↗ S. 308).

$W_A < h \cdot f$ Die Austrittsarbeit ist kleiner als die Energie des Lichtquants. Die überschüssige Energie verbleibt als kinetische Energie beim herausgelösten Elektron.

Kinetische Energie der Fotoelektronen

$$h \cdot f = \frac{1}{2} m_e \cdot v^2 + h \cdot f_G$$

$$\frac{1}{2} m_e \cdot v^2 = h \cdot (f - f_G)$$

m_e Masse des Elektrons
v Geschwindigkeit des Elektrons
h Planck'sches Wirkungsquantum
f Frequenz des Lichtquants
f_G Grenzfrequenz

Grenzfrequenz f_G
Frequenz, bei der die Energie des auftreffenden Lichtes gerade ausreicht, die Elektronen aus der Katode herauszulösen. Bei der Grenzfrequenz ist die kinetische Energie der herausgelösten Elektronen null.
Die Grenzfrequenz ist vom Material abhängig, aus dem die Elektronen herausgelöst werden.

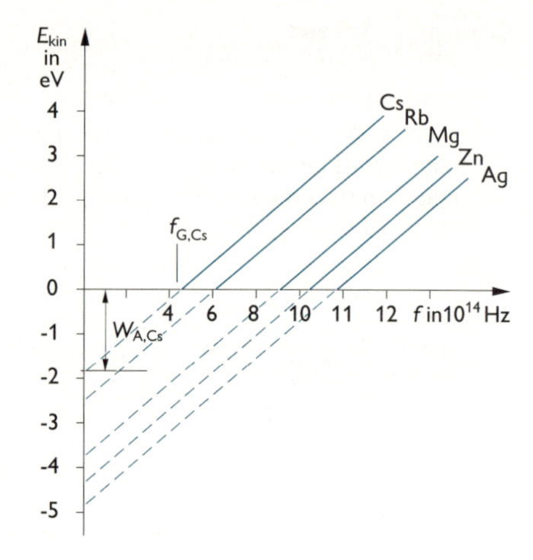

Abhängigkeit der kinetischen Energie der Fotoelektronen von der Frequenz für einige Metalle

Planck'sches Wirkungsquantum h

Naturkonstante, bedeutsam in der Mikrophysik

$$h = 6{,}626 \cdot 10^{-34}\ \text{J} \cdot \text{s}$$

Die systematische Einführung des Planck'schen Wirkungsquantums führte zu den Theorien über Quanten. Sie gehen davon aus, dass Größen mit der Dimension einer Wirkung (Energie · Zeit) in der Natur nur als ganzzahlige Vielfache des Planck'schen Wirkungsquantums vorkommen.

7

Bestimmung des Planck'schen Wirkungsquantums
Infolge der Bestrahlung der Katode einer Fotozelle mit Licht der Frequenzen f_1 bzw. f_2 werden Elektronen aus dem Metall der Katode herausgelöst. Zur Kompensation ihrer kinetischen Energie müssen die Gegenspannungen U_1 bzw. U_2 angelegt werden.

Es gilt: $h = e \cdot \dfrac{U_2 - U_1}{f_2 - f_1}$

Einstein'sche Gerade
Gerade im Energie-Frequenz-Diagramm der Fotoelektronen als Ausdruck der linearen Beziehung zwischen der kinetischen Energie der Fotoelektronen und der Frequenz des eingestrahlten Lichtes. Ihr Anstieg ist gleich dem Planck'schen Wirkungsquantum h.
↗ Einstein'sche Gleichung, S. 306

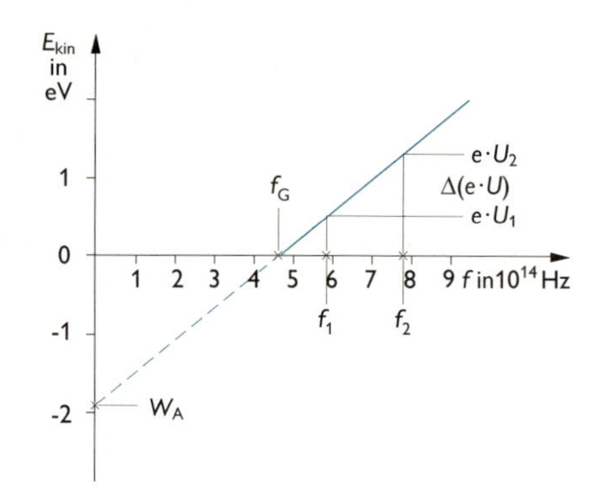

Bestimmung des Planck'schen Wirkungsquantums aus der Einstein'schen Geraden

Compton-Effekt

Trifft kurzwellige elektromagnetische Strahlung einer bestimmten Wellenlänge (Röntgen- oder Gammastrahlung) auf Stoffe, deren Elektronen schwach gebunden sind (Graphit, Paraffin), so tritt neben der Streustrahlung, die dieselbe Wellenlänge wie die einfallende Strahlung besitzt, ein weiterer Strahlungsanteil mit etwas größerer Wellenlänge auf. Die auftretende Wellenlängenänderung ist abhängig vom Streuwinkel.

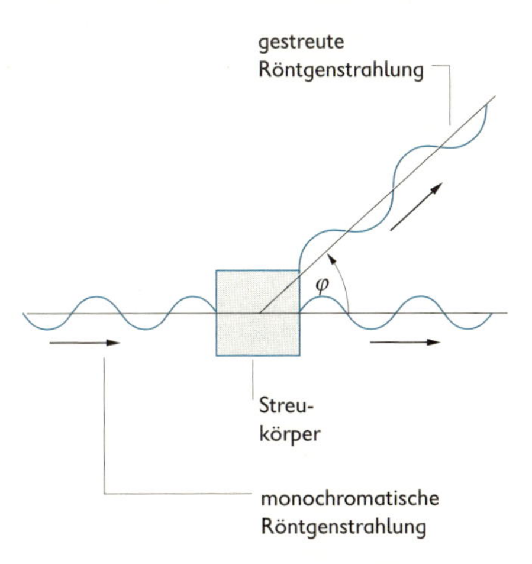

Schematische Darstellung des Compton-Effekts

Deutung des Compton-Effekts

Grundlage: klassisches Wellenbild der elektromagnetischen Strahlung

Tritt elektromagnetische Strahlung (Röntgenstrahlung) mit Elektronen der Streusubstanz in Wechselwirkung, so werden die Elektronen infolge der schnell wechselnden Polarität des elektromagnetischen Feldes zu erzwungenen Schwingungen angeregt.

Die schwingenden elektrischen Ladungen senden nach den Gesetzen der Elektrodynamik eine elektromagnetische Kugelwelle aus, deren Frequenz identisch mit der Frequenz der schwingenden Elektronen und damit mit der Frequenz der einfallenden Röntgenwelle ist.

Aus der Sicht der Wellenlehre und der Elektrodynamik dürfte daher in keiner Richtung eine Frequenzänderung der Röntgenstrahlung auftreten, d. h., der Compton-Effekt widerspricht dem Wellencharakter der elektromagnetischen Strahlung.

Grundlage: Quantenmodell der elektromagnetischen Strahlung

Nach dem Quantenmodell bedeutet Strahlung mit größerer Wellenlänge (kleinerer Frequenz) Photonen mit geringerer Energie.

Damit kann die Existenz von Photonen mit geringerer Energie nur so gedeutet werden, dass bei Wechselwirkung der elektromagnetischen Strahlung mit Stoffen einige Photonen einen Teil ihrer Energie verlieren.

Ein Photon stößt mit einem locker gebundenen Elektron zusammen und überträgt einen Teil seiner Energie und seines Impulses an das Elektron, sodass die Energie des gestreuten Photons kleiner ist als vor dem Stoß. Das bedeutet, dass die Frequenz des gestreuten Photons kleiner ist als die Frequenz des ungestreuten Photons.

Damit liefert der Compton-Effekt einen überzeugenden Beleg für die Quantennatur der elektromagnetischen Strahlung.

↗ Photonenmodell, S. 307

Wellenlängenänderung beim Compton-Effekt

	vor dem Stoß		nach dem Stoß	
Energiebilanz	E_{kin} des Elektrons 0	Energie des Photons $+ \quad h \cdot f_0$	E_{kin} des Elektrons $m_e \cdot \frac{v^2}{2}$	Energie des Photons $+ \quad h \cdot f$
Impulsbilanz	Impuls des Photons p_{Ph}		Impuls des gestreuten Photons p'_{Ph}	Impuls des Elektrons $+ \quad p'_e$

Aus der Energie- und Impulsbilanz erhält man für die Wellenlängenänderung:

$$\Delta\lambda = \frac{h}{m_{0e} \cdot c} \cdot (1 - \cos\varphi)$$

$$\Delta\lambda = \lambda_c \cdot (1 - \cos\varphi)$$

h Planck'sches Wirkungsquantum
m_{0e} Ruhmasse des Elektrons
c Lichtgeschwindigkeit
φ Streuwinkel
λ_c Comptonwellenlänge

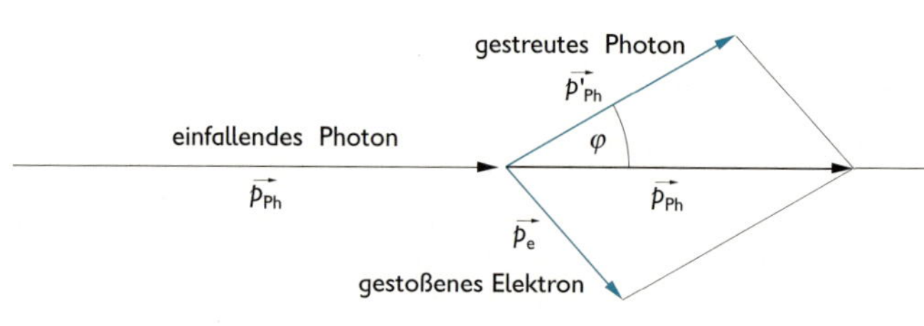

Schematische Darstellung der Impulse vor und nach der Streuung

Bei einer Streuung von Röntgenstrahlung an Elektronen vergrößert sich die Wellenlänge eines Teils der gestreuten Strahlung. Die Wellenlängenänderung hängt vom Streuwinkel ab.

↗ Deutung des Compton-Effekts, S. 309

QUANTENHAFTE ABSORPTION UND EMISSION VON ENERGIE DURCH ATOME

Franck-Hertz-Versuch (1913)

Eine evakuierte Dreielektrodenröhre enthält einen Tropfen Quecksilber. Die Röhre wird auf eine Temperatur von 180 °C erwärmt, damit ein geeigneter Gasdruck von 20 hPa vorliegt. Dieser Gasdruck ermöglicht, dass einerseits die aus der Katode austretenden Elektronen genügend Stoßpartner vorfinden, andererseits die „freie Weglänge" groß genug ist, damit die Elektronen im elektrischen Feld zwischen Katode K

und Gitter G eine genügend hohe kinetische Energie bekommen können. Zwischen Gitter und Auffangelektrode liegt eine Gegenspannung U_G von etwa 0,5 V. Der Elektronenstrom wird mithilfe eines Messverstärkers gemessen. Mit wachsender Beschleunigungsspannung steigt die Zahl der Elektronen, die pro Zeiteinheit die Gegenspannung überwinden können. Die Elektronen verlieren bei elastischen Stößen mit den Hg-Atomen praktisch keine Energie. Bei einer Spannung von 4,9 V sinkt die Stromstärke plötzlich ab. Die Elektronen verfügen nicht mehr über die Energie zur Überwindung der Gegenspannung U_G, da sie auf ihrem Weg durch den Quecksilberdampf ihre Energie durch unelastische Stöße an die Hg-Atome abgegeben haben. Bei weiterer Spannungserhöhung erfolgt ein Absinken der Stromstärke immer bei Spannungen, die sich um den Betrag von 4,9 V unterscheiden.
Das bedeutet, dass Quecksilberatome nur Energiebeträge von 4,9 eV aufnehmen können. Damit liefert der Franck-Hertz-Versuch die experimentelle Bestätigung für die quantenhafte Energieaufnahme (Absorption) der Atome.
↗ Stoßgesetze, S. 100

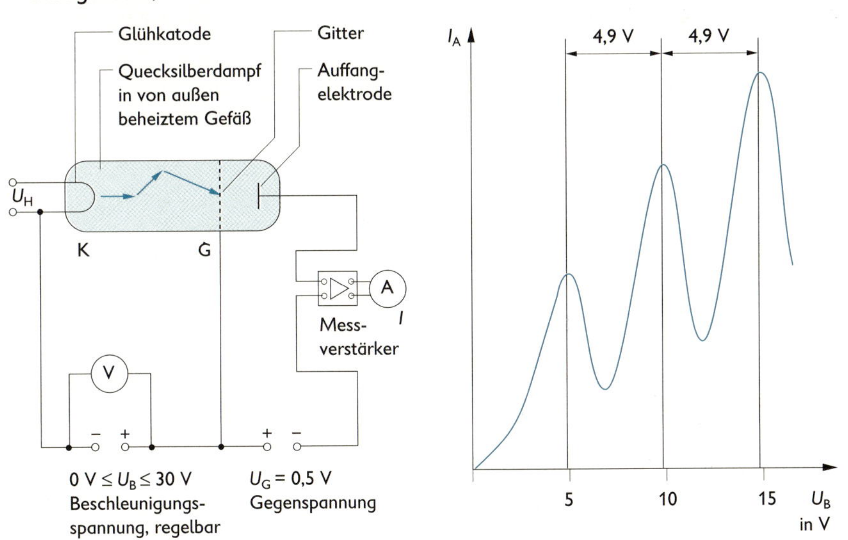

Quantenhafte Absorption von Energie

Befindet sich ein Atom im Zustand minimaler Energie, den man als Grundzustand bezeichnet, so wird ein Atom nach Absorption elektromagnetischer Strahlung in Form eines Photons oder anderer wohldefinierter Energiebeträge in einen angeregten Zustand mit höherer Energie überführt.
↗ Anregungen von Atomen und Molekülen, S. 311; Absorptionsspektren, S. 279; Franck-Hertz-Versuch, S. 310

Anregungen von Atomen und Molekülen

Übergang vom Grundzustand in einen energetisch höheren (angeregten) Zustand. Die Anregung kann auf verschiedene Art erfolgen.
↗ Energieniveauschema, S. 299

Anregung	Merkmale	Beispiele
thermisch	Die Anregung wird durch die hohe Temperatur verursacht und erfolgt durch die Stöße schneller Gasatome bzw. -moleküle.	in Flammen
durch Licht	Sie vollzieht sich bei Bestrahlung mit Licht mindestens so hoher Frequenz, wie die Atome bzw. Moleküle beim Übergang zum Grundzustand selbst emittieren. ↗ Energieniveauschema, S. 299	Entstehung von Absorptionsspektren (↗ S. 279), Rubinlaser (↗ S. 314)
durch die kinetische Energie von Elektronen	Sie wird durch Stöße schneller Elektronen bedingt.	elektrischer Leitungsvorgang in Gasen ↗ Stoßionisation, S. 243; Zählrohr, S. 328; Franck-Hertz-Versuch, S. 310

Resonanzabsorption

Absorption elektromagnetischer Strahlung durch Atome, die Strahlung gleicher Wellenlänge emittieren können.

Bestrahlt man z. B. Na-Dampf mit Licht einer Bogenlampe (weißes Licht), so beobachtet man zwei dunkle Linien im gelben Teil des Spektrums, das durch ein Gitter erzeugt wird. Die Na-Atome des Na-Dampfes absorbieren gelbes Licht bestimmter Wellenlängen. Es lässt sich nachweisen, dass diese Wellenlängen identisch sind mit den Wellenlängen des Lichtes, das von angeregten Na-Atomen emittiert wird.

↗ Absorptionsspektren, S. 279

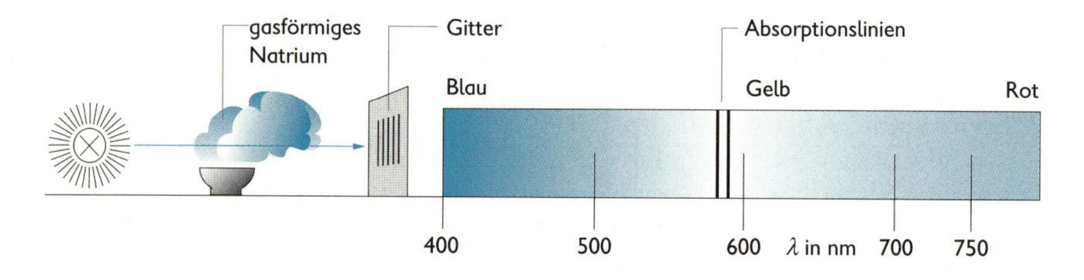

Quantenhafte Emission von Energie

Befindet sich ein Atom in einem angeregten Zustand, so kann es seine Anregungsenergie wieder abgeben, indem es ein Photon emittiert. Die Frequenz des Emissionsspektrums stimmt mit der Frequenz des Absorptionsspektrums überein.

↗ Anregungen von Atomen und Molekülen, S. 311; Emissionsspektren, S. 278; Linienspektren, S. 278; Bandenspektren, S. 278

Spontane Emission von Licht
Aussenden eines Lichtquants durch ein Atom oder Molekül ohne äußeren Einfluss. Da der Grundzustand der stabilste Energiezustand ist, kehren die angeregten Atome bereits nach 10^{-8} s von selbst in diesen zurück.

Induzierte Emission von Licht
Aussenden eines Lichtquants durch ein Atom oder Molekül, das sich unter dem Einfluss äußerer elektromagnetischer Strahlung vollzieht. Dabei wird das angeregte Atom oder Molekül zum Emittieren von Licht veranlasst, noch bevor es von selbst in den Grundzustand übergeht.

Art der Emission	Spontane Emission	Induzierte Emission
Vorkommen	bei herkömmlichen Lichtquellen	beim Laser
Voraus-setzungen	angeregte Atome mit normaler Verteilung der Energie auf die Energieniveaus der einzelnen Atome	angeregte Atome, die sich in einem langlebigen Energiezustand befinden, und ein Lichtquant, das die gleiche Frequenz besitzt, wie das von den Atomen ermittierte
schematische Darstellung	E; Lichtquant; E_2; E_1	E; eingestrahltesLichtquant; emittiertes Lichtquant; (metastabil) E_2; E_1

Die induzierte Emission kann vor allem in solchen Fällen Bedeutung erlangen, wo es sich um relativ langlebige angeregte Zustände (10^{-2} s) handelt. Diese Zustände werden als metastabile Zustände bezeichnet.

Laser (Light Amplification by Stimulated Emission of Radiation)
Lichtquelle, in der das Licht durch induzierte Emission (↗ S. 313) erzeugt wird.

Festkörperlaser. Der Energiespeicher ist z. B. ein mit Chrom-Ionen dotierter Rubinkristall. Die Anregung erfolgt auf optischem Wege.

Flüssigkeitslaser. Energiespeicher sind z. B. organische Moleküle, die in Wasser gelöst sind. Die Anregung erfolgt auf optischem Wege.

Gaslaser. Energiespeicher sind z. B. Edelgasgemische. Die Anregung erfolgt durch Elektronenstöße im elektrischen Leitungsvorgang.

Kontinuierliche Laser. Sie senden ständig Strahlung aus (z. B. Helium-Neon-Laser).

Impulslaser. Sie senden kurzzeitig Strahlung mit einer großen Leistung aus (z. B. Rubinlaser).

Bestandteile des Lasers

Energiequelle	beim Rubinlaser eine Xenon-Blitz-Lampe
Energiespeicher	Stoff mit geeignetem Energieniveauschema, z. B. Al_2O_3 dotiert mit dreiwertigen Chrom-Ionen Cr^{3+}
Resonator, Energieausgeber	zwei einander gegenüberliegende Spiegel, davon ein teildurchlässiger Spiegel
Aufbau eines Rubinlasers 1 Resonator 2 Energiequelle 3 Energiespeicher 4 Energieausgeber Resonator	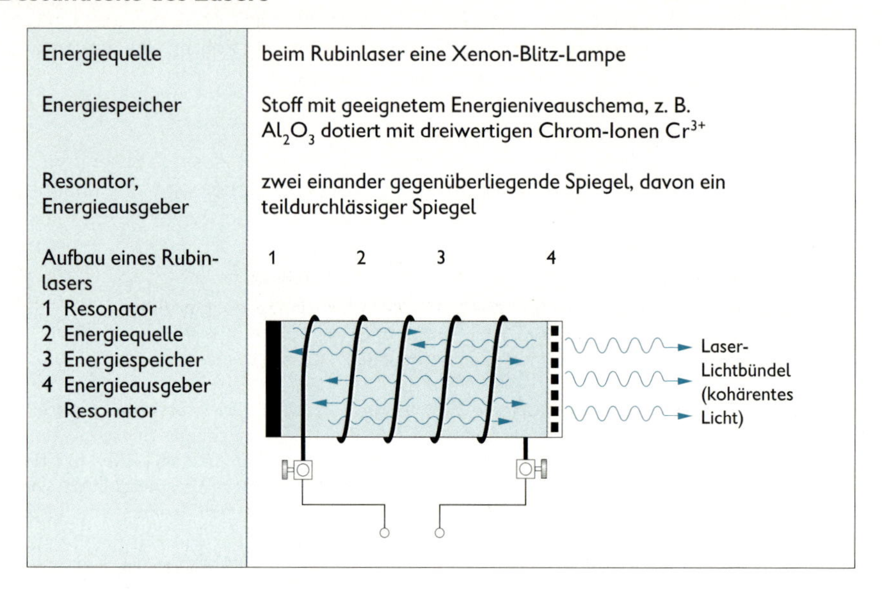

Energieniveauschema des Lasers

Es enthält neben dem Grundzustand mindestens 2 dicht beieinander liegende angeregte Energieniveaus. Vom energiereicheren zum energieärmeren angeregten Niveau gelangen die Atome durch strahlungsfreie Übergänge. Das energieärmere Niveau ist so beschaffen, dass die Atome in ihm eine relativ lange Zeit verharren können (metastabiler Zustand).

↗ induzierte Emission, S. 313;

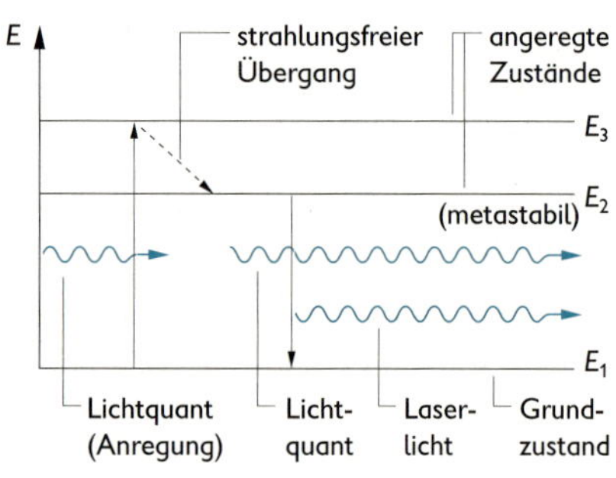

Entstehung des Laserlichtes

Wirkungsprinzip des Rubinlasers

Durch kräftiges Aufblitzen der Xenonlampe werden die Ionen im Rubinkristall angeregt. Danach gehen sehr viele Ionen strahlungsfrei vom Energiezustand E_3 in den Energiezustand E_2 über. Geeignete Photonen rufen die induzierte Emission hervor. Bedingt durch die verspiegelten Enden werden die Photonen zwischen den Stirnflächen des Rubinstabes hin- und herreflektiert. Ein Teil der Photonen verlässt dabei ständig den Resonator durch den teildurchlässigen Spiegel.

Eigenschaften der Laserstrahlung

Laserstrahlung ist nahezu parallel (Divergenz z. B. 0,06°), monochromatisch (einfarbig), besitzt eine hohe Leucht- und damit Energiedichte, ist kohärent.

↗ Kohärenz, S. 271

Kernphysik

ELEMENTARTEILCHEN

Elementarteilchen

Kleinste bisher bekannte Bausteine der Materie, die sich mit den gegenwärtig zur Verfügung stehenden Energien nicht in einfachere Gebilde zerlegen lassen. Man kennt heute mehr als 200 Elementarteilchen, die in die Gruppen der Leptonen, der Quarks und der Feldquanten (Wechselwirkungsteilchen) eingeteilt werden.

Eigenschaften von Elementarteilchen

Ladung	Elementarteilchen sind entweder elektrisch positiv oder negativ geladen bzw. elektrisch neutral.
Masse	Elementarteilchen haben eine bestimmte Ruhmasse, die zwischen null und einem Vielfachen (mehreren Tausend) der Masse des Elektrons liegt.
Magnetisches Moment	Viele Elementarteilchen zeigen in starken Magnetfeldern eine magnetische Wechselwirkung. Sie haben ein magnetisches Moment.
Existenz von Antiteilchen	Zu jedem Elementarteilchen existiert ein Antiteilchen. Teilchen und Antiteilchen haben gleiche Massen, gleichen Spin aber entgegengesetzte Ladung. ■ Antiteilchen des Elektrons e^- ist das Positron e^+.
Zerstrahlung (Paarvernichtung)	Tritt ein Teilchen der Ruhmasse m_0 mit seinem zugeordneten Antiteilchen in eine Wechselwirkung, dann zerstrahlen sie unter Freisetzung der Energie $2\,m_0 \cdot c^2$. (↗ S. 292)

Quarks

Elementarteilchen, die fast die gesamte Ruhmasse der stabilen Materie enthalten. Sie können nicht isoliert beobachtet werden. Ihre Ladungen sind keine ganzzahligen Vielfachen der Elementarladung e. Protonen und Neutronen setzen sich aus Quarks zusammen und zählen daher nicht zu den Elementarteilchen.

■ Proton: u + u + d Ladung: $+\frac{2}{3}e + \frac{2}{3}e - \frac{1}{3}e = e^+$

Neutron: u + d + d Ladung: $+\frac{2}{3}e - \frac{1}{3}e - \frac{1}{3}e = 0$

Proton
d
u
u
Quark

8

Eigenschaften der Quarks

Name*	Symbol	Effekt. Masse in 10^{-27} kg	Elektr. Ladung	Magn. Moment in 10^{-27} Am^2	Mittl. Lebensdauer in s
Up	u	0,598	+2/3	+9,53	∞ (?)
Down	d	0,602	−1/3	−4,77	∞ (?)
Strange	s	0,98	−1/3	−3,10	ca. $3 \cdot 10^{-10}$
Charme	c	3,2	+2/3	0	ca. $5 \cdot 10^{-13}$
Botton	b	8	−1/3	0	ca. $5 \cdot 10^{-14}$
Top	t	($\geq$ 70)	(+2/3)	0	

* Zu jedem dieser Quarkteilchen gibt es ein Antiteilchen.

Leptonen

Gruppe der leichtesten Elementarteilchen. Sie unterliegen den starken Wechselwirkungen (Wechselwirkungen im Kernfeld).

Name*	Symbol	Effekt. Masse in 10^{-30} kg	Elektr. Ladung	Magn. Moment in 10^{-27} Am^2
Elektron	e^-	0,910 9	−1	−9285
Myon	μ^-	188,4	−1	−44,88
Tauon	τ^-	3 200	−1	ca. −2,7
Elektron-Neutrino	ν_e	0 (?)	0	0
Myon-Neutrino	ν_μ	0 (?)	0	0
Tauon-Neutrino	ν_τ	0 (?)	0	0

*Zu jedem Lepton gibt es ein Antilepton.

Feldquanten

Gruppe der Elementarteilchen, die die Wechselwirkungen zwischen Leptonen und Quarks sowie zwischen diesen Teilchen untereinander vermitteln. Da es vier verschiedene Wechselwirkungen gibt, unterscheidet man auch vier verschiedene Feldquantenarten: Feldquanten der starken, der schwachen und der elektromagnetischen Wechselwirkung sowie der Gravitation.

Eigenschaften der Feldquanten

Name	Symbol	Ruhemasse in 10^{-27} kg	Elektr. Ladung (e_0)	Vermittelte Wechselwirkung
Graviton (noch nicht entdeckt)	(Γ)	0 (?)	0	Gravitation
Photon	γ	0	0	Elektromagnetische Wechselwirkung
Gluon (9 verschiedene Gluonenteilchen sind bekannt.)	G	0	0	Starke Wechselwirkung zwischen den Quarks
Plus-Weon	W^*	144	+1	Schwache Wechselwirkung zwischen den Quarks
Minus-Weon	W^-	144	–1	
Zeton	Z^0	163	0	

Nachweis der Elementarteilchen

Nachweisgeräte für Elementarteilchen (↗ Nachweisgeräte für Kernstrahlung, S. 327)				
Kernspurplatte (Fotoplatte)	Zählrohr	Nebelkammer	Blasenkammer	Szintillationszähler

Teilchenbeschleuniger

Anlagen, in denen elektrisch geladene Teilchen im Vakuum mittels elektrischer bzw. magnetischer Felder auf sehr hohe Geschwindigkeiten beschleunigt werden.

Linearbeschleuniger. Anlage zur Beschleunigung geladener Teilchen durch elektrostatische Felder. Bei hohen Energien werden die Teilchen durch hochfrequente elektrische Wechselfelder beschleunigt. Die geladenen Teilchen durchlaufen nacheinander mehrere Röhren. Ein negativ geladenes Teilchen wird beim Übergang von einem Rohr (–) zum nächsten (+) beschleunigt. Die Länge der Rohre wird den jeweils erreichten Geschwindigkeiten angepasst.

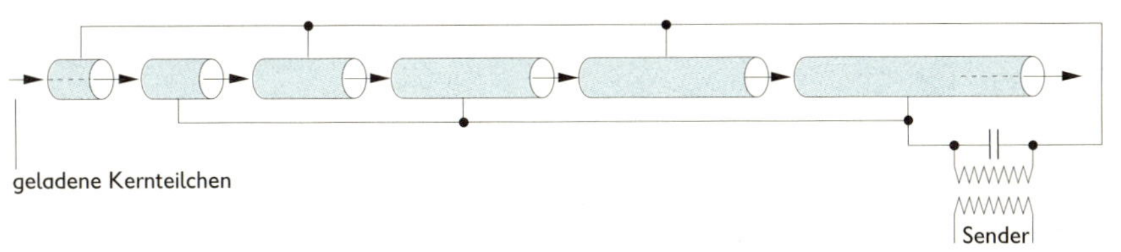

Schema eines Linearbeschleunigers

Zyklotron. Im Zentrum des Zyklotrons befindet sich eine Ionenquelle. In Kreisbeschleunigern zwingt die Lorentzkraft eines starken Magnetfeldes die geladenen Teilchen auf eine Kreisbahn: $r = (m \cdot v)/(q \cdot B)$. Zwischen den D-förmigen Elektroden erfolgt jeweils eine Beschleunigung mithilfe einer Wechselspannung geeigneter Frequenz. Die Teilchen durchlaufen die Beschleunigungsstrecke mehrmals und gewinnen Energie. Mit zunehmender Geschwindigkeit vergrößert sich der Radius der Kreisbahn.

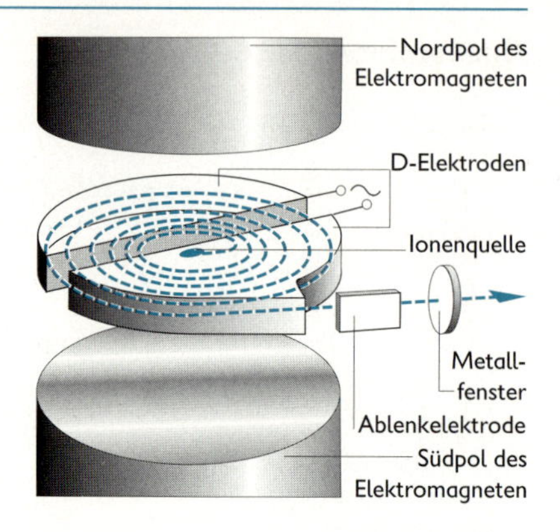

Synchrotron. Die geladenen Teilchen werden durch elektrische und magnetische Felder auf einer Kreisbahn mit konstantem Radius gehalten. Elektronische Rechen- und Steuerungsanlagen passen diese Felder an die vorliegende Teilchengeschwindigkeit an.

ATOMKERN

Atomkern

Innerer Teil des Atoms, ist positiv geladen und vereinigt in sich fast die gesamte Masse des Atoms. Er hat einen Durchmesser der Größenordnung 10^{-15} m. Alle Atomkerne sind aus Nukleonen aufgebaut.

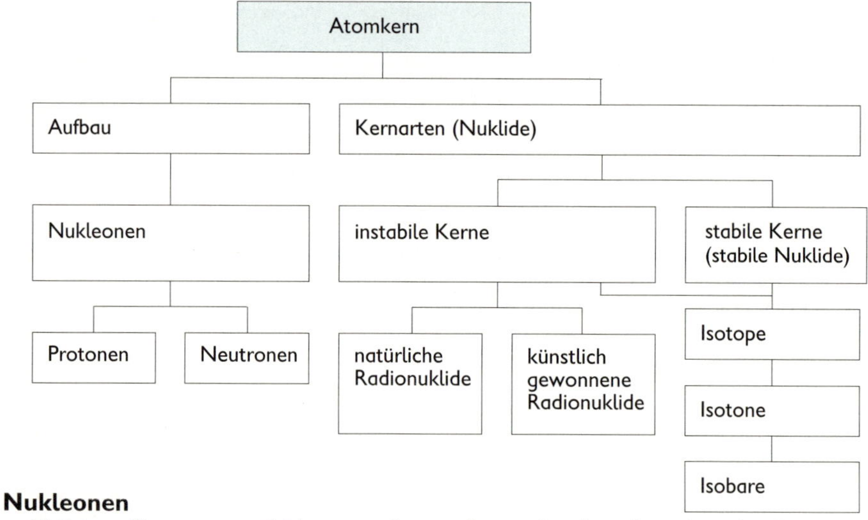

Nukleonen

Teilchen (Protonen und Neutronen), aus denen der Atomkern besteht. Die Nukleonen werden durch Kernkräfte zusammengehalten.

↗ Kernkräfte, S. 322

Ordnungszahl Z

Zahl, mit der die Reihenfolge der Elemente im Periodensystem gekennzeichnet wird. Für das elektrisch neutrale Atom gilt:

Ordnungszahl = Kernladungszahl = Protonenanzahl = Elektronenanzahl

Kernladungszahl Z

Anzahl der Protonen im Atomkern.

Kernladungszahl = Protonenanzahl = Ordnungszahl

Massenzahl A

Anzahl der Nukleonen eines Atomkerns. Die Massenzahl A entspricht der aufgerundeten relativen Atommasse A_r.

$A = Z + N$

Z Kernladungszahl
N Neutronenanzahl

Symbolschreibweise

Kennzeichnet den Atombau eines elektrisch neutralen Atoms.

${}^{A}_{Z}$Symbol des Elements

A Massenzahl
Z Kernladungszahl

■ ${}^{7}_{3}Li$ — Massenzahl $A = 7$
Protonenanzahl $Z = 3$
Neutronenanzahl $N = A - Z = 4$

Absolute Atommasse m_A

Masse eines Atoms eines bestimmten Elements.

■ Wasserstoff (${}^{1}_{1}H$) $m_A = 1{,}67 \cdot 10^{-27}$ kg

Kohlenstoff (${}^{12}_{6}C$) $m_A = 19{,}9 \cdot 10^{-27}$ kg

Sauerstoff (${}^{16}_{8}O$) $m_A = 26{,}6 \cdot 10^{-27}$ kg

Atomare Masseneinheit u

Zwölfter Teil der Masse des Kohlenstoffnuklids ${}^{12}_{6}C$.

$$1\ \text{u} = \frac{1}{12} m_A ({}^{12}_{6}\text{C})$$

$$1\ \text{u} = 1{,}660\,566 \cdot 10^{-27}\ \text{kg}$$

$$1\ \text{kg} = 6{,}023\,091 \cdot 10^{26}\ \text{u}$$

8

Relative Atommasse A_r

Quotient aus der Masse eines Atoms eines Elements und dem zwölften Teil der Atommasse des Kohlenstoffisotops $^{12}_{6}C$.

$$A_r = \frac{m_A}{u}$$

A_r relative Atommasse
m_A absolute Atommasse
u atomare Atommasse

Wasserstoff: $A_r = 1{,}00783$ Kohlenstoff: $A_r = 12{,}00000$ Sauerstoff: $A_r = 15{,}99492$
Von den meisten Elementen sind Isotope bekannt.
↗ Isotope, S. 320

- Chlor besteht zu 75,53% aus Atomen des Isotops $^{35}_{17}Cl$ mit $A_r = 34{,}968851$ und zu 24,47% aus Atomen des Isotops $^{37}_{17}Cl$ mit $A_r = 36{,}965898$.
  Relative Atommasse des Chlors:
  $A_r = 34{,}968851 \cdot 0{,}7553 + 36{,}965898 \cdot 0{,}2447 = 35{,}4575$

Nuklid

Bezeichnung für eine Atomkernart, die eindeutig durch die Massenzahl *A* und die Kernladungszahl *Z* gekennzeichnet ist.

Isotop

Bezeichnung für Atomkernarten eines chemischen Elements mit gleicher Protonenanzahl *Z*, aber unterschiedlicher Neutronenanzahl *N* und damit unterschiedlicher Massenzahl *A*. Isotope weisen gleiche chemische, aber unterschiedliche physikalische Eigenschaften auf (z. B. Kernmasse, Wärmeleitfähigkeit, Diffusionsgeschwindigkeit).

8

Beispiele für Nuklide bzw. Isotope

Element	Natürliche Nuklide bzw. Isotope	*A*	*Z*	*N* = *A* – *Z*	Häufigkeit in %	Relative Atommasse
Uran	$^{238}_{92}U$	238	92	146	99,274	
	$^{235}_{92}U$	235	92	143	0,72	238,0508
	$^{234}_{92}U$	234	92	142	0,006	
Chlor	$^{37}_{17}Cl$	37	17	20	24,47	35,4575
	$^{35}_{17}Cl$	35	17	18	75,53	
Gold	$^{197}_{79}Au$	197	79	118	100	196,9666

Isotopentrennung

Verfahren zur Trennung bzw. Anreicherung eines Gemisches von Nukliden mit gleicher Protonenanzahl auf der Grundlage unterschiedlicher physikalischer Eigenschaften (z. B. Kernmasse, Wärmeleitfähigkeit, Diffusionsgeschwindigkeit).

Massenspektrographische Isotopentrennung

Verfahren zur genauen Massebestimmung von Nukliden und zur Trennung von Isotopen eines chemischen Elements im gasförmigen und ionisierten Zustand mit dem Massenspektrographen. Dabei wird die unterschiedlich starke Ablenkung von Ionen unterschiedlicher Masse in elektrischen und magnetischen Feldern angewendet.

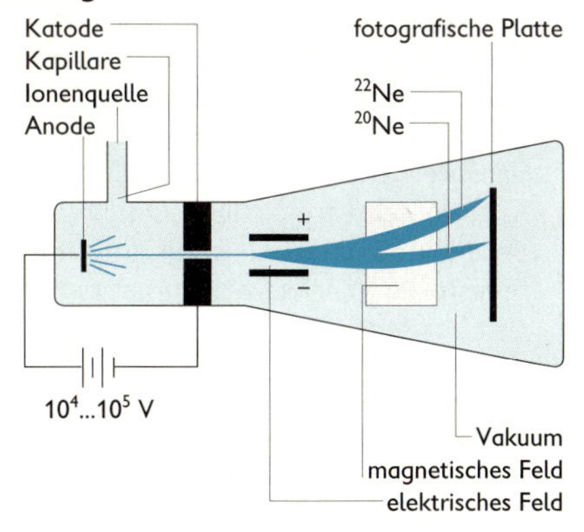

Schematische Darstellung eines Massenspektrographen

Potentialtopfmodell

Atomkernmodell zur Beschreibung der potentiellen Energie der Nukleonen. Die Tiefe des Topfes ist ein Maß für die potentielle Energie der Nukleonen. Folgende Erkenntnisse werden veranschaulicht:

- Freie Nukleonen haben eine höhere potentielle Energie als gebundene.
- Nukleonen nehmen im Atomkern diskrete Energiezustände ein.
- Jeder Energiezustand kann höchstens von zwei Teilchen besetzt sein.

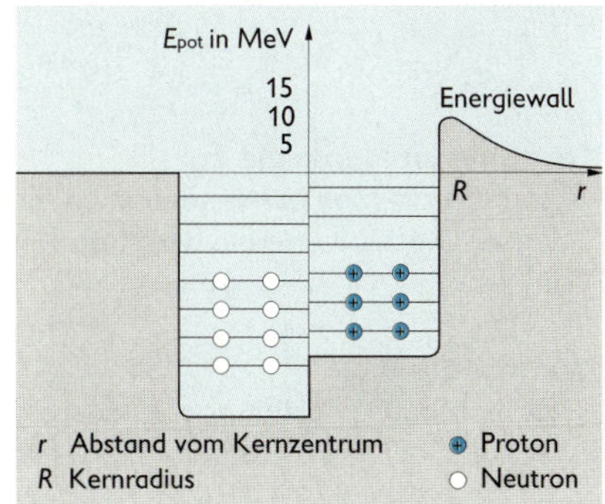

Tunneleffekt

Mikrophysikalische Erscheinung, bei der Teilchen aus einem Atomkern austreten, obwohl deren kinetische Energie kleiner als die Energie zur Überwindung des Potentialwalls ist.

- Experimentell stellte man fest, dass die Energie der α-Teilchen unter 10 MeV liegt. Ein α-Teilchen könnte nach klassischer Vorstellung den begrenzenden Potentialwall nur verlassen, wenn seine Energie größer als 25 MeV wäre. Es muss also den Potentialwall „durchtunneln“.

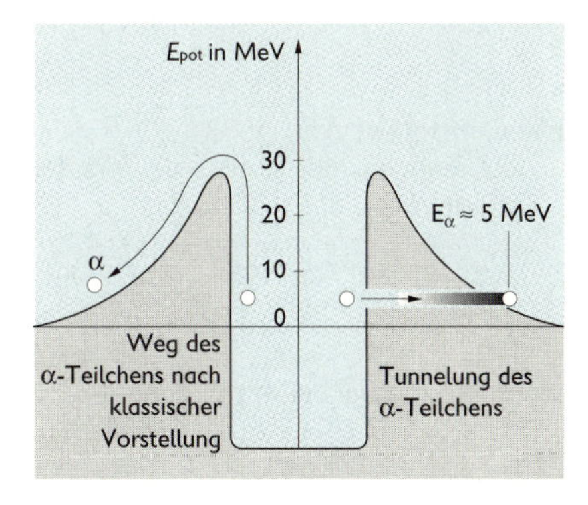

Tröpfchenmodell

Kernmodell zur Beschreibung des Atomkerns. Er wird als Ansammlung dicht aneinander gebundener, starrer und kugelförmiger Nukleonen betrachtet. In seinem Verhalten ist er mit einem Flüssigkeitstropfen vergleichbar. Das Volumen der Nukleonen ist gleich groß. Es bestehen starke Wechselwirkungen zwischen den Nukleonen.

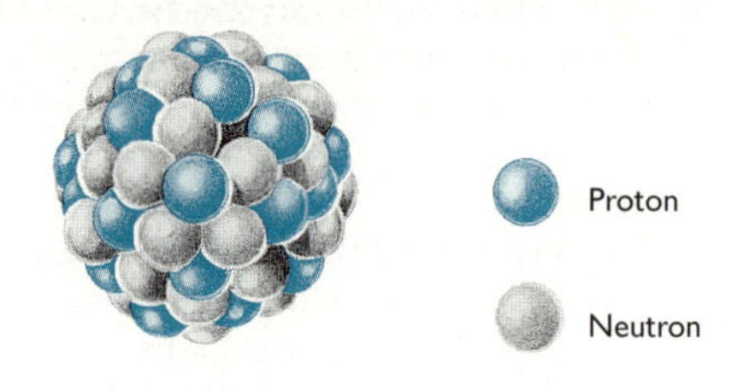

Tröpfchenmodell eines Atomkerns

Kernkräfte

Außerordentlich große, nur zwischen benachbarten Nukleonen wirkende Kräfte von geringer Reichweite ($R \approx 10^{-15}$ m). Sie bewirken die starke Bindung der Nukleonen im Kern und unterscheiden sich grundsätzlich von elektrostatischen und Gravitationskräften: $F_{\text{Kern}} : F_{\text{Gravitation}} = 1 : 10^{-40}$.

Kernradius R

Radius eines Atomkerns.

$$R = R_0 \cdot \sqrt[3]{A}$$

A Massenzahl
$R_0 = 1{,}4 \cdot 10^{-15}$ m

Kernbindungsenergie E_B

Energie, die man aufwenden muss, um den Atomkern in einzelne Nukleonen zu zerlegen. Dieselbe Energie wird frei, wenn sich der Kern aus den einzelnen Nukleonen bildet.

8

Kernmasse m_{0K}

Experimentell bestimmbare Masse eines Atomkerns. Die Masse eines Atomkerns ist stets kleiner als die Summe der Massen seiner Bausteine. (↗ Massendefekt)

$$m_{0K} < Z \cdot m_{0p} + N \cdot m_{0n}$$

Z Protonenanzahl
m_{0p} Masse eines Protons
N Neutronenanzahl
m_{0n} Masse eines Neutrons

Massendefekt Δm_0

Differenz aus der Summe der Massen aller Nukleonen eines Atomkerns und seiner Masse m_{0K}.

$$\Delta m_{0K} = (Z \cdot m_{0p} + N \cdot m_{0n}) - m_{0K}$$

m_{0K} Kernmasse

- Massendefekt bei der Bildung des Heliumkernes ^4_2He
  $m_{0p} = 1{,}00728$ u, $m_{0n} = 1{,}00867$ u, $m_{0He} = 4{,}00260$ u
  $\Delta m_{0He} = (2 \cdot 1{,}00728\text{ u} + 2 \cdot 1{,}00867\text{ u}) - 4{,}00260\text{ u} = 0{,}0293\text{ u}$

Der Betrag der frei werdenden Energie E_B ist ein Maß für die Stabilität (Umwandelbarkeit) des gebildeten Kerns. Sie entspricht der dem Massendefekt Δm_0 äquivalenten Energie. ↗ Äquivalenz von Masse und Energie, S. 292

$$E_B = \Delta m_0 \cdot c^2$$
$$E_B = [(Z \cdot m_{0p} + N \cdot m_{0n}) - m_{0K}] \cdot c^2$$

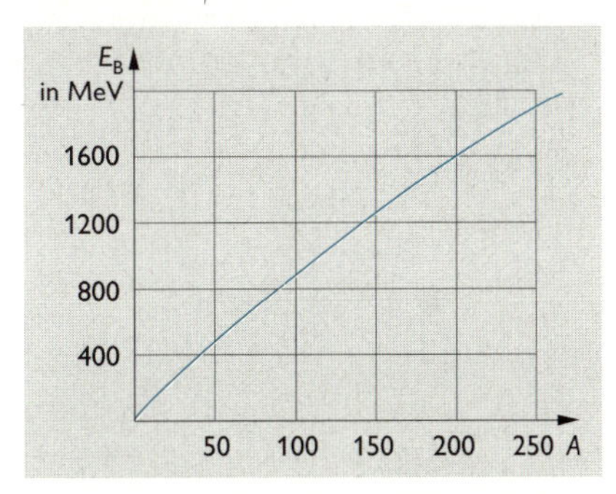

Δm_0 Kernmassendefekt
c Lichtgeschwindigkeit
m_{0K} Kernmasse
m_{0p} Masse des Protons
m_{0n} Masse des Neutrons
Z Protonenanzahl
N Neutronenanzahl

Dem Massendefekt 1 u ist die Energie 931,50 MeV ≈ $1{,}5 \cdot 10^{-10}$ J äquivalent.

Kernbindungsenergie je Nukleon

Quotient aus der Kernbindungsenergie E_B und der Massenzahl. Sie ist bei mittelschweren Atomkernen (Eisen) am größten. Daher wird sowohl beim Aufbau mittelschwerer Atomkerne aus leichten (Kernfusion) als auch bei der Spaltung schwerer Atomkerne Energie frei.

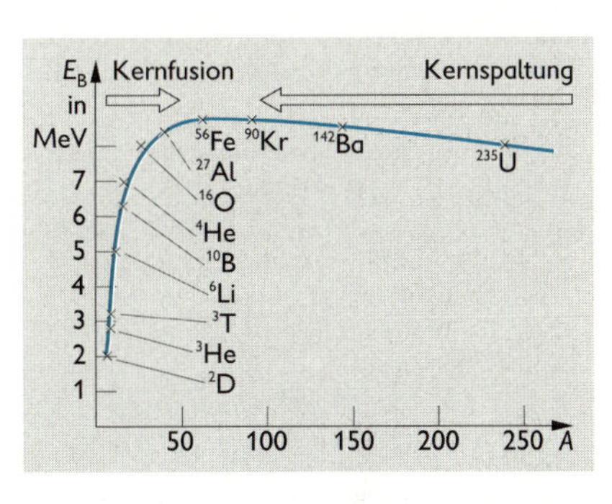

Aufbau einiger Atomkerne

Teilchen/ Nuklid	Symbol	Massenzahl A	Protonenanzahl Z	Neutronenanzahl N	Kern-, Teilchenmasse m_{0K}	Schreibweise
Proton	p	1	1	0	1,00728 u	$^1_1$p
Neutron	n	1	0	1	1,00867 u	$^1_0$n
Helium	He	4	2	2	4,00260 u	$^4_2$He
Lithium	Li	7	3	4	7,01601 u	$^7_3$Li
Beryllium	Be	9	4	5	9,01218 u	$^9_4$Be
Stickstoff	N	14	7	7	14,00307 u	$^{14}_7$N
Natrium	Na	23	11	12	22,98977 u	$^{23}_{11}$Na
Radium	Ra	226	88	138	226,02544 u	$^{226}_{88}$Ra
Uran	U	238	92	146	238,05081 u	$^{238}_{92}$U

8

Kernumwandlung

Vorgang, bei dem sich ein Atomkern als Folge eines Spontanzerfalls, einer Kernspaltung, einer Kernfusion oder als Folge des Auftreffens von Elementarteilchen bzw. α-Teilchen auf einen Atomkern (Kernreaktion) verändert.

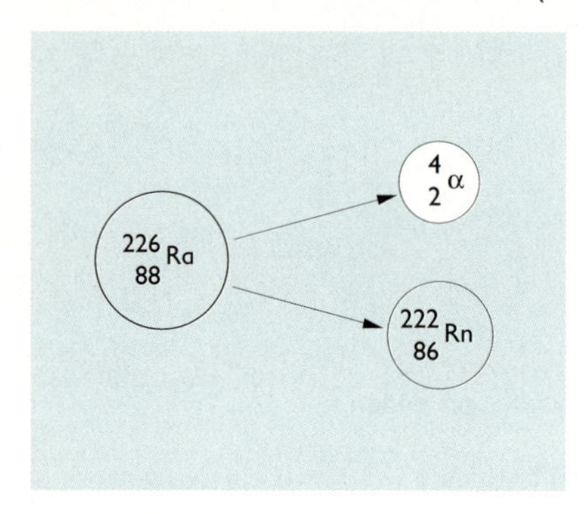

Spontanzerfall
natürliche Radioaktivität

Kernumwandlungen
zur Gewinnung von instabilen Atomkernen und Kernbrennstoffen (Kernreaktion)

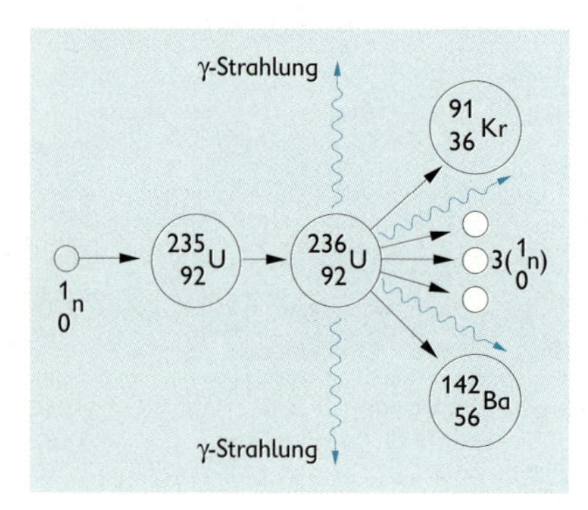

Kernspaltung
Zerlegung schwerer Atomkerne in leichtere mit gleichzeitiger Kernenergiefreisetzung

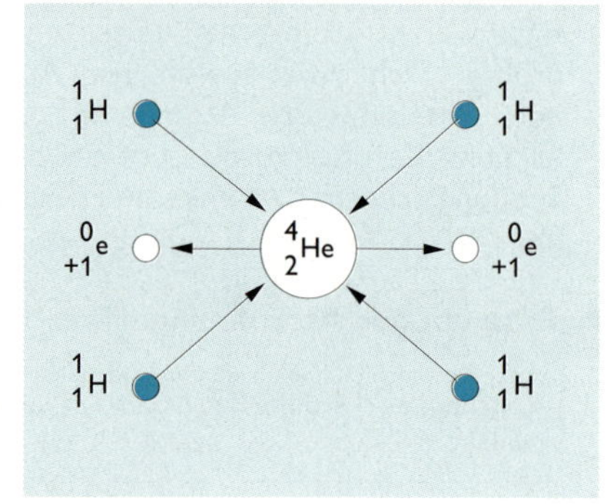

Kernfusion
Verschmelzung leichter Atomkerne zu schweren mit gleichzeitiger Kernenergiefreisetzung

Stabile Atomkerne (stabile Nuklide)

Atomkerne, die sich nicht spontan umwandeln. Sie werden maßgeblich von der Anzahl der Nukleonen, dem Protonen-Neutronen-Verhältnis und dem Betrag der Kernbindungsenergie je Nukleon bestimmt.
Zur Zeit sind etwa 270 stabile Nuklide bekannt.

Instabile Atomkerne (Radionuklide)

Atomkerne, die so lange ohne äußeren Anlass und unabhängig von mechanischer, thermischer oder anderer Beeinflussung durch Energieabgabe in Form von radioaktiver Strahlung mehr oder weniger schnell zerfallen, bis ein stabiler Atomkern erreicht ist. Zur Zeit sind etwa 1 300 Radionuklide bekannt.

Natürliche Radionuklide. In der Natur vorkommende instabile Atomkerne.

Künstliche Radionuklide. Instabile Atomkerne, die durch künstliche Kernreaktionen entstehen.
↗ Kernreaktionen, S. 329

Radioaktive Zerfallsreihen (radioaktive Familien)
Zuordnung der im natürlichen Uran oder Thorium vorkommenden Radionuklide zu einzelnen Folgen radioaktiver Zerfallsprodukte, die infolge des Spontanzerfalls (↗ S. 325) entstehen.
Es gibt drei natürliche radioaktive Zerfallsreihen, die mit bestimmten langlebigen Nukliden beginnen und mit stabilen Bleiisotopen enden.

Zerfallsreihe	Ausgangsnuklid	Endnuklid
Uran-Radium	$^{238}_{92}U$	$^{206}_{82}Pb$
Uran-Aktinium	$^{235}_{92}U$	$^{207}_{82}Pb$
Thorium	$^{232}_{90}Th$	$^{208}_{82}Pb$

Außerhalb dieser Zerfallsreihen kommen in der Natur noch weitere Radionuklide vor, die besonders große Halbwertszeiten besitzen.

Radionuklid	Zerfallsart	Halbwertszeit	Radionuklid	Zerfallsart	Halbwertszeit
$^{40}_{19}K$	β^-	$1{,}28 \cdot 10^9$ a	$^{180}_{73}Ta$	β^+	$2 \cdot 10^{13}$ a
$^{87}_{37}Rb$	β^-	$5 \cdot 10^{10}$ a	$^{187}_{75}Re$	β^-	$5 \cdot 10^{10}$ a
$^{115}_{49}In$	β^-	$6 \cdot 10^{14}$ a	$^{190}_{78}Pt$	α	$6 \cdot 10^{11}$ a
$^{142}_{58}Ce$	α	$5 \cdot 10^{15}$ a	$^{204}_{82}Pb$	α	$1{,}4 \cdot 10^{17}$ a
$^{144}_{69}Nd$	α	$5 \cdot 10^{15}$ a	$^{209}_{83}Bi$	α	$2 \cdot 10^{17}$ a

Spontanzerfall
Vorgang, bei dem sich instabile Atomkerne ohne äußere Beeinflussung von selbst in andere Atomkerne umwandeln. Dabei wird Kernstrahlung emittiert. Man bezeichnet diese Eigenschaft der Atomkerne als Radioaktivität.

Zerfallsgesetz

Für den einzelnen Atomkern kann nicht vorausgesagt werden, ob er in einem bestimmten Zeitraum zerfallen wird. Wann und ob ein bestimmter Atomkern zerfällt, ist zufällig.
Für eine große Anzahl von Atomen gilt ein statistisches Gesetz, das Zerfallsgesetz.
↗ statistisches Gesetz, S. 27

$$N(t) = N_0 \cdot e^{-\lambda t}$$

- N_0 Anzahl der zu Beginn des Zeitabschnittes t vorhandenen instabilen Nuklide
- $N(t)$ Anzahl der nach Ablauf der Zeit t noch nicht zerfallenen Nuklide
- λ für das Nuklid charakteristische Zerfallskonstante
- e Basis der natürlichen Logarithmusfunktion (Euler'sche Zahl e = 2,718 28)

Halbwertszeit $T_{1/2}$

Zeit, in der sich die Hälfte der ursprünglich vorhandenen Atome eines Radionuklids umwandelt (zerfällt).

$$T_{1/2} = \frac{\ln 2}{\lambda} = \frac{0{,}693}{\lambda}$$

- λ für das Nuklid charakteristische Zerfallskonstante

Nuklid	Halbwertszeit	Nuklid	Halbwertszeit
$^{234}_{92}U$	$2{,}52 \cdot 10^5$ a	$^{218}_{84}Po$	2,05 min
$^{226}_{88}Ra$	$1{,}622 \cdot 10^3$ a	$^{214}_{82}Pb$	26,8 min
$^{222}_{86}Rn$	3,825 d	$^{214}_{84}Po$	$1{,}6 \cdot 10^{-4}$ s

Kernstrahlung (Radioaktive Strahlung)

Bei der Umwandlung von instabilen Atomkernen auftretende charakteristische Strahlung. Man unterscheidet Alpha-, Beta- und Gammastrahlung.

Alphastrahlung

Kernstrahlungsart instabiler Atomkerne, die aus α-Teilchen besteht. α-Teilchen sind Heliumkerne, die zwei Protonen und zwei Neutronen enthalten. Bei der Emission von α-Teilchen wandeln sich Atomkerne in andere Atomkerne mit einer um 2 kleineren Kernladungszahl und einer um 4 kleineren Massenzahl um.

$$^{A}_{Z}\bigcirc \longrightarrow {}^{A-4}_{Z-2}\bigcirc + \bullet\ ^{4}_{2}He$$

Emission von Heliumkernen

■ $^{226}_{88}Ra \longrightarrow {}^{222}_{86}Rn + {}^{4}_{2}\alpha$

226 = 222 + 4
88 = 86 + 2

β^--Strahlung

Kernstrahlungsart instabiler Atomkerne, die aus Elektronen besteht. Die Elektronen entstehen im Atomkern durch Umwandlung eines Nukleons (Neutrons). Bei der Emission von β^--Strahlung wandeln sich Atomkerne in andere Atomkerne mit einer um 1 größeren Kernladungszahl um.

$${}^{A}_{Z}\bigcirc \longrightarrow {}^{A}_{Z+1}\bigcirc + \ominus\ {}^{0}_{-1}e$$

Emission von Elektronen

■ $^{214}_{82}Pb \longrightarrow {}^{214}_{83}Bi + {}^{0}_{-1}e$

$^{1}_{0}n \longrightarrow {}^{1}_{1}p + {}^{0}_{-1}e + \overline{\nu}_e$

β^+-Strahlung

Kernstrahlungsart instabiler Atomkerne, die aus Positronen besteht. Die Positronen entstehen im Atomkern durch Umwandlung eines Nukleons (Protrons). Bei der Emission von β^+-Strahlung wandeln sich Atomkerne in andere Atomkerne mit einer um 1 kleineren Kernladungszahl um.

$${}^{A}_{Z}\bigcirc \longrightarrow {}^{A}_{Z-1}\bigcirc + \oplus\ {}^{0}_{+1}e$$

Emission von Positronen

■ $^{30}_{15}P \longrightarrow {}^{30}_{14}Si + {}^{0}_{+1}e$

$^{1}_{1}p \longrightarrow {}^{1}_{0}n + {}^{0}_{-1}e + \nu_e$

Gammastrahlung

Energiereiche elektromagnetische Strahlung angeregter, instabiler Atomkerne. Sie tritt meist im Zusammenhang mit der Emission von α- oder β-Strahlung auf. Dabei findet keine Stoffumwandlung statt.

■ $^{208}_{82}Pb^* \longrightarrow {}^{208}_{82}Pb + \gamma$

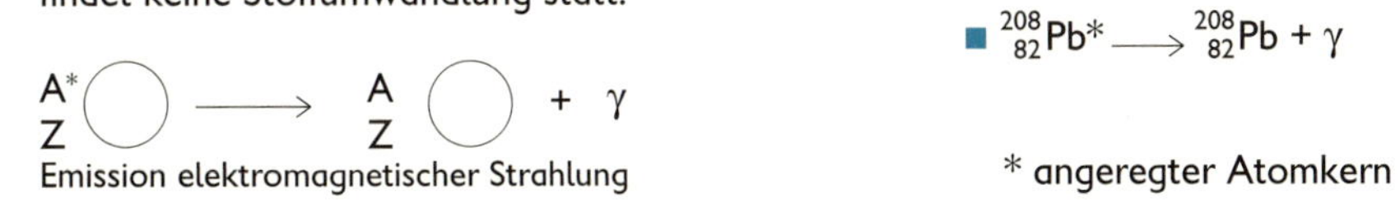

Emission elektromagnetischer Strahlung

* angeregter Atomkern

Nachweisgeräte für Kernstrahlung

Nebelkammer

Gerät zum Sichtbarmachen der Spuren elektrisch geladener Teilchen. In einem abgeschlossenen, zylinderförmigen Gefäß wird staubfreie Luft durch Wasserdampf und Ethanol nahezu gesättigt. Durch rasche adiabatische Ausdehnung (5) wird die Luft so weit abgekühlt, dass der Raum mit Dampf übersättigt ist. Eindringende geladene Teilchen einer α-Strahlungsquelle (4) ionisieren das Gas längs ihrer Spur. An den ionisierten Gasatomen (Kondensationskeime) setzen sich feine Wassertröpfchen (3) ab, die bei geeigneter Beleuchtung (1) beobachtet (2) und auch fotografiert werden können.

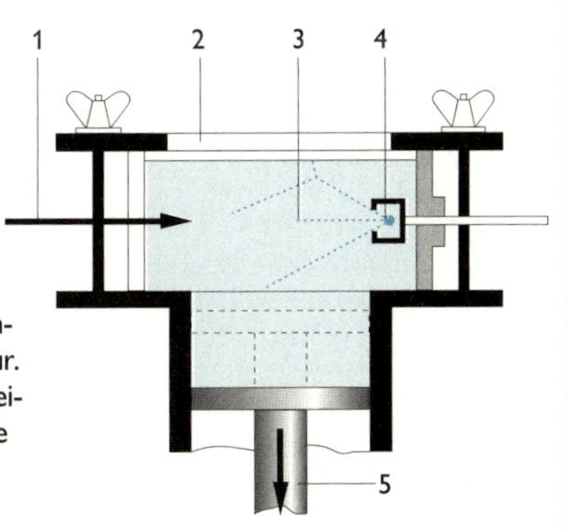

Szintillationszähler
Detektor zum Nachweis von Elementarteilchen und Quanten der Kernstrahlung und zur Bestimmung ihrer Energie.
Er besteht aus einem Szintillator (1) und einem Sekundärelektronenvervielfacher. Trifft zum Beispiel ein Elementarteilchen auf den Szintillator (Leuchtstoffträger), so erzeugt es dort einen Lichtblitz, der über einen Lichtleiter (2) zur Fotokatode (3) gelangt und dort Elektronen auslöst. Diese werden durch eine angelegte Spannung nach K_1 hin beschleunigt und lösen dort Sekundärelektronen aus, die wiederum nach K_2 beschleunigt werden. So wird die Elektronenanzahl von Stufe zu Stufe größer.

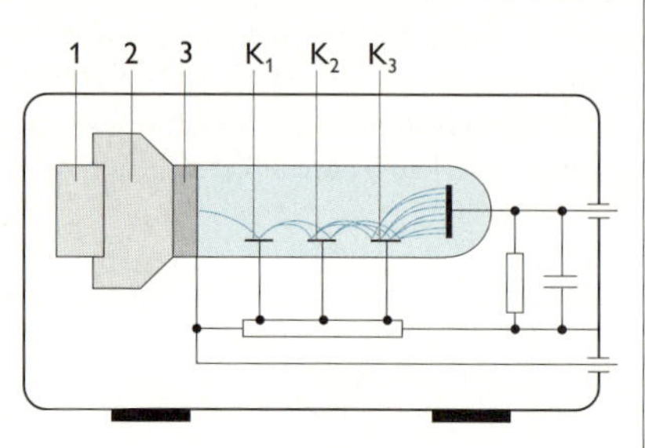

Zählrohr
Eindringende Elementarteilchen (1) ionisieren eine bestimmte Anzahl von Atomen des Füllgases. Die durch Ionisation entstandenen Elektronen und Ionen (2) werden im elektrischen Feld beschleunigt. Insbesondere die Elektronen stoßen mit weiteren Gasatomen zusammen und ionisieren diese (↗ Stoßionisation, S. 243). Sie lösen damit eine Ladungsträgerlawine aus, die im Zählrohr einen Stromstoß erzeugt. Dieser führt zu einem Spannungsstoß am Widerstand (3), der durch den Verstärker als knackendes Geräusch hörbar gemacht oder zu einem Zählgerät geleitet werden kann. Der ionisierte Zustand im Zählrohr verhindert ein weiteres Registrieren radioaktiver Strahlung (Totzeit etwa 10^{-4} s). Durch die Ausbildung einer positiven Raumladungswolke, die von den positiven Ionen gebildet wird, verringert sich die Feldstärke zwischen Zählrohrmantel und Anode, sodass die Ionenbildung erlischt. Dieser Löschprozess wird durch Halogengas unterstützt, das Elektronen einfängt.

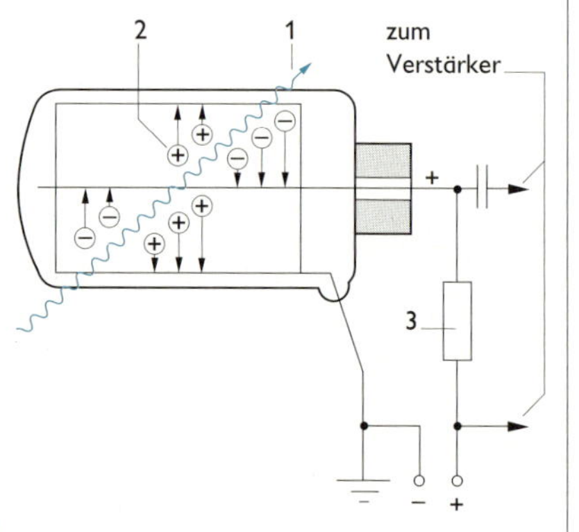

Kernspurplatte
Fotoplatte, die gegenüber üblichen fotografischen Schichten eine größere Schichtdicke, einen hohen Bromsilbergehalt und ein extrem feines Korn hat.
Schnell bewegte geladene Teilchen hinterlassen beim Durchdringen der fotografischen Schicht Spuren, die beim Entwickeln der Platte sichtbar werden.

Eigenschaften der Kernstrahlung

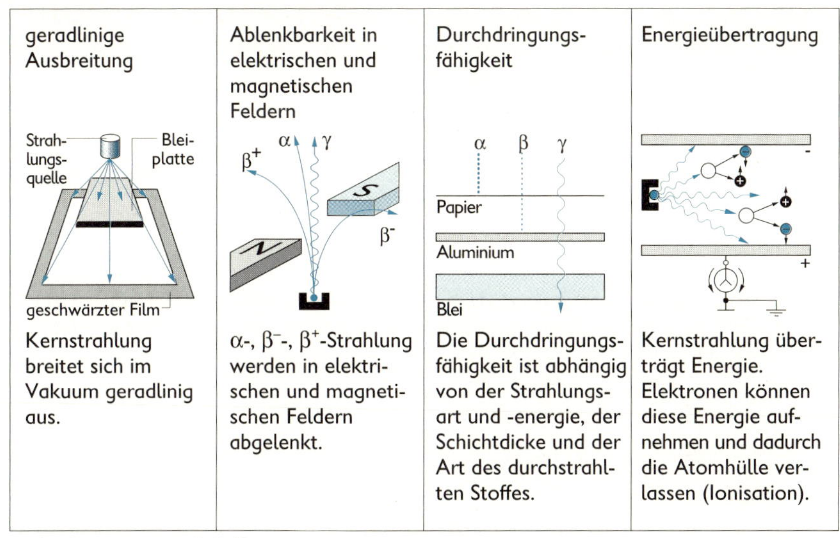

geradlinige Ausbreitung	Ablenkbarkeit in elektrischen und magnetischen Feldern	Durchdringungsfähigkeit	Energieübertragung
Kernstrahlung breitet sich im Vakuum geradlinig aus.	α-, β^--, β^+-Strahlung werden in elektrischen und magnetischen Feldern abgelenkt.	Die Durchdringungsfähigkeit ist abhängig von der Strahlungsart und -energie, der Schichtdicke und der Art des durchstrahlten Stoffes.	Kernstrahlung überträgt Energie. Elektronen können diese Energie aufnehmen und dadurch die Atomhülle verlassen (Ionisation).

↗ Stoßionisation, S. 243

Wirkungen der Kernstrahlung

Physikalische, chemische oder biologische Veränderungen in den bestrahlten Stoffen infolge der Energieübertragung durch Kernstrahlung.

Bestrahlte Objekte	Wirkungen
Gase, Halbleiter	Leitfähigkeitserhöhung durch Freisetzung von wanderungsfähigen Ladungsträgern
fotografische Schicht	Schwärzung (chemische Veränderung)
Leuchtstoffe	Anregung zur Fluoreszenz
lebende Organismen von schnell wachsenden Zellen	Zerstörung von lebenden, insbesondere von schnell wachsenden Zellen, Bildung von Ionen und Radikalen

8

Kernreaktion (künstliche Kernumwandlung)

Umwandlung eines Atomkernes, die durch Stoß entweder mit einem anderen Atomkern oder einem Elementarteilchen bzw. Gammaquant erfolgt. Es entsteht ein instabiler, angeregter Zwischenkern. Dieser zerfällt spontan unter Emission von Teilchen oder Gammastrahlung in einen stabilen Atomkern.

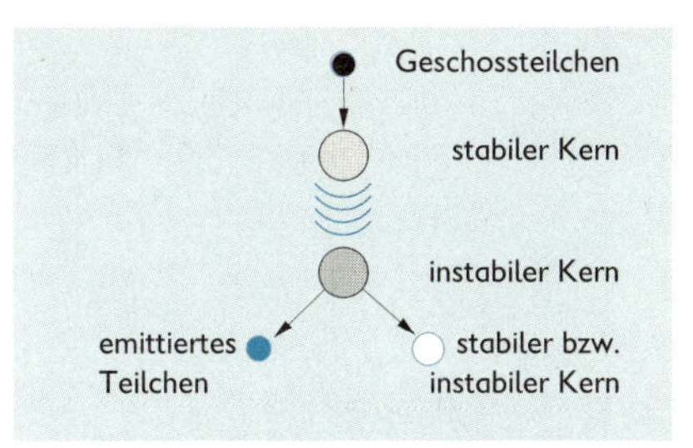

Herstellung radioaktiver Nuklide. Die entsprechenden Stoffe bringt man in dafür vorgesehene Kanäle eines Kernreaktors, wo sie mit Neutronen bestrahlt werden. Die Neutronen dringen in die Atomkerne der Stoffe ein und bilden durch Kernumwandlungen instabile Atomkerne.

- $^{59}_{27}Co + ^{1}_{0}n \longrightarrow ^{60}_{27}Co$ $\qquad 59 + 1 = 60$; $27 + 0 = 27$

Cobalt-60 ist radioaktiv und zerfällt unter Aussendung von β^--Strahlung und Gammastrahlung in Nickel-60. Die Halbwertzeit beträgt 5,24 a.

- $^{60}_{27}Co \longrightarrow ^{60}_{28}Ni + ^{0}_{-1}e + \gamma$ $\qquad 60 = 60 + 0$; $27 = 28 + (-1)$

Herstellung von Kernbrennstoff. Für den Betrieb von Kernkraftwerken ist Plutonium-239 von großer Bedeutung. Es wird durch Beschuss von in der Natur vorkommendem Uranium-238 mit Neutronen gewonnen.

- $^{238}_{92}U + ^{1}_{0}n \longrightarrow ^{239}_{93}Np + ^{0}_{-1}e$
  $\quad \longrightarrow ^{239}_{94}Pu + ^{0}_{-1}e$

Kernspaltung

Kernumwandlung, bei der ein schwerer Atomkern nach Aufnahme eines Neutrons in einen instabilen Atomkern übergeht. Dieser instabile Kern zerfällt anschließend in zwei Bruchstücke annähernd gleicher Größe und zwei bis drei Neutronen. Dabei wird Kernenergie freigesetzt, die in Form der Bewegungsenergie der Spaltprodukte und der Neutronen sowie als γ-Strahlung auftritt.

$$^{235}_{92}U + ^{1}_{0}n \longrightarrow ^{236}_{92}U^* \longrightarrow ^{143}_{56}Ba^* + ^{90}_{36}Kr^* + 3(^{1}_{0}n) + \Delta E \quad \text{(freiwerdende Energie)}$$

(* bedeutet instabiler Atomkern)

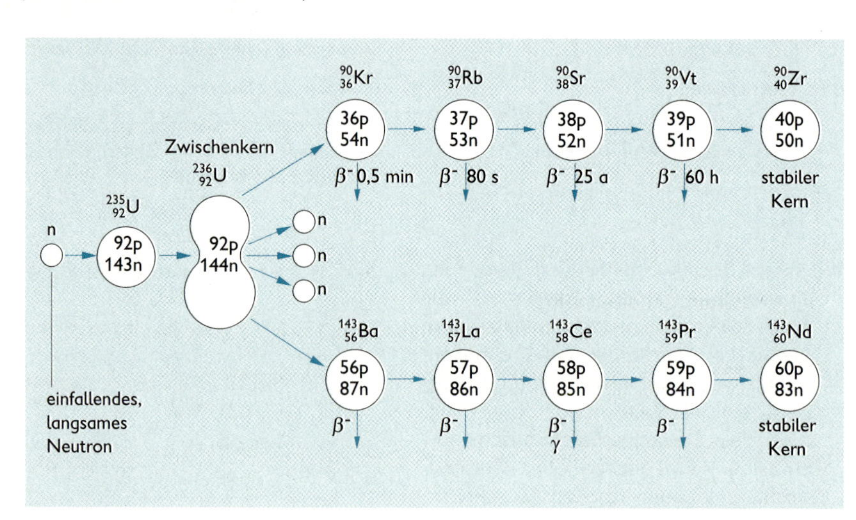

Energiebilanz bei einer Kernspaltung

$^{235}_{92}U + ^{1}_{0}n \longrightarrow ^{143}_{56}Ba^* + ^{90}_{36}Kr^* + 3(^{1}_{0}n) + \Delta E$	
vor der Kernspaltung	nach der Kernspaltung
$^{235}_{92}U$: $m_0 = 235{,}0437$ u	$^{143}_{56}Ba$: $m_0 = 142{,}9200$ u
$^{1}_{0}n$: $m_0 = 1{,}0087$ u	$^{90}_{36}Kr$: $m_0 = 89{,}9043$ u
	$3\,(^{1}_{0}n)$: 3,0261 u
$\Delta m_0 = 236{,}0524$ u $- 235{,}8504$ u $\Delta m_0 = 0{,}2020$ u	$\Delta E = 0{,}20$ u $\cdot$ 931,50 MeV $\cdot$ u^{-1} $\Delta E \approx 188$ MeV

Zusammensetzung der je Spaltung freiwerdenden Energie in MeV	
während der Kernspaltung	während des Zerfalls
Spaltstücke $E_{kin} \approx$ 160 MeV Neutron $E_{kin} \approx$ 4 MeV γ-Strahlung $E_\gamma \approx$ 5 MeV 169 MeV	Elektronen $E_{kin} \approx$ 7 MeV γ-Strahlung $E_\gamma \approx$ 5 MeV Neutrinos $E_n \approx$ 7 MeV 19 MeV
Die Kernspaltung verläuft exotherm. Die freiwerdende Energie tritt als Wärme auf.	

Bei vollständiger Spaltung von etwa 1 kg $^{235}_{92}U$ tritt ein Massendefekt von $\Delta m_0 = 1$ g auf, der einem Energiewert von etwa $25 \cdot 10^6$ kW · h entspricht. Das ist gleich der elektrischen Energie, die 100 000 Haushalte einer Großstadt für eine Zeit von zwei bis drei Monaten benötigen.

8

Kettenreaktion

Physikalischer Vorgang, bei dem die Bedingungen für den fortdauernden Ablauf immer wieder neu entstehen. Der Prozess läuft so lange von selbst ab, bis der reagierende Stoff aufgebraucht ist.

Gesteuerte Kettenreaktion

Kernspaltungsprozess, bei dem die Anzahl der die Spaltung fortsetzenden Neutronen konstant gehalten wird.

Bedingungen für das Zustandekommen einer gesteuerten Kernkettenreaktion sind:

1. *Geeigneter Kernbrennstoff* ist erforderlich, d. h., der Brennstoff muss spaltbare Nuklide enthalten, in ihm muss eine Kettenreaktion ablaufen können.
2. Eine bestimmte *Mindestmasse* an spaltbarer Substanz (kritische Masse) muss vorhanden sein. Mithilfe von Reflektoren lässt sich die Anzahl derjenigen Neutronen verringern, die wirkungslos aus dem Material entweichen. So kann die kritische Masse reduziert werden.

3. *Bremssubstanzen* (Moderatoren) zum Abbremsen der schnellen Neutronen auf die für die Kernspaltung günstige Geschwindigkeit sind erforderlich.
4. Es müssen stets mehr Neutronen bei einer Spaltung frei werden, als zur Spaltung geführt haben.
5. *Steuer- und Regelstäbe*, die in der Lage sind, Neutronen zu absorbieren (Bor- und Kadmium) werden benötigt.

Ungesteuerte Kettenreaktion

Kernspaltungsprozess, bei dem die Anzahl der die Spaltung fortsetzenden Neutronen und der gespaltenen Atomkerne lawinenartig ansteigt.
Bedingungen für eine ungesteuerte Kettenreaktion:

1. Vorhandensein einer bestimmten Mindestmasse (kritische Masse) spaltbaren Materials, (z. B. $^{235}_{92}U$, $^{238}_{92}U$, $^{239}_{94}Pu$) damit die Neutronen nicht wirkungslos nach außen entweichen.

2. Die freiwerdenden Neutronen müssen zum Auslösen einer neuen Spaltung eine bestimmte kinetische Energie besitzen.

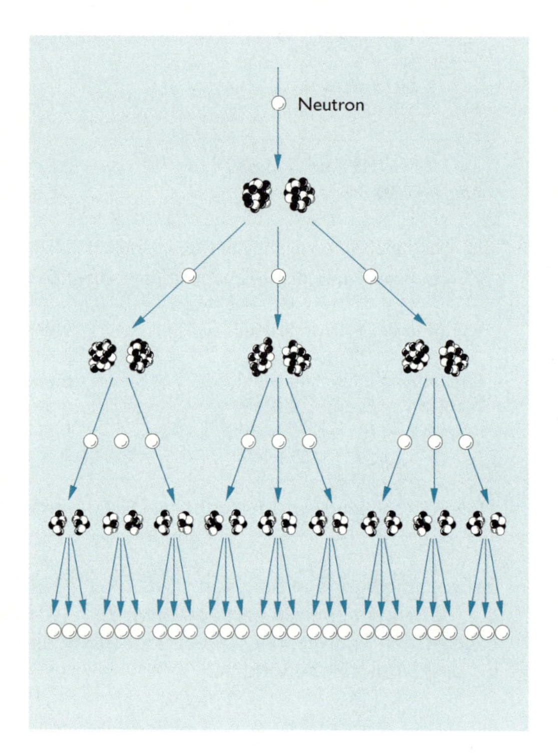

Kernfusion

Vorgang, bei dem leichte Atomkerne, vorzugsweise Wasserstoffkerne, zu schwereren vereinigt (verschmolzen) werden. Die Kernfusion ist eine exotherme Kernreaktion, die nur bei sehr hohen Temperaturen ($T > 10^6$ K) und geeigneter Teilchendichte abläuft.

Grundreaktionen:

$^{2}_{1}D + ^{3}_{1}T \longrightarrow ^{1}_{0}n + ^{4}_{2}He + 16{,}8\ \text{MeV}$

$^{2}_{1}D + ^{2}_{1}D \longrightarrow ^{1}_{1}p + ^{3}_{1}T + 4{,}0\ \text{MeV}$

$^{2}_{1}D + ^{3}_{2}He \longrightarrow ^{1}_{1}p + ^{4}_{2}He + 18{,}3\ \text{MeV}$

freiwerdende Energie, bezogen auf den Einzelprozess

- Energiefreisetzungsprozesse auf der Sonne
  Die Fusion des Wasserstoffes zu Helium stellt einen wesentlichen Teil der Sonnenenergie bereit. Häufig vollzieht sich dabei eine Proton-Proton-Reaktion. Sie findet bei Reaktionen oberhalb von 10^6 K statt. Dabei laufen folgende Teilschritte ab:

$$ {}^1_1H + {}^1_1H \longrightarrow {}^2_1H + e^+ + \nu + 2{,}30 \cdot 10^{-13}\,J $$
$$ {}^2_1H + {}^1_1H \longrightarrow {}^3_1H + 8{,}87 \cdot 10^{-13}\,J $$
$$ {}^3_1H + {}^3_1H \longrightarrow {}^4_1H + {}^1_1H + 20{,}56 \cdot 10^{-13}\,J $$

Bei der Umwandlung von 1 g Wasserstoff ($6 \cdot 10^{23}$ Protonen) werden $6{,}3 \cdot 10^{11}$ J = 630 000 MJ frei.

Energiebilanz bei einer Kernfusionsreaktion

${}^2_1D + {}^3_1T \longrightarrow {}^4_2He + {}^1_0n + \Delta E$	
vor der Fusion	nach der Fusion
${}^3_1T$: $m_{0T} = 3{,}0161$ u	${}^4_2He$: $m_{0He} = 4{,}0026$ u
${}^2_1D$: $m_{0D} = 2{,}0141$ u	${}^1_0n$: $m_{0n} = 1{,}0087$ u
$\Delta m_0 = 5{,}0302$ u $- 5{,}0113$ u $\Delta m_0 = 0{,}0189$ u	$\Delta E = 0{,}0189\,u \cdot 931{,}50$ MeV $\cdot$ u^{-1} $\Delta E \approx 17{,}6$ MeV
Die Kernfusionsreaktion verläuft exotherm. Die freiwerdende Energie tritt als Wärme auf.	

VERFAHREN UND TECHNISCHE ANLAGEN

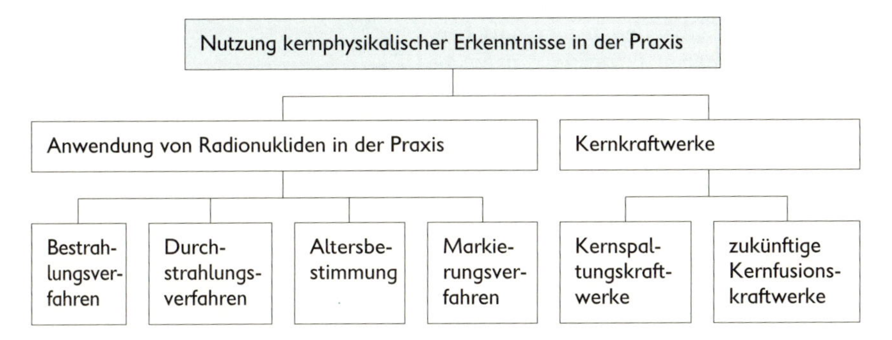

Bestrahlungsverfahren

Die von instabilen Atomkernen ausgesandte Kernstrahlung kann bei ihrer Absorption in Stoffen chemische, physikalische und biologische Veränderungen bewirken.

Anwendungsbeispiele	Objekte der Bestrahlung	Ergebnis der Bestrahlung
Industrie	Kunststoffe	Veredlung (z. B. Erhöhung der Festigkeit und der Temperaturbeständigkeit)
Medizin	Instrumente, Arzneimittel, Verbandstoffe, schnell wachsende Zellen	Sterilisation von Instrumenten, Medikamenten und Verbandstoffen; Geschwulstbekämpfung
Nahrungsmittelindustrie	Fleisch, Fisch, Früchte, Gemüse	Sterilisation von Lebensmitteln
Landwirtschaft	Kartoffeln, Zwiebeln	Keimhemmung, Erhöhung der Lagerfähigkeit

Durchstrahlungsverfahren

Dient der zerstörungsfreien Materialprüfung von Werkstoffen und Werkstücken sowie der berührungslosen Dickenmessung.

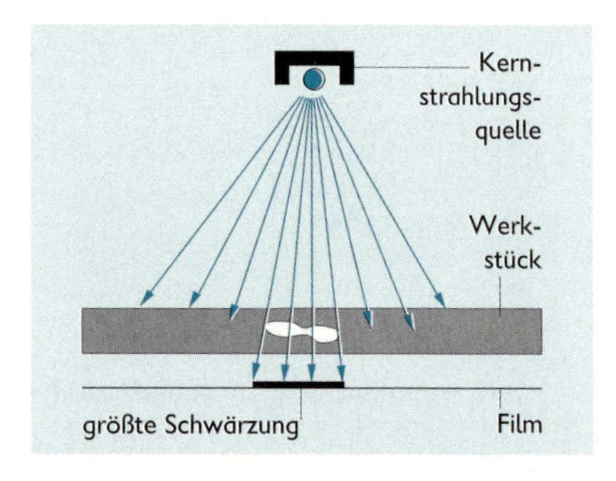

Markierungsverfahren

Dient bei chemischen, technologischen und biologischen Prozessen zur Sichtbarmachung des Weges gasförmiger, flüssiger oder fester Stoffe, die durch Radionuklide markiert sind.

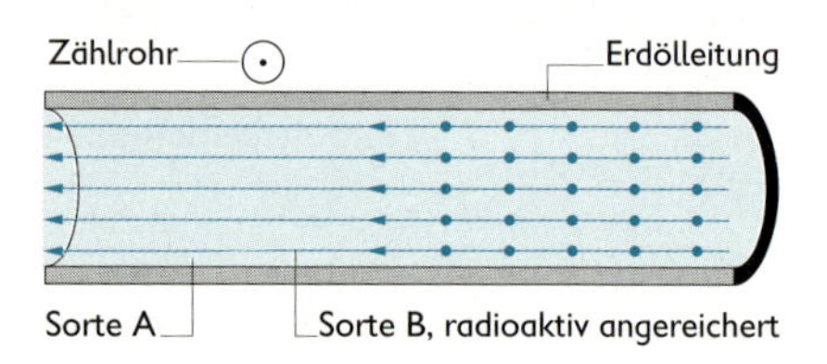

Anwendungsgebiete	markierte Objekte	Ziel der Markierung
Industrie	Maschinenteile, Flüssigkeiten	Verschleißuntersuchung von besonders beanspruchten Maschinenteilen, Schmiermittelumlauf, Dichtheitsprüfung, Strömungsmessung
Medizin, Biologie, Landwirtschaft	Pharmaka, chemische Verbindungen	Untersuchungen von Stoffwechsel-, Transport-, Ausscheidungsvorgängen, Mischungsmessungen

Physikalische Altersbestimmung

Abschätzen des Alters von Mineralien, Gesteinen und anderen, hinreichend alten Stoffen aufgrund der natürlichen Radioaktivität bestimmter, in ihnen enthaltener chemischer Stoffe mithilfe der Halbwertszeit (↗ Spontanzerfall, S. 325).

Bleimethode. Methode zur Datierung von Mineralien und Gesteinen. Die Atomkerne der Nuklide Th-232, U-235 und U-238 sind instabil und zerfallen in die stabilen Atomkerne der Bleiisotope Pb-208, Pb-207 und Pb-206. Man bestimmt das Alter von uranhaltigen bzw. thoriumhaltigen Gesteinen aus dem Konzentrationsverhältnis von Uran zu Blei und der Halbwertszeit des radioaktiven Stoffes.

Kohlenstoff-14-Methode (Radiokarbonmethode). Methode zur Datierung archäologischer Funde biologischen Ursprungs, deren Alter zwischen 1 000 und 30 000 Jahren liegt. Die Unsicherheit beträgt etwa 5% der Halbwertszeit von ${}^{14}_{6}C$ ($T_{1/2}$ = 5 370 a).
In der Atmosphäre wird radioaktiver Kohlenstoff (${}^{14}_{6}C$) durch Beschuss von Stickstoff mit Neutronen der kosmischen Strahlung gebildet.
Es stellt sich ein Gleichgewicht zwischen der Anzahl der zerfallenen und der gebildeten Atomkerne ${}^{14}_{6}C$ in der Atmosphäre ein.
Radioaktiver Kohlenstoff ${}^{14}_{6}C$ reagiert mit Luftsauerstoff zu Kohlenstoffdioxid. Alle Pflanzen nehmen durch Assimilation neben Kohlenstoff (${}^{12}_{6}C$) ständig auch eine bestimmte Menge radioaktiven Kohlenstoff (${}^{14}_{6}C$) auf. Infolge der pflanzlichen Ernährung gelangen die Atomkerne ${}^{14}_{6}C$ auch in den tierischen und menschlichen Körper.
Es stellt sich im lebenden Organismus das gleiche Verhältnis von ${}^{14}_{6}C$ zu ${}^{12}_{6}C$ ein wie in der Atmosphäre. In 1 g Kohlenstoff finden 16 Umwandlungen (Zerfälle) von C-14-Atomen in einer Minute statt. Stirbt das Lebewesen, so sinkt der C-14-Gehalt nach dem Zerfallsgesetz. Misst man in 1 g Kohlenstoff eines Gegenstandes noch 10 Zerfälle je Minute, so beträgt sein Alter:

$$t = \ln\left(\frac{N_0}{N(t)}\right) \cdot \frac{T_{1/2}}{\ln 2} = \ln\left(\frac{16}{10}\right) \cdot \frac{T_{1/2}}{\ln 2} = 3\,640 \text{ a}$$

Kernreaktor

Anlage, in der eine gesteuerte Kettenreaktion der Kernspaltung ablaufen kann.
Die Kernenergie erscheint zunächst als kinetische Energie der entstehenden Spaltprodukte. Diese werden im umgebenden Material abgebremst. Die dabei entstehende Wärme wird über einen Kühlmittelkreislauf abgeführt und zur Elektroenergieerzeugung genutzt.
↗ Kernspaltung, S.330; Kettenreaktion, S. 331

Reaktorsicherheit. Verschiedene Maßnahmen und Einrichtungen zur Gewährleistung der Sicherheit der Umwelt und des Reaktors. Dazu zählen Einrichtungen der Regelungstechnik, des Havarieschutzes und des Strahlenschutzes. Dadurch wird die radioaktive Strahlung so geregelt, dass im Reaktor keine unzulässig hohe Erwärmung eintritt. Der Austritt radioaktiver Strahlung wird stark geschwächt.
Um Auswirkungen bei einem Unfall gering zu halten, werden u. a. ein Sicherheitseinschluss, Notkühl- und Sprühsysteme eingebaut.

Verwendung von Kernreaktoren

Leistungsreaktor zur Gewinnung wirtschaftlich verwertbarer Energien
Forschungsreaktor
- als Neutronenquelle für Forschungszwecke
- zur Erzeugung von Radionukliden
- zum Studium der Reaktorphysik

Brutreaktor zur Erzeugung spaltbaren Materials (↗ S. 337)

Druckwasserreaktor

Anlage, in der schwach angereichertes Uran als Brennstoff dient, das sich in dünnen Hüllen aus Stahl befindet, um zu verhindern, dass radioaktive Spaltprodukte in den Kreislauf geraten.
Diese Brennstoffstäbe werden in einen Druckwasserbehälter gehängt. Das Wasser wird als Moderator und als Wärmeableiter genutzt. Genügend hoher Druck sorgt dafür, dass es nicht zum Sieden kommt. Die Steuerung erfolgt durch Regelstäbe.

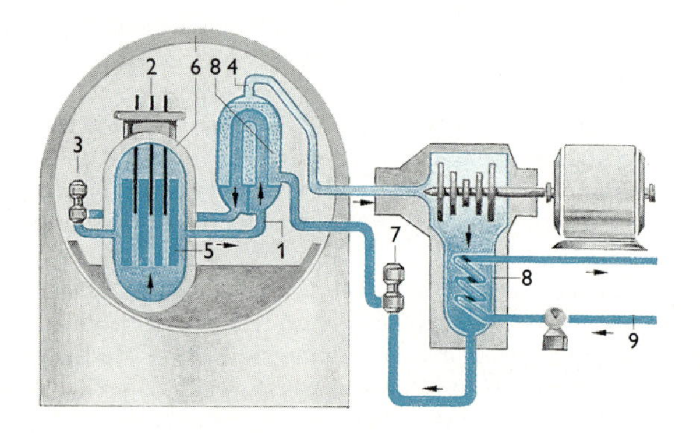

Schema
eines Druckwasserreaktors
1 - Wasser
2 - Regelstäbe
3 - Druckerzeuger
4 - Wasserdampf
5 - Uranstäbe
6 - Strahlenschutz
7 - Pumpe
8 - Wärmeaustauscher
9 - Kühlwasser

Siedewasserreaktor

Anlage, bei der das Wasser an der Oberfläche der Uranstäbe zum Sieden kommt. Die gewonnene Energie wird mit dem Wasserdampf über einen Wärmeaustauscher einer Turbine zugeführt. Das Wasser ist gleichzeitig Moderator und Wärmeableiter.

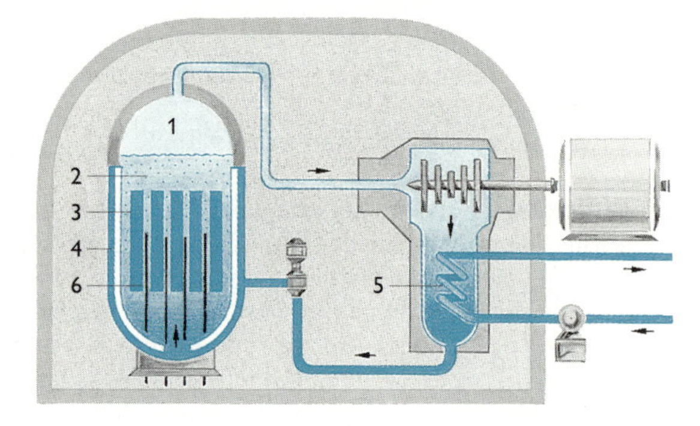

Schema
eines Siedewasserreaktors
1 - Wasserdampf
2 - Wasser
3 - Uranstäbe
4 - Strahlenschutz
5 - Wärmeaustauscher
6 - Regelstäbe

Brutreaktor

Anlage, deren Zentrum die Spaltzone bildet, die das spaltbare Material (Uran-235, Plutonium-239) enthält. Hier entstehen durch Kernspaltung Wärme und die zum Brüten erforderlichen schnellen Neutronen, die in die Brutzone dringen. Dort wandeln sie U-238 und Th-232 in die spaltbaren Materialien Pu-239 und U-233 um. Die entsprechenden Brutprodukte müssen in gewissen Abständen aus dem Reaktor entfernt und aufbereitet werden.
Da der Brutreaktor mit schnellen Neutronen arbeitet, ist ein Moderator nicht erforderlich. Als Kühlmittel verwendet man flüssiges Natrium, um die Neutronen nicht zu stark zu bremsen.

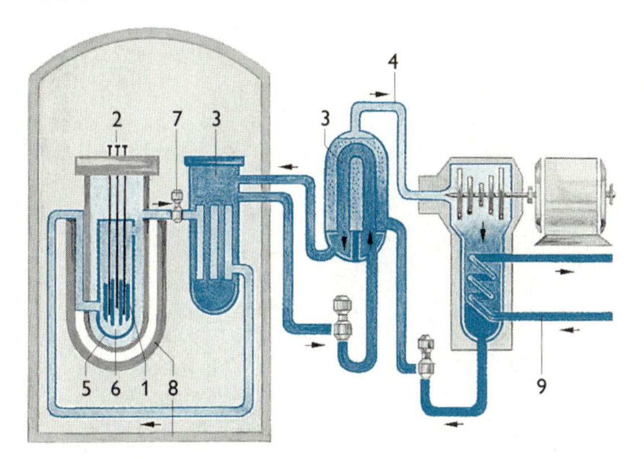

Schema
eines schnellen Brutreaktors
1 – Brutzone mit Brutelementen
2 – Regelstäbe
3 – Wärmeaustauscher
4 – Wasserdampf
5 – Graphitreflektor
6 – Spaltzone
7 – Pumpe für Flüssigmetall-Kreislauf
8 – Strahlenschutz
9 – Kühlwasser

Kernkraftwerk

Anlage zur industriellen Umwandlung von Kernenergie in Elektroenergie. Die Umwandlung in Elektroenergie erfolgt ähnlich wie in einem konventionellen Kraftwerk. An die Stelle des kohle- oder ölgeheizten Kessels tritt der Kernreaktor als Wärmequelle. Die im Kernreaktor erzeugte thermische Energie wird durch den Kühlkreislauf abgeführt und produziert in einem Wärmeaustauscher (Dampferzeuger) Dampf, dessen Energie in Turbogeneratoren in Elektroenergie umgewandelt wird.

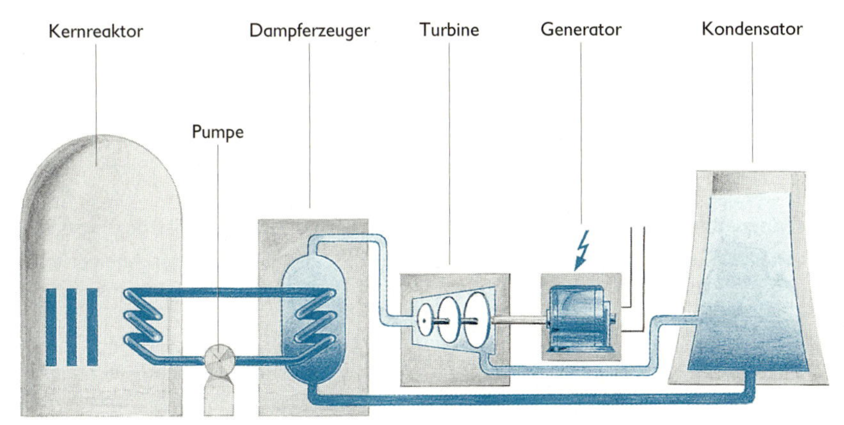

Kernfusionsreaktor

Anlage, in der eine gesteuerte Kernfusion erfolgen soll. Folgende Probleme sind dafür zu lösen:

- Bereitstellung geeigneter Brennstoffe (z. B. Deuterium, Tritium)
- Aufheizung der Ausgangsstoffe, um den Deuteriumkernen die zur Fusion notwendige kinetische Energie zu erteilen. Erfolg versprechend erscheint zur Zeit die Aufheizung und Kompression des Plasmas durch Laserstrahlungsimpulse.
- Realisierung einer relativ hohen Teilchenzahldichte (10^{14} cm^{-3}), damit ausreichend viele Zusammenstöße der Kerne in der Zeiteinheit stattfinden können
- Völlige Isolierung des Plasmas von den Gefäßwänden, z. B. durch starke Magnetfelder
- Abschirmung der intensiven Neutronenstrahlung

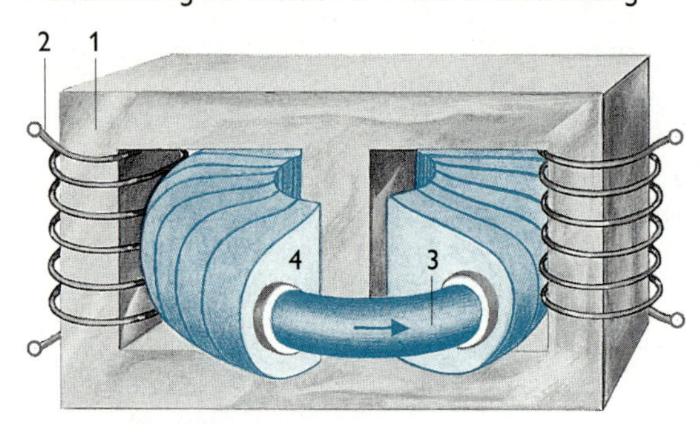

Ringförmige Plasmaversuchsanlage nach dem Tokamak-Prinzip für Untersuchungen zur Kernfusion
1 – Transformator
2 – Hauptfeldspule
3 – Plasma
4 – Vakuumgefäß

Einheiten der radioaktiven Strahlung

Aktivität *A*. Die Aktivität *A* eines Körpers ist der Quotient aus der Anzahl ΔN der Kernzerfälle und der Zeit Δt. Die SI-Einheit der Aktivität ist Bq (Becquerel). Es gilt:

$$A = \frac{\Delta N}{\Delta t} \qquad 1\,\text{Bq} = \frac{1\ \text{Kernumwandlung}}{1\ \text{Sekunde}}$$

Energiedosis *D*. Die Energiedosis *D* ist der Quotient aus der von einer radioaktiven Strahlung abgegebenen Energie *E* und der Masse *m* des Körpers, der die Energie aufnimmt. Die SI-Einheit der Energiedosis ist Gy (Gray). Es gilt:

$$D = \frac{E}{m} \qquad 1\,\text{Gy} = 1\,\frac{\text{J}}{\text{kg}}$$

Äquivalentdosis D_q: Die Äquivalentdosis D_q einer Strahlung ist das Produkt aus der Energiedosis *D* mit einem Qualitätsfaktor *Q*. Die SI-Einheit der Äquivalentdosis ist Sv (Sievert). Es gilt:

$$D_q = Q \cdot D \qquad 1\,\text{Sv} = 1\,\frac{\text{J}}{\text{kg}}$$

Der Qualitätsfaktor Q ist ein Erfahrungswert. Man hat festgelegt:

für α-Strahlung:	$Q_\alpha = 20{,}0$	für Röntgenstrahlung:	$Q_R = 1{,}0$
für β-Strahlung:	$Q_\beta = 1{,}0$	für langsame Neutronen:	$Q_n = 2{,}3$
für γ-Strahlung:	$Q_\gamma = 1{,}0$	für schnelle Neutronen:	$Q_n = 10{,}0$

Strahlenschutz

Mögliche Schädigung des Organismus	Schutzmaßnahme	Physikalische Begründung
Einwirkung radioaktiver Strahlung von außen Gefahr Radioaktive Strahlung	– möglichst großen Abstand zur Strahlenquelle halten – Strahlenschutzschichten verwenden – bei radioaktiver Gefahr Schutzraum aufsuchen – Dauer der Einwirkung der Strahlung beschränken – auf größte Sauberkeit beim Umgang mit radioaktiven Nukliden achten	– begrenzte Reichweite und begrenztes Durchdringungsvermögen radioaktiver Strahlen – Stoffabhängigkeit des Durchdringungsvermögens radioaktiver Strahlen – Ionisierungsvermögen – Kontaminierung
Inkorporation	– durch Atem- und Körperschutzmittel verhindern, dass radioaktive Substanz in den Körper gelangt – Nahrung mit Messgeräten kontrollieren	– Absorption des radioaktiven Staubes – Ionisierungsvermögen

Radioaktive Kontamination

Unerwünschte Verteilung radioaktiver Substanzen über Räume, Menschen, Tiere, Pflanzen, Gegenstände in der Luft, in Wasser und in Lebensmitteln derart, dass sie gesundheitsgefährdend werden. Die radioaktive Kontamination kann z. B. als Folge von Kernwaffenversuchen oder Reaktorunfällen oder durch unsachgemäßen Umgang mit radioaktiven Präparaten entstehen.

Strahlungsbelastung und Strahlenschäden

Kurzzeitige Belastung	Strahlenschäden
250 bis 500 mSv	Veränderungen im Blutbild, Schäden der Embryos
1 000 mSv	akute Gefahr für Gesundheit, beginnende Strahlenkrankheit
2 000 mSv	Strahlenkrankheit, Hautschäden, ca. 10% Todesfälle
3 000 mSv	Blutungen, schwere Veränderungen im Blutbild, ca. 20% Todesfälle
4 000 mSv	schwere Entzündungen, 50% Todesfälle innerhalb von 5 Wochen
ab 8 000 mSv	mehr als 80% Todesfälle
	Zusätzlich sind Spätschäden (Krebs und Erbschäden) möglich.

Zeit	3000 v. Chr. bis 2000 v. Chr	2000 v. Chr. bis 1000 v. Chr.
Schlaglichter aus der Physikgeschichte	**3000 v. Chr.:** Wissenschaftliche Sternenkunde bei den Sumerern **2608 v. Chr.:** Kaiser *Huangali* lässt Sternwarte in China bauen. **2160 v. Chr.:** Erste Beschreibung einer totalen Sonnenfinsternis in China **um 2000 v. Chr.:** Babylonier erstellen eine Liste von Sternbildern; 365-Tage-Kalender in Ägypten; Nord-Süd-Ausrichtung der Pyramiden auf 2" genau möglich	**1700 v. Chr.:** Wasserräder zur Feldbewässerung in Babylon **um 1500 v. Chr.:** Erste bekannte Sonnenuhr; Blasebalg; erste Wasseruhren **1080 v. Chr.:** Berechnung der Ekliptik in China
wichtige Entdeckungen und Erfindungen	**vor 3000 v. Chr.:** Schwingpflug in Mesopotamien; Papyrus als Schriftträger; Dezimalsystem **2800 v. Chr.:** Waage mit zwei Waagschalen in Ägypten **2500 v. Chr.:** Akupunktur in China; Schaduf in Ägypten (Wasserschöpfstange mit Gegengewicht); chirurgische Operationen in Mesopotamien	**1850 v. Chr.:** Papyrus Rhind mit Flächen- und Volumenberechnungen sowie Bruchrechnung **um 1500 v. Chr.:** Schriften mit heilkundlichen, anatomischen und chirurgischen Inhalten; babylonische Ärzte sezieren Leichen; erste Glasgefäße in Ägypten und Mesopotamien **1200 v. Chr.:** Beginn der Eisenzeit im nahen Osten
aus der allgemeinen Geschichte	**3200 v. Chr.:** Schriftentwicklung: Sumerische Bilderschrift; Keilschrift **ab 2900 v. Ch.:** Altes und mittleres ägyptisches Reich **um 2500 v. Ch.:** Große Pyramiden in Ägypten; Sphinx; Adapa-Epos von Babylon	**um 2000 v. Chr.:** Maya-Hochkultur **1600 v. Chr. bis 1200 v. Chr.:** Mykenische Kultur in Griechenland **1562 v. Chr. bis 1085 v. Chr.:** Neues Reich in Ägypten; Hauptstadt Theben **um 1300 v. Chr.:** Blütezeit der Mumifizierung **um 1250 v. Chr.:** Errichtung des Felsentempels von Abu Simbel

1000 v. Chr. bis 0	0 bis 500	500 bis 1000
um 900 v. Chr.: Erste Rollen zum Lastheben in Assyrien; Maßsystem der Chaldäer **750 v. Chr.:** Voraussagen von Sonnen- und Mondfinsternissen durch Babylonier *Euklid:* geradlinige Ausbreitung des Lichtes; Reflexionsgesetz *Thales:* Magnetismus *Aristoteles:* Fall ist beschleunigte Bewegung *Archimedes:* Auftrieb; Flaschenzug; Hebel	*Kleomenes:* Beobachtet und beschreibt die Refraktion **um 140** *Ptolemäus:* Verfasst „Almagest“, eine Enzyklopädie des Wissens, enthält Optik, Akustik, Geografie, ...; untersucht Lichtbrechung an der Grenzschicht Luft/Wasser **um 100** *Heron v. Alexandria:* „Mechanika“ beschreibt einfache Maschinen; Heronsball	**um 900** *Al Battani* (arabischer Astronom): Entwickelt Ptolemäisches Weltbild weiter **um 940** *Than Chiao* (China): Beschreibt verschiedene Linsen **um 990** *Al Hazen*: Berechnet sphärische Spiegel, beschreibt Camera obscura
420 v. Chr.: Frühe Eisenzeit; Schachtöfen; bergwerksmäßige Salzgewinnung in Hallstadt **3. Jh. v. Chr.:** Bau der Großen Chinesischen Mauer **320 v. Chr.:** „Elemente des Euklid“ **2. Jh. v. Chr.:** Erfindung des Pergaments **um 260 v. Chr.** *Eratosthenes:* Methode zur Ermittlung der Primzahlen; berechnet Erdumfang zu 40000 km	Römer: Anwendung von Beton für Straßen- und Brückenbauten; Aquädukte und Kanalisationssysteme entstehen; Häfen; Abformtechnik für Keramik; Glasbläserei; römische Schnellwaage; chemischer Dünger; Schere; Hobel; Nagelbohrer; Handbohrer; Mähmaschine mit Rädern; Korbstuhl	**620:** Erste Porzellanherstellung in China **8. Jh.:** Uhrenbau: Wasseruhren; Kerzenuhren **9. Jh.:** Entstehen der Algebra **10. Jh.:** Flug- und Schwebeversuche; Schachspiel kommt von Arabien nach Europa; arabische Ziffern arabische Ziffernschriften
9. Jh. v. Chr. *Homer:* Werke „Ilias“ und „Odyssee“ **776 v. Chr.:** Begründung der Olympischen Spiele **753 v. Chr.:** Gründung Roms **722 v. Chr. bis 481 v. Chr.:** China: Periode der „Frühlinge und Herbste“; Stadtpaläste und Philosophenschulen **ab 500 v. Chr.:** Entwicklung des Römischen Reiches **481 v. Chr. bis 221 v. Chr.:** China: Epoche der kriegerischen Königreiche, Herausbildung des Konfuzianismus und Taoismus **336 v. Chr. bis 30:** Hellenismus	Zerfall der Urgesellschaft der Germanen **9:** Schlacht im Teutoburger Wald; Befreiungskampf der Germanen gegen die Römer; Zerfall der Sklavenhalterordnung im Römischen Reich 	Entstehung des Feudalismus in West- und Mitteleuropa **um 500:** Entstehung des Frankenreiches **520:** Nibelungensage **um 800:** Reich der Karolinger **919:** *Heinrich der* I. erster deutscher König; Herausbildung des feudalistischen Byzantinischen Reiches und arabischen Kalifats

9

Zeit	1000 bis 1250	1250 bis 1450
Schlaglichter aus der Physikgeschichte	**1080-1164** *Al Bagdadi:* Untersucht Wurf und andere beschleunigte Bewegungen **um 1220** *Jordanus:* Setzt Prinzip der virtuellen Verrückung zur Erklärung des Hebelgesetzes und anderer Probleme der Statik ein **um 1250** *de Maricourt:* Beschreibt den Magnetismus, führt die Bezeichnung „Magnetpol" ein, bestimmt experimentell Eigenschaften von Magneten magnetische Kraftlinien	**1214-1296** *Bacon:* Experimentiert mit Spiegeln und Linsen, entwirft Flugmaschinen, wird als Ketzer verschrieen **1300-1358** *Buridan:* Formuliert physikalischen Impetusbegriff (ähnlich Impuls, Trägheit) als Ursache der Bewegung **1325-1382** *Oresmius:* Stellt physikalische Bewegungsgrößen grafisch dar, untersucht Zusammenhänge zwischen Weg, Geschwindigkeit und Beschleunigung **1401-1460** *v. Cues:* „Die Erde bewegt sich um die Sonne." Er weist auf die Rolle der Praxis und der Mathematik für die Physik hin.
wichtige Entdeckungen und Erfindungen	**1054:** Chinesen beobachten Supernova. **1080:** China: Druck mathematischer Bücher **1100:** Schlesien: Kupferabbau beginnt **1133:** Steinerne Brücke in Würzburg **1145:** Schießpulver in China **1170:** Silberbergbau in Sachsen **1195:** Seekompass in Europa **1200** *Fibonacci* führt arabische Ziffern ein.	**1275:** Erste mechanische Uhren **1280:** Erste Autopsie eines Menschen **1310:** Erfindung des Trittwebstuhls **1320:** Lochkamera zur Sonnenbeobachtung **1375:** Erste Karte Afrikas **1426:** Ausbau der „Großen Mauer" in China **1448** *Gutenberg:* Erfindet Druck mit beweglichen Lettern
aus der allgemeinen Geschichte	**1077** *Heinrich der IV.*: Gang nach Canossa **1175** Pisa: Schiefer Turm **1209:** Franziskanerorden gegründet **1210:** *Eschenbach*: Parzival **1242:** „Reich der goldenen Horde" an unterer Wolga	**1290:** „Ewiger Bund" der Schweizer Urkantone **1320:** Krakau Hauptstadt Polens **1348:** Gründung der Universität Prag **1386:** Baubeginn des Mailänder Doms **1415:** *Hus* als Ketzer verbannt **1429:** *d'Arc* befreit Orleans. **1455:** „Rosenkrieg" in England

1450 bis 1540	1540 bis 1600
1452-1519 *da Vinci:* Künstler, Ingenieur, Techniker, Arzt, Mathematiker; untersucht prismatische Farben, entwirft Wasserräder, Fallschirm, Flugmaschinen, Unterseeboot; forciert Mathematisierung der Mechanik **1494-1555** *Agricola:* Hauptwerk „De re metallica"; umfassende Darstellung des Berg- und Hüttenwesens **1473-1543** *Kopernikus:* In dem von ihm entwickelten Weltsystem steht nicht mehr die Erde, sondern die Sonne im Mittelpunkt. Die Planeten bewegen sich auf Kreisbahnen um die Sonne. 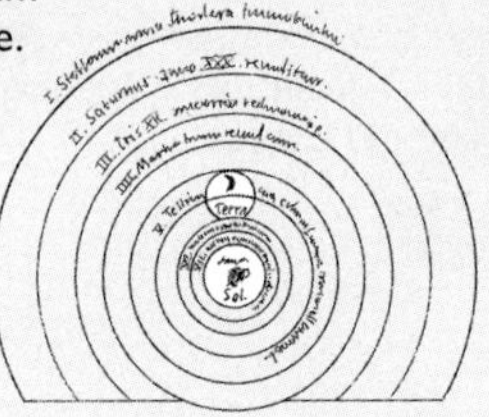	**1540-1603** *Gilbert:* Hauptwerk „De magnete" mit den Hauptthemen Elektrizität und Magnetismus; findet die Untrennbarkeit der Magnetpole, prägt den Namen „Elektrizität", nimmt die Erde als großen Dauermagneten an **1546-1601** *de Brahe:* Macht so genaue astronomische Messungen ohne Fernrohr, dass *Kepler* damit seine Gesetze findet **1548-1600** *Bruno:* Fordert kosmisches System, in dem weder Erde noch Sonne das Zentrum sind, wird als Ketzer verbrannt **1548-1620** *Stevin:* Macht Entdeckungen in Statik und Hydrostatik, zum Kräfteparallelogramm und Druck in Flüssigkeiten **1571-1630** *Kepler:* Verbessert das heliozentrische Weltsystem: Planeten umkreisen die Sonne auf Ellipsenbahnen
1460: Portugiesen entdecken Kapverdische Inseln. **1473:** Erste deutsche Sternwarte **1487:** *Diaz* erreicht Kap der guten Hoffnung. **1498:** *da Gama* umsegelt Afrika auf dem Weg nach Indien. **1500:** Maschinenentwürfe von *da Vinci* **1506:** *Columbus* stirbt in Überzeugung, Indien auf Westroute erreicht zu haben. **1528:** *Saavedra* durchquert den Pazifik.	**1545:** *Cardano* erfindet die nach ihm benannte Aufhängung. **1566:** Mercatorprojektion erfunden **1573:** *Strumienski* beschreibt die Wasserwaage. **1582:** Gregorianische Kalenderreform 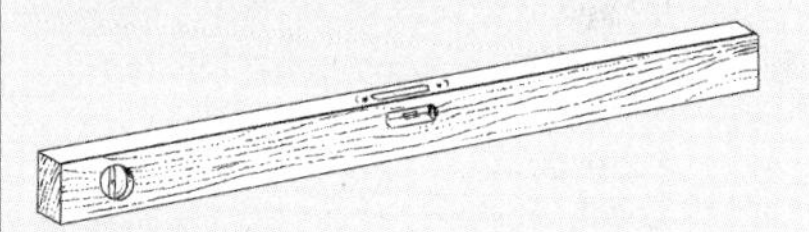 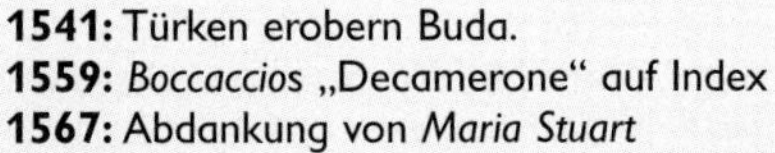
1453: Hagia Sophia in Moschee umgewandelt **1466:** Danzig freie Stadt **1470:** *Dantes* „Göttliche Komödie" gedruckt **1477:** *Stoß* beginnt Hochaltar in Krakau. **1490:** *Riemenschneider* Holzplastiken in Würzburg **1503:** *da Vinci* „Mona Lisa" **1515:** Joachimsthal: erster Taler geprägt	**1541:** Türken erobern Buda. **1559:** *Boccaccios* „Decamerone" auf Index **1567:** Abdankung von *Maria Stuart* **1572:** „Bartholomäusnacht" in Paris **1587:** „Historia von Dr. Fausten" **1591:** *Shakespeare* „Richard III." **1598:** Hugenotten erhalten in Frankreich volle Gewissensfreiheit. 

Zeit	1600 bis 1650	1650 bis 1700
Schlaglichter aus der Physikgeschichte	**1564-1642** *Galilei:* Findet Gesetze des freien Falles und der geneigten Ebene, entdeckt erste Jupitermonde, Sonnenflecken und Mondgebirge **1602-1686** *v. Guericke:* Erzeugt Vakuum, experimentiert zum Luftdruck (Magdeburger Halbkugeln) **1580-1626** *Snellius:* Entdeckt Brechungsgesetz des Lichtes **1608-1647** *Torricelli:* Entdeckt den Luftdruck und macht ihn mit Quecksilberbarometer messbar **1608:** *Lippershey* erfindet das Fernrohr.	**1627-1691** *Boyle:* Entdeckt Zusammenhang zwischen Druck und Volumen eines Gases: $p \cdot V =$ konstant **1629-1695** *Huygens:* Wellentheorie des Lichtes, Untersuchungen von Pendel und freiem Fall, erste Pendeluhr **1642-1722** *Newton:* Entdeckt Grundgesetz der Mechanik, Gravitationsgesetz und Zusammensetzung des weißen Lichtes, erfindet Spiegelteleskop **1635-1703** *Hooke:* Untersucht Elastizität von Festkörpern **1644-1710** *Römer:* Bestimmt die Lichtgeschwindigkeit mithilfe der Verfinsterung eines Jupitermondes – Nachweis für die endliche Ausbreitungsgeschwindigkeit des Lichtes
wichtige Entdeckungen und Erfindungen	**1616:** Bismarck-Archipel und Tonga entdeckt **1628:** *Harvey* entdeckt den Blutkreislauf. **1640:** *Mersenne* misst Schallgeschwindigkeit. **1644:** *Pascal* konstruiert Rechenmaschine zur Addition und Subtraktion. **1650:** *Deshnew* entdeckt die Beringstraße.	**1658:** *Hooke* erfindet die Federunruhe für Taschenuhren. **1664:** *Steensen* erkennt den Bau des Herzens. **1675:** Gründung des Observatoriums von Greenwich **1677:** *Leeuwenhoek* entdeckt Blutkörperchen. **1682:** *Halley* berechnet Wiederkehr des Halley'schen Kometen. **1690:** *Papin* entwickelt die atmosphärische Dampfmaschine.
aus der allgemeinen Geschichte	**1600:** Gründung der britischen East-India-Company **1609:** Erste Zeitung in Deutschland: „Relation Aller Furnemmen und gedenkwürdigen Historien“ **1627:** *Schütz* „Daphne“ erste deutsche Oper **1647:** Gründung der Kunstakademie Dresden **1648:** Westfälischer Friede	**1664:** Umbenennung von „New Amsterdam“ in „New York“ **1669:** *Grimmelshausen* „Simplicissimus“ **1672:** *Molière* „Die Streiche des Scapin“ **1683:** Türken belagern Wien **1694:** Gründung der Universität Halle **1694:** Taufkapelle der Peterskirche in Rom

1700 bis 1750	1750 bis 1800
1686-1736 *Fahrenheit:* Baut erstes Thermometer zur exakten Temperaturmessung **1700-1782** *Bernoulli:* Hauptwerk „Hydrodynamika"; untersucht Geschwindigkeit, Kraft und Druck in Flüssigkeiten, erste Gedanken zur kinetischen Gastheorie **1701-1744** *Celsius:* Erfindet nach ihm benannte Temperaturskala **1706-1790** *Franklin:* Erfindet Blitzableiter, führt Begriff „Ladung" ein, experimentiert zur Reibungselektrizität **1711-1765** *Lomonossow:* Erklärt Wärmeleitung mit der Bewegung von Teilchen, entdeckt Satz von Erhaltung der Masse **1731-1810** *Cavendish:* Bestimmt die Gravitationskonstante	**1736-1806** *Coulomb*: Coulomb'sches Gesetz $F \sim \frac{Q_1 \cdot Q_2}{r^2}$ 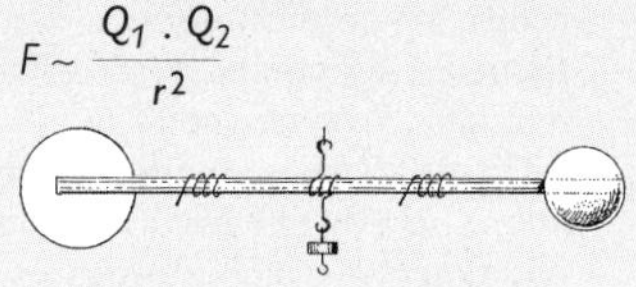 **1736-1789** *Galvani:* Experimentiert mit Strom und Froschschenkeln **1745-1827** *Volta*: Erste elektrochemische Spannungsquelle mit konstantem Strom, Galvanisches Element **1796-1832** *Carnot:* Deutet den Arbeitsertrag einer Dampfmaschine auf allgemeine Weise; Carnot'scher Kreisprozess, Wärme als mechanische Bewegung kleinster Teile
1700: *Leibniz* gründet die preußische Akademie der Wissenschaften. **1709:** *Böttger* schafft erstes europäisches Hartporzellan in Meißen. **1735:** *v. Linné* „Das System der Natur" **1747:** *Marggraf* Zuckergewinnung aus Rübensaft 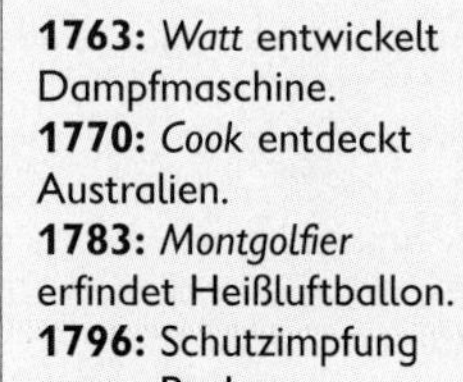	**1763:** *Watt* entwickelt Dampfmaschine. **1770:** *Cook* entdeckt Australien. **1783:** *Montgolfier* erfindet Heißluftballon. **1796:** Schutzimpfung gegen Pocken **1799:** Stein von Rosetta gefunden 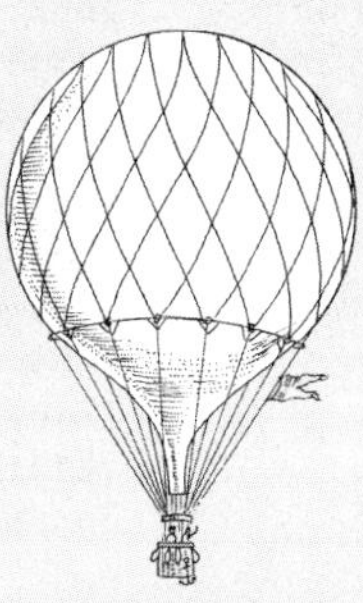
1703: *Händel* „Johannespassion" **1711:** *Pöppelmann* Baubeginn des Dresdener Zwingers **1745:** Gründung der Princeton Universität in New Jersey **1748:** *Bach* „Kunst der Fuge" 	**1755:** Erdbeben in Lissabon; 12 m Flutwelle, 60 000 Tote **1772:** Erste Teilung von Polen **1773:** *v. Goethe* „Götz von Berlichingen" **1781:** *Schiller* „Die Räuber" **1789:** Französische Revolution 

Zeit	1800 bis 1850	
Schlaglichter aus der Physikgeschichte	**1766-1844** *Dalton:* Führt Begriff „absolute Temperatur" ein, gibt atomistische Erklärung des Gesetzes der multiplen Proportionen **1773-1829** *Young:* Entdeckt Interferenz bei Wellenbewegung (Akustik und Optik), definiert Elastizitätsmodule **1773-1858** *Brown:* Entdeckt Bewegung sehr kleiner Teilchen in Flüssigkeiten (Brown'sche Bewegung) **1775-1836** *Ampére:* Entdeckt Kraftwirkungen zwischen stromdurchflossenen Leitern, Ampére'sche Molekularströme, Gleichheit der Magnetfelder eines flachen Magneten und einer Stromschleife	**1776-1856** *Avogadro:* Stellt Molekulartheorie der Gase auf, bestimmt Anzahl der Moleküle in einem Mol **1777-1851** *Oersted:* Entdeckt magnetische Wirkung des elektrischen Stromes **1777-1855** *Gauß:* Nutzt das Prinzip des kleinsten Zwanges, stellt die Theorie der Abbildungen mit Linsen auf, liefert Beiträge zu Erdmagnetismus und Elektrostatik **1778-1850** *Gay-Lussac:* „Alle Gase dehnen sich bei Erwärmung gleichmäßig aus."
wichtige Entdeckungen und Erfindungen	**1802:** *Humboldt* besteigt Chimborasso. **1803:** Erste Lokomotive für Grubenbahn **1805:** Morphium entdeckt **1807:** Erste Straßengasbeleuchtung in London **1809:** Erster gusseiserner Pflug **1810:** *Goethes* Farbenlehre **1815:** Erste Sicherheitslampe für Bergbau	**1816:** *Gauß* schreibt über nichteuklidische Geometrie. **1818:** Stearinkerzen kommen auf. **1819:** *Laennec* erfindet das Stethoskop. **1821:** Erster Elektromagnet **1825:** Anilin dargestellt **1827:** Aluminium aus Tonerde hergestellt
aus der allgemeinen Geschichte	**1804:** *Napoleon Bonaparte* wird „Kaiser der Franzosen" **1806:** v. *Goethe* Faust I vollendet **1807:** *Friedrich* „Hünengrab im Schnee" **1809:** *Goya* „Erschießung spanischer Freiheitskämpfer"	**1813:** Völkerschlacht bei Leipzig **1814:** *Beethoven* vollendet „Fidelio". **1817:** Wartburgfest **1817:** *Schinkel* Neue Wache in Berlin **1820:** *Puschkin* „Ruslan und Ludmilla" **1822:** Brasilien wird Kaiserreich.

1800 bis 1850 (Fortsetzung)

1787-1826 *Fraunhofer:* Entdeckt dunkle Linien im Sonnenspektrum
1788-1827 *Fresnel:* Untersucht Beugung des Lichtes, nimmt Licht als Transversalwelle an
1789-1854 *Ohm:* Entdeckt Proportionalität zwischen Spannung und Stromstärke
1791-1867 *Faraday:* Entdeckt elektromagnetische Induktion, Para- und Diamagnetismus, führt Feldlinienmodell ein, untersucht Elektrolyse

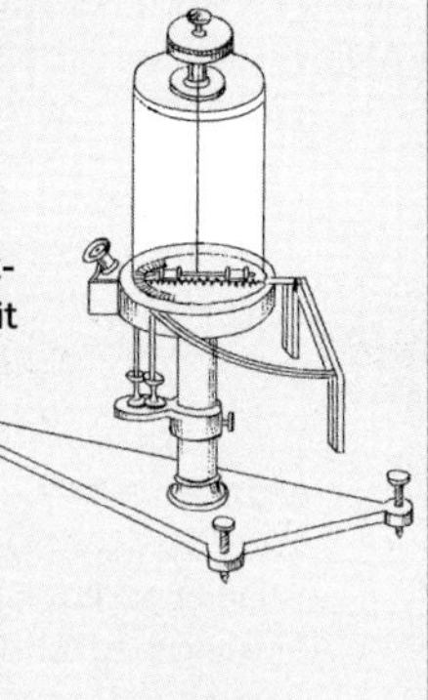

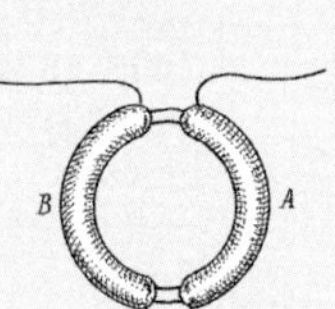

1792-1843 *Coriolis:* Untersucht Dynamik von mechanischen Maschinen und Zerlegung von Kräften in ihre Komponenten
1797-1878 *Henry:* Entdeckt Selbstinduktion beim Ausschalten einer stromdurchflossenen Spule
1804-1865 *Lenz:* Formuliert seine Regel zur Richtung des Induktionsstromes und Beiträge zum Elektromagnetismus
1811-1899 *Bunsen:* Erfindet Kohle-Zink-Element, entdeckt zusammen mit *Kirchhoff* die Spektralanalyse

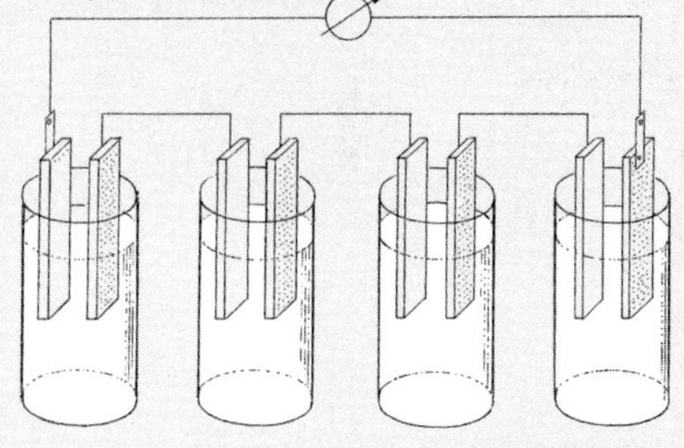

1828: *Blochmann* baut erstes städtisches Kraftwerk in Dresden.
1830: Beginn der Gletscherforschung
1831: Chloroform entdeckt
1832: *Gauß* und *Weber* erfinden elektrischen Telegrafen.
1834: Erste Briefmarke in Irland gedruckt
1835: Erste deutsche Eisenbahn Nürnberg–Fürth

1837: *Daguerre* erfindet die Fotografie.
1840: Dampfschiffverkehr England–Amerika
1844: Bildübertragung durch Elektrizität
1846: *Galle* entdeckt den Planeten Neptun.
1849: Stahlbeton erfunden

1826: *Mendelssohn* „Sommernachtstraum“
1830: *Stendhal* „Rot und Schwarz“
1832: Hambacher Fest
1834: Sklavereiverbot im britischen Kolonialreich
1837: Protest der „Göttinger Sieben“
1839: Maya-Kultur entdeckt

1839: *Dickens* „Oliver Twist“
1842: *Gogol* „Die toten Seelen“
1843: *Wagner* „Der fliegende Holländer“
1844: *Heine* „Deutschland, ein Wintermärchen“
1847: „Der Struwwelpeter“
1848: Revolution in Deutschland

Zeit	1850 bis 1900	
Schlaglichter aus der Physikgeschichte	**1814-1878** *Mayer:* Entdeckt Energieerhaltung bei thermischen und chemischen Prozessen **1814-1896** *Fizeau:* Misst Lichtgeschwindigkeit mit Zahnradmethode, leistet Vorarbeiten zur Relativitätstheorie **1816-1891** *Siemens:* Trägt wesentlich zur Entwicklung elektrischer Maschinen bei, findet dynamoelektrisches Prinzip **1818-1889** *Joule:* Bestimmt Zusammenhang zwischen mechanischer Energie und Wärme, prägt den Begriff „Stromwärme"	**1821-1894** *Helmholtz:* Formuliert umfassenden Energieerhaltungssatz, erfindet den Augenspiegel, liefert Beiträge zur Hydro-, Thermo- und Elektrodynamik **1824-1907** *Kelvin:* Stellt absolute Temperaturskala auf, findet Joule-Thomson-Effekt, stellt Schwingungsgleichung für elektrischen Schwingkreis auf $\omega = \frac{1}{\sqrt{L \cdot C}}$ **1825-1899** *Balmer:* Trägt wesentlich zur Systematisierung der Linienspektren bei, indem er eine Gleichung für die Linien des Wasserstoffspektrums aufstellt **1831-1879** *Maxwell:* Stellt Theorie des elektromagnetischen Feldes auf
wichtige Entdeckungen und Erfindungen	**1850:** *Liebig* erfindet Kunstdünger. **1851:** Erstes Unterseekabel zwischen Dover und Calais **1851:** *Bauers* Unterseeboot sinkt im Kieler Hafen. **1853:** Erste Rohrpost in London **1855:** Victoriafälle im Sambesi entdeckt **1855:** Bessemerbirne **1858:** *Plücker* entdeckt Katodenstrahlen.	**1858:** Erstes transatlantisches Kabel **1859:** *Darwin* Abstammungslehre **1864:** Siemens-Martin-Stahlprozess **1865:** *Mendel* Vererbungsgesetze **1867:** *Nobel* erfindet Dynamit.
aus der allgemeinen Geschichte	**1850:** *Turgenjew* „Ein Monat auf dem Lande" **1852:** *Beecher-Stowe* „Onkel Toms Hütte" **1854:** Unabhängige Burenrepublik Südafrika **1857:** Erste öffentliche Bibliotheken in England und Deutschland **1860:** Nationale Einigung Italiens **1861:** Bau der Wiener Hofoper	**1864:** Rotes Rathaus in Berlin **1865:** *Whymper* besteigt das Matterhorn. **1867:** *Marx* „Das Kapital" **1870:** *Schliemann* Ausgrabungen in Troja **1871:** Gründung des II. Deutschen Reiches **1875:** *Menzel* „Das Eisenwalzwerk"

1850 bis 1900 (Fortsetzung)

1840-1905 *Abbe* (Mitbegründer der Zeiss-Werke): Entdeckt und begründet begrenztes Auflösungsvermögen des Mikroskops
1844-1906 *Boltzmann:* Entdeckt Zusammenhang zwischen Entropie und thermodynamischer Wahrscheinlichkeit
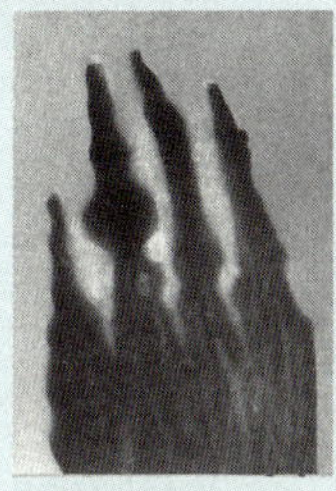
1845-1923 *Röntgen* (Nobelpreis): Entdeckt die später nach ihm benannten X-Strahlen, untersucht magnetische Wirkungen von Dielektrika
1852-1908 *Becquerel* (Nobelpreis): Entdeckt die Radioaktivität und einige Eigenschaften der Kernstrahlung
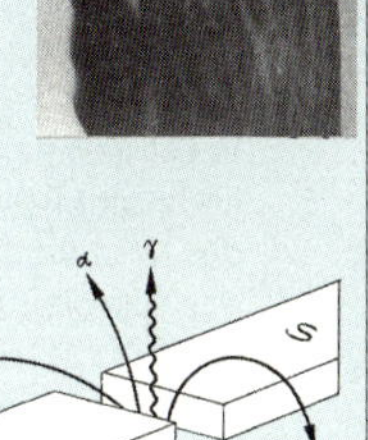

1852-1931 *Michelson* (Nobelpreis): Erfindet das Interferometer, legt experimentelle Grundlage für Relativitätstheorie durch Bestimmung der Bewegung der Erde in Bezug auf den Äther
1855-1938 *Hall:* Entdeckt den Hall-Effekt: In einem stromdurchflossenen Leiter im Magnetfeld entsteht eine Spannung senkrecht zur Feld- und zur Stromrichtung.
1856-1940 *J. J. Thomson* (Nobelpreis): Entdeckt das Elektron, weist Isotope nach, findet im Experiment Hinweise auf Massenzunahme schnell bewegter Teilchen
1857-1894 *H. Hertz:* Entdeckt elektromagnetische Wellen und weist ihre Wesensgleichheit mit Lichtwellen nach

1869: „Brehms Tierleben"
1871: Zahnradbahn zum Rigi
1874: *Schliemann* Ausgrabungen in Mykene
1876: *Otto* erfindet den Viertakt-Motor.
1876: *Linde* erfindet die Ammoniak-Kältemaschine.
1879: *Siemens* baut die erste elektrische Lokomotive.
1881: *Koch* entdeckt den Tuberkel-Bazillus.

1885: *Benz* baut dreirädrige Kraftwagen mit Benzinmotor.
1891: *Lilienthal* macht erste Gleitflüge.
1893: *Nansen* driftet zum Nordpol.
1895: Erste Filmvorführung
1900: Erste Fahrt mit einem Zeppelin

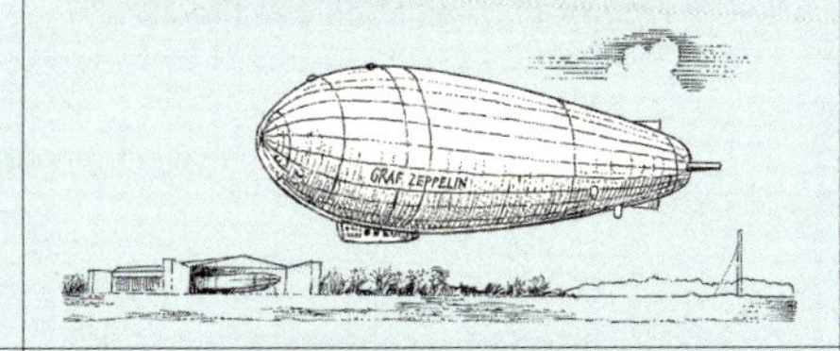

1875: *Bizet* „Carmen"
1876: *Brahms* 1. Sinfonie
1880: *Duden* Orthografisches Wörterbuch
1883: Ausbruch des Vulkans Krakatau
1890: Sturz *Bismarcks*
1891: *Gauguin* malt „Frauen von Tahiti"
1892: Gesetzliche Krankenversicherung in Deutschland

1894: Dreyfus-Prozess in Frankreich
1895: *Nobel* stiftet nach ihm benannten Preis.
1896: Erste Olympische Spiele der Neuzeit
1897: Erster zionistischer Weltkongress
1899: Völkerschlachtdenkmal in Leipzig

9

Zeit	seit 1900	
Schlaglichter aus der Physikgeschichte	**1858-1947** *Planck* (Nobelpreis): Seine Strahlungformel für die Strahlung schwarzer Körper führt zur Quantentheorie. Er entdeckt die nach ihm benannte Naturkonstante. **1867-1934** *M. Curie* (Nobelpreis): Entdeckt Radium und Polonium, findet verschiedene Eigenschaften der Kernstrahlung **1868-1953** *Millikan* (Nobelpreis): Misst als erster die elektrische Elementarladung im Öltröpfchenversuch **1871-1937** *Rutherford* (Nobelpreis): Begründet die moderne Kernphysik, entdeckt den Atomkern, führt erste künstliche Kernreaktionen durch	**1878-1968** *Meitner:* Beteiligt an der Entdeckung der Kernspaltung **1879-1955** *Einstein* (Nobelpreis): Entdeckt Masse-Energie-Äquivalenz, begründet Quantentheorie des Lichtes, stellt Relativitätstheorie auf, fordert Krümmung des Raumes **1879-1960** *v. Laue* (Nobelpreis): Entdeckt Beugung der Röntgenstrahlung, findet mit Röntgenbeugung Strukturen der Kristallgitter, arbeitet zur Theorie der Supraleitung **1879-1968** *Hahn* (Nobelpreis): Entdeckt Spaltung von Atomkernen
wichtige Entdeckungen und Erfindungen	**1901:** *Marconi* transatlantische drahtlose Funkübertragung **1903:** Brüder *Wright* erster Motorflug **1908:** Glühkatodenröhre erfunden **1909:** *Haber* Ammoniaksynthese **1911:** *Amundsen* am Südpol **1912:** *Wegener* Kontinentalverschiebungstheorie **1916:** *Sauerbruch* konstruiert bewegliche Prothesen.	**1922:** Isolierung von Insulin, drahtlose Bildübertragung von Europa nach USA **1923:** Erste Rundfunksendung in Deutschland **1927:** *Pfleumer* erfindet das Magnettonband. **1928:** *Fleming* entdeckt das Penicillin. **1932:** Schwerer Wasserstoff entdeckt; *Anderson* entdeckt Positron. **1934:** Erste künstliche radioaktive Atome durch Ehepaar *Joliot-Curie*
aus der allgemeinen Geschichte	**1900:** Boxeraufstand in China **1900:** *Th. Mann* „Buddenbrooks" **1901:** *Picasso* „Mädchen mit der Taube" **1903:** *Gorki* „Das Nachtasyl" **1905:** Revolution in Russland **1906:** Erdbeben zerstört San Francisco **1910:** *May* „Winnetou"	**1912:** Untergang der Titanic **1914:** Eröffnung des Panamakanals **1914-1918:** Erster Weltkrieg **1918:** *Chaplin* „Ein Hundeleben" **1919:** *Gropius* gründet Bauhaus in Dessau. **1925:** *Mao Tse-tung* organisiert Bauern in der Provinz Hunan.

seit 1900 (Fortsetzung)	
1885-1962 *Bohr* (Nobelpreis): Entwickelt ein Atommodell mit strahlungsfreien Elektronenbahnen, baut die Quantentheorie aus **1887-1975** *G. Hertz* (Nobelpreis): Weist zusammen mit *Franck* diskrete Energieniveaus der Elektronen im Atom nach **1891-1974** *Chadwick* (Nobelpreis): Entdeckt das Neutron und verbessert damit wesentlich das Atomkernmodell **1892-1962** *Compton* (Nobelpreis): Arbeitet zur Polarisation der Röntgenstrahlung, entdeckt Absorptionsmechanismus der Röntgen- und Gammastrahlung **1892-1987** *de Broglie* (Nobelpreis): Begründet Wellentheorie der Materie: „Jedes Teilchen ist auch Welle und besitzt eine Wellenlänge."	**1901-1954** *Fermi* (Nobelpreis): Entdeckt künstliche Radioaktivität, baut ersten Kernspaltungsreaktor, findet Theorie des Beta-Zerfalls, arbeitet an erster Atombombe mit **1901-1976** *Heisenberg* (Nobelpreis): Entwickelt Quantentheorie auf Matrizenbasis, stellt Unschärferelation auf, erkennt Protonen und Neutronen als Kernbausteine, sucht nach einheitlicher Feldtheorie **1902-1980** *Straßmann*: Mitentdecker der Kernspaltung * **1929** *Gell-Mann* (Nobelpreis): Klassifiziert Elementarteilchen und ihre Wechselwirkungen, entwickelt Strangeness-Theorie * **1929** *Mößbauer* (Nobelpreis): Entdeckt Resonanzabsorption der Gammastrahlung
1935 Erstes regelmäßig gesendetes TV der Welt in Berlin **1938:** Nylon/Perlon erfunden **1941:** *Zuse* baut programmgesteuerte Rechenmaschine auf Relaisbasis. **1943:** *Warburg* erkennt Bedeutung des Chlorophylls. **1945:** Erste Atombombenexplosion, Elektronenbeschleuniger „Betatron" gebaut	**1946:** Erster elektronischer Digitalrechner **1947:** Erster Überschallflug **1948:** Transistor erfunden **1953:** DNS-Struktur enträtselt **1957:** Sputnik erster künsticher Erdsatellit **1961:** *Gagarin* erster Mensch im All **1963:** Erste Sofortbildkamera **1967:** Erste Herztransplantation
1932: *Hauptmann* „Vor Sonnenaufgang" **1933:** Machtergreifung durch Nationalsozialisten in Deutschland **1935:** Nürnberger Rassengesetze **1936:** *Prokoffiev* „Peter und der Wolf" **1938:** Reichskristallnacht; Judenpogrome **1939:** Beginn des II. Weltkrieges **1943:** *Brecht* „Das Leben des Galilei" **1944:** Attentat auf *Hitler* **1945:** Kapitulation Deutschlands	**1947:** *Camus* „Die Pest" **1947:** *Dix* Selbstbildnis als Kriegsgefangener **1948:** *Chagall* „Das fliegende Pferd" **1959:** *Grass* „Die Blechtrommel"; *Schönberg* „Moses und Aron" **1961:** Mauerbau in Berlin **1963:** Organisation für afrikanische Einheit **1975:** Ende des Vietnamkrieges **1981:** Größte Friedensdemonstration in Bonn **1990:** Wiedervereinigung Deutschlands

Register

A

H

N

S

W

Y

Z